森林城市发展规划研究
——以贵州省为例

吴照柏　但维宇　刘恩林　童建明
卢　立　程　鹏　但新球◎编著

中国林业出版社

图书在版编目（CIP）数据

森林城市发展规划研究：以贵州省为例 / 吴照柏等编著. —北京：中国林业出版社，2021.5
ISBN 978-7-5219-1040-7

Ⅰ.①森… Ⅱ.①吴… Ⅲ.①城市林–城市规划–研究–贵州 Ⅳ.①S731.2

中国版本图书馆 CIP 数据核字（2021）第 029755 号

中国林业出版社

责任编辑：李　顺　薛瑞琦
出版咨询：（010）83143569
出　　版：中国林业出版社（100009　北京市西城区刘海胡同 7 号）
网　　站：http：//www. forestry. gov. cn/lycb. html
印　　刷：河北京平诚乾印刷有限公司
发　　行：中国林业出版社
电　　话：（010）83143500
版　　次：2021 年 5 月第 1 版
印　　次：2021 年 5 月第 1 次
开　　本：787mm×1092mm　1/16
印　　张：21
字　　数：350 千字
定　　价：128.00 元

本书可按需印刷，如有需要请联系我社。

鸣谢项目组织与实施单位

贵州省林业局

国家林业和草原局中南调查规划设计院/国家林业和草原局森林城市监测评估中心《贵州省森林城市发展规划》项目组

鸣谢以下参与了部分研究或者提供了重要材料的单位

中国国际工程咨询公司

国家林业和草原局生态保护修复司、宣传办公室

中国林业科学研究院

国家林业和草原局城市森林研究中心

中国林业科学研究院资源信息所

北京林业大学

中国林业出版社

中南林业科技大学

湖南省林业科学研究院

贵州省林业科学研究院

贵州省林业调查规划设计院

湖南省林业局国有林管理站

贵州省林业厅各处(站、所、中心、办)

贵州省各地市县区林业主管部门

鸣谢以下重要文献和参与这些文献编制的部门

贵州省林业发展区划

贵州省主体功能区规划

贵州省"十三五"林业发展规划

贵州省"十三五"生态建设规划

国家生态文明试验区(贵州)实施方案

贵州省国民经济和社会发展第十三个五年规划纲要

第九次全国森林资源清查——贵州省森林资源清查成果(2015年)

贵州省生态文明先行示范区建设实施方案

贵州省大健康产业"十三五"发展规划

贵州省岩溶地区第三次石漠化监测报告

绿水青山——建设美丽中国纪实

乌江经济走廊发展规划

黔中城市群发展规划

贵州省森林资源数据

参考文献的作者

鸣谢为贵州省森林城市发展规划和专题研究提供咨询的所有专家

王克林　马克明　邹　涤　程　红　樊喜斌　马大轶　喻　晖

刘宏明　曹　靖　丁贵杰　罗　扬　郭　颖　王　成　刘德晶

王明旭　张合平

前　言

　　森林城市建设，是适应我国国情和发展阶段，推进城乡生态建设一体化、增进居民生态福祉、构建美丽家园和推动生态文明的实践创新。以习近平同志为核心的党中央对森林城市建设高度重视。2016 年 1 月 26 日，习近平总书记在中央财经领导小组第十二次会议上强调，要着力开展森林城市建设，搞好城市内绿化，使城市适宜绿化的地方都要绿起来；搞好城市周边绿化，充分利用不适宜耕作的土地开展绿化造林；搞好城市群绿化，扩大城市之间的生态空间。着力开展森林城市建设，已成为以习近平同志为核心的党中央对推动林业发展的新要求，成为实施国家发展战略的新内容，成为人民群众对美好生活追求、享受良好生态服务的新期待。

　　党的十九大提出，中国特色社会主义进入新时代，我国社会主要矛盾已经转化为人民日益增长的美好生活需要和不平衡不充分的发展之间的矛盾。人民美好生活需要日益广泛，不仅对物质文化生活提出了更高要求，而且在良好人居环境、丰富的生态产品服务等方面的要求日益增长。森林城市建设将在解决新时代我国社会主要矛盾中发挥重要作用。

　　贵州森林城市建设在我国起步最早，2004 年贵阳市被国家林业局授予中国首个"国家森林城市"称号，先后建成 2 个国家级和 20 个省级森林城市。贵州森林城市建设对改善城乡生态面貌、提高人居环境质量、传播生态文明理念、促进绿色发展起到了重要作用。但是，贵州城市普遍缺林少绿，城市森林总量不足、面积不大、质量不高、功能不强、人均占有水平偏低，森林离居民远，分布不平衡，已不适应人口城市化进程和全面建成小康社会需要。近年来，贵州省委、省政府大力推进绿色发展、建设生态文明，实施《绿色贵州建设三年行动计划》和《林业产业三年倍增计划》，大力推进植树造林、退耕还林、石漠化治理和水土流失治理等重点生态工程，有力保障和推动了森林城市建设。

　　为深入贯彻落实习近平总书记系列重要指示精神和中央的决策部署，贵州省林业局组织编制《贵州省森林城市发展规划（2018—2025 年）》（以下简称《规划》），对今后一个时期贵州森林城市发展的总体思路、发展布局、建设任务、建设内容、建设重点以及保障措施进行规划。

　　《规划》以习近平新时代中国特色社会主义思想为指导，全面贯彻党的十九大和十九届一中、二中、三中全会精神，深入贯彻落实习近平总书记系列重要讲话精神以及关于着力开展森林城市建设的重要指示，牢固树立和贯彻落实创新、协调、绿色、开放、共享的发展理念，坚持以人民为中心的发展思想，紧紧抓住新型城镇化、乡村振兴战略和长江经济带建设的发展机遇，以贵州建设国家生态文明试验区为出发点，立足贵州岩溶生态环境脆弱、人地矛盾突出的现实，以解决贵州人民日益增长的美好生活需要和不平衡不充分的发展之间的矛盾为总目标，以恢复城市自然生态、营造城市良好宜居环境为总抓手，构建功能体系更加完善的"两江"上游重要生态安全屏障，为贵州全面建成小康社会和基本实现现代化、建设生态文明和多彩贵州公园省奠定重要的生态基础。

《规划》统筹山水林田湖草城，通过全面建设国家森林城市与森林城市群、全面建设省级森林城市、全面建设森林乡镇、全面建设森林村寨、全面建设森林人家（五个全面建设），着力构建城乡一体、结构完备、功能完善、健康稳定的以森林为主体的城市生态系统，构建功能体系更加完善的"两江"上游重要生态安全屏障，扩大生态空间，改善人居环境，增加生态产品供给，增加生态福祉，弘扬生态文化，促进绿色发展，为贵州全面建成小康社会和基本实现现代化、建设生态文明和美丽贵州做出应有的贡献。到 2025 年，森林城市建设全面推进，符合省情、特色鲜明、分布合理的贵州森林城市发展格局全面形成，以森林城市群、国家森林城市、省级森林城市、森林乡镇、森林村寨和森林人家为主的贵州森林城市建设体系基本建立，城乡生态面貌得到明显改善，人居环境质量明显提高，人民群众生态文明意识明显提升，森林城市生态资产及服务价值不断提高。

《规划》以贵州自然地理条件、森林资源现状等为基础，借鉴贵州地理分区、主体功能区划、城镇体系规划、林业发展区划、区域发展总体战略等布局，以服务长江经济带建设等国家战略为重点，以黔中城市群、乌江经济走廊、贵广高铁经济带等发展格局为依托，综合考察森林资源条件、城市发展需要等多种因素，根据资源环境承载力规模，对贵州山水林田湖草城进行统筹规划、综合治理和系统建设，让森林融入到城市的每一个组成单元，提升城市森林生态系统功能，努力构建"一核、两带、三区"的贵州森林城市发展格局。

《规划》提出统筹森林城市建设与国土绿化、山水林田湖草城综合治理、林业现代化建设、森林惠民项目建设、森林生态文明建设，明确了森林城市群建设、国家森林城市建设、省级森林城市建设、森林乡镇建设、森林村寨建设、森林人家建设的具体任务与要求，指出了重点保护现有森林资源、重点提高森林风景质量、重点恢复喀斯特森林系统、重点提升弘扬生态文化、重点满足群众生态需求。

《规划》提出了加强组织领导、加强政策制度保障、提高资金投入、提高科技支撑、强化人才队伍建设、强化绿化用地保障、完善监测评估体系、完善国际交流合作、强化职责和考核等保障措施。

为了提高《规划》的科学性，我们进行了全面、系统的本底调查与专题研究，现将专题研究的成果和《规划》整理出版，以图科学的指导贵州省森林城市建设和给同类型规划以及森林城市建设提供参考。

由于学识有限，不免存在疏忽与纰漏，敬请批评指正。

著　者

2020 年 10 月

目　录

第一部分　基础理论研究

第三部分 关键技术研究

第一部分
基础理论研究

第一章　中国国家森林城市的发展历程

森林是人类的摇篮，是生物环境资源最重要的代表，也是人类社会的自然支持系统的最重要组成部分。从森林中走出来的人类逐步意识到"城市必须与森林共存"，人们迫切要求"将森林引入城市，把城市建立在森林中"。

中国是世界上城市最多的国家之一，随着社会经济的飞速发展，我国城市化进程不断加快。虽然城市化发展极大地推动了我国社会进步和经济发展，但同时也带来了诸多的环境问题。因此，具有改善城市生态环境的"城市森林"概念被林业工作者引进国内，并正逐步被社会各界所接受，建设城市森林解决城市生态环境的观点、理论和手段也在城市建设中被逐步加以应用，一种新的城市形态——森林城市也应运而生。

第一节　森林城市的发生背景

一、森林城市：解决城镇化问题的选择

近几十年以来，我国城镇化发展取得了巨大的发展，但是也对生态环境造成了严重的不利影响，欠下了多年的历史生态旧账，主要表现以下方面。

(一)城镇化建设对生态环境的人为破坏较大

开发活动的重要目的之一就是为了获取物质财富。为了唾手可得的眼前利益，由于知识上的欠缺或观念上对科学的忽视，导致人们对自然规律缺乏正确、科学的认识，由此造成人类在各种开发活动中或是在制定政策过程中的种种失误，而且人们常常不计后果地对自然界采取野蛮掠夺式的开发手段，造成了对各类资源的浪费和对生态环境的破坏，并常常造成不可逆转的可怕后果。

(二)土壤污染或破坏

一方面，随着工业生产和消费水平的提高，城镇的固体废弃物骤然增多。而我国城镇垃圾无害处理率仅为2.3%。这些固体垃圾中有机物占36%，无机物占64%。有机垃圾是可以分解的，而无机垃圾如不处理则会永远占用地皮，形成包围城镇的垃圾堆，既影响城镇容貌，又给老鼠、蚊蝇等提供了繁殖场所，威胁人类健康。普遍使用一次性塑料袋和农

用地膜而缺乏有效的回收再利用途径，随地扔弃，造成白色污染。而简单用填埋法处理垃圾，往往需要占用和破坏大量土地资源，且填埋后的垃圾中有害物如酸类、碱类混入土壤后对土质影响严重，并污染地下水。

(三) 空气和水污染日益严重，污染跨区传播

空气污染主要来自于生活、工业及汽车尾气的排放，其所排放的二氧化碳剧增是人类生存环境恶化的一大原因。城市化导致工矿企业高度集中，使得烟尘排放量也高度集中，烟尘中的有害气体弥漫在空气中，与水蒸气结合形成酸雨，使得土壤、植被严重污染，危害着人类健康。而城市机动车的迅猛增加，汽车尾气的排放又加剧了空气的污染。据有关部门统计，汽车废气造成的污染比重呈上升趋势。

城市规模扩大与连片发展强化了污染的程度和影响范围。以雾霾为例，最初是以北京、石家庄、济南等单个城市发生短暂雾霾天气为典型，后来是整个华北地区的雾霾时常发生，到整个中国城市化地区雾霾天气的常态化。还有河流污染，过去是少数河流的局部河段，现在是整条河流的水质不容乐观，上游城市污染带给下游地区。环境污染扩散已经没有行政界限，跨区域传播成为一个普遍现象。

森林城市以森林、湿地生态系统保护为前提，以生态系统服务功能发挥为根本，是缓解我国城镇化发展长期以来遗留下的历史生态欠账的重要手段。因此，我国城镇化的历史生态欠账强烈呼唤森林城市。

(四) 生态系统破碎

城市化是建筑用地的急剧扩张，既有摊大饼式的展开，也有蜘蛛网式的覆盖。对原有的绿色空间特别是森林、湿地等自然生态空间不断的挤压和切割，造成自然空间与生态基质的破碎化。以高速公路、高速铁路建设为例，这种铁网庇护阻断式的运营管理方式，以及劈山开路的建设模式，造成许多动物铁窗式的永久隔离在一定的地域内，成了"人类活动海洋"里的生存孤岛，限制了迁徙和基因交流，直接威胁生物多样性。

(五) 休闲空间不足

一般来说，居民出行500m有日常休闲空间，对于居民的健康和幸福指数很重要，是让居民共享生态福利最直接的体现。日本的研究认为，居住在可以步行到达城市森林的老年人死亡率下降；荷兰研究表明，身体和心理健康与居住区拥有的绿色空间呈正相关；而我们的调查发现，居住离城市森林绿地越近，居民每周进入绿地休闲的次数越多，其压力指数越低。目前，很多城市可进入绿地少，居民进入绿地不方便。依据专家对广州外环高速以内中心城区的调查研究表明，该区域分别有73%、46%和18%的街区在步行2km、1km和0.5km距离内才能够到达大型城市森林斑块(树冠连续覆盖度0.5hm² 以上)。

在我国，随着生活水平的不断提高，人民群众对生活环境、高标准的生活质量都有着强烈的追求。同时，加快改善人居环境，既是党中央对各级党委政府提出的工作要求，也是对全国广大人民群众的庄严承诺，同时也反映出广大人民群众对居住环境改变的渴望和追求。

二、森林城市的提出

(一)城市森林建设实践与森林化城市的提出

最早在国内传播森林与城市关系的文献是何方 1974 年在《山西林业科技》上摘译于《美国林业》1973 年 2 月 79 卷 2 期的《森林和城市危机》一文。该文主要讨论了：在现代的工业时代，在人民的社会经济生活中，森林将要负担什么样的任务。并指出，现在城市工业化向森林提出了新的要求和新的任务，要帮助城市人民和农村一样有一个优良的生活环境。

1985 年，杨其嘉发表在《云南林业》的文章《森林——大城市的"肺"和"肾"》，在国内最早论述了森林是大城市的"肺"和"肾"，并指出：把森林引进城市是改进城市环境质量的重要措施之一，世界上几乎没有一座清洁幽美的大城市不是靠森林起家的。人们把森林称作城市的"肺"和"肾"，它可以调节空气，防治大气污染，吸收噪声，对人体健康十分有益。同时，"森林城市"一词也是最早出现在该文中，提出：苏联城市建筑学家主张要把大城市的行道树、林荫路、防护林带联合起来，形成"绿色走廊"，以楔形绿地的形式把郊区绿地联向市中心区，建成一座名副其实的森林城市。

1993 年，《新疆林业》上发表的论文《城市森林学》对城市森林的定义、目标、任务、范围进行了介绍，并对国外的相关科研和教学进行了总结。

1995 年，施农在《浙江林业》发表了《城市森林——现代化城市的标志》，明确指出：国际上常以城市绿地、森林公园、自然保护区的面积人均占有水平，作为判断一个国家和地区的科学文化和现代化程度的重要标志。世界各大城市都十分重视城市周围营造大片森林和环城林带，努力扩大城市绿化覆盖率。

1999 年，李鹏翔在《城市防震减灾》发表的《森林化城市》指出森林化城市的特点是：林木繁多、覆盖率大、绿化水平高；各种园林绿地(包括公园绿地、防护性绿地、生产性绿地)、风景名胜区和居民庭院融为一体，整个城市树茂花繁、绿草如茵、空气清新、景色宜人。同时，李鹏翔分别对澳大利亚、新加坡、维也纳、莫斯科的森林化城市建设做了介绍，最后指出：森林化城市建设，使不少本来空气受到污染的城市，变成了空气清新、风景秀丽的绿色世界。森林化城市已不再是人们美好的设想，只要动员起来植树、种草、栽花，无需十分漫长的时日，城市的面貌就会大有改观。

(二)"森林城"建设实践

1999 年，唐开山在《国土绿化》发表的论文《"森林城"是城市走可持续发展之路的必然选择》首次提出了"森林城"的概念，指出"森林城"是具有森林生态环境城市的简称，是 20 世纪 50 年代"绿色运动"的产物。"森林城"建设是一种新的构思和发展战略，是当代可持续发展理论在生态极为脆弱、环境污染十分严重，人与自然严重对立的区域实施森林城建设实践的具体体现。

1999 年，秋云在《沿海环境》发表的《森林城·未来城市的希望》提出了，评价城市的标准已从过去的工业化、摩天大厦、交通、娱乐等指标转向文化、绿野、园林等方面，讲究城市与自然融为一体。城市人追逐自然，盼望清新空气，于是各类"森林城市""绿色村庄""生态建筑"等概念便随风俱出。未来的"森林城"是山水、田园城市。它将为人们交往提供最大便利的舒适、安全、健康、可靠的"家园综合体"。

1999 年，廖福霖等在《福建论坛（经济社会版）》发表的《试论福建沿海城市"森林城"建设的可行性》一文，对福建沿海城市"森林城"建设的可行性进行了深入分析。首先分析了"森林城"的兴起及主要功能，提出"森林城"是具有森林生态环境的城市的简称，是把森林引入城市，城市建在森林中，体现人类与森林协调发展的一种城市建设模式，它走过了"园林化城市"→"城市森林"→"森林城市"的历程。

2000 年，王汝川等在《国土绿化》上发表的《让城市座落在森林中——长春市森林城建设十年回顾》一文对长春市森林城的十年建设进行了回顾和总结。

（三）"森林城市"的提出

国内较早明确提出建设森林城市的是 1996 年，牡丹江市绿化办公室发表在《国土绿化》的《建设森林城市·优化生态环境》一文。该文首先分析了牡丹江市建设森林城市的可行性，提出了牡丹江市建设森林城市符合市情，顺乎民意，势在必行。其次介绍了牡丹江市统一规划，分项实施，整体推进森林城市建设内容。再次，提出了加强领导，全民动员，保证"森林城市"规划的顺利实施。

2001 年，力红发表在《绿化与生活》的《国外的森林城市》一文对堪培拉、新加坡、维也纳、莫斯科等国外的森林城市建设进行了介绍。

2003 年，靳克文发表在《今日国土》上的《实施城乡绿化一体化，加快建设生态宜居森林城市》一文对漯河市建设生态宜居森林城市进行了探讨，提出：抓认识，为建设生态宜居森林城市奠定思想基础；抓规划，为生态宜居森林城市建设进行战略定位；抓体改，为生态宜居森林城市建设提供组织保障；抓重点，为生态宜居森林城市建设提供运行载体；抓机制，为生态宜居森林城市建设注入不竭动力。

2003 年，江泽慧发表在《建设科技》上发表的《构建中国特色森林城市》是第一次比较全面地论述了从国家层面构建中国特色森林城市。

（四）国家战略中的森林城市

森林是陆地生态系统及城市生态基础设施的重要组成，在生态、经济、社会和文化等方面发挥着多重作用。城市森林具有庇荫降温、净化空气、降噪除尘、减缓全球变暖的功能。此外，森林也是低碳城市重要的绿色标志、文明城市独特的文化载体、城市发展和文明进步的重要标志，森林城市建设在城市和社区可持续发展中具有关键作用。因此，自2002 年以来，在国家战略中开始关注城市林业与城市森林的建设。

2002 年，中国共产党第十六次全国代表大会报告《全面建设小康社会，开创中国特色社会主义事业新局面》提出了建设小康社会的目标是可持续发展能力不断增强，生态环境得到改善，资源利用效率显著提高，促进人与自然的和谐，推动整个社会走上生产发展、生活富裕、生态良好的文明发展道路。而森林城市建设正好符合我国走经济发展、生活富裕、生态良好的文明发展道路。

2003 年，中共中央、国务院发布的《关于加快林业发展的决定》赋予了林业以重要地位；在生态建设中，要赋予林业以首要地位；在西部大开发中，要赋予林业以基础地位。提出了"全国动员、全民动手、全社会办林业"的林业建设方针；其中坚持尊重自然和经济规律，因地制宜，乔灌草合理配置，城乡林业协调发展的总体思路，为森林城市建设提供了政府指针。直接催生了 2004 年首个"国家森林城市"的诞生。

党的十八大以来，国家对城市生态建设高度重视，在中央财经领导小组第 12 次会议时又专门强调，要着力开展森林城市建设。中央"十三五"规划建议、中央关于加强城市规划建设管理的若干意见、国家"十三五"规划纲要等重大决策部署，赋予了森林城市建设拓展区域发展空间、营造城市宜居环境、扩大生态产品供给等重要任务。着力开展森林城市建设，已成为国家层面对推动林业发展的新要求，已成为实施国家发展战略的新内容，已成为人民群众对享受良好生态服务的新期待，我们一定要从国家战略全局和人民生态福祉的高度，充分认识开展森林城市建设的重要性和紧迫性。着力开展森林城市建设，是党中央赋予林业的历史任务，也是林业现代化建设的重要内容。要统筹谋划、精心安排，创新工作举措，调动积极因素，努力开创森林城市建设新局面。

1999 年，作为长期关注全社会环境和可持续发展领域战略性、全局性、前瞻性重大问题的专业委员会，全国政协人口资源环境委员会敏锐地认识到森林对于中国可持续发展的重要意义。为了动员全社会加强对林业和生态建设的关心、支持和参与，在全国政协人口资源环境委员会的提议下，全国政协人口资源环境委员会、全国绿化委员会、国家林业局、中国绿化基金会、中华全国新闻工作者协会 5 家单位联合发起了关注森林活动，并设立了组委会和执委会。组委会主任由全国政协副主席担任；活动执委会设在国家林业局，负责具体策划组织开展活动。2004 年，关注森林活动组委会启动了中国城市森林论坛和创建国家森林城市活动，希望通过在全国开展国家森林城市的评选，鼓励和推动各省市发展城市森林，改善城市生态环境。2005 年，国家广电总局成为关注森林活动成员单位。2013 年，教育部、共青团中央、全国总工会、全国工商联成为关注森林活动成员单位。

2004 年，全国绿化委员会、国家林业局正式启动了"国家森林城市"评定程序，并着手制定《"国家森林城市"评价指标》和《"国家森林城市"申报办法》，依托每年举办的"中国城市森林论坛"来授予"国家森林城市"，旨在宣传和倡导人与自然和谐的理念，提高人们的生态和森林意识，提升城市形象和综合竞争力，推动城乡生态一体化建设，全面推进我国城市走生产发展、生活富裕、生态良好的可持续发展道路。同时，也是弘扬森林生态文化的一项重要实践活动。尤其是"第三届中国城市森林论坛"的主题——"绿色·城市·文化"，和"第五届中国城市森林论坛"的主题——"城市森林与生态文明"的提出，更加明确了城市森林要成为城市生态文化与绿色文明的标志。

第二节　中国国家森林城市的发展过程

截至 2016 年年底，全国有 118 个城市获得"国家森林城市"称号，130 多个城市开展"创森"活动。我国森林城市发展经历了以下 3 个阶段。

一、传播理念，探索向前（2004~2007 年）

2004 年，我国森林城市建设起步。开展森林城市建设，是国家林业局为了适应中国国情和发展阶段，推进城乡生态建设的一种实践创新。当时，我们紧紧围绕"让森林走进城市，让城市拥抱森林"这个主题，做好"大地植绿"和"心中播绿"两方面的事情。一是通过大地植绿，有效地增加城乡森林绿地面积，搞好城市周边绿化和城市群绿化，扩大城市之间的生态空间，真正打造出"林在城中、城在林中"的现代城市风貌。二是通过心中播绿，把植绿、护绿、爱绿的意识和尊重自然、顺应自然、保护自然的理念，植根在城乡居民心中。

该阶段，是一个传播理念、凝聚共识的阶段。鉴于森林城市建设刚刚起步，其内涵与外延、原则与理念、措施与做法等等，还处在一个逐步完善、不断推广的过程。因此在这个阶段，主要把森林城市建设定位为一项林业宣传实践活动，每年选择一个城市森林面貌好、市域生态环境佳的省会城市，由全国政协、国家林业局、经济日报社等共同举办"中国城市森林论坛"，邀请国内外专家学者和城市市长介绍情况、交流做法，以此来传播理念、凝聚共识。

第一阶段的主要工作体现了：一是传播了"让森林走进城市，让城市拥抱森林。"的"创森"宗旨，传播了城市森林是城市生态的主体，是城市有生命的基础设施建设，森林城市主要服务于国家和谐社会构建、服务于创建和谐城乡的基本理念。二是通过探索出台了《中国城市森林论坛申办办法》，决定把"国家森林城市"称号的范围扩大到中小城市，从而规范了森林城市的创建工作，极大地调动了各地城市特别是中小城市加快城市森林建设，创建国家森林城市的积极性和主动性，对我国森林城市的发展产生了深远的影响。

这一阶段，森林城市在我国属于探索试点阶段，主要在省会开展了国家森林城市的试点探索建设，共批准了 7 个国家森林城市。

表 1-1　2004~2007 年授予国家森林城市情况表

发展阶段	年份	中国城市森林论坛情况与批准的国家森林城市名称
起步探索阶段	2004	首届中国城市森林论坛在贵州省贵阳市召开，批准我国第 1 个国家森林城市——贵州省贵阳市
	2005	第二届中国城市森林论坛在辽宁省沈阳市召开，批准 1 个国家森林城市——辽宁省沈阳市
	2006	第三届中国城市森林论坛在湖南省长沙市召开，批准 1 个国家森林城市——湖南省长沙市
	2007	第四届中国城市森林论坛在四川省成都市召开，批准国家森林城市 4 个

二、完善规范，加快推进（2008~2012 年）

随着森林城市理念的传播和实践成效的显现，森林城市建设引起了各方面的关注和重视，不少城市相继加入到了建设的行列，森林城市建设呈现出由点到面的发展态势，国家林业局逐步把森林城市建设作为林业重要工作。为此在这个阶段，主要加强了理论引领、规范制定和实践指导与服务。一方面在中国林科院设立了森林城市研究中心，成立了由60

多位专家学者组成的森林城市建设专家库；另一方面，制定了《国家森林城市评价指标体系》，颁布了相关技术标准和管理办法，有效地把森林城市建设纳入了科学化轨道，并加快推动了森林城市在我国的发展。这一阶段，森林城市在我国属于快速发展阶段，共批准了 34 个国家森林城市。

表 1-2　2008~2012 年授予国家森林城市情况表

发展阶段	年份	中国城市森林论坛情况与批准的国家森林城市名称
规范推进阶段	2008	第五届中国城市森林论坛在广东省广州市召开，批准广东省广州市、河南省新乡市、新疆维吾尔自治区阿克苏市 3 个国家森林城市
	2009	第六届中国城市森林论坛在浙江省杭州市召开，批准浙江省杭州市、江苏省无锡市、山东省威海市、陕西省宝鸡市 4 个国家森林城市
	2010	第七届中国城市森林论坛在湖北省武汉市召开，批准湖北省武汉市、内蒙古自治区呼和浩特市、辽宁省本溪市、浙江省宁波市、江西省新余市、河南省漯河市、四川省西昌市、贵州省遵义市 8 个国家森林城市
	2011	第八届中国城市森林论坛在辽宁省大连市召开，批准辽宁省大连市、吉林省珲春市、江苏省扬州市、浙江省龙泉市、河南省洛阳市、广西壮族自治区梧州市、四川省泸州市、新疆维吾尔自治区石河子市 8 个国家森林城市 中国—东盟城市森林论坛在广西壮族自治区南宁市召开，批准 1 个国家森林城市
	2012	第九届中国城市森林论坛在内蒙古自治区呼伦贝尔市召开，批准内蒙古自治区呼伦贝尔市、河南省三门峡市、江苏省徐州市、湖南省益阳市、辽宁省鞍山市、广西壮族自治区柳州市、湖北省宜昌市、浙江省丽水市、浙江省衢州市、重庆市永川区 10 个国家森林城市

三、凸显地位，蓬勃发展（2013~2016 年）

2013 年以来，随着中共中央作出建设生态文明和美丽中国的重大战略部署，森林城市地位凸显，森林城市建设已进入到国家发展的战略层面。

该阶段是党的十八大以后，党中央作出建设生态文明和美丽中国的战略部署后，森林城市建设在经济社会发展和生态环境改善中的作用越来越凸显。2015 年 5 月，国务院正式将"国家森林城市"称号批准列为政府内部审批事项，《国家新型城镇化规划》《国家中长期改革实施规划》等都把森林城市建设作为重要内容。各地建设森林城市的热情不断高涨，全国有 25 个省（自治区、直辖市）的 160 个城市开展了森林城市创建活动，有 12 个省（自治区、直辖市）还开展了省级森林城镇创建活动，森林城市建设呈现出蓬勃发展的势头。这一阶段，森林城市在我国属于蓬勃发展阶段，共批准了 77 个国家森林城市。

表 1-3　2013~2016 年授予国家森林城市情况表

时间	举办地点	主题	授予城市
2013 中国城市森林建设座谈会	江苏省南京市	城市森林·生态文明·美丽中国	宁夏回族自治区石嘴山市、内蒙古自治区赤峰市、广西壮族自治区贺州市、四川省广元市、广西壮族自治区玉林市、四川省广安市、福建省厦门市、河南省平顶山市、河南省济源市、山西省长治市、江苏省南京市、山西省晋城市、山东省临沂市、浙江省湖州市、云南省昆明市、辽宁省抚顺市、安徽省池州市

（续）

时间	举办地点	主题	授予城市
2014 中国城市森林建设座谈会	山东省淄博市	城市森林·民生福祉·美好家园	河北省张家口市、江苏省镇江市、浙江省温州市、安徽省合肥市、安徽省安庆市、江西省吉安市、江西省抚州市、山东省淄博市、山东省枣庄市、河南省郑州市、河南省鹤壁市、湖北省襄阳市、湖北省随州市、湖南省郴州市、湖南省株洲市、广东省惠州市
2015 中国城市森林建设座谈会	安徽省宣城市	让森林走进城市，让城市拥抱森林	河北省石家庄市、内蒙古自治区鄂尔多斯市、辽宁省营口市、辽宁省葫芦岛市、浙江省绍兴市、浙江省义乌市、安徽省黄山市、安徽省宣城市、福建省漳州市、福建省龙岩市、江西省宜春市、山东省济南市、山东省青岛市、山东省泰安市、湖北省荆门市、湖北省咸宁市、湖南省永州市、广东省东莞市、云南省普洱市、青海省西宁市
2016 中国城市森林建设座谈会	陕西省延安市		吉林省长春市、黑龙江省双鸭山市、江苏省常州市、浙江省金华市、浙江省台州市、安徽省六安市、福建省三明市、江西省九江市、江西省鹰潭市、山东省烟台市、山东省潍坊市、河南省焦作市、河南省商丘市、湖北省十堰市、湖南省常德市、广东省珠海市、广东省肇庆市、广西壮族自治区来宾市、广西壮族自治区崇左市、四川省绵阳市、陕西省西安市、陕西省延安市

四、新起点，新发展（2017 至今）

2017 年由全国政协人口资源环境委员会、国家林业局、河北省人民政府、经济日报社联合主办的"2017 森林城市建设座谈会"在承德市举行。全国政协人口资源环境委员会主任、关注森林活动组委会副主任贾治邦，国家林业局局长张建龙分别作报告。河北省政府副省长沈小平，经济日报社副社长林跃然先后致辞。河北省政协副主席卢晓光出席会议。

会上，河北省林业厅、浙江省林业厅、河北省承德市、福建省福州市、山东省日照市、湖南省张家界市、广东省佛山市作典型发言。承德市委书记周仲明代表承德市作了《创建国家森林城市，建设生态强市魅力承德》的典型发言。

会上宣布承德、通化、铜陵、福州、泉州、上饶、赣州、景德镇、日照、莱芜、张家界、佛山、江门、百色、攀枝花、宜宾、巴中、临沧、安康 19 个城市获"国家森林城市"称号并举行授牌仪式。

会议强调，关注森林活动已经成为服务党和国家中心工作、推动经济社会可持续发展的重要社会力量，成为面向全社会传播生态文明理念、动员广大群众共建美丽中国的重要宣传途径。要总结并运用好关注森林活动的成功经验，坚持围绕中心、服务大局，坚持密切合作、形成合力，坚持与时俱进、开拓创新，坚持以人为本、森林惠民。要进一步推动关注森林活动向纵深发展，牢固树立"四个意识"，秉持活动宗旨，精心谋划，扎实工作，确保关注森林活动更富活力，更有成效。

会议要求，要学习领会和贯彻好国家重大生态战略，努力把森林城市建设推向新境界。下一步要聚焦问题精准发力，抓好森林城市建设重点工作，特别要着力抓好规划布局、增绿提质、利民惠民、生态文化、创建载体、资金落实 6 个方面工作。要坚持因地制宜、分区推进，注重过程、看重实效，严格程序、严格审批，持之以恒、越建越好 4 个原则，扎实推进国家森林城市创建工作，努力开创森林城市建设事业新局面。

2017 年，国家林业局森林城市监测评估中心正式挂牌成立。

2018 年 10 月 15 日，2018 森林城市建设座谈会在广东深圳召开，会上公布目前全国有 300 多个城市开展了国家森林城市建设，其中 165 个城市获得国家森林城市称号；有 22 个省份开展了森林城市群建设，18 个省份开展了省级森林城市建设，建成了一大批森林县城、森林小镇和森林村庄。森林城市建设已成为建设生态文明和美丽中国的生动实践，改善生态环境、增进民生福祉的有效途径，弘扬生态文明理念、普及生态文化知识的重要平台，正焕发出越来越强大的生命力和吸引力。

2019 年 4 月 8 日，习近平总书记在参加首都义务植树活动时强调，持续推进森林城市、森林乡村建设，着力改善人居环境。在习近平总书记的重要指示指引下，国家"十三五"规划、国家区域发展战略等一系列重大部署都明确了森林城市建设的重要任务，森林城市建设战略地位进一步提升，成为国家发展战略的重要内容，森林城市建设进入了快速发展、科学推进的新阶段。

截至 2019 年年底，贵阳、沈阳、长沙、广州等 194 个城市先后荣获"国家森林城市"称号。此外还有 387 个城市开展国家森林城市创建，19 个省份开展了省级森林城市创建活动，11 个省份开展了森林城市群建设，形成了跨区域、覆盖城乡的建设体系。

以上表明，我国森林城市的发展进入新的发展阶段。

第三节　展　望

2016 年 1 月 26 日，中央财经领导小组第十二次会议提出"要着力开展森林城市建设，搞好城市内绿化，使城市适宜绿化的地方都绿起来。搞好城市周边绿化，充分利用不适宜耕作的土地开展绿化造林；搞好城市群绿化，扩大城市之间的生态空间。要着力建设国家公园，保护自然生态系统的原真性和完整性，给子孙后代留下一些自然遗产"，奠定了森林城市建设在我国国土生态安全中的战略地位，从而将我国森林城市发展推向新高潮。"着力开展森林城市建设"，是党中央赋予林业的历史任务，也是林业现代化建设的重要内容。

特别是 2016 年国家森林城市正式成为国家林业局的行政审批事项，这是国家赋予林业新地位的一个标志，是森林城市正式成为国家发展战略的具体保障措施，是我们新中国林业人的新使命。

第二章 基于"绿色发展"理念的森林城市建设探讨

第一节 生态文明思想与"绿色发展"思路形成

一、"绿色发展"思路形成的基础

(一)大地园林化

早在 1958 年，国家就提出："要使我们祖国的山河全部绿化起来，要达到园林化，到处都很美丽，自然面貌得到改变。种树要种好，要有一定的规格，不是种了就算了，株行距，各种树种搭配要合适，到处像公园，做到这样，就达到共产主义的要求。"于是，"园林化"成为"绿化"(主要指种树)的更高目标，"绿化"成为"园林化"的基础。

"大地园林化"的提出是 1958 年 12 月 10 日，第一次以中央文件的形式完整地发出了"大地园林化"的号召，一度作为城市园林和大地绿化建设的指导思想。在"大地园林化"号召下，我国园林绿化建设在群众造林方面取得了一定进展，在城市公园的营造中继承和发展了中国的造园传统。

(二)国土绿化、可持续科学发展、生态文明建设

改革开放之后，我们国家又开展了一场规模浩大的生态建设运动。特别是在植树造林，绿化祖国，造福后代方面，要求"植树造林要一代一代永远干下去"，"这件事，要坚持二十年，一年比一年好，一年比一年扎实。为了保证实效，应有切实可行的检查和奖惩制度。""植树造林，绿化祖国，是建设社会主义、造福子孙后代的伟大事业，要坚持二十年，坚持一百年，坚持一千年，要一代一代永远干下去"，并且提出："要让娃娃们养成种树、爱树的好习惯"。

从国家层面上认识到"植树造林，绿化祖国，一可以防止水土流失，二可以保护生态环境，三可以改善人们的生活和工作环境。总之，这是一件造福子孙后代的大事"。要求"全党动员、全民动手、植树造林、绿化祖国"的号召。退耕还林、京津风沙源治理等多项国家林业重点工程相继启动。

随着全国人民为改善生态环境继续进行着不懈努力和创新发展。国家把"使祖国大地

变得更加秀美"作为国家发展目标，要求"深入开展义务植树活动，不断扩大国土绿化面积，是实现科学发展的必然要求，也是建设生态文明的重要举措。希望全社会大力弘扬植绿、护绿、爱绿的文明新风，积极参与义务植树活动，注重科学、提高质量、加强管护，确保种一棵、活一棵、成材一棵。要通过一代又一代人的不懈努力，使祖国大地变得更加秀美"。

(三)绿色发展

新时代，我们国家把马克思主义生态理论与当今时代发展特征相结合，又融汇了东方文明而形成的新的发展理念；是将生态文明建设融入经济、政治、文化、社会建设各方面和全过程的全新发展理念——绿色发展。

实施"绿色发展"理念，实现绿色惠民、绿色富国、绿色承诺的发展思路。

二、"绿色发展"思路的主要表现

(一)绿色银行

良好生态环境是最公平的公共产品，是最普惠的民生福祉，是"绿色银行"。

"绿色银行"的理论，实际上是建立生态资源绿色储备制定，正确处理好经济发展同生态环境保护的关系，牢固树立保护生态环境就是保护生产力、改善生态环境就是发展生产力的理念。更加自觉地推动绿色发展、循环发展、低碳发展，决不以牺牲环境为代价去换取一时的经济增长。

(二)绿水青山就是金山银山

绿水青山就是金山银山的理念，是绿色发展的具体体现和生动表述。

人类社会在追求人与自然和谐、经济与社会和谐的过程中，就是要"两座山"，既要金山银山，更要绿水青山。

(三)山水林田湖草是一个生命共同体

绿色发展理论的具体体现和生动表述是"山水林田湖草是一个生命共同体"：人的命脉在田，田的命脉在水，水的命脉在山，山的命脉在土，土的命脉在树。

(四)低碳：是推动形成绿色发展新方式

从资源环境约束看，过去能源资源和生态环境空间相对较大，现在环境承载能力已经达到或接近上限，必须顺应人民群众对良好生态环境的期待，推动形成绿色低碳循环发展新方式。

习近平总书记曾指出：要把生态环境保护放在更加突出位置，像保护眼睛一样保护生态环境，像对待生命一样对待生态环境，在生态环境保护上一定要算大账、算长远账、算整体账、算综合账，不能因小失大、顾此失彼、寅吃卯粮、急功近利。

(五)绿化：是实现绿色发展的基础

植树造林是实现天蓝、地绿、水净的重要途径，是最普惠的民生工程。当然，也是实现绿色发展的基础，我们要坚持全国动员、全民动手植树造林，努力把建设美丽中国化为人民自觉行动。

(六)森林城市：是绿色发展的重要表现

"要着力开展森林城市建设，搞好城市内绿化，使城市适宜绿化的地方都绿起来。搞好城市周边绿化，充分利用不适宜耕作的土地开展绿化造林；搞好城市群绿化，扩大城市之间的生态空间"这些是国家对森林城市建设的具体要求，也是国家绿色发展战略的重要表现。

(七)绿色惠民

让良好生态环境成为人民生活质量的增长点，是一个目标，更是一份承诺。"十三五"规划建议指出，坚持绿色惠民，为人民提供更多优质生态产品，推动形成绿色发展方式和生活方式。保护生态环境，共享蓝色天空，让环保成为一种生活方式，时时刻刻影响着老百姓的生活。科学布局生产空间、生活空间、生态空间，我们在路上。

建设森林城市的主要目的是提供大众福祉，因此，特别符合绿色发展理论中的"绿色惠民"的核心要求。

第二节 "绿色发展"在森林城市建设中的应用

一、保护生态原真性——森林城市建设的基础

(一)森林城市建设是保护生态原真性的具体体现

一是森林城市建设提出了区域森林自然度概念。为了衡量一个区域的森林城市水平和建设状况，原国家林业局提出了区域森林自然度的概念。可以大致理解为自然的森林所在的比例。

二是森林城市建设以近自然模式为主导，保护生态原真性是森林城市建设的主要原则。森林城市建设要借鉴生态系统经营的理论，以近自然森林经营理论为指导进行营建，减少人为干扰，逐步建立城市森林生态系统的自我维持机制。

三是森林城市建设中提出的自然环境和生物多样性保护措施都是以保护生态原真性为首要目标。例如森林城市建设提出的生态公益林保护、地带性植被恢复与重建、健康森林建设、自然保护区建设、森林和湿地公园建设、有害生物防治工程、城乡一体绿化等都是积极保护生态系统的自然性和原真性，保护和修复城市的生态原真性。

(二)保护生态原真性能够有效指导我国森林城市的健康持续发展

一是保护和恢复原真性的自然环境，是森林城市建设和发展的首要目的。良好的自然

环境是城市人与自然和谐相处的重要基础，营造森林城市的目的，就是创造优美、清新、安全、舒适的自然环境和以此为基础的人居环境。

二是保护生物多样性，建立结构完整、功能完备的复合生态系统，是森林城市持续健康发展的基础。通过环城林带、绿色通道、河道风光带建设，将城市生态隔离带、森林公园与城郊生态林和兼用林连成一个完整的复合生态网络体系。使城区外围的各种生态要素有机组合并入城市复合生态系统之中。与此同时，森林城市的发展并不意味着排斥其他形式的植被类型，而是与其他形式的植被类型相互借鉴、相互补充、相互融合，共同构建结构完整、功能完备的复合生态系统，从而保障森林城市的健康持续发展。

二、森林城市建设——筑建城市生态安全的需要

（一）森林城市建设是保护人民群众生存安全的重要举措

随着城市化的快速发展，城市的自然环境不断恶化，城市中的大气、水体、土壤不断被污染，城市病日益严重，严重威胁到居住在城市内及其周边的人民群众的身体健康和生存安全。森林城市的建设，以"扩量、提质、增效"为重点，以城乡一体绿化为抓手，统筹城乡之间的森林、湿地和农田生态系统，提高城市生态系统净化水质、吸收尘埃和有害气体、释放氧气等功能，为城市居民提供一个更加清新、美好的人居环境，从而保障人民群众的身体健康和生存安全。

（二）森林城市建设是保障城市生态安全的重要途径

随着城市化的快速发展，城市的土地利用或土地覆盖发生了显著变化，使得城市的生态空间被不断地蚕食，生态空间质量不断下降，从而导致了城市的生命支撑系统功能下降，城市自然灾害加剧，城市生态安全降低。森林城市的建设，一方面严格保护现有的良好的以森林、湿地和绿地为主的生命支撑系统，扩大其面积。另一方面不断修复和恢复受损的生命支撑系统，提高其质量。从而保障城市生态安全。

三、实现绿色致富——森林城市建设的主要目的

（一）森林城市建设是增加城市绿色空间的重要举措

绿色经济发展必须以绿色的城市空间为基础载体和外在表现。森林城市的建设，是增加城市绿色空间的重要举措。森林城市建设以"规划控绿、清脏播绿、拆违建绿、择空补绿、见缝插绿、垂直挂绿"为主要内容，不仅要搞好城市内绿化，使城市适宜绿化的地方都绿起来，而且还要搞好城市周边绿化，充分利用不适宜耕作的土地开展绿化造林；并且还要搞好城市群绿化，扩大城市之间的生态空间。通过森林城市的建设，提高城市的绿度和绿感。

（二）森林城市建设是实施绿色经济建设和实现绿色致富的重要途径

绿色经济在一定程度上可以理解为循环经济、低碳经济、生态经济、少烟或无烟经

济，是实现资源节约型和环境友好型的经济发展模式。森林城市的建设，一方面通过工程项目的建设，在一定程度上带动了相关清洁产业的发展，解决了一定的就业问题。另一方面，通过积极发展生态旅游、生态休闲游憩、生态绿色种养殖业、花卉产业等，积极开展绿色产业、少烟或无烟经济的建设，是绿色经济重要的直接组成。同时，通过森林城市的建设，改善了城市人居环境，加速了人才、资金、技术和资本的快速集聚，从而提高了城市的核心竞争力和软实力，不仅可以提升城市的土地价值，更为重要的是，可以带动金融产业、高新技术产业、总部经济等快速发展，提高城市的绿色经济发展能力。

（三）制定森林城市发展中长期规划，从宏观层面总体把握我国森林城市发展大局，实现森林城市的绿色富国功能

一方面，积极制定《中国森林城市发展中长期规划》，从国家宏观层面总体把握全国的森林城市发展大局，对我国森林城市的发展进行宏观指导，实现森林城市发展的区域平衡性，在区域上通过森林城市建设服务绿色富国理念。

另一方面，积极制定省级层面的森林城市发展中长期规划。要依据全国森林城市发展规划编制省级规划，科学确定今后一个时期森林城市建设的目标任务。要谋划启动一批森林城市建设重点工程，并发挥好现有林业工程对森林城市建设的支持作用。要督促和指导城市政府编制一个期限十年以上的森林城市建设规划，确保森林城市建设有规划引领、有工程带动、有资金支撑。

四、建设美丽城乡，绿色家园，提高城乡森林生态服务功能

（一）森林城市建设是建设健康森林的重要举措

通过森林城市的建设，坚持保护优先、自然修复为主，坚持数量和质量并重、质量优先，坚持封山育林、人工造林并举。不断完善天然林保护制度，宜封则封、宜造则造，宜林则林、宜灌则灌、宜草则草，实施森林质量精准提升工程，不断开展森林的培育，建设健康的森林。

（二）森林城市建设是建设美丽森林的重要举措

森林城市建设，通过进行城区水系生态景观林带建设、重要水源地绿化和其他水系生态景观林带建设，建设多彩美丽的河流廊道；通过进行城市道路生态景观林带提质、旅游线路生态景观林带建设和县乡公路通道生态景观林带建设，建设多彩美丽的道路廊道；通过进行面山五彩景观林建设、五边五彩景观林建设、乡村五彩景观林建设，建设多彩美丽的景观林；通过城区公园建设、社区（单位）绿化建设、环城绿带建设，建设精致美丽的城市森林。

五、绿色惠民：建设森林城市，增强城乡居民生态福祉

（一）充分发挥城市森林的生态和经济功能，增强居民对森林城市建设的获得感

构建山水林田湖草一体、人居与自然亲和、结构合理、功能协调的森林城市，提升城市品位与综合竞争力，形成尊重自然、热爱自然、善待自然的社会氛围和向世界展示中国生态文明可持续发展的绿色窗口。同时，充分发挥森林城市的生态功能、经济功能和文化功能，让大众在森林城市建设中得到实惠，享受到福利，增强居民对森林城市建设的获得感和认同感。

（二）加强森林城市基础建设，为城乡居民提供更好的人居环境

通过森林城市建设，积极建设城市森林公园、湿地公园、生态养生园林、文化休闲街区、健身步道、城郊生态旅游带等，提供人类亲近自然的场所、清洁的空气和水源、绿树成荫鸟语花香的宜居环境、满足生态产品的需求供给，提升普惠民生最具影响力的生态文化福利和幸福指数。

（三）积极发展森林城市绿色惠民产业建设，提高群众的收入和生活水平

积极发展以森林为依托的种植、养殖、旅游、休闲、康养等生态产业，构建森林城市完善的绿色惠民产业体系建设，并且积极对群众开展技术指导和培训，增强其经营管理技术技能，带动社区产业转型，促进农民增收致富，提高群众的收入和生活水平。

六、绿色承诺：建设森林城市，营建健康城市森林生态系统

（一）森林城市建设是中国政府应对全球气候变化承诺的重要途径之一

2015年11月30日，中国在巴黎举行的联合国气候大会开幕式，并发表《携手构建合作共赢、公平合理的气候变化治理机制》，提出了"公平、合理、有效"的全球应对气候变化解决方案，探索"人类可持续"的发展路径和治理模式。因此，具有改善城市生态环境的"森林城市建设"正在被世界各国所接受。森林城市建设，已经成为我国应对全球气候变化的重要途径之一。通过森林城市建设，增加森林的面积，提高森林的蓄积，增强城市生态系统碳汇功能，积极应对全球气候变化。

（二）森林城市建设是中国落实2030年可持续发展议程国别方案的重要建设内容

2016年12月，《中国落实2030年可持续发展议程国别方案——林业行动计划》（办规字〔2016〕302号）提出：

十六、目标11.7：到2030年，向所有人，特别是妇女、儿童、老年人和残疾人，普遍提供安全、包容、无障碍、绿色的公共空间。

实施方案：（一）落实《全国造林绿化规划纲要（2016—2020年）》，创新义务植树尽责

形式。出台相关文件和技术标准，引导、推动全社会广泛参与身边增绿，植绿护绿，保护古树名木，加强城乡绿化，着力推进城郊森林公园、森林城市建设。强化宣传，鼓励更多城郊森林公园免费开放。

十七、目标 12.8：到 2030 年，确保各国人民都能获取关于可持续发展以及与自然和谐的生活方式的信息并具有上述意识。

实施方案：（二）推进森林城市建设，实现"大地植绿"和"心中播绿"。积极倡导"让森林走进城市，让城市拥抱森林"理念，扎实推进国家森林城市创建活动，让共建、共享、共促理念深入人心。以自然为美，把好山好水好风光融入城市，充分发挥森林在改善城市宜居环境和城市现代风貌方面的独特作用，为城市营造绿色安全的生产空间、健康宜居的生活空间、优美完备的生态空间。让人们在共同建设森林城市，共同享受森林城市的过程中，形成节能环保、绿色低碳的生活方式。

七、绿色文化：建设森林城市，弘扬森林生态文化

（一）加强森林城市中的绿色文化基础设施建设

积极开展包括绿色文化科普教育基地、绿色文化场馆、绿色文化展示园、绿色文化长廊、绿色文化营区、绿色文化镇、绿色文化村等绿色文化基础设施建设，为森林城市开展绿化文化的建设和宣传提供多种载体和平台。

（二）积极开展绿色文化标识系统建设

根据不同的森林城市自然条件、地域文化、民俗风情和建设重点，积极建设整个森林城市的绿色文化标识系统，包括城市主题绿色文化地标、绿色道路标识标牌系统、绿色旅游标识标牌系统、绿色交通标识标牌系统、城市绿色文化 LOGO 系统、绿色科普宣教标识标牌系统等建设内容。

（三）积极开展绿色文化的科普、宣传和教育活动

充分发挥城市森林的生态文化传播功能，提高居民生态文明意识。依托各类生态资源，建立生态科普教育基地、走廊和标识标牌，设立参与式、体验式的生态课堂。加强古树名木保护，做好市树市花评选。利用植树节、森林日、湿地日、荒漠化日、爱鸟日等生态节庆日，积极开展生态主题宣传教育活动。

八、绿色意识：建设森林城市，实现大众生态参与愿望

（一）加强森林城市建设过程中对大众绿色意识的培育

通过各种绿色文化生态设施和标识体系，培养一种新时期下的绿色文化意识。这些绿色文化意识主要包括以下五个方面。一是要充分体现对后代人的关心。二是要充分体现对当代人的人文关爱。三是要充分体现对自然与生物的尊重。四是要充分体现公平与公正。五是要体现对历史的尊重。

（二）积极拓展绿色意识宣传渠道，加强对大众绿色意识的宣传

各级政府及有关部门要将与循环经济、森林生态城有关的科学知识和法律常识纳入宣传教育计划，充分利用广播、电视、报刊、网络等媒体，广泛开展多层次、多形式的生态城市建设的舆论宣传和科普宣传，及时报道和表扬先进典型，公开揭露和批评违法违规行为。营造舆论氛围，树立环境危机意识，提高广大人民群众对环境问题的认识水平，形成全社会参与建设的氛围。

（三）扩大社会参与生态保护的知情权和决策权

扩大公民对森林生态环境保护的知情权、参与权和监督权，促进森林生态环境保护和生态建设决策的科学化、民主化。各级环保部门要组织专家和公民以适当方式参与环境影响评价，实行森林生态环境保护有奖举报制度。鼓励社会团体和公民参与环境保护和森林生态城建设，对在环境整治和生态建设中做出突出贡献的单位和个人给予精神鼓励和物质鼓励。设立生态建设投诉中心和公众举报电话，鼓励检举揭发各种违反生态环境保护法律法规的行为，加强环保法律、政策和技术咨询服务，扩大和保护社会公众享有的环境权益。

九、绿色梦想：建设森林城市，实现美丽生态中国梦想

（一）进一步完善森林城市的建设标准和程序，充分发挥森林城市在美丽生态中国梦建设中的示范引领作用

一方面，加紧制定中国森林城市建设和核验相关标准规范。为了更好地指导各地开展不同级别的森林城市建设，确保建设成效，应该积极制定《国家森林城市管理办法》《中国森林城市建设标准》和《中国森林城市核验标准》。

另一方面，加紧制定国家森林城市申报和规划相关标准规范。为了更好地指导国家森林城市的申报和规划工作，提高国家森林城市规划成果质量，应该积极制定《国家森林城市建设总体规划导则》和《申报国家森林城市影像资料制作规范》。

（二）对国家森林城市实行动态管理，加强后续的指导服务和监督检查，确保森林城市建设在美丽生态中国梦建设中作用的有效发挥

依托国家林业和草原局森林城市监测评估中心，规范国家森林城市的监测评估工作，对国家森林城市创建工作进行技术指导；对于创建申报材料进行初步审查；对已授"国家森林城市"称号的城市进行定期监测；建立我国国家森林城市信息管理系统，定期发布《国家森林城市建设白皮书》；为国家林业和草原局对国家森林城市的申报创建、监督检查、监测复查等工作提供科技支撑。

第三节　探　讨

在分析"绿色发展"思路形成的大背景下，深入剖析了其深刻内涵，包括：保护生态原

真性、保护国际生态安全、绿色致富富民和建设美丽中国，并分析了以着力开展森林城市建设为抓手，通过建设森林城市，实现绿色发展的要求：建设森林城市，提高城市生态承载力，改善城乡生态环境，实现绿色富国；建设森林城市，增强城乡居民生态福祉，实现绿色惠民；建设森林城市，营建健康城市森林生态系统，兑现绿色承诺；建设森林城市，提高城乡森林生态服务功能，建设绿色家园；建设森林城市，弘扬森林生态文化，弘扬绿色文化；建设森林城市，实现大众生态参与愿望，增强绿色意识；建设森林城市，实现美丽生态中国梦想，实现绿色梦想。

第三章　新时代中国森林城市建设思考
——以党的十九大精神指导森林城市建设

党的十九大报告提出了新时代中国特色社会主义生态文明建设的具体要求。其中关于"人与自然是生命共同体，人类必须尊重自然、顺应自然、保护自然。人类只有遵循自然规律才能有效防止在开发利用自然上走弯路，人类对大自然的伤害最终会伤及人类自身，这是无法抗拒的规律"的论述是我国推进森林城市建设的重要背景。

党的十九大报告中关于我们要建设的现代化是人与自然和谐共生的现代化，既要创造更多物质财富和精神财富以满足人民日益增长的美好生活需要，也要提供更多优质生态产品以满足人民日益增长的优美生态环境需要。必须坚持节约优先、保护优先、自然恢复为主的方针，形成节约资源和保护环境的空间格局、产业结构、生产方式、生活方式，还自然以宁静、和谐、美丽，这是我们建设森林城市的根本目的。

认真学习与体会十九大精神，并应用到我国森林城市建设中，是广大林业与森林城市建设工作者的重要责任。关系到我国森林城市建设的正确方向与科学轨道。

第一节　森林城市建设是新时代中国特色社会主义建设的重要任务

党的十九大报告主题：不忘初心，牢记使命，高举中国特色社会主义伟大旗帜，决胜全面建成小康社会，夺取新时代中国特色社会主义伟大胜利，为实现中华民族伟大复兴的中国梦不懈奋斗。

"小康社会""中国梦""中华民族伟大复兴"已经成为新时代中国特色社会主义建设的重要关键词。

一、森林城市是"小康社会"的标志

根据中国特色社会主义五位一体总体布局，全面建成小康社会的目标需要充实和完善以下几个方面。一是经济持续健康发展。二是人民民主不断扩大。三是文化软实力显著增强。四是人民生活水平全面提高。五是资源节约型、环境友好型社会建设取得重大进展。

其中资源节约型、环境友好型社会建设需要在以下方面取得成效：一是优化国土开发格局，使主体功能区布局基本形成；二是全面促进资源节约，初步建成资源循环利用体系；三是加大生态环境保护力度，单位国内生产总值能源消耗和二氧化碳排放大幅下降，

主要污染物排放总量显著减少；四是实施重大生态修复工程，实现森林覆盖率提高，生态系统稳定性增强，人居环境明显改善。

森林城市建设可以在人民生活水平提高和资源节约型、环境友好型社会建设中发挥重大作用。通过构建结构稳定、功能完备的城乡生态系统，进一步优化城市的国土开发格局，推进区域绿色发展，全面促进节约资源，减少能耗。同时，能够有效增加森林面积，增强生态系统稳定性，明显改善人居环境。

二、森林城市是"中国梦"的具体形式

"实现中华民族伟大复兴，就是中华民族近代以来最伟大梦想"是中国共产党第十八次全国代表大会提出的重要指导思想和重要执政理念，并且表示这个梦"一定能实现"。

"中国梦"的核心目标也可以概括为"两个一百年"的目标，也就是：到 2021 年中国共产党成立 100 周年和 2049 年中华人民共和国成立 100 周年时，逐步并最终顺利实现中华民族的伟大复兴，具体表现是国家富强、民族振兴、人民幸福，实现途径是走中国特色的社会主义道路、坚持中国特色社会主义理论体系、弘扬民族精神、凝聚中国力量，实施手段是政治、经济、文化、社会、生态文明五位一体建设。

党的十九大报告清晰擘画全面建成社会主义现代化强国的时间表、路线图。在 2020 年全面建成小康社会、实现第一个百年奋斗目标的基础上，再奋斗 15 年，在 2035 年基本实现社会主义现代化。从 2035 年到 21 世纪中叶，在基本实现现代化的基础上，再奋斗 15 年，把我国建成富强、民主、文明、和谐、美丽的社会主义现代化强国。

首先通过森林城市建设构建良好的人居环境，让城乡居民能够像生活在梦幻般的良好环境中。其次森林城市建设是生态文明建设的重要形式和途径，是可以融合五位一体的具体建设内容。

三、"中华民族伟大复兴"需要森林城市

中国历史上就是一个绿水青山的大国，环境优美、文化灿烂、国富民强是中华民族伟大复兴的重要目标。

森林城市就是能够实现环境优美，森林城市能够促进文化灿烂与进步；森林城市就是国富民强的体现。

第二节　森林城市建设是解决与缓解新时代
我国社会主要矛盾的重要途径

党的十九大报告提出新时代中国特色社会主义建设时期的主要矛盾是：明确新时代我国社会主要矛盾是人民日益增长的美好生活需要和不平衡不充分的发展之间的矛盾。

一、森林城市是"人民美好生活需要"

人民对美好生活的向往，是森林城市建设的主要动力。

首先，人民期待良好的人居环境。绿树成荫、空气优良、水质良好、出门见绿的人居

环境，是人民美好生活需要的基础要求。其次，文化生活丰富，精神生活丰满，是人民群众美好生活的较高层次的需要。

通过森林城市的建设，一方面，可以营建良好的人居环境，满足人民对人居环境的首要需要。另一方面，开展丰富多彩、形式多样的森林生态文化和生态文明宣教活动，可以满足人民美好的精神生活需要。

二、森林城市建设能够缓解"经济建设与环境保护的不平衡"

森林城市建设就是统领一个城市的生态和经济、物质文明和精神文明建设的重要形式和有力抓手。通过森林城市建设，一方面，从被动的层面，通过倡导绿色发展而使城市进行产业的转型和升级，从而减少污染排放，在一定程度上缓解经济发展与环境保护的不平衡。另一方面，从主动的层面，通过增加森林面积和提升生态系统质量，增强城市生态系统的面积和承载力，从而也进一步调和城市经济发展和环境保护的不平衡。

第三节　以习近平新时代中国特色社会主义思想指导森林城市建设

党的十九大报告提出"必须坚持以人民为中心的发展思想，不断促进人的全面发展、全体人民共同富裕；明确中国特色社会主义事业总体布局是'五位一体'、战略布局是'四个全面'，强调坚定道路自信、理论自信、制度自信、文化自信"。其中"坚持以人民为中心""全体人民共同富裕"。

森林城市建设的目的就是以森林应对全球环境变化，以绿色改善人居环境，以生态引领全球人类行为的中国实践。创建森林城市是实践新时代中国特色社会主义思想的具体行动。

一、森林城市建设需要"坚持以人民为中心"

森林城市的最高目标是满足人民的美好生活需要，一切以人民为中心。人民的美好生活需要就是良好的人居环境，而森林城市建设恰好是构建良好人居环境的有力抓手。因此，坚持以人民为中心的发展思想需要森林城市，各级政府需要高度重视森林城市的建设和发展，首先为辖区人民营建一个良好的人居环境。

二、"全体人民共同富裕"需要森林城市

共同富裕是全体人民通过辛勤劳动和相互帮助最终达到丰衣足食的生活水平，也就是消除两极分化和贫穷基础上的普遍富裕，是邓小平建设有中国特色社会主义理论的重要内容之一。中国人多地广，共同富裕不是同时富裕，而是一部分人一部分地区先富起来，先富的帮助后富的，逐步实现共同富裕。共同富裕是社会主义的本质规定和奋斗目标，也是我国社会主义的根本原则。

共同富裕不仅指物质上的丰足，而且应该包括良好生态环境和人居环境的共同拥有。而良好生态环境和人居环境的共同拥有，必须依托森林城市这个有力抓手才能较好实现。

第四节　森林城市是实现新时代国家战略的具体要求

党的十九大报告把建设创新型国家、实施乡村振兴战略、实施健康中国战略作为新时代中国特色社会主义建设的重要战略。森林城市建设关系到实施这些国家战略的实现。

一、"创新型国家战略"需要森林城市

党的十九大提出了"创新型国家战略"。提出创新是引领发展的第一动力，是建设现代化经济体系的战略支撑。要瞄准世界科技前沿，强化基础研究，实现前瞻性基础研究、引领性原创成果重大突破。

森林城市建设本来是我国的一种城市建设创新，也是在国际上的生态城市建设实践上的创新发展。所以，森林城市建设能够很好地体现我国的"创新型国家战略"。

二、"乡村振兴战略"需要森林城市

党的十九大提出了"乡村振兴战略"。提出农业农村农民问题是关系国计民生的根本性问题，必须始终把解决好"三农"问题作为全党工作重中之重。要坚持农业农村优先发展，按照产业兴旺、生态宜居、乡风文明、治理有效、生活富裕的总要求。

我国森林城市建设的主要战场在农村，服务的主要对象也是城乡居民，因此"乡村振兴战略"离不开城乡一体化的森林城市建设。

三、"健康中国战略"需要森林城市

党的十九大提出了"健康中国战略"。指出人民健康是民族昌盛和国家富强的重要标志。要完善国民健康政策，为人民群众提供全方位全周期健康服务。倡导健康文明生活方式。积极应对人口老龄化，构建养老、孝老、敬老政策体系和社会环境，推进医养结合，加快老龄事业和产业发展。

森林城市建设把森林康养作为重要的建设任务，森林作为居民重要的生活环境，因此，森林城市也是"健康中国战略"重要的组成。

第五节　新时代森林城市建设的基本原则

党的十九大报告提出了新时代中国特色社会主义建设的一系列基本原则，其中"坚持以人民为中心""坚持在发展中保障和改善民生""坚持人与自然和谐共生"对于我国森林城市建设具有重要指导意义。

一、森林城市建设要"坚持以人民为中心"

党的十九大报告中提出人民是历史的创造者，是决定党和国家前途命运的根本力量。必须坚持人民主体地位，坚持立党为公、执政为民，践行全心全意为人民服务的根本宗旨，把党的群众路线贯彻到治国理政全部活动之中，把人民对美好生活的向往作为奋斗目

标，依靠人民创造历史伟业。

因此，森林城市建设如同我国其他社会经济建设一样，应该"坚持以人民为中心"的根本导向。

二、森林城市建设要"坚持在发展中保障和改善民生"

党的十九大报告中提出增进民生福祉是发展的根本目的。必须多谋民生之利、多解民生之忧，在发展中补齐民生短板、促进社会公平正义，在幼有所育、学有所教、劳有所得、病有所医、老有所养、住有所居、弱有所扶上不断取得新进展，深入开展脱贫攻坚，建设平安中国，加强和创新社会治理，维护社会和谐稳定，确保国家长治久安、人民安居乐业。

森林城市建设能够"保证全体人民在共建共享发展中有更多获得感，不断促进人的全面发展、全体人民共同富裕。"

三、森林城市建设要"坚持人与自然和谐共生"

党的十九大报告中提出建设生态文明是中华民族永续发展的千年大计。必须树立和践行绿水青山就是金山银山的理念，坚持节约资源和保护环境的基本国策，像对待生命一样对待生态环境，统筹山水林田湖草系统治理，实行最严格的生态环境保护制度，形成绿色发展方式和生活方式，坚定走生产发展、生活富裕、生态良好的文明发展道路，建设美丽中国，为人民创造良好生产生活环境，为全球生态安全作出贡献。

理所当然，"坚持人与自然和谐共生"是森林城市建设的基本原则。

第六节　新时代森林城市建设的具体要求

党的十九大报告中提出的"要推进绿色发展""要着力解决突出环境问题""要加大生态系统保护力度"给我国森林城市建设提出了具体要求。

一、森林城市就是"要推进绿色发展"

党的十九大报告中提出要加快建立绿色生产和消费的法律制度和政策导向，建立健全绿色低碳循环发展的经济体系。构建市场导向的绿色技术创新体系，发展绿色金融，壮大节能环保产业、清洁生产产业、清洁能源产业。推进能源生产和消费革命，构建清洁低碳、安全高效的能源体系。推进资源全面节约和循环利用，实施国家节水行动，降低能耗、物耗，实现生产系统和生活系统循环链接。

森林城市建设就是要倡导简约适度、绿色低碳的生活方式，反对奢侈浪费和不合理消费，开展创建节约型机关、绿色家庭、绿色学校、绿色社区和绿色出行等行动。

二、森林城市就是"要着力解决突出环境问题"

党的十九大报告中提出要坚持全民共治、源头防治，持续实施大气污染防治行动，打赢蓝天保卫战。加快水污染防治，实施流域环境和近岸海域综合治理。强化土壤污染管控和修复，加强农业面源污染防治，开展农村人居环境整治行动。加强固体废弃物和垃圾处置，提高污染排放标准，强化排污者责任，健全环保信用评价、信息强制性披露、严惩重罚等制度。构建政府为主导、企业为主体、社会组织和公众共同参与的环境治理体系。积极参与全球环境治理，落实减排承诺。

森林城市就是要及时解决突出的环境问题，构建中国的蓝天与青山绿水。

三、森林城市就是"要加大生态系统保护力度"

党的十九大报告中提出要实施重要生态系统保护和修复重大工程，优化生态安全屏障体系，构建生态廊道和生物多样性保护网络，提升生态系统质量和稳定性。完成生态保护红线、永久基本农田、城镇开发边界三条控制线划定工作。开展国土绿化行动，推进荒漠化、石漠化、水土流失综合治理，强化湿地保护和恢复，加强地质灾害防治。完善天然林保护制度，扩大退耕还林还草。严格保护耕地，扩大轮作休耕试点，健全耕地草原森林河流湖泊休养生息制度，建立市场化、多元化生态补偿机制。

森林城市建设就是要加大生态系统保护力度，特别是城市生态系统、湿地生态系统、森林生态系统和生物多样性保护。

第四章　国家森林城市建设基本理论及其应用

伴随着人类文明的进步，长期生活在大城市的人渴望回归自然，因此人们强烈呼吁"城市必须与自然共存""人类渴望自然，城市呼吁绿色"，进而提出了建设"森林城市""山水城市"及"生态城市"的设想。而浓郁的森林、树木及所有绿色植物构成的绿色环境，是人们回归自然、与自然和谐共存的理想场所。在瑞典估计每年有 200 万人到森林中活动，几乎每个人都要去森林住一夜，而其中 55% 的人主要去城市森林。

第一节　城市森林与森林城市的关系

一、城市森林

城市森林是指在市域范围内以改善城市生态环境，满足经济社会发展需求，促进人与自然和谐为目的，以森林和树木为主体及其周围环境所构成的复合生态系统。

城市森林建设是以城市为载体，以森林植被为主体，以城市绿化、美化和生态化为目的，实现森林景观与人文景观有机结合，改善城市生态环境，加快城市生态化进程，促进城市、城市居民及自然环境间的和谐共存，推动城市可持续发展。

二、森林城市

在城乡(镇)规划范围内，生态系统以森林植被为主体，在环境改善、生态文明建设等指标上能达到类似森林的作用，具有丰富的生态与社会服务功能的城市。

三、国家森林城市

是在城市行政管辖范围内生态建设实现城乡统筹发展，并已形成以森林和树木为主体，具备稳定健康的城市森林生态系统，经国家林业和草原局依照规定的指标进行评审合格后，按照有关程序以批准的城市。

四、城市森林与森林城市的联系

在《森林城市建设总体规划》的指导下开展城市森林建设，在具体的建设过程中，当城市生态系统逐步演变成为以森林植被为主体时，这个城市可以称为"森林城市"；当城市森林建设的各项建设指标达到了国家林业和草原局规定的标准，并向国家林业和草原局申请，经国家林业和草原局考核合格后，授予该城市"国家森林城市"称号，其中的过程称之为"创建国家森林城市"。

概括来说，城市森林建设是基础与前提，是一个长期的过程，"森林城市"与"国家森林城市"是这个过程中的两个节点，"国家森林城市"是国家对城市森林建设的认可。

五、城市森林的建设特点

（一）以森林生态系统为主体

城市森林的构成包括：城市园林绿地、环城林带、生态隔离带、绿色通道、江河风光带、森林公园、湿地公园、生物多样性保护区、城郊生态公益林和兼用林等。通过环城林带、绿色通道、河道风光带建设，将城市生态隔离带、森林公园与城郊生态林和兼用林连成一个完整的森林生态网络体系。使城区外围的各种生态要素有机组合并入城市复合生态系统之中。与此同时，城市森林的发展并不意味着排斥其他形式的植被类型，而是与其他形式的植被类型相互借鉴、相互补充、相互融合。只有这样才能最大限度的改善城市环境，并为人们提供一个既安全、舒适、清新的空间，又景色迷人的外部环境世界。

（二）以近自然模式为主

城市森林建设要借鉴生态系统经营的理论，以近自然森林经营理论为指导进行营建，减少人为干扰，逐步建立城市森林生态系统的自我维持机制。因此，要强调保护原有的地带性天然植被，人工林也应该是近自然的模式。这种近自然就是提倡建设以群落及种群为主，借鉴地带性典型森林群落的种类组成、结构特点，尊重群落的自然演替规律。

（三）以营建绿色、和谐的人居环境为目的

城市森林建设是城市人与自然和谐相处的重要基础，营造城市森林的目的，就是创造优美、清新、安全、舒适的人居环境。提高人民群众的生活质量，就是坚持以人为本，建设和谐城市。人们越发清晰地认识到，城市森林作为城市生态系统中最有效、最持久、最积极的因素，对于维护城市的生态平衡、涵养水源、净化空气、调节湿度、降低噪声、维护生物多样性、保持城市居民健康等方面都有重要的现实意义。因此，城市森林建设要以营建绿色、和谐的人居环境为建设目的。

（四）弘扬森林生态文化的载体

森林生态文化是探讨和解决人与森林之间复杂关系的文化，是基于森林生态系统、尊重森林生态规律的文化，是以实现森林生态系统的多重价值来满足人的多重需求为目的的文化，渗透于物质文化、制度文化和精神文化之中，体现人与森林和谐相处的林业生态价值观。而城市森林建设就是要弘扬生态文化，促进生态城市、和谐城市的建设，实现人与森林的和谐。因此，城市森林是弘扬森林生态文化的载体。

（五）应同步或领先于城市化进程

城市森林建设既要针对城市现有的状况，同时更要考虑城市的发展趋势和可能产生的新问题进行长远的规划。因此，无论在建设规模、树种配置等技术环节，还是在整体布局的规划中，都要考虑城市未来的发展需求，对于规划的林地和林带要有一些预留空间，这样既有利于其他行业或产业的参与，带动相关产业的发展，也有利于吸收各方面的力量参与城市森林建设。

（六）需要一个长期的科学规划

城市森林的发展是一个长期的过程，决不能急功近利，其发展需要有一个长期的规划，这种规划应被明确确定下来，更应该以立法的形式得到保证，积极引进各种先进的科学技术，应按部就班地进行城市森林建设，形成稳定、健康、和谐的城市森林。

第二节　国家森林城市建设中的基本理论体系及应用

国家森林城市的创建工作，实际上就是现代林业发展理论在城市林业建设中的实践，现代林业建设理论和城市林业发展理论是指导国家森林城市建设的基本理论。

指导森林城市创建的城市林业发展理论主要包括：生态足迹理论、城市氧平衡理论、绿视率理论、森林生态系统健康理论、森林保健理论（负氧离子、森林精气和人类健康）、森林文化与森林美学理论、"反规划"理论、情感设计、文化设计和景观生态规划理论与技术、碳汇理论与清洁发展机制等。

指导森林城市创建的现代林业发展理论体系除了包括城市林业发展理论体系中的诸理论、技术、理念以外，主要核心理论还有科学发展观、和谐发展理论、可持续发展理论、景观生态学、生态经济学、循环经济以及近自然林业理论、生态系统经营等理论和技术。它们与森林城市建设各方面的关系及应用概见图4-1。

一、可持续发展

20世纪70年代初，罗马俱乐部发表《增长的极限》后，人类开始对传统的经济增长方式进行反省，重新审视增长的目标，探索发展新模式。1992年联合国环境与发展大会，全球183个国家和地区签署《21世纪议程》，标志着在全球范围内实施可持续发展战略。10年后的2002年，全球192个国家出席联合国可持续发展世界首脑会议，大会通过了《执行计划》和《约翰内斯堡可持续发展承诺》的政治宣言，表明了各国要从人类与自然协调和谐、生态建设与社会发展相互促进的高度来坚定不移地走可持续发展道路的决心。可持续发展的核心，就是要求在资源可持续利用和生态可持续保护的前提下实现经济与社会的发展，不仅要求人与人之间的公平，还要顾及人与自然之间的公平。首先必须满足当代人的需求，否则他们就无法生存；又不能因今天的发展而损害后代人满足需求的能力。可持续发展理念已成为世界各国的共识。

可持续发展理论在贵州省森林城市建设中的主要应用是如何科学合理地利用包括土地

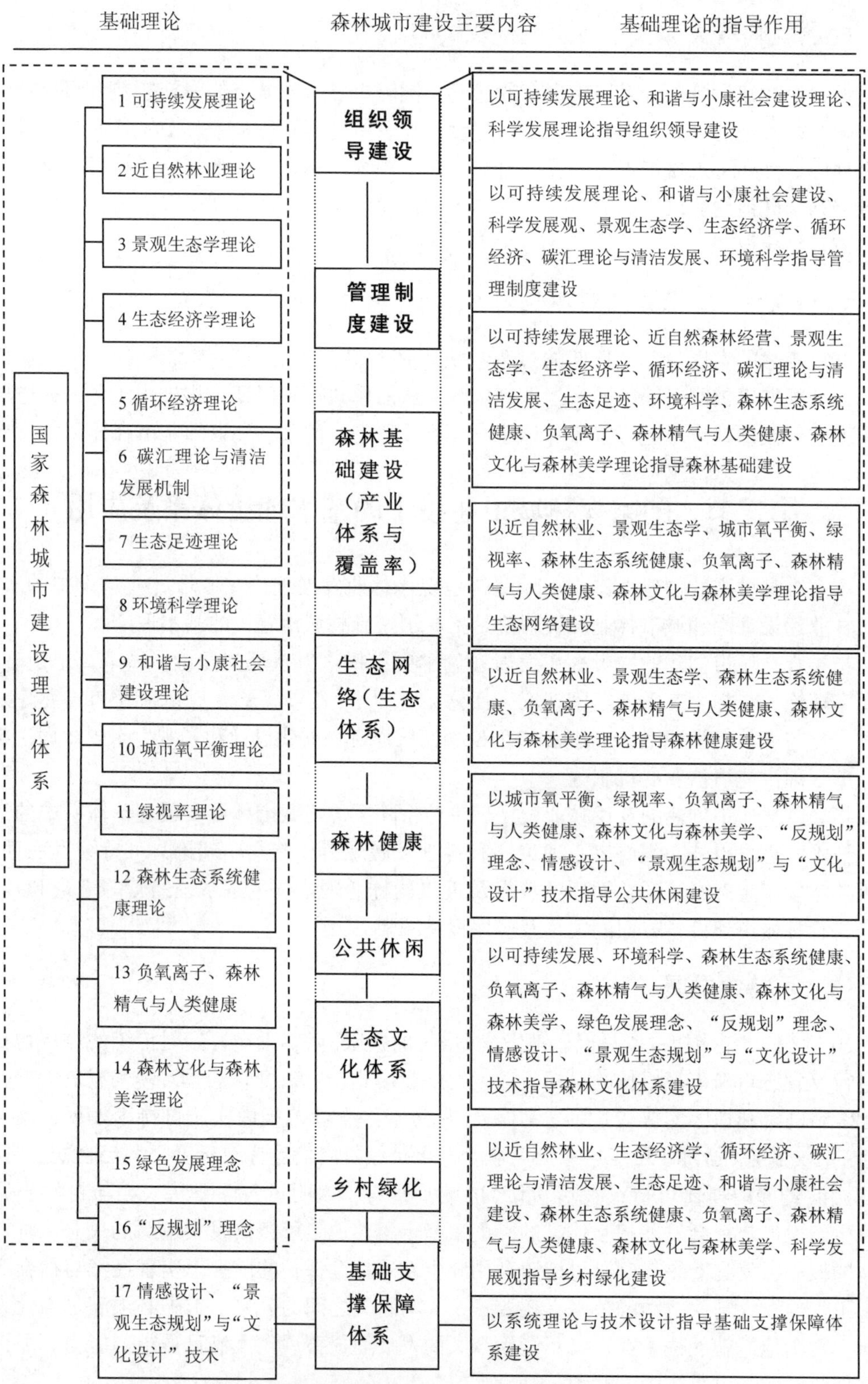

基础理论　　　　森林城市建设主要内容　　　基础理论的指导作用

国家森林城市建设理论体系

1 可持续发展理论
2 近自然林业理论
3 景观生态学理论
4 生态经济学理论
5 循环经济理论
6 碳汇理论与清洁发展机制
7 生态足迹理论
8 环境科学理论
9 和谐与小康社会建设理论
10 城市氧平衡理论
11 绿视率理论
12 森林生态系统健康理论
13 负氧离子、森林精气与人类健康
14 森林文化与森林美学理论
15 绿色发展理念
16 "反规划"理念
17 情感设计、"景观生态规划"与"文化设计"技术

组织领导建设
管理制度建设
森林基础建设（产业体系与覆盖率）
生态网络（生态体系）
森林健康
公共休闲
生态文化体系
乡村绿化
基础支撑保障体系

以可持续发展理论、和谐与小康社会建设理论、科学发展理论指导组织领导建设

以可持续发展理论、和谐与小康社会建设、科学发展观、景观生态学、生态经济学、循环经济、碳汇理论与清洁发展、环境科学指导管理制度建设

以可持续发展理论、近自然森林经营、景观生态学、生态经济学、循环经济、碳汇理论与清洁发展、生态足迹、环境科学、森林生态系统健康、负氧离子、森林精气与人类健康、森林文化与森林美学理论指导森林基础建设

以近自然林业、景观生态学、城市氧平衡、绿视率、森林生态系统健康、负氧离子、森林精气与人类健康、森林文化与森林美学理论指导生态网络建设

以近自然林业、景观生态学、森林生态系统健康、负氧离子、森林精气与人类健康、森林文化与森林美学理论指导森林健康建设

以城市氧平衡、绿视率、负氧离子、森林精气与人类健康、森林文化与森林美学、"反规划"理念、情感设计、"景观生态规划"与"文化设计"技术指导公共休闲建设

以可持续发展、环境科学、森林生态系统健康、负氧离子、森林精气与人类健康、森林文化与森林美学、绿色发展理念、"反规划"理念、情感设计、"景观生态规划"与"文化设计"技术指导森林文化体系建设

以近自然林业、生态经济学、循环经济、碳汇理论与清洁发展、生态足迹、和谐与小康社会建设、森林生态系统健康、负氧离子、森林精气与人类健康、森林文化与森林美学、科学发展观指导乡村绿化建设

以系统理论与技术设计指导基础支撑保障体系建设

图 4-1　现代森林城市建设相关的理论基础及其指导作用示意图

在内的自然文化资源。要倡导积极采用自然保护区、森林公园、湿地公园、风景名胜区等形式保护好自然资源。甚至划出一定的土地休闲或者设计生态功能保护区，以保证这些资源后代人能利用和享受，以促进代际公平。要倡导城乡一体化的经济发展，要大力发展生态休闲和乡村绿化，以满足现代人的生产生活需求，对公共资源要有一个科学态度，如免费开放公园，禁止少数人专享公共资源，以促进代内公平。

二、近自然森林经营

近自然森林经营理论表明森林越是接近自然，各树种间的关系就越和谐，对立地条件也就更加适应，其生物量和生态效益都将达到更高水平。而且，"近自然"森林不仅符合当代城市居民"返璞归真、回归自然"的意愿和追求，还具有造价低，生物多样性丰富，结构完整，后期管理成本低等特点。尤其在生态公益林和森林生态景观建设与经营中遵循森林植被的自然演替规律，选择乡土树种，以培育与当地地带性自然植被类型相接近的森林景观类型为目标，通过人工种植和自然生长相结合的方式，培育出乔、灌、藤、草相结合，接近于原生态的森林生物群落。

在贵州省森林城市建设过程中，遵循森林植被的自然演替规律，强化乡土树种及地带性植被景观的建设，构建稳定的生态系统，维护区域的生物多样性安全；更多地倾向于建设（或保护）一个接近自然状态的景观和环境，减少城市化对自然环境的伤害，拉近城市人群与"自然"的地理距离和心理距离。

三、景观生态学

景观生态学以整个景观为对象，通过物质流、能量流、信息流与价值流的传输和交换，生物与非生物以及人类之间的相互作用与转化，运用生态系统原理认识和了解景观的结构、功能以及动态变化规律，为景观生态规划提供理论依据。景观生态学研究表明，景观的稳定性是相对的，变化是绝对的，无论是量变、渐变还是质变、突变，景观始终都处于一个动态的过程中，这就要求在景观生态规划中，必须始终把握好景观动态变化的特征和规律，注重生态合理性与实效性的协调与统一，做到既不是盲目的、无条件地遵循自然规律（环境决定论），也不是以人类活动和需求为中心违背自然规律（人类决定论），而是相对符合自然规律来满足人类生存的长远利益。

在贵州省森林城市建设规划中利用景观生态学理论，要建设以"绿色"为底的广大森林基质，这种基质必须是生态的，其森林生态系统功能稳定；同时是经济的，能够有一定量的经济产出；是文化的，具有文化美学和休闲价值，实现生态林、产业林和文化林三林合一，在廊道建设上要实现三网合一，使各廊道间在生态信息、文化信息互通。同时，大力发展诸如以产业为主的产业园，以生态为主的保护区（点），以文化为主的各类休闲绿地、公共绿地，加大这些斑块的文化内涵建设。

四、生态经济学

生态经济学是研究生态—经济复合系统的结构和运动规律的一门学科，其研究表明，一个良性循环的生态经济系统，其生态系统和经济系统是互为因果关系的，也就是实现生态、经济、技术的耦合。如果单纯追求经济利益，而选择一种掠夺式的技术和经济手段，将背离生态机制的约束和要求，影响生态生产力的稳定增长和生态资源的持续更新，最后导致生态危机。在森林城市建设中，科学处理生态建设与产业发展的关系，合理配置和科学经营生态公益林、商品林，全面保护、培育和综合利用森林的多种功能及林区其他资源，实现生态经济协调发展，保护改善生态环境与发展林业产业双优共赢。

在贵州省森林城市规划中要专门规划生态园、生态经济园、生态观光园等不同形式的集林业生产、生态物种保护、旅游休闲于一体的生态经济园区，这就是生态经济学理论的具体应用。

五、循环型经济

循环型经济是一种以物质闭环流动为特征，在资源和生态不退化甚至得到优化和改善的情况下促进经济增长，实现生态与经济双赢的新型经济模式。循环型经济本质上就是一种生态经济，要求以生态学规律为指导，以生态友好的方式利用自然资源和生态空间，推动经济活动的生态化转向。自 20 世纪 90 年代确立可持续发展战略以来，德国、美国、日本等发达国家正在把发展循环型经济、建立循环型社会看成是实施可持续发展战略的重要途径，成为国家生态建设与经济社会发展政策的主流。

在贵州省森林城市建设过程中，森林利用应该以实现"森林零废弃物"为目标，实现森林资源的循环利用，发挥其最大的效能。采用套种药材、蔬菜及农作物等发展各种以乔木为主体的复合经营林业。利用农副产品进行深加工，在农村生态村建设中推广沼气，推广农村生态链经营，就是循环经济理论的具体应用。

六、碳 汇

根据旨在限制发达国家温室气体排放量以抑制全球变暖的《京都议定书》的规定，某些土地利用和森林项目能够起到固碳的作用，从而可以被用于充抵减排义务。它的理论依据是假如一棵树可以固定一吨碳，也就相当于大气中减少相应的二氧化碳，那么就应该允许拥有这棵树的国家向大气中多排放相应的二氧化碳。因此那些能够产生碳汇的土地利用、植树造林等项目被列入清洁发展机制(CDM)可接受范围之内。

在贵州省森林城市建设中，探索利用清洁发展机制政策，拓宽融资渠道，加速森林城市的建设。根据城市发展，尤其是碳排放总量，合理地发展森林，实现区域内的碳平衡，是指导区域森林总量确定的理论基础。

七、生态足迹

生态足迹实际上是生态学中容纳量概念的发展。生态学中的容纳量是指生活在某一生态系统内，在不导致该系统永久性破坏的情况下的某一种生物的数量。任何生态系统都只能承受一定数量的生物，否则将导致整个生态系统的破坏。而生态足迹就是指一个城市、某一个地区乃至一个国家的人们，为了维持目前的生活水平，所需要的生产生活空间。相对于容纳量的概念而言，更为直观地揭示出城市或区域现有生存环境所存在的问题，以帮助人们调整思考问题的视角和方式，从而提高对面临的生态问题的认识。

科学合理地测算生态足迹，并预测其趋势，从而合理分配自然资源，确定开发强度，制订保护措施，是实现城市可持续发展的基础。

八、和谐与小康社会建设

和谐与小康社会建设理论是中国共产党根据中国社会现状提出来的现阶段社会发展的基本理论。森林城市建设必须贯彻和谐与小康社会建设的理论与思想。在建设中不但要体现人与自然的和谐，区域之间的和谐，行业之间的和谐，同时，还要体现与下一代人的和谐，真正实现可持续发展。

关注乡村，城乡一体化是贵州省森林城市创建的核心内容。在贵州省森林城市创建规划中，结合新农村建设、生态文明村建设，在政策上、资金上扶持乡村经济文化发展，在实现森林城市的同时真正达到富民强市的目标。

九、城市氧平衡

城市氧平衡理论，是期望城市绿地自身产生的氧气能够相等于市区人群活动所需的氧气量。许多研究报告都指出：依据人呼吸的氧平衡来讲，在温带地区一个人有 $10m^2$ 左右的林地或 $25m^2$ 的草地就够了。这个结论正好与平均每人需要 $10m^2$ 游憩绿地的理论相吻合，它曾经长期主导了城市绿地规划理论。

当一个城市居民用地约 $100m^2$ 时，大约需要 10 倍于其城市用地面积的农田来维持大环境的氧平衡，这可称之为 10 倍面积论。如果其中有一部分是林地，则折换率可以减低，若全是森林，可减低为 2 倍面积论。这种绿地，我们称之为氧源绿地。不过，必须强调指出，这个数值是一个具有临界性质的低标准，位于一个临近危险状态的不稳定平衡点。

由于大气循环、全球气候变化和地理条件限制，在一定区域内城市要实现氧平衡是不现实的，但是，这种理论可以推算出城市绿地的理论需求量。

十、绿视率

在人视野里的绿化区域占到 15% 时，它是生命的基础；占到 25% 时，即能消除心理和眼睛的疲劳，身心感到愉悦，神经得以松弛，还可使烦躁、压抑、紧张的心理状态得到改善，生命延长；占到 60% 左右时，有绿色环抱森林的效应。

据专家推算：

绿视率达到 15% 时，空气负离子浓度在 $100\sim200$ 个 $/cm^3$；

绿视率达到 25% 时，空气负离子浓度在 $400\sim800$ 个 $/cm^3$；

绿视率达到 60% 时，空气负离子浓度 $1000\sim1500$ 个 $/cm^3$。

绿视率理论可以指导居住区多种形式的绿化，如立体绿化，并确定规划的绿化总量。

十一、森林生态系统健康

森林健康问题正日益受到社会各界的广泛关注。进入 21 世纪以来，中国林业正在积极推进由以木材生产为主向以生态建设为主的历史性转变，推进由传统林业向现代林业转变，林业已经进入到一个全新的发展阶段。森林健康理论对于指导我国当前林业发展有十分重要的意义，对于林业落实十九大生态文明建设和绿色发展的理念，协调破解"三农"问题，统筹城乡发展都将发挥积极作用。实施森林健康战略，保持森林生态系统及其服务功能的长期健康稳定，应该是我国林业今后发展的必然选择。森林健康理念的内涵及实质——森林健康（Forest Health）就是要保持森林健康，恢复森林健康，建立和发展健康的森林。

在贵州省森林城市规划中包括以下内容：

（1）规划具有稳定和谐的森林结构，较强的抗灾能力，并能为人类提供较多的生态服务功能和森林物质产品的生态系统健康森林。

（2）通过对森林的科学营造和经营措施，提高森林生态系统的稳定性和生物多样性，增强森林自身抵抗各种自然灾害的能力，促进和谐林业建设，满足现在和将来人类所期望的多目标、多价值、多用途、多产品和多服务的需要。

（3）规划森林健康的管理、维护、促进或恢复森林生态系统的健康的措施，森林健康管理的目的是提高森林生态系统抗逆能力，增强维持森林系统稳定性与和谐性，除去或避免系统中或系统外危害森林健康的因素，创建有利于森林生态健康的良好环境条件，使森林提供更多的服务功能。

（4）提出森林健康管理的目标，就是通过森林健康管理，让不健康的森林逐步恢复健康，让健康的森林持续健康，让新培育的森林从开始就保持健康。健康的森林应在森林经营管理的过程中，一些生物的因素和非生物的因素不会威胁和影响到现在或将来森林经营管理的目标。健康的森林生态系统既能够在维持其多样性和稳定性的同时，又能持续满足人类对森林的生态、社会和经济需求。

（5）森林健康经营要点是健康经营规划，把健康的思想贯穿到森林生态系统经营全过程：火险管理，包括可燃物处理、火险分级、杜绝野火、控制火烧等内容；林业有害生物管理；森林健康系统监测与评价，在全国建立森林健康监测计划，为国家制定政策提供森林状况和变化趋势的信息资料；人为促进的生态系统自然修复方法，即天然林以自然修复为主，人工林以近自然经营为主，注重游憩功能、公众参与和环保意识教育。

十二、森林保健（负氧离子、森林精气与人类健康）

据国内外研究证实，森林及其生态因子能产生大量的空气负氧离子。因此，森林环境中的空气格外新鲜。在自然森林中，人呼吸植物过滤生产的自然活气，获得自然能量，从而帮助人体恢复到自然的平衡状态。自然活气的核心价值成分是植物精气、负氧离子、新生氧和新生水。

（一）植物精气

植物精气就是植物的花、叶、根、芽、茎等组织在自然状态下释放出的气态有机物。据科学测试，植物精气能使人神气，也就是说能使人精神饱满。

植物精气通过呼吸道和人体皮肤表皮进入体内，最后为人体所吸收。可促进免疫蛋白增加，有效调节植物神经平衡，从而增强人体的抵抗力，达到抗菌、抗肿瘤、降血压、驱虫、抗炎、利尿、祛痰、强身健体的生理功效。

（二）负氧离子

最好的负氧离子是植物光合作用时，在分解水分和二氧化碳时产生的，也叫空气维生素。森林中负氧离子的浓度为 $1000 \sim 2000$ 个/cm^3，城市公园 $400 \sim 800$ 个/cm^3，街道绿化带 $100 \sim 200$ 个/cm^3，室内 $40 \sim 50$ 个/cm^3。世界卫生组织确认，空气中的负氧离子在 $1000 \sim 1500$ 个/cm^3 时是清新空气。负氧离子浓度对人体的生物学效应分为三级：临界浓度（400 个/cm^3）、正常浓度（$400 \sim 1000$ 个/cm^3）和保健浓度（>1000 个/cm^3）。低于临界浓度，空气已经污染，浓度越低污染越重。

空气中的灰尘、有害气体、臭味、细菌和病毒等污染物带有正电荷，破坏细胞负电，使细胞老化和早衰，空气中的灰尘，其中小于 $10\mu m$ 的飘尘几乎永久性悬浮在空气中，占悬浮总粒子的 90%。特别是其中小于 $2.5\mu m$ 的微粒（一般过滤系统不能清除），不受肺纤毛阻挡，可穿过肺泡，直到血液乃至全身而带来毒害。负氧离子可捕捉漂浮微尘，使其凝聚而沉淀。飘尘越小，越易被沉淀。

医学界专家将负氧离子称为"空气维生素"。负氧离子的主要作用有：

（1）能调节中枢神经的兴奋与抑制，改善大脑皮层功能，产生良好的心理状态；

（2）能够刺激造血功能，使异常血液成分趋于正常化；

（3）能够促进内分泌；

（4）能够改善肺的换气，增大肺活量，促进气管纤毛摆动，促进污物排出；

（5）能够促进组织的生化氧化还原过程，增强呼吸链中的触媒作用，增强机体免疫力。

（三）新生氧

植物光合作用时，产生负氧离子，在空气中将能量转移后，产生新鲜氧。森林能够增加空气中氧气的浓度，使人呼吸顺畅，增强心肺功能，精神好，提高老年人的生命指数，延年益寿。

（四）新生水

植物光合作用时，分解水分和二氧化碳后重新组合产生的新鲜水。植物光合作用产生的原生水，具有洁净、高生物活性特点，是一种与人的皮肤黏膜有高亲合性的锁定水分，其透皮补水快 1000 倍。能保持皮肤黏膜抗性，使皮肤细白，抗感冒。

在森林城市建设规划中，对区域绿化树种的植物精气种类对人类健康的影响进行专题研究，并据此将不同功能的树种布局到不同的区域，总结出植物精气有保健、抑菌功能，植物挥发性有机物还可以净化空气，充分发挥了植物挥发物质对人类健康的作用。植物精气可以通过肺泡上皮进入人体血液中，作用于延髓两侧的咳嗽中枢，抑制咳嗽中枢向迷走神经和运动神经传播咳嗽冲动，具有止咳作用。通过呼吸道黏膜进入平滑肌细胞内，增加细胞里磷腺苷的含量提高环磷腺苷与环磷鸟苷的比值，增强平滑肌的稳定性，使细胞内的游离钙离子减少。

十三、森林文化与森林美学

森林是陆地生态系统的主体，人类生活在森林之中，因此，森林文化也就将成为生态文化的主体。森林文化大致分为森林物质文化(包括产品与技术)、森林精神文化(包括森林艺术、伦理与道德)、森林制度文化(包括有关森林的组织机构与制度)。

森林美学是研究人对森林的审美活动的特征和规律的科学。森林美学研究的对象包括:人对森林的审美关系产生和发展的规律;森林美的本质、森林美的形态(森林自然美、森林艺术美、森林社会美、森林生态美)、森林美的范畴(优美、崇高、雄壮、秀、奇、灵、色、香等);森林文艺的美学特征,森林文艺的创作和欣赏规律;森林审美意识的本质,森林美感的特征、产生与发展规律;森林审美理想、审美趣味、审美观点及其判断标准;森林审美教育的特点和原则等。

通过利用森林文化与森林美学理论进行贵州省森林城市规划设计与建设,主要是把森林与人文文化紧密结合,构建人与自然和谐相处的美好景象;在以林木植被为主体的公园、游园、广场绿化建设中要充分展示树木的文化象征意义与审美价值。

十四、绿色发展理念

党的十九大报告明确提出,我们要建设的现代化是人与自然和谐共生的现代化。"全党全社会要坚持绿色发展理念,持之以恒推进生态文明建设,一代接着一代干,驰而不息,久久为功。"坚持绿色发展理念不但为中国生态文明建设指明方向,成为今后中国应对气候变化、破解资源环境约束,加快经济发展方式转变的指导原则,同时也是森林城市规划与建设的基本理论。

在贵州省森林城市规划与建设中要把"绿色发展理念"作为规划的根本方法,落实绿色发展举措,科学布局绿色发展的生产空间、生活空间和生态空间,推动生产方式和消费模式的绿色转型,推进森林城市建设与区域经济、政治、文化和社会发展相协调;坚持"以人民为中心"作为规划的立足点和落脚点;规划要重点突出"使人民获得感、幸福感、安全感更加充实、更有保障、更可持续"。

绿色发展理念是统领贵州省森林城市建设的重要理论,它不但指导组织领导、制度建设等宏观领域,同时也可指导小区绿化、休闲建设和乡村绿化工作。森林城市规划的每一个环节,建设的每一个步骤都要充分体现绿色发展理念。

十五、反规划

"反规划"是由我国著名学者俞孔坚先生率先提出的,是应对中国快速的城市进程和在市场经济下城市无序扩张的一种物质空间的规划途径。俞孔坚认为:"反规划"不是不规划,也不是反对规划,它是一种景观规划途径,本质上讲是一种通过对优先进行不建设区域的控制,来进行城市空间规划的方法。"反规划"是对 Eliot(艾里奥特)、McHarg(迈克哈格)在 100 多年前提出的"设计遵从自然的思想""自然与绿地系统优先"的延伸,但"反规划"远远不是绿地优先的概念。

对我国几十年来实行的传统规划方法进行反思,实现由"以人的需求为主导"的规划方法向"以自然生态需求为主导"的规划思维方法的转变。

十六、景观生态规划

据景观生态学的"斑块—廊道—基质"理论，贵州省各城市的绿地系统整体空间布局要呈现"点—线(带)—面"有机结合网架结构。

点——小型主体绿化和点状绿化等。点的绿化实际上是特色斑块的建设，被称为城市"绿地钻石"，是城市中各类小型绿地分布区域。在规划时不但体现斑块内部生态系统功能完善，同时还要考虑其生态文化特色，要注重斑块之间、连通廊道之间的协调。

线——"绿色廊道"(森林廊道)和"蓝色廊道"(湿地廊道)。廊道是连接各斑块的通道，尤其是以保护为主的廊道要注重其系统性和网络化。

面——起着基础性调控作用的四大基质，分别为"生态森林基质""生态草地基质""生态湿地基质"和"生态农田基质"。

十七、文化设计

"文化设计"理念主要表现在以下方面。

(一)在主题思想规划上着重了人与自然和谐共处思想的体现

以生态建设、生态安全、生态文明为方向，按照"生态城市森林"的总体要求，树立和落实以自然为本的绿色发展理念，从大区域环境出发，充分利用贵州省的山岳、河流、滨湖、城郊以及城市各类绿地，全面推进城市森林的建设。

(二)大力弘扬生态文化、森林文化和湿地文化，大力建设生态文明

森林城市建设应该加强对自然保护区、森林文化广场、森林生态园及生态文化村的建设。国家森林城市中的生态物质文化建设任务是要建设繁荣与健康、主题突出、内涵丰富、审美愉悦、形式多样的生态文化产品。

(三)在美与爱的规划设计上体现对大自然的关爱

市树市花是一个城市的象征，是其生态文化的一个重要表征，因此，建设市树市花专类园对一个森林城市而言意义十分深远。在贵州省各地的森林城市建设规划中，应该通过在公园栽种市树市花，采用名人手植、企业认建、个人认领等多种形式进行营建，移植一些有意义的市树市花，通过大楹联、诗画等多种形式展示市树市花的生态文化美学价值。古树名木是中华民族宝贵的财富，是活的文物，历史的见证。保护好古树名木，对于开展文化科研和开展旅游事业都有重要的意义。

(四)尊重当地文化历史和自然

在文化上，建立自然保护区就是把土地和珍稀的生物资源以物态形式保留给后一代。这种关注后代人的理念就是一种可持续的理念，体现了对后代人的关怀和公平，是典型的文化现象。因此，在国家森林城市建设中应尽可能地保留一些土地，建立各种级别、各种形式的保护区。

  百年以上的大树和稀有、名贵树种以及具有历史价值和纪念意义的树木为古树名木，必须重点保护，不得损害、砍伐或随意修剪。林业与城市建设行政主管部门对古树名木建立档案、设立标记、划定保护范围，加强养护管理。散生在单位或居民庭院内的古树名木，由该单位或居民负责养护，城市园林管理处负责监督和技术指导。

  风水林由于长期的保护与自然演替，它往往成为当地珍稀植物、动物的避难所，是某一区域地带性植被的岛屿。有些风水林还是民众原始自然崇拜的一种物态表现，因此也应是一种文化现象和文化遗存。是生态文化在中小尺度和微观尺度的展示载体和创新平台，而且能够更加直观地对群众进行生态文化意识和观念的宣传教育。在森林城市建设规划中，应将其按古树名木的态度和保护方式予以严格保护，并使其成为生态文化宣传的重要场所。

第五章 我国森林城市建设实践形成的基本思路与做法

建设森林城市，是加快城乡造林绿化和生态建设的创新实践。自 2004 年国家林业局启动国家森林城市创建以来，截至 2019 年，经过 15 年的努力，国家森林城市已达 194 个。目前，全国已有 387 个城市开展国家森林城市创建，19 个省份开展了省级森林城市创建活动，11 个省份开展了森林城市群建设，形成了跨区域、覆盖城乡的建设体系，探索出一条具有中国特色的森林城市建设之路，取得了令人瞩目的成效。森林城市已经成为我国城市建设的重要模式以及生态文明建设的重要载体。

在着力开展森林城市建设过程中，如何保障森林城市的健康持续发展，离不开科学的理论、理念和思路的指导。因此，系统梳理我国森林城市建设的核心理念，及时总结其基本思路和主要做法，具有重要的现实指导意义。

第一节 森林城市建设的核心理念

一、以人民为中心

以人民为中心，既是中华文化和哲学的精髓，也是当代中国政府执政的理念。在森林城市建设中，要把以人民为中心的思想贯穿到森林城市建设的全过程，主要体现在三个方面。

(1)森林建在哪里要以人民为中心。城市森林建设就是要改善老百姓生产生活环境，所以森林建在哪里、建多少，既要尊重自然规律，更要满足改善生态环境的要求。

(2)建怎样的森林要以人民为中心。老百姓生产生活需要什么样的林子，就要建什么样的林子，树种的选择、林相的形态、林子的功能都要遵循老百姓的需求。

(3)如何使用森林要以人民为中心。城市森林绿地建设必须解决好为人服务的问题，应该坚持共享理念，应该尽可能地让群众方便地进入森林系统、享受森林环境，共享我们森林城市建设的成果。

二、综合治理

山水林田湖草是一个有机的生命共同体。森林城市建设的实质，就是对以森林、湿地为主体的城乡自然生态系统进行适度建设和科学治理、修复。所以，森林质量的提高和数量的增加，将是森林城市建设的首要任务，同时又把山水林田湖草作为重要的生态因子，纳入森林城市建设中统筹考虑。在这方面，主要采取了三个措施。

（1）通过让森林进社区进村屯、进校园、进军营、进机关、进厂矿，让森林科学地融入到城市的每一个单元，真正体现森林城市建设以林为主的基本原则。

（2）通过采取林水相依、林路相依、林田相依、林山相依的建设模式，让森林与其他自然生态系统相互融合，充分体现森林对维护山水林田湖草生命共同体的基础作用。

（3）通过实施河流治理、湿地保护、田园风光和美丽乡村的打造，让山水林田湖草等各种生态系统在森林城市建设中都有一席之地，推进城市自然生态系统的平衡协调发展。

三、师法自然

森林城市建设就是遵照自然规律，采取自然和人工相结合的方式建设出能够自维持的森林，改变过去重美化、轻生态的做法。在这方面，主要采取了以下三个措施。

（1）物种选择本地化。就是要突出本地物种在城市森林建设中的地位和作用，明确规定乡土树种的使用比重不得低于80%。

（2）生态结构配置多样化。就是新造林绿化要模拟自然植被结构，努力做到乔灌草复层结构和组团分布，以提高森林绿地的生物多样性和生态功能。

（3）管护措施近自然化。就是城市森林绿地的管护，要以不破坏系统内部的物质交换和能量流动为原则，避免过度人工干预，特别是那种追求整齐划一的过度修剪。

四、城乡一体

森林城市的建设范围覆盖整个城市范围，在具体的建设过程中，要切实消除造林绿化中的城乡二元结构，明确规定要把城区绿化与乡村绿化统筹考虑、同步推进，为城乡居民提供平等的生态福利。在实践中，要求做到"三个统一"。

（1）统一规划，把乡村绿化作为重要内容，在森林城市规划中给予明确，确保乡村与城区造林绿化在同一个平台上谋划，具有同等的地位。

（2）统一投资，在工程安排、资金投入、政策扶持上，乡村和城区一视同仁，改变过去城区投资高标准、乡村投资低水平的状况。

（3）统一管理，通过建立森林城市建设指挥机构，改变过去在造林绿化上城乡分割、不同部门分块管理的状况，逐步实行统一管理的体制。

五、政府主导

森林城市建设是生产公共产品和提供公共服务的过程，这就要求政府承担主导角色。地方政府要切实承担起组织者、推动者和管理者的角色，引导社会力量积极参与，齐心协力推进森林城市建设。在实践中，主要做到"三个加强"。

（1）加强组织领导。成立由市长（或书记）担任组长、政府职能部门参与的森林城市建设领导小组，共同参与森林城市建设决策和实施，落实各自职责，切实做到把森林城市建设纳入到城市党委政府工作的重要议事日程。

（2）加强建设保障。形成良好的多层次、多渠道的投资机制，从资金、人员、技术、管理等方面保障森林城市的建设。

（3）加强宣传工作。通过媒体的宣传报道、户外的公益广告，以及开展"我参与、我奉献"、评选市树市花、认养认建森林树木等形式的主题宣传实践活动，让广大市民了解和参与支持森林城市的建设。

第二节 我国城市森林建设的基本思路与做法

我国城市森林建设的基本思路与做法是要切实做到十一个三。

一、三者融合

在森林城市建设过程中，应将城市的生态需求、森林的自然功能和园林的生态、景观功能有机结合，将森林之美与城市建筑的现代之美、园林景观的艺术之美有机结合，实现森林进城、园林下乡，做到城市、森林、园林"三者融合"。

二、三位一体

森林城市的规划、建设和发展，要实现城区、近郊、远郊三者统一兼顾，实现美好的生态环境建设、发达的林业产业发展和有效的农民增收致富三者兼顾统一，做到在城区"以空间增绿地"，在近郊"以绿地创效益"，在远郊"以森林聚人气"。

三、三网合一

在森林城市建设过程中，尽量实现水系、路网的林网化，实现森林城市建设与绿色通道建设的有机结合、森林城市建设与水系水网建设的有机结合，做到路网、水网、林网"三网合一"。

四、三头并举

在森林城市建设过程中，要尊重植物的自然地理分布规律，充分利用植物的生态位理论，积极构建乔灌草及地被植物垂直分布的近自然生态系统，实现乔木、灌木、地被植物"三头并举"。

五、三林共建

城市森林的建设，既要构建良好的生态林，充分满足城市的生态需要；又要积极发展产业经济林，促进城市生态产业的发展。同时还要弘扬地域生态历史文化内涵，体现城市的生态价值、经济价值和文化价值，做到生态林、产业林和城市景观林"三林共建"。

六、三力合一

创森工作要形成领导重视、部门齐抓共管、市民广泛参与"三力合一"。

七、三个坚持

在森林城市的建设和发展过程中，应该做到以下三个坚持：一是坚持科学理念引领，确保森林城市建设始终沿着正确的轨道发展；二是坚持党委、政府主导，确保森林城市建设有强有力的组织保证；三是坚持宣传发动先行，确保城市森林建设成为全社会的共同意愿和行为，从而有效推动森林城市健康持续发展。

八、三个转变

中国城镇化发展带来了对城市环境的新需求，城市也不仅仅是传统上城市建成区的范围概念，而是面向整个城市地域的发展空间，这就要求生态建设必须突破传统的城乡二元结构。同时，中国水热条件总体上相对优越，植物资源丰富，从生态角度地上 20~30m 上下空间效益潜力巨大，亟待开发。针对 2000 年以来出现的"草坪热"和"移栽大树热"等问题，中国森林城市在建设中特别强调了树木为主、反对移植乡村和山上大树到城市的做法。在我国城市土地资源有限的情况下，如何提高森林城市建设效率，彭镇华教授提出了我国的城市绿化建设要抓好三个转变：一是从注重视觉效果为主向视觉与生态功能兼顾的转变；二是从注重绿化建设用地面积的增加向提高土地空间利用效率的转变；三是从集中在建成区的内部绿化美化向建立城乡一体的城市森林生态系统的转变。

九、提供"三有"保障

"三有"保障即：有人做事、有钱办事、有地造林。强化"三有"保障，主要应做到以下三点："有人做事"，主要是形成高位推动、部门互动、市县联动的组织领导机制；"有钱办事"，目前国家在森林城市建设方面还没有专门的资金，主要靠地方党委、政府组织资金来自行解决；"有地造林"，对森林城市创建至关重要，无论规划做得多好，如果用地落实不了，就是空中楼阁。只有落实了这"三有"，才能有效推动森林城市的建设和发展。

十、主力建设"三园"

要在建设"三园"（游憩小园、郊野公园、绿色田园）上狠下功夫。一方面积极在中心城区打造游憩小园，另一方面在城乡结合部打造郊野公园。同时，在乡村原野打造绿色田园。

建设"三园"，要坚持因地制宜，根据不同的需求、不同的情况，打造不同的园子。再有很重要的一点就是，在各个生态区、各个园子之间，要修建绿色廊道，以方便群众通行和进入。

十一、突破"三点"

森林城市创建需要一定的年限，要取得明显成效，既要整体推进，也要重点突破，重点突破以下三点：在重点上，主要是建设好市域内的森林网络体系；在难点上，一方面要按亲近自然的要求抓好现有林子的提升，另一方面要抓好老城区森林绿地的增加和完善；在特点上，要想尽办法，彰显在森林城市创建方面的特色，不搞千城一面。

第三节　探　讨

　　森林城市建设将是今后我国生态文明建设的一项重要任务。如何建设好森林城市，是摆在各个创森城市面前的一项重要课题。因此，及时地总结和梳理我国森林城市建设的核心理念、基本思路和主要做法，是时代赋予森林城市科研工作者和规划设计者的重任。同时，森林城市的建设和发展还需要在总结现状的基础上，不断开拓创新，与时俱进地开展理论研究。只有这样，才能保障我国森林城市的健康持续发展。

第六章 基于"中国梦"的新时代森林城市建设

"中国梦"就是锦绣山河之梦、和谐家园之梦、绿水青山之梦。中国的森林城市建设就是要构建美丽山河，营建和谐家园，达到绿水青山的目的。

第一节 建森林城市，守生态红线，寻锦绣山河之梦

一、森林城市是坚守生态红线的保障

这是一个国家的生态觉醒，这是一个民族的自然敬畏。

2000年，学者高吉喜在浙江省安吉县提出生态红线概念，并划出生态红线区域。13年后的2013年，生态红线上升到国家战略，成为一个国家级的生命线。在这一年，党的十八届三中全会召开，在这场被评价为是真正触及灵魂的变革开始的会议上，通过了重要文件《中共中央关于全面深化改革若干重大问题的决定》（以下简称"《决定》"），其中明确提出，要加快生态文明制度建设，用制度保护生态环境。《决定》中关于划定生态保护红线的部署和要求成为生态文明建设的重大制度创新。在国家层面上，"生态"的地位正越来越高。"生态"作为生物在一定的自然环境下生存和发展的状态，是一个不断发展演进的系统。"红线"是更加慎重的警戒，两个词语的结合成为中国社会乃至全球关注的热点。生态红线是指生态系统在发展演进中生态平衡被打破，导致生态系统衰退甚至崩溃的临界状态。生态红线是保证生态安全的底线，具有约束性和强制性，是维护国家或区域生态安全和可持续发展的需要，是生态系统完整性和连通性的保护需求。

从"18亿亩*耕地红线"到生态保护红线，国家层面的红线思维从粮食安全扩展到生态安全。

生态保护红线关键有以下几条：

第一条是重要生态功能区保护红线。涉及水源涵养、保持水土、防风固沙、调蓄洪水等生态功能区。这是一条经济社会的生态保护安全线，是国家生态安全的底线，能够从根本上解决经济发展过程中资源开发与生态保护之间的矛盾。

第二条是生态脆弱区或敏感区保护红线。即重大生态屏障红线，可以为城市、城市群

---

* 1亩≈666.67m^2，下同。

提供生态屏障。建立这条红线，可以减轻外界对城市生态的影响和风险。

第三条是生物多样性保育区红线。这是我国生物多样性保护的红线，是为保护的物种提供最小生存面积。红线就是底线，如果再开发就会危及种群安全，非常紧迫。

耕地红线和生态保护红线，这两个红线有很大的不同。

耕地红线是一个数据上的概念，是进行耕种的土地面积最低值，确保的是总量。比如某一块地被占用了，可以通过村庄搬迁、矿山整治等办法占补平衡，保障总量；而生态红线在空间上具有不可替代性和无法复制性，从这个意义上来说，生态红线的重要性更大。比如某块区域是大熊猫栖息地，如果被破坏就没法恢复。所以生态红线绝不能再更改，它是生态安全的底线。

2013 年 5 月 24 日，习近平在中共中央政治局第六次集体学习时指出："要正确处理好经济发展同生态环境保护的关系，决不以牺牲环境为代价去换取一时的经济增长。要坚定不移加快实施主体功能区战略，严格按照优化开发、重点开发、限制开发、禁止开发的主体功能定位，划定并严守生态红线。要牢固树立生态红线的观念。在生态环境保护问题上，就是要不能越雷池一步，否则就应该受到惩罚。"

肩负重大生态使命的中国林业再一次冲在了祖国生态建设的最前沿，率先划定 4 条生态红线成为中国生态红线的最早根系。

2013 年 7 月，国家林业局便启动了"生态红线保护行动"。成为生态红线概念提出后，第一个划定生态红线的部委。发布了林业部门生态红线划定成果——《推进生态文明建设规划纲要（2013—2020 年）》，划出 4 条生态红线，这 4 条生态红线分别是：林地和森林红线，全国林地面积不低于 46.8 亿亩，森林面积不低于 37.4 亿亩，森林蓄积量不低于 200亿 m^3；湿地红线，全国湿地面积不少于 8 亿亩；沙区植被红线，全国治理和保护恢复植被的沙化土地面积不少于 53 万 km^2；物种红线，确保各级各类自然保护区严禁开发，现有濒危野生动植物得到全面保护。

近 10 年间，我国工业化突飞猛进，城镇化加速推进。曾经"绿树村边合，青山郭外斜"的乡土中国，如今在机器轰鸣中成为人们渐行渐远的记忆；即便保护生态的各种口号已经耳熟能详，但却没有真正根植于心、贯彻于行，当经济发展与生态保护发生冲突时，生态往往仍在给经济让路。因此，当一个世界第二大经济体崛起于东方的时候，也日渐面临着资源约束趋紧、环境污染严重、生态系统退化等严峻考验。30 多年快速发展积累下来的环境和生态问题，如今进入了高强度频发阶段，特别容易引发连锁反应。

红线是持续发展的底线，但由于我国过去生态透支太多，现有的生态家底已经不能满足人民群众日益增长的生态需求。建设生态红线，就是要加大力度弥补过去的生态欠账。生态红线虽然高于现有资源量，但并非遥不可及。根据第八次全国森林资源清查（2009—2013 年）结果显示，我国现有森林面积 31.2 亿亩，近些年我国每年造林八九千万亩，照这个势头，再过几年就能达到 37.4 亿亩的红线。但另一方面，必须看到，我国生态系统退化、生态状况恶化的趋势还在继续。在发展冲动和政绩推动驱使下，不少地方还在继续透支着本已脆弱的生态，林地、湿地等还在被乱征滥占不断蚕食，空气、土壤、水体等污染还在进一步加剧……

生态保护红线显然已经成为生态安全的底线、环境保护的铁线、可持续发展的生命线、人民生命健康的保障线，生态红线需要严格的制度保障。党的十八届三中全会公报明确指出："要健全自然资源资产产权制度和用途管制制度，划定生态保护红线，实行资源有偿使用制度和生态补偿制度，改革生态环境保护管理体制。"

那么，如何保障"生态红线"？

生态红线要想真正发挥出作用，就不能把它淡化为红绿不分、含糊不清的"灰线"，成为显摆政绩的弹性指标；必须使它成为不可触摸、无法逾越的"高压线"，只要越雷池一步就会受到严厉惩罚。在新形势下，如何做到生态红线刚性强硬、生态环境逐步好转，这需要方方面面的努力和协作。

有效保障生态保护红线不被逾越，确保红线落地，必须从制度、体制和机制入手，建立严格遵行生态保护红线的基础性和根本性保障。建立健全自然资源资产产权和用途管制制度，建立自然资源资产负债表制度，建立生态、资源和环境风险监测预警和防控机制，完善基于生态保护红线的产业环境准入机制，实施生态保护红线区域补偿机制，健全排污权有偿交易机制，建立生态保护红线考核与责任追究机制。

我国第一次提出健全国家自然资源资产管理体制和完善自然资源监管体制，意义重大。健全国家自然资源资产管理体制是健全自然资源资产产权制度的一项重大改革，也是建立系统完备的生态文明制度体系的内在要求。我国生态环境保护中存在的一些突出问题，一定程度上与体制不健全有关，原因之一是全民所有自然资源资产的所有权人不到位，所有权人权益不落实。针对这一问题，党的十八届三中全会决定健全国家自然资源资产管理体制。总的思路是按照所有者和管理者分开和一件事由一个部门管理的原则，落实全民所有自然资源资产所有权，建立统一行使全民所有自然资源资产所有权人职责的体制。

国家对全民所有自然资源资产行使所有权并进行管理和国家对国土范围内自然资源行使监管权是不同的，前者是所有权人意义上的权利，后者是管理者意义上的权力。这就需要完善自然资源监管体制，统一行使所有国土空间用途管制职责，使国有自然资源资产所有权人和国家自然资源管理者相互独立、相互配合、相互监督。我们要认识到，山水林田湖草是一个生命共同体，人的命脉在田，田的命脉在水，水的命脉在山，山的命脉在土，土的命脉在树。用途管制和生态修复必须遵循自然规律，如果种树的只管种树、治水的只管治水、护田的单纯护田，很容易顾此失彼，最终造成生态的系统性破坏。由一个部门负责所有国土空间用途管制职责，对山水林田湖草进行统一监管是十分必要的。

二、建森林城市，实施生态修复，弥补生态欠账，是寻锦绣山河之梦想道路

不断出现的生态危机，严重制约了我国经济的可持续发展，甚至已经成为人类维持生存和社会经济可持续发展的严重威胁，危及人民生命财产的安全，生态问题从未像现在这样突出地呈现在人们面前，考验着我们的智慧。

生态修复是指对生态系统停止人为干扰，以减轻负荷压力，依靠生态系统的自我调节能力与自组织能力使其向有序的方向进行演化，或者利用生态系统的这种自我恢复能力，辅以人工措施，使遭到破坏的生态系统逐步恢复或使生态系统向良性循环方向发展。生态

恢复主要指致力于那些在自然突变和人类活动影响下受到破坏的自然生态系统的恢复与重建工作。

生态修复是整治日趋恶化的生态环境，防止自然生态环境退化的重要手段，是改善生态环境、提高区域生产力、实现可持续发展的关键。

1978 年以来我国实施一系列林业重大生态修复工程，覆盖了 63% 的国土，涉及森林、湿地、荒漠三大自然生态系统，覆盖范围之广、建设规模之大、投资额度之巨，堪称世界之最。但我国生态欠账仍很多，生态修复任务十分艰巨。

古人云："知之非艰，行之惟艰。"一方面，生态透支很快、很强硬，但生态修复却是一个漫长而艰巨的任务。病来如山倒，病去如抽丝，环境治理、生态恢复有其客观规律，只能遵循，无法超越，解决起来得有耐心，还要一任接着一任、一代接着一代地接力传承。另一方面，生态保护和改善必须有只争朝夕的干劲，因为稍有懈怠，又将花费更大的精力、付出更大的代价，发达国家通常在人均 GDP 到 1 万美元时才出现环境拐点，但韩国却在人均 5000 美元时就转型为新兴工业化国家，我们不能坐等发展阶段的自动升级，发展方式的转型谋变已经时不我待。生态修复，林业当先。

其一，全面推进造林绿化。要加强宣传教育、创新活动形式，引导广大人民群众积极参加义务植树，不断提高义务植树尽责率，依法严格保护森林，增强义务植树效果，把义务植树深入持久开展下去，为全面建成小康社会、实现中华民族伟大复兴的中国梦不断创造更好的生态条件。

其二，实施林业重大工程。党的十九大报告中明确指出：实施重要生态系统保护和修复重大工程，优化生态安全屏障体系，构建生态廊道和生物多样性保护网络，提升生态系统质量和稳定性。完成生态保护红线、永久基本农田、城镇开发边界三条控制线划定工作。开展国土绿化行动，推进荒漠化、石漠化、水土流失综合治理，强化湿地保护和恢复，加强地质灾害防治。完善天然林保护制度，扩大退耕还林还草。严格保护耕地，扩大轮作休耕试点，健全耕地草原森林河流湖泊休养生息制度，建立市场化、多元化生态补偿机制。推动生态文明建设重点做到以下几点：一是继续组织实施好重大生态修复工程，搞好京津风沙源治理、三北防护林体系建设、退耕还林、退牧还草等重点工程建设。二是大力推进节能减排和环境保护。三是积极探索加快生态文明制度建设。

在具体实践中，应加强工程实施的针对性和有效性。对尚未遭受破坏的生态系统进行严格保护，实施好野生动植物保护及自然保护区建设等工程；对遭受一定程度破坏的生态系统，加强保护，休养生息，实施好天然林资源保护、湿地保护等工程；对很难自我恢复或需要漫长时间才能恢复的生态系统，通过人工辅助措施，加快恢复步伐，实施好三北防护林、京津风沙源治理等工程；对已完全破坏的生态系统，通过人工措施加以恢复重建，实施好退耕还林、石漠化治理、农田防护林等工程。

截至目前，我国针对不同区域生态问题，实施了十大生态修复工程，包括：三北防护林体系建设工程、京津风沙源治理工程、天然林资源保护工程、退耕还林工程、野生动植物保护及自然保护区建设工程、湿地保护工程、平原绿化工程、长江流域防护林体系建设工程、沿海防护林体系建设工程、重点地区速生丰产用材林基地建设工程。这十大生态修复工程是国家重点生态修复工程的主体。

第二节 建森林城市，谋生态福祉，追和谐家园之梦

一、森林城市是大众生态福祉，普惠民生的生态愿景

"良好生态环境是最公平的公共产品，是最普惠的民生福祉。"这一科学论断深刻揭示了生态与民生的关系，既阐明了生态环境的公共产品属性及其在改善民生中的重要地位，同时也丰富和发展了民生的基本内涵。

生态环境一头连着人民群众生活质量，一头连着社会和谐稳定；保护生态环境就是保障民生，改善生态环境就是改善民生。改革开放40年，我国取得举世瞩目的发展成就，面对世情、国情、党情发生的新变化，面对中国同世界关系的持续深化，面对中国人民对幸福生活的新期待，面对百姓对物质文化生活需求的升级。我们也不得不面对环境问题的频发多发，生态环境供给与需求矛盾的日益突出。良好生态环境是人类生存和发展的必备条件，是社会健康发展的重要标志。人们希望安居、乐业、增收，也希望天蓝、地绿、水净。建设生态文明，满足人民群众日益增长的生态环境需求是民之所望、政之所向。

按照党中央、国务院的部署，我国将自2015年起分步骤扩大停止天然林商业性采伐的范围，最终全面停止天然林商业性采伐，把所有天然林都保护起来，为维护国家生态安全提供根本保障。管仲在《管子·立政》中说，"草木不植成，国之贫也""草木植成，国之富也"。森林蕴育着巨大的自然财富，为国家的绿色发展提供了重要的物质基础，保护天然林，功在当代，利在千秋。停止天然林商业性采伐是贯彻落实国家生态文明建设重大战略思想、转变林业发展方式、维护国家生态安全、建设美丽中国的重大战略举措。如今，"停伐"的号角更加响亮，中国林业正加快推进由以木材生产为主向以生态建设为主、由采伐天然林向采伐人工林两大历史性转变。停伐令和十年来中国生态文明理念深入推进的思路相吻合，但是其展示出的壮士割腕的改革决心却令世界惊叹。而这不过也只是新时代下生态求索中的沧海一粟。

无论是生态红线的划定，还是生态制度的确立，中国正在以生态文明破解改革发展难题，以生态思维转变经济社会发展方式，以生态成果考量可持续发展质量。这是生态文明前所未有的重要时刻，也是生态文明前所未有的大发展时期。

建设森林城市，顺应人民群众追求美好生活的期待，也是中华民族永续发展的客观要求；森林城市描绘了社会主义新时代的城市建设的美好蓝图。

二、森林城市是和谐家园，天人合一的民族追求

和谐家园，是美丽中国的基石，它代表了人民大众对美好生活的期盼。

人与自然和谐共处的理论源泉可以最早追溯到"天人合一"，这是中国古代先辈对人与自然关系的基本认识，是中国传统价值观念的重要组成部分。天人合一思想是中华民族五千年来传统文化理念的优秀思想精髓，指出了人与自然的辩证统一关系。

和谐是指对自然和人类社会变化、发展规律的认识，是人们所追求的美好事物和处事的价值观、方法论。

　　和谐社会是包含人与人、人与社会和人与自然三个方面和谐的社会，其中人与自然的和谐具有十分重要的意义。自然界是人类生存与发展的基础，生态环境是经济社会发展的基础。人与自然和谐共处的理念是：肯定人是自然界的相对主体，人类的社会经济必须继续向前发展。同时，要清醒认识自然界的客观规律和自然资源的有限性，努力做到在与自然和谐共处中，实现自身的可持续发展。这就是人类社会新文明——生态文明。

　　构建和谐社会离不开统筹人与自然和谐发展，统筹人与自然和谐发展的基础和纽带是生态建设。加强生态建设是构建社会主义和谐社会极为重要的条件。

第三节　建森林城市，绘生态愿景，圆绿水青山之梦

一、森林城市建设关乎林业的产业转型，未来的绿色增长

　　工业革命推升了人类社会物质文明的进程，但伴随着人类从传统社会走向工业社会，还有生态危机的出现，向自然的无序索取已经让人类遭到了自然的惩罚。生态系统全面退化、水土流失急剧，大量国土"沦丧"、濒危物种增加、生物多样性下降、天然湿地大量消失……大自然一次又一次为人类敲响的生态警钟，唤醒了沉睡已久的生态意识，传统的工业文明已经不能满足人类日益增长的生态需求，另一种以生态命名的文明成为中国的破局选择。

　　发展经济和保护生态之间的博弈并没有随着时间的推移、时代的进步而终止。这是中国的困境，几乎也是所有发展中国家共有的尴尬。发展和保护两者之间的平衡，不仅是经济问题、技术问题，更是社会问题、政治问题，是对人类智慧和伦理的双重挑战。

　　转型，首先是转变发展方式，推动技术创新，逐渐淘汰高投入、高消耗、高污染的产能，实现资源节约、环境友好的发展；关键是优化法治环境，加强执法监督和社会监督，构筑生态文明的法治基础；重点是协调利益关系，科学改变考核标准，不断推进制度变革和机制创新；核心在唤起全社会参与，让生态文明理念深入人心，依靠政府、企业、个人、社会一起发力，美丽中国才可能由愿景化为现实。

　　绿色增长，即不以高能耗、高物耗、高污染为代价，要通过要素价格、差别税赋以及其他的一些政策措施来激励所有的企业发展低碳经济、发展绿色经济，实现可持续发展、循环经济为特征的一种现代产业增长模式。绿色增长的前提是要实现产业转型升级，从低附加值转向高附加值，从高能耗、高污染转向低能耗、低污染，从粗放型转向集约型。

　　作为一种新型的经济增长方式，绿色增长对经济转型具有直接带动和间接影响作用。绿色增长特别注重人与自然的和谐相处，在发展绿色经济的过程中，能够把节约文化、环境道德纳入社会运行的公序良俗，把资源承载能力、生态环境容量作为经济增长的重要考量要素和依托条件，从制度上积极引导公众自觉选择节约环保、低碳排放的消费模式，从技术上推动企业自觉采用节能高效的生产方式，实现整个经济体系的资源节约型、环境友好型增长。

　　党的十八大报告提出，"牢牢把握发展实体经济这一坚实基础，实行更加有利于实体经济发展的政策措施，强化需求导向，推动战略性新兴产业、先进制造业健康发展，加快

传统产业转型升级。"

党的十九大报告提出，加快建立绿色生产和消费的法律制度和政策导向，建立健全绿色低碳循环发展的经济体系。构建市场导向的绿色技术创新体系，发展绿色金融，壮大节能环保产业、清洁生产产业、清洁能源产业。推进能源生产和消费革命，构建清洁低碳、安全高效的能源体系。推进资源全面节约和循环利用，实施国家节水行动，降低能耗、物耗，实现生产系统和生活系统循环链接。倡导简约适度、绿色低碳的生活方式，反对奢侈浪费和不合理消费，开展创建节约型机关、绿色家庭、绿色学校、绿色社区和绿色出行等行动。

林业作为重要的公益事业和基础产业，具有生态、经济、碳汇、文化等多种功能，能够产生巨大的生态、经济和社会等多种效益，对人类生存与发展具有不可替代的重要作用，在促进绿色增长方面肩负重大使命。

当前我国产业转型的基本目标是要实现"三个转变"。

第一，促进经济增长由主要依靠投资和出口拉动，向依靠消费、投资和出口三者协同拉动转变。

第二，促进经济增长由主要依靠第二产业带动向依靠第一、第二、第三产业协同带动转变，推动产业结构优化升级，加快发展现代农业，大力发展现代服务业和发展先进制造业，实现"三产统一"。

第三，促进经济增长由主要依靠增加物质资源消耗，向主要依靠科技进步、劳动者素质提高、管理创新转变。

"三个转变"是把生态文明建设融入经济建设各方面和全过程，转变经济发展方式的前提条件。牢固树立生态文明观念对实现"三个转变"具有重大意义。

二、森林城市是林业现代化建设的核心目标

"生态文明建设功在当代、利在千秋。"这是党的十九大报告字字铿锵的郑重宣示。

建设美丽中国的宏伟目标，展现了时代发展的新愿景。从人类社会的演进历程来看，当前正处在向生态文明过渡的关键时期。生态文明建设是一场"绿色革命"，是对传统工业文明的超越，它的核心是尊重自然、顺应自然和保护自然。生态文明新时代，就是实现人与自然协调发展、和谐共生的时代。美丽中国是生态文明建设的目标指向，描绘了生态文明建设的宏伟蓝图，关系人民福祉，关乎民族未来。

第八次全国森林资源清查数据显示，我国森林面积2.08万hm^2，森林覆盖率达到21.63%，森林蓄积151.37亿m^3，人工林面积6933万hm^2，蓄积24.83亿m^3，人工林面积持续为世界首位。和第七次清查相比，我国森林总量持续增长，森林面积增加1223万hm^2，森林覆盖率提高1.27个百分点，森林蓄积增加14.16亿m^3。李克强总理称赞："森林资源连续30年持续增长是一个了不起的成就。"对应两个百年的奋斗目标，中国政府提出，2020年森林覆盖率达到23%，2050年森林覆盖率超过26%；应对气候变化，中国政府提出了绿色增长的概念，同时也做出了森林面积和森林蓄积的双增承诺，展示出一个负责任大国的生态使命。第八次清查结果显示，我国已经提前兑现森林蓄积增加的承诺，森林面积增加的目标任务已经完成60%。

一组组数据增长的背后是生态文明理念从顶层设计到植根公民心里的成长。2010 年，通过了新中国成立以来第一个林地保护利用规划纲要《全国林地保护利用规划纲要（2010—2020 年）》；2006 年，推行了省级人民政府防沙治沙责任制度，先后启动了 39 个全国防沙治沙示范区，实施了石漠化综合治理工程；湿地保护率由 30.49% 提高到 43.51%。"十一五"期间，全国沙化土地年均减少 1717km²，实现了沙化土地面积持续净减少。

我国坚持实施以生态建设为主的林业发展战略，积极推进传统林业向现代林业转变，努力构建生态体系、林业产业体系和生态文化体系，林业各项工作全面推进，林业建设取得令人可喜的成绩，使山更绿、民更富、自然更和谐。一组组闪亮数字背后，折射出林业的显著变化，让我们明显感觉到兴林富民已经成为这一时代的强音。

从全社会来看，已经初步确立了生态文明示范建设的评价体系。目前，国内已经有很多个省、市编制了生态文明建设规划，或专门进行了生态文明指标体系研究。

贵州，出台了《贵州省生态文明建设促进条例》（以下简称《条例》），从 2014 年 7 月 1 日起正式施行，这是全国首部省级层面的生态文明建设地方性法规。《条例》将生态文明建设纳入国民经济和社会发展规划年度计划，生态文明建设效果也将成为政府部门的考核目标，对限制开发区域和生态脆弱的国家扶贫开发重点县，将取消 GDP 考核。

厦门，作为全国推出的首批生态文明城市，城市生态文明建设体系有很强的借鉴意义，不仅把生态文明城市的内涵细化为实际可测量的评价要素，更重要的是考虑了很多与人相关的因素，比如居民平均寿命、公民对城市生态环境建设满意度等，充分体现了生态文明的出发点和落脚点在于人的基本理念。

鄂尔多斯，创出了一条西部地区经济发展之路，植被覆盖率由 2000 年的 30% 提高到 75% 以上，泥沙量流失年均减少 1000 万 t 以上，荒漠化土地实现全面逆转，生态建设和保护成就被专家和媒体誉为"鄂尔多斯生态现象"，成为众多城市和地区发展学习的典型和参照的样板。

最为严格的环境污染治理方案、前所未有的生态建设中国行动，换来的是令世界瞩目的生态环境综合改善。2007 年中国制定并实施了应对气候变化国家方案，成为发展中国家中第一个制定应对气候变化的国家，"十一五"期间，中国减少二氧化碳排放 14.6 亿 t，赢得国际社会广泛赞誉；2002 年七大水系重点监测断面中，满足一类水质要求仅为 29.1%，近岸海域一、二类海水比例为 49.7%，2011 年分别提高到 61% 和 62.8%，水土流失治理面积达到 47.16 万 km²；全国国内单位生产总值能耗 10 年下降了 12.9%。生态文明建设从森林到田野、从江河到荒漠，根植到中华大地的每一个细胞。

建设美丽中国，我们在行动。

建设美丽中国，中华民族永续发展的根本追求。

建设美丽中国，描绘了社会主义生态文明新时代的美好蓝图！

三、绿水青山的森林城市是华夏民族的美好家园

绿水青山就是金山银山，可以源源不断地带来财富。绿水青山是长远发展的最大本钱。绿水青山的生态优势，可以变成经济优势、发展优势，这是一种更高的思想境界。如今，"宁要绿水青山，不要金山银山，绿水青山就是金山银山"这一生态理念深入人心，美

丽中国的内涵不仅仅体现在自然山川的秀丽与壮美、江河湖海的深沉与包容，也包括人文风光、民俗风情，还有那人间的温暖、美德的滋养，以及人与天地万物的和谐共鸣与共生。绿水环抱，满目青山。活泼的阳光，鲜美的果子，鲜艳的花儿，幽幽的清香，伴着纯真的笑容，希望的味道……

这就是我们华夏民族绿水青山的美好家园，它是生态文明的光芒照耀在我们的心田里，在中华大地上勤劳智慧的中国人，正在实现天蓝、地绿、水净的美好家园梦。

第七章　新形势下我国森林城市发展展望

　　森林城市在我国发展迅速。自 2004 年开展国家森林城市建设以来，截至 2019 年，国家森林城市已达 194 个。森林城市已经成为我国城市建设的重要形式和生态文明建设的重要载体。2019 年 4 月 8 日上午，习近平总书记在参加首都义务植树活动时强调，"持续推进森林城市、森林乡村建设，着力改善人居环境"。这为我国森林城市发展提供了良好机遇，也将掀起我国森林城市的发展高潮。因此，系统梳理和总结当前形势下，尤其是我国最新的国家宏观政策、战略规划下我国森林城市的发展方向和建设重点，具有重要的现实意义和实践指导作用。

第一节　基于国家发展战略的中国森林城市布局

一、一路——打造绿色丝路森林小城镇，共享绿色贸易文明

　　2013 年 9 月和 10 月，中国提出了共建"丝绸之路经济带"和"21 世纪海上丝绸之路"的重大倡议，得到了有关国家的高度认可和积极响应。

　　2015 年 3 月，我国发布《推动共建"一带一路"的愿景与行动》以来，该战略得到了社会各界、各部门、各地区的热烈响应，形成举国讨论和参与"一带一路"建设的局面。根据《愿景与行动》，共建"一带一路"旨在"促进经济要素有序自由流动、资源高效配置和市场深度融合，推动沿线各国实现经济政策协调，开展更大范围、更深层次的区域合作，共同打造开放、包容、均衡、普惠的区域经济合作架构"。

　　基于"共商、共建、共享"的原则，我国启动了与沿线国家就"一带一路"建设的各种对接工作，特别是重点经济走廊的合作规划，推动经贸合作的广度和深度不断扩大，使"一带一路"在国际社会上获得了广泛认可，形成了良好的开局之势。"一带一路"是我国为应对世界经济格局变化和经济全球化进入新阶段而提出的一个重大倡议，将对我国乃至世界的发展产生持久的影响。

　　森林城市建设，应该积极响应"一带一路"发展战略，重点应该开展以下方面的工作。

　　(1)开展丝绸之路经济带所有国家和地区的森林城市建设和森林城市发展的现状评价。通过评价，找出存在的问题和不足，总结成功的经验和成绩，为开展合作和共建打下坚实的科学基础。

（2）开展丝绸之路经济带森林城市发展总体规划。在现状评价的基础上，与相关国家和地区达成共识，共同编制丝绸之路经济带森林城市发展总体规划，明确发展方向和建设重点，共享绿色发展成果。

（3）有重点地开展丝绸之路经济带有特别意义的森林城市建设。结合各国和各地区的资源条件、地域特色和社会经济条件，有重点地开展有特别意义的森林城市的建设，打造绿色丝绸之路上的森林小城镇，共享绿色贸易文明。

二、二带——打造绿色长江、绿色黄河森林城市带，保护美丽中国母亲河

长江、黄河都是中华民族的发源地，都是中华民族的摇篮。

国家把长江的发展定位为"共抓大保护，不搞大开发"。

在黄河流域生态保护和高质量发展方向提出："治理黄河，重在保护，要在治理"。

特别是黄河的保护与发展要求：要坚持山水林田湖草综合治理、系统治理、源头治理，统筹推进各项工作，加强协同配合，推动黄河流域高质量发展。要坚持绿水青山就是金山银山的理念，坚持生态优先、绿色发展，以水而定、量水而行，因地制宜、分类施策，上下游、干支流、左右岸统筹谋划，共同抓好大保护，协同推进大治理，着力加强生态保护治理、保障黄河长治久安、促进全流域高质量发展、改善人民群众生活、保护传承弘扬黄河文化，让黄河成为造福人民的幸福河。

因此，在"共抓大保护，不搞大开发""治理黄河，重在保护，要在治理"理念的指引下，在长江流域和黄河流域重点开展绿色长江森林城市带、绿色黄河森林城市带建设，通过构建不同级别、不同生态区位和不同主导功能的森林城市，构建完善的流域森林城市体系，充分发挥森林城市在保护生态系统，建设美丽长江、美丽黄河和美丽中国方面的重要作用，把长江流域和黄河流域打造成两条绿色发展廊道。

三、环海——布局沿海森林城市群，实现海洋强国梦

森林是海洋的重要依托，我国正在大力开展海洋蓝色经济的建设，因此，通过构建沿海森林城市群的建设，将进一步促进我国蓝色海洋经济的发展，推动我国海洋强国梦的实现。

沿海森林城市群的建设，建设内容上重点以沿海防护林、人居环境改善和绿色循环产业建设为重点；建设方式上以不同级别的森林城市，有重点的在环渤海、山东半岛、长江三角洲、海峡西岸、珠江三角洲等区域建设沿海森林城市体系。

四、创建绿洲森林城市——西部发展战略

为了进一步保护西部生态环境，推动西部区域的生态、社会和经济的综合协调发展，更好地实施西部发展战略，建议以森林城市建设为载体，多方位推动西部发展。

西部森林城市的发展，一方面，考虑西部的自然条件，可在现行的国家森林城市标准下，适当地降低部分指标的要求，从而推动西部区域的国家森林城市的发展。另一方面，积极开展绿洲型国家森林城市的建设，保障西部生态安全尤其是典型脆弱生态区的安全。最后，构建不同级别、不同类型的森林城市体系。

五、探索生态经济型森林城市——中原森林城市发展方向

为了落实国务院《中原城市群发展规划》战略，实现中部区域的快速健康发展，建议开展中原森林城市发展的探索，探讨生态经济型森林城市的发展和建设。

中原森林城市的发展和建设，建设内容上重点以生态保护、绿色产业为重点，建设方式上以不同级别的森林城市，有重点地在郑州城市圈、沿陇海线、沿京广线等区域建设中原森林城市体系。

第二节　基于国家规划的中国森林城市建设方向

一、五大发展理念布局森林城市建设的基本方向

2015年10月29日，中国共产党第十八届中央委员会第五次全体会议，审议通过了《中共中央关于制定国民经济和社会发展第十三个五年规划的建议》，提出"必须牢固树立并切实贯彻创新、协调、绿色、开放、共享的发展理念"，并提出"支持绿色城市、智慧城市、森林城市建设和城际基础设施互联互通"。五大发展理念对我国具有重大现实意义和深远历史意义，是指导当前和今后我国政治、经济、文化、社会等各方面发展纲领性指引，对森林城市发展也具有重要的战略指导意义。同时，这也是"森林城市"第一次出现在国家重大战略规划中，森林城市建设已进入到国家发展的战略层面。

五大发展理念对森林城市建设方向具有重要的指导意义。应该用创新的理念推动森林城市的全面发展，用协调的理念促进森林城市的健康发展，用绿色的理念明确森林城市的发展方向，拓展绿色富国的发展空间，用开放的理念吸收国内外先进经验，保障森林城市持续发展，用共享的理念实现绿色惠民、绿色富民。

二、"十三五"规划定局森林城市建设目标

2016年3月，《中华人民共和国国民经济和社会发展第十三个五年规划纲要》提出：①新型城镇化建设重大工程——绿色、森林城市。推广绿色建筑，普及绿色交通，推广分布式能源、浅层地热能等新型能源供应体系，加快推进公共交通电动化，开展绿色新生活行动，实施城市园林绿化工程，提高城市绿地和森林面积，建成一批示范性绿色城市、生态园林城市、森林城市。②加强生态保护修复——扩大生态产品供给。丰富生态产品，优化生态服务空间配置，提升生态公共服务供给能力。加大风景名胜区、森林公园、湿地公园、石漠公园、沙漠公园等保护力度，加强林区道路等基础设施建设，适度开发公众休闲、旅游观光、生态康养服务和产品。加快城乡绿道、郊野公园等城乡生态基础设施建设，发展森林城市，建设森林小镇。打造生态体验精品线路，拓展绿色宜人的生态空间。

因此，"十三五"规划明确了森林城市的两个战略目标：一是森林城市作为新型城镇化的一项重要任务，是良好人居环境建设的重要途径。二是森林城市是生态保护和修复的重要载体，是扩大生态产品供给的重要手段。

三、森林城市专项规划明确森林城市建设任务

2016 年 9 月 9 日，国家林业局下发了《关于着力开展森林城市建设的指导意见》（林宣发〔2016〕126 号）（以下简称"《意见》"），从国家层面对森林城市的建设提出了宏观的指导意见，指出：建设森林城市，是加快造林绿化和生态建设的创新实践，是推进林业现代化和生态文明建设的有力抓手。

该《意见》不仅明确了森林城市在生态建设和生态文明建设中的重要战略地位，而且还明确了森林城市今后的建设目标如下：到 2020 年，森林城市建设全面推进，基本形成符合国情、类型丰富、特色鲜明的森林城市发展格局，初步建成 6 个国家级森林城市群、200 个国家森林城市、1000 个森林村庄示范，城乡生态面貌明显改善，人居环境质量明显提高，居民生态文明意识明显提升。并明确了具体的建设任务：着力推进森林进城、着力推进森林环城、着力推进森林惠民、着力推进森林乡村建设、着力推进森林城市群建设、着力推进森林城市质量建设、着力推进森林城市文化建设、着力推进森林城市示范建设。

四、组建专门机构，规范森林城市建设管理

一方面，成立"国家林业和草原局森林城市监测评估中心"，加强对森林城市的监管。国家林业和草原局森林城市监测评估中心对国家森林城市创建工作进行技术指导，对于创建申报材料进行初步审查，对已授"国家森林城市"称号的城市进行定期监测，为国家林业和草原局对国家森林城市的申报创建、监督检查、监测复查等工作提供科技支撑。

另一方面，建立我国国家森林城市信息管理系统，实现我国森林城市建设的信息化、系统化和动态化管理，定期发布我国国家森林城市建设白皮书。

第三，加强森林城市的后续监管。对于已经授牌的国家森林城市，应该对其后续的规划和建设，实施监管，确保建设成效。

五、制定标准与规范，科学指导森林城市建设

一方面，加紧制定中国森林城市建设和核验相关标准规范。为了更好地指导各地开展不同级别的森林城市建设，确保建设成效，应该积极制定《中国森林城市建设标准》和《中国森林城市核验标准》。

另一方面，加紧制定国家森林城市申报和规划相关标准规范。为了更好地指导国家森林城市的申报和规划工作，提高国家森林城市规划成果质量，应该积极制定《国家森林城市建设总体规划导则》和《申报国家森林城市影像资料制作规范》。

同时，加紧制定国家森林城市的管理相关要求。为了更好地开展国家森林城市的管理，应该积极制定《国家森林城市管理办法》。

第三节　基于目前形势的中国森林城市建设与管理

一、国家森林城市建设专项工程——国家绿色贮备

实现绿色富国，调整经济发展方式，谋求建立循环型经济社会，已经成为我国经济可持续发展的必然选择。

国家森林城市建设是我国国家绿色储备的重要途径，不仅为我国储备了丰富的有形的绿色财富：储备了丰厚的木材资源，储存了巨大的碳汇，孕育了优良的种苗资源，提供了多种林下产品，而且还储备了丰富的无形绿色资产：掌握绿色话语权，展现负责任大国形象；改善生态环境，提升发展软实力。

因此，建议设立国家森林城市建设专项工程，加大国家投资，实现国家绿色贮备。

二、企业广泛参与——绿色企业生态文化发展需求

森林城市的发展核心是实现绿色发展的重要途径和形式。森林城市的发展和建设离不开企业的广泛参与，主要体现在三个层面。

一是企业是森林城市建设的重要主体，尤其是实现绿色发展不可或缺的组成。森林城市要想实现绿色发展，必须在一定程度上实现企业的绿色生产。

二是企业生态文化尤其是企业的绿色发展文化是森林城市生态绿色文化的重要组成部分，只有让生态绿色文化深入贯彻到每个单位、每个部门、每个企业和每个个人，才能扎根发芽，取得较好的成效，提高整个社会的意识。

三是企业可直接参与到森林城市的具体建设任务中。通过建立完善的投资机制和模式，例如可以采取 PPP 等模式，让企业直接参与到森林城市的具体建设项目中。

因此，在森林城市创建的形式上，设计企业广泛参与的途径，满足绿色企业生态文化发展需求，是今后中国森林城市建设和管理的重要任务。

三、全民参与——大众生态文明内心需求

在森林城市创建的形式上，设计全民参与的途径，满足大众生态参与的需求。

一方面，在创建森林城市的总体规划阶段，积极开展公示，让公众参与到规划设计当中。可以通过问卷调查的形式和手段，充分了解大众对森林城市建设的诉求，并且最大程度地满足和实现这些诉求。

另一方面，在创建森林城市的过程中，充分依靠群众，发挥群众的力量。可以考虑让大众以志愿者的身份参与到森林城市的建设和日常管理当中。对森林城市建设和管理中的不足，可以通过设置投诉电话、投诉网站和问卷调查的方式，查找问题，分析原因，加以及时整改，确保森林城市的建设成效。

第三，在森林城市的具体建设中，完善投资机制，可以借助民间资本完成相关建设任务。

四、特色建设——森林城市个性发展需求

森林城市建设不仅要实现绿色富国、绿色惠民的根本目标，同时也要根据每个城市的条件和特点，体现发展特色和个性。如何体现自身特色，建设具有个性的森林城市，可以重点加强以下内容的考虑。

一是谋划具有自身特色的森林城市建设总体规划。森林城市建设，应该从当地的经济社会发展水平、气候地理特点和文化历史传承出发，自然与人文相结合，历史文化与城市现代化建设相交融。要想突出自身特色和个性，必须要谋划一个具有自身特色和个性的森林城市建设总体规划。

二是打造具有自身特色的森林城市建设项目。特色森林城市的建设还是要落实到具体的建设项目当中去。因此，需要打造一批具有自身特色的森林城市建设项目。例如，应该打造一批特色的生态产业项目，形成特色的生态旅游线路，发展特色的生态文化项目。

三是构建具有自身特色的森林城市标识系统。标识系统是体现城市地域文化、生态文化和森林城市发展方向的最为直观的载体。因此，要构建具有特色和个性的森林城市，必须构建具有自身特色的森林城市标识系统。

五、森林城市联盟——共享建设经验

森林城市建设，既有共同的理论和理念作为指导，也具有各自的特色和个性，有不同的经验可以总结和交流共享。因此，搭建森林城市发展和建设经验的共享平台，非常重要。成立森林城市联盟，可以作为一个重要的形式。

中国森林城市联盟的具体设想：建议由国家林业和草原局组织成立中国森林城市联盟。中国森林城市联盟致力于构建一个由森林城市管理机构、建设单位、研究单位、社会团体和公众广泛参与的战略合作平台，旨在通过信息共享、经验交流、能力建设和实地示范等活动的开展，推动中国森林城市的建设和发展。

中国森林城市联盟应该制定相关的规章制度和工作职责，签署备忘录和协议文件，发表相关倡议书，并且每年召开一次联盟大会；并形成常规联络与合作机制；协助制定一系列的森林城市有效管理的标准、监测规程和评价体系，并开展同步监测评估活动；通过培训和激励等机制，提高管理者的能力，推动研究者和公众参与森林城市建设的能力，在联盟内形成一支多元化的建设管理队伍，从而推动中国森林城市的健康持续发展。

六、森林城市国际论坛——森林城市建设国际化

中国森林城市的建设和发展，不仅需要在国内凝聚力量、达成共识，共同向前走，而且还要以更加开放的姿态走出国门、走向世界。一方面，积极吸收和借鉴国外的先进经验和理念，为中国森林城市建设所用。另一方面，向世界展示中国森林城市建设的成就和取得的经验，与世界分享中国经验。因此，开展森林城市国际论坛，是中国森林城市建设国际化的重要途径。森林城市国际论坛建议每两年召开一次。

森林城市国际论坛建议采取以下运作模式：

一是政民结合、中外协作的办会机制。

二是由经验丰富、务实敬业的专业团队精心策划。

三是企业出资、公益参与的运作模式。

第四节　探　讨

本章通过梳理相关国家城市森林建设实践，分析了其建设的特点、值得借鉴的经验，并根据我国国家发展战略、国家规划和当前的形势，提出了着重加强一路、两带、环海、西部和中原的森林城市发展布局体系，明确了五大发展理念指引下的森林城市发展目标、建设任务和规范发展措施，并尝试提出构建国家森林城市建设专项工程，探讨了企业广泛参与和全民参与森林城市建设的途径，分析了特色和个性化森林城市建设方式，并构思建设森林城市联盟和森林城市国际论坛，共同推进我国和全球的森林城市发展。

第八章　城市森林的康养环境对人类健康的作用与影响探讨

第一节　城市森林康养环境

森林及地貌组合成的森林气候，以温度低、昼夜温差小、湿度大、区域内降雨较多、云雾多等气候特征适应于人类生存，考古学材料证实，人类漫长的"童年期"就是在森林中度过。森林的存在能大量地制造人类生存所必须需求的氧气，有效地降低太阳辐射和紫外线对人类健康的危害。据人口普查资料，我国多数长寿老人和长寿区，大都居住和分布在环境优美、少污染的森林地区。法国的朗德森林是在这方面的一个突出例子，这个地区的居民在营造海岸松林分之后，平均寿命有所增长。虽然寿命增长是必然的，但增长得非常突然，于是人们普遍认为长寿是由于森林的直接影响。因此，有些资料表明，只要深入森林100m以内散步或停留，就能真正地享受到森林空气，身心得到疗养，常常到林中散步，能够延年益寿。

森林康养环境可分为气环境、光环境、水热环境和声环境4种。

一、森林气环境

森林气环境又包括森林氧气、植物精气、负离子、空气洁净度和空气含菌量5种。我们知道，长期生活在森林中的居民之所以疾病少、寿星多，与负离子含量高有密切的关系。

（一）负离子——空气维他命

医学临床试验结果表明，空气负离子的保健医疗作用主要表现在消除疲劳、恢复体力，促进高血压、冠心病等疾病的康复，调节中枢神经系统，促进血液形态成分与物理特性恢复正常，提高机体细胞免疫力，辅助治疗呼吸道、支气管等疾病，降尘抑菌、除菌、除臭共7个方面。

据法国、日本专家报告，瀑布、溪流、喷泉所产生的四溅水花，植物光合作用制造的新鲜空气，以及太阳的紫外线等，均能产生负离子，附着于周边的空气之中。人类吸收后除直接助益呼吸及肺机能外，并能使全身细胞新陈代谢活络，增进血液循环和心脏活力，还能美颜、延年益寿；更有镇定自律神经，消除失眠、头疼；减轻神经痛、腰酸背痛、风湿、高血压等好处，所以负离子有"空气维他命"之称。负离子多的环境，其空气显得格外清新，予人舒适感。

（二）森林杀菌素

森林还能分泌杀菌素，如萜烯、酒精、有机酸等。如每公顷的榉、桧、槐等树木，一昼夜能分泌 30kg 杀菌素。这些物质能杀死细菌、真菌和原生动物，使森林中空气含菌量大大减少。中南林业科技大学森林旅游研究中心监测的 460 多组数据表明，森林空气中细菌含量为每立方米 0~320 个，极个别森林会达到每立方米 500 个；而城市空气中细菌的含量一般为每立方米 2700~28600 个，大部分城市为每立方米 16000~28600 个，大大超过国家卫生标限值每立方米 3700 个。由于空气中绝大多数细菌对人体健康有害，因此，空气中细菌含量已经成为评价一个地区空气质量好坏的重要指标。

（三）芬多精——弥漫在森林中的精气

当我们走进森林，会情不自禁地深吸一口新鲜又芳香的空气，刹时尘虑涤尽，神清气爽。森林里的空气为什么特别新鲜？除了林木茂盛，能生产氧气净化空气外，芬多精也是功臣之一。

谈到森林浴，就一定得先了解芬多精这个名词及其对人们健康的意义。当我们走入森林，会觉得这里的空气的确与都市不一样。在森林区内，除各种枝叶繁茂的植物能过滤尘埃净化空气外，还含有裨益人体的芬多精成分，可使人顿觉清新而充满活力。

1930 年以来，苏联及日本科学家先后发现，森林植物的叶、干花等会散发一种叫做芬多精的挥发性物质，用以杀死空气中的细菌、微菌及防止害虫、杂草等外来生物侵害树体。芬多精亦可控制人类病原菌。

各种植物所散发的芬多精，其实就是植物体所含的芳香性物质(精油)，其主要成分为苦苹，有些具有独特的疗效，能成功的遏止人类的疾病。目前由大自然的植物中，提炼成西药的数量大约有 200 多种，被用来制造消炎、消毒、降血压等内服药。而这些苦苹系物质借森林内植物、动物、昆虫等的碰击摩擦或咬啮损伤而流出，弥漫在林内，形成森林的精气，使漫步森林内的人们，自然神经受到刺激，安定心情，由内分泌旺盛而调整感觉系统，可使头脑清醒，运动能力提高。这种森林精气对于人类的效益，就是一般所谓的森林浴芬多精效果。

二、森林光环境

漫步森林，我们会感到光线柔和，从而产生极强的舒适感，这是因为树叶对阳光进行了过滤造成的。根据相关研究，森林环境散步所处的光环境照度是在城市环境的 2/9，这说明森林中的光环境照度变化是不大可能造成炫光和眼睛不适的。

三、森林声环境

森林养生中，声环境也是非常重要的。人们在噪声较低的森林中，可以聆听鸟的鸣叫、水的流动等"天籁之音"。这是因为，森林是天然的消声器，具有防噪声效果，森林里的树木的吸声能力比粗糙的墙壁更强，树木还能减少声音的反射。森林的消声能力是与森林面积成正比的，森林面积越大，林带越宽，消除噪声的能力就越强。绿色的林带像一堵隔音墙，尤其能隔离高频的车辆噪声。声波碰到林带，能量被吸收 20%~26%，声强降低 20~25dB。

研究表明，绿色植物通过吸收、反射和散射可降低 1/4 的音量。成片的林木可减低 26~34dB。森林这种"天然消音器"的作用，可使一些长年生活在噪音环境的工厂和闹市区的人们通过在舒适的声音环境中得到疗养。

四、森林小气候

森林环境能共同对人体健康产生影响的还有湿度和温度。因而，适宜的温度和湿度可抑制病菌的滋生和传播，提高人体的免疫力。据研究，森林环境中的空气温度约为 20.1℃，人体最适宜的温度在 18~24℃；森林环境中的相对湿度为 75.1%，人体最适宜的健康湿度在 40%~65%。

树的叶片及枝条能吸附大气中的漂浮尘埃，因而在森林中空气含尘量比城市中明显少得多。四川洪雅玉屏山森林公园阔叶林中每立方米含尘量仅为 0.81×10^8 个，而柳江汽车站则为 3.85×10^8 个，相差 4.8 倍。森林里含尘量少的同时氧气含量大，每公顷森林一年可释放氧气 $1152m^3$。因而能有效净化空气，对哮喘、结核病人有一定疗养功能。

第二节 城市森林对人类的健康作用与功能

森林养生的医药功效主要体现在：一是制造氧气，被称为"天然氧气制造工厂"；二是阻隔杂音，森林的绿枝茂叶能吸收声波；三是绿色安详，森林的绿色对人的神经系统具有调节作用，能平静情绪，眼明目清；四是净化空气，森林有吸收毒气、尘埃的作用；五是杀灭毒菌，如松柏可杀死空气中的白喉、结核、霍乱、痢疾、伤寒等病菌；六是调节气温，进入森林冬暖夏凉，是疗养的佳境。具体作用如下。

一、森林环境的作用

依据研究成果，每公顷的阔叶林一天可以吸收 1t 二氧化碳，释放出 0.73t 氧气，可供 1000 人呼吸；绿色的环境能在一定程度上减少人体肾上腺素的分泌，降低人体交感神经的兴奋性。在使人平静、舒适的同时，还使人体的皮肤温度降低 1~2℃，脉搏每分钟减少 4~8 次，听觉和思维活动的灵敏性增加近 1 倍。特别适应慢性鼻炎、咽炎、慢性支气管炎、肺气肿、肺结核以及哮喘病；冠心病、高血压、动脉硬化等人群进行疗养保健。

(一)森林净化空气

森林中空气含尘量少，大气中的漂浮尘埃多吸附在森林中的叶片及树枝上。因而空气中的含尘量比公共场所要明显减少。张家界森林公园的杉木幽径的游道空气中每立方米含尘量为 2.22×10^8 个，阔叶林景点中含尘量为 0.81×10^8 个，而空旷地游人食宿中心为 5.32×10^8 个，大庸市汽车站为 3.85×10^8 个，相差 6.5 倍。森林公园空气中含尘量少，同时氧气含量大，每公顷森林一年可释放氧气1152m^3。对哮喘、结核病人有一定疗养功能。

(二)森林降低噪音

噪音低，是森林环境的又一特征，林木的存在能消除自然环境中的一些有碍人类健康的噪音。经森林过滤后的声音，一般人体能够忍受。据研究：绿色植物通过吸收、反射和散射可降低1/4的音量。40m宽的林带可减低噪音10~15dB。30m宽的林带可减低6~8dB。公园中成片的林木可减低26~34dB。由于森林的这种"天然消音器"的作用，可使一些长年生活在噪音环境的游人(工厂和闹市区居民)通过在舒适的声音环境中得到疗养，在身体和心理上都可得到休息和调整。

二、森林产生负氧离子，是有氧运动的基础

森林有"地球之肺"的美誉。现代科学证明：森林是一个制造氧气的巨大工厂，森林空气中的负离子含量至少要比室内大20倍。人体吸收充足的负离子，能有效促进新陈代谢，提高机体免疫功能，激活大脑皮层，使人心境愉悦，精神焕发。

在森林的卫生保健功能中，另一个最大的作用在于森林能大量产生"负氧离子"。空气中离子分为阳离子与负离子，阳离子对人体健康有害，空气中阳离子过多，会使人感到身体疲倦，精神郁闭，甚至旧病复发。阳离子一般发生于污浊的市区，通气不良的室内。而阴离子又叫负离子，负氧离子有益人类健康，主要能镇静自律神经，促进新陈代谢、净化血液、强化细胞功能、美颜和延寿。一般在空气中负离子含量为1000个/cm^3，而重工业区只有220~400个/cm^3；厂房内25~100个/cm^3；在森林上空及附近负氧离子约为2000~3000个/cm^3；在森林覆盖率35%~60%的林分内，负氧离子浓度最高，而森林覆盖率低于7%的地方，负氧离子浓度为上述林地的40%~50%。尤以森林峡谷地区，峡谷内有较大面积水域时，则空气中负氧离子含量最高。据国外研究表明：负氧离子浓度高的森林空气可以调解人体内血清素的浓度，有效缓和"血清素激惹综合症"引起的弱视、关节痛、恶心呕吐、烦躁郁闷等能改善神经功能，调整代谢过程，提高人的免疫力。能成功地治疗高血压、气喘病、肺结核以及疲劳过度，对于支气管炎、冠心病、心绞痛、神经衰弱等20多种疾病，也有较好的疗效。并能杀死感染性细菌，促使烧伤愈合。

三、森林中的舒适之光

森林还能有效吸收和阻挡声波，减弱或消除噪音，一般森林能降低25~40dB的噪音。此外，森林所呈现出来的绿色，被称作是"舒适之光"，它是眼睛健康的保护神。人们身处森林之中，瞳孔舒展自如，视觉神经特别放松，眼睛会倍感舒适。漫步其中，能缓解心理紧张、情绪烦躁、精神忧郁等"文明病"。

四、森林能分泌芳香味的气体与杀菌素

森林中的植物，如杉树、松树、桉树、橡树等，能分泌出一种带有芳香味的气体"杀菌素"，能杀死空气中的白喉、伤寒、结核等病菌。尤以松林，因其针叶细长，数量多，针叶和松脂氧化而放出臭氧，稀薄的臭氧具有清新的感受，使人轻松愉快，对肺病有一定

治疗作用。所以有许多疗养医院大都建在松林之中或者建在松树分布较多的地区。

林木所释放的植物杀菌素如有机酸、醚、醛、酮等化学物质，有助于提高 NK 细胞（免疫细胞）活性，从而对高血压、抑郁症、糖尿病等病症，具有显著的预防和减缓作用。森林覆盖率高的地方，人们得癌症的几率会降低，长寿的人也较多。

五、森林是人类的医药宝库

森林是人类的医药宝库《神农本草经》是我国第一部记载药物的专著，上面记载药物 365 种，其中植物药 237 种。目前，我国有药用记载的植物、动物、矿物共计 12694 种，其中药用植物 11020 种，约占中药资源总数的 87%，而很多又都来自森林。森林是人类最直接也是最有效的药物来源，即便西医西药强劲的今天，绝大多数发展中国家的绝大多数药物依然取自丛林，发达国家如欧美仍有 1/4 药品中的活性配料来自于药用植被。而且，森林无处不在的药用价值还充分体现在人类社会与森林的广泛互动上。

六、森林医学与森林疗养

把医学领域与森林紧密结合起来，互相促进与发展，森林医学和中医学都属于一种自然的疗法，如果二者能配合治疗会更好地促进疾病的恢复。像德国的森林疗养所都是纯粹的"森林浴""森林地形疗法"等。

有专家用从未服过药物的高血压患者做试验。结果发现，让他们每天做 4 个小时的森林浴，血压平均会下降 7mm 汞柱。

许多患有呼吸道疾病的游客，在森林中呼吸到大量带有杀菌素的洁净空气，能对病情有所控制和治疗。

据国外研究，负氧离子浓度高的森林空气可以调解人体内血清素的浓度，有效缓解由血清素激惹综合征引起的弱视、关节痛、恶心呕吐、烦躁郁闷等，能改善神经功能，调整代谢过程，提高人的免疫力。

七、森林保健食品

森林是人类生命的摇篮，它为早期人类提供了隐蔽的住所、丰富的食物、遮体的材料和工具的原材料。森林植物中发现和提取出来的食品、药品等，对改善人们膳食结构、保障粮食安全、促进人体健康具有重要意义。

森林食品是餐桌上的保健品"民以食为天"，中华民族的饮食文化以自己的民族行为和独特的经济基础发展着。而食品与人类健康也有着密不可分的关系。随着生活水平的不断提高，人们正在纷纷寻求各种有益健康的食品。森林食品以其天然生长、营养丰富、具有多种养生功能等特点，日益受到人们的青睐。

森林食品中含有许多药效成分，如龙芽楤木是一种五加科灌木，春季萌生鲜嫩茎叶，人们采摘下来，可以水焯后蘸料食之，其独特的清香令人久久回味。同时它还含有宝贵的药效成分，其植株总皂甙占总酚含量的 20.4%，是人参的 2.5 倍，对人体有提神和强体作用，对急慢性炎症、各种神经衰弱都有较好的疗效；桔梗是一种桔梗科草本植物，其根部在朝鲜、韩国、日本被当作蔬菜普遍食用。它还是常用的中药材，含有桔梗皂甙、白桦脂醇等成分，有较明显的祛痰、抗炎功效。其次，森林食品还含有丰富的营养成分。如蕨菜每百克鲜品含粗蛋白 1.6g、碳水化合物 10g、胡萝卜素 1.66mg，比一般栽培蔬菜高 1~8倍；蓝莓，所含的有机锗、有机硒、熊果苷等特殊营养成分是任何植物都无法相比的。经常食用，可消除视疲劳，延缓脑神经衰老，对由糖尿病引起的毛细血管病有治疗作用。

八、森林给人舒服感，增强免疫力，是人类最佳的舒适生活环境

另外森林的保健功能主要表现森林环境能给人舒服的感觉。由于森林中空气清新、气温舒适、噪声少，人在森林中会感到放松，释放压力。森林中的自然声音，如蝉鸣、流水声等，还能给人以美的享受。

据生物气象学家测定，在正常大气压下，气温 18~22℃，空气相对湿度 65%，是最佳的环境指标，人们会感到很舒适。容易出现这个指标的地区有 3 个：一是森林，二是海拔1000m 以上的山地，三是海滨。

由此可见，生态环境的优劣对人类的健康长寿起着至关重要的作用。而森林有着独特的自然资源，它为人们提供的有益物质更是其他环境无法比拟的。因此，可以说森林才是最适宜人类居住的地区，是改善人们生活质量的最佳场所

此外，森林中的温度和湿度也会对人体健康产生影响。适宜的温度和湿度可抑制病菌滋生和传播，提高人体免疫力。

九、森林的绿色心理效应

"森林是无言的心理咨询师。"通过森林心理咨询和疏导，能使人们感到平静和舒适，从而保持身心健康的平衡。

森林的绿色视觉环境，会对人的心理产生多种效应，带来积极的影响。森林主要是通过绿色的树枝，吸收阳光中的紫外线，减少对眼睛的刺激。绿视率理论认为，在人的视野中，绿色达到 25% 时，就能消除眼睛和心理的疲劳，使人的精神和心理最舒适。

调查发现，森林公园中的游客在绿色的视觉环境中会产生满足感、安逸感、活力感和舒适感。对于长期生活在紧张环境中的人，可通过森林疗养在身体和心理上得到调整和恢复。

绿色的基调，结构复杂的森林，舒适的环境等对人的心理作用更是为人们所重视。据游客反映，人们在森林中游憩，普遍感到舒适、安逸、情绪稳定。据测定：游客在森林公园中游览，人体皮肤温度可降低 1~2℃，脉搏恢复率可提高 2~7 倍，脉搏次数要明显减少4~8 次，呼吸慢而均匀，血流减慢，心脏负担减轻。对于长期生活在紧张环境中的游人，可通过森林疗养在身体和心理上得到调整和恢复。

森林的绿色视觉环境，会对人的心理产生多种效应，带来许多积极的影响，研究表明，森林主要是通过绿色的树枝，吸收阳光中的紫外线，减少对眼睛的刺激。"绿视率"理论认为，在人的视野中，绿色达到 25% 时，就能消除眼睛和心理的疲劳，使人的精神和心理最舒适。

十、森林及环境是人类深层次的心理需求

历史表明，人类漫长的"童年期"是在森林中度过的，而且森林在不同的时期，都提供了人类心理和生理上的庇护场所，满足了人类的种种需求。人类对森林有着积极肯定的情感。根据巴甫洛夫的"大脑动力定型"理论，人类早期的这种积极肯定的情感，已经映入了人类大脑皮层深处，形成了一种潜在的意识。因此，尽管人类已从森林中走出，走入了城市与田园，然而这种深层次的要求时时会表露出来，影响到人们对森林的感情和需求。人们一旦进入森林，这种感情就会爆发出来。人好像回到了童年，甚至母胎中的美好境界，心理得到镇静、中枢神经系统得到放松，全身得到良好的调节，并感到轻松、愉悦、安逸。许多因环境紧张或者心理因素引起的疾病，通过森林的这种功能会不治而愈。

十一、调节自律神经平衡——森林疗养的核心功能

自律神经又称植物神经，它是指无法用人体意识控制的神经，呼吸、内分泌、胃肠蠕动、脏器收缩等功能都由自律神经来掌控。自律神经又分为交感及副交感神经两大系统，交感神经主要用于应对"繁忙"，而副交感神经应对"放松"。通常交感神经和副交感神经保持着绝佳的平衡，所以我们能够顶得住工作压力，晚上也能够睡得香。倘若长期受到压力过大、睡眠不足和食物污染等因素影响，自律神经便会失去平衡，我们的身体随之也会出现各种症状。

目前森林医学已经形成了几个核心证据，其中排在第一位的就是"森林疗养能够调节自律神经平衡"。过去因为缺少医学和心理学知识，我们对这项研究结果一直重视不足。其实自律神经与健康关系非常密切，而调整自律神经平衡应该是森林疗养的核心功能之一。

除了森林环境对自律神经平衡的自调节作用之外，练习腹式呼吸、规律作息时间、适度运动、正念思考等相关森林疗养课程，也非常有助于缓和自律神经失调。

第三节 发展城市森林康养的建议

森林养生包括3个层次：养身——强身养护、修复疗养、消除亚健康；养气——理通气脉、平衡阴阳；养心——禅修开悟、明理开慧。所谓下士养身，中士养气，上士养心。

森林景观养生：以利用丰富的森林景观资源（观赏类）、良好的森林生态环境（氧气、植物精气、阳光、水汽等）自然要素提供养生服务为主。主要项目有森林浴场、负氧离子保健场、植物精气养生、森林日光浴、拓展训练、运动健身等。

森林产品养生：以利用森林资源中物质资源（温泉、水域、林产品、林下种植和养殖产品等）提供养生服务。主要项目包括温泉浴漂流、食疗、茶疗、水疗、芳香疗法等。

森林人文养生：以利用森林人文景观、森林文化展示体验等要素提供养生服务为主，主要包括通过森林人文景观、文化遗迹、佛道儒的寺观庙院等游览给人以启发启迪；通过森林资源及景观的变化使人悟入生命和谐的真理；通过在森林环境中学习实践佛道儒的养生养性功法，开阔视野，使生命质量得到提升，如"八段锦"、"易筋经"、太极类、瑜伽

类、禅修类等。

森林综合养生：以综合利用森林环境、森林产品、森林人文资源提供森林养生服务的基地。主要是指综合利用以上几种情况和以森林环境为基础达到明显提升相关行业服务效果的目的，如森林医院、森林养老养生、森林美容美体等。

一、森林疗养地的选择与规划

在森林公园和风景区规划中，疗养地的选择因其疗养目的、公园位置与条件等会有较大的差别。主要从以下几个方面予以决策。

(一)森林条件

一般应在森林公园中选择成片森林(50~100hm² 以上)的中心部位，森林小气候特征明显，有条件时，应在规划前对了解不同区域的小气候指标，包括空气温度、相对湿度、极端温度、降雨以及空气中含尘、含菌和负氧离子浓度等，选择那些对人体舒适和疗养最适宜地段设计疗养度假场所。森林覆盖率在40%~70%左右，林分以针阔混交的中龄林以上的稳定林分。森林组成树种中以松、桧、榉、栎、柏等为佳。并在规划中多补植一些具有杀菌功能的树种。

(二)地貌条件

疗养地尽量包含有多种地貌单元，最好有较大面积的水体与开阔的坪地，以及一定数量的稀疏林分，坡度平缓但有起伏变化，通风向阳无污染的气流和水体，岩体无放射性污染等。

(三)位置条件

对一个公园或风景区整体而言，疗养地不应置于中心景区或者集中娱乐区，与上述地区虽有一定距离但又不能相距太远，不便疗养人员参加娱乐活动。同时又要尽量减少其他游客对疗养区的影响。

(四)面　积

一般确定养疗区面积大小时，应综合考虑使用目的，森林环境的稳定性与疗养功能，公园面积大小及其他社会经济条件。每公顷森林疗养人数应控制在1~2人以内。

二、森林疗养林分的密度调整

为适应森林疗养需求而开展的森林经营工作，现阶段主要是林分密度调整。

过去曾有人从景观美学角度出发，梳理过林分密度和森林景观的研究资料。大部分研究认为林木密度在950~1300棵/hm²的森林景观是比较理想的；如果以林分蓄积进行统计，大约是27~35m³/hm²的森林美景度较高。但是从森林观光升级到森林疗养之后，林分密度调整需要应对的不仅仅是视觉需求，只有对森林疗养进行简单分类，才能给出与疗养类型相适应的合理林分密度值。藤本和泓等人提出，应将森林疗养类似区分散步型、游憩型和运动型三类，并根据疗养类型特点来调整到最适林分密度(见下表)。不过这种分类

可能有些机械，如果是在森林中做艺术鉴赏或开演唱会，林分密度控制在 50~100 棵/hm²
会更适合。

表 8-1 森林疗养林分的密度表

森林疗养类型	林分密度	树木间隔	林下植被高度
散步型	600 棵/hm² 左右	不小于 4m 间隔	40cm 以下
游憩型	300~600 棵/hm²	4~6m 间隔	10cm 左右
运动型	300 棵/hm²	6m 间隔以上	5~20cm

除了林分密度，林窗密度也会影响到森林疗养的效果。林窗也称为林隙，它是森林演
替过程中形成的林间空地，对于维持生物多样性和森林更新具有重要意义。在森林疗养基
地设计时，在林窗内设置坐观、冥想和平躺休息等场所，有时会比林下或森林周边更有优
势。不过，利用林窗开展森林疗养时，应处理好与保护更新苗的关系。

三、建立森林公园、开辟森林疗养保健度假区

我国批准建设的各级森林公园大部分适合于开展森林疗养保健旅游活动。因此在规划
设计和建设中，应积极规划疗养场所，在规划设计中，一是注意科学地选择疗养地；二是
注意疗养地其他娱乐、文化、游览以及医疗保健方面设施的配套；三是对森林植被的培育
应朝提高森林的疗养保健功能方向发展。

四、开辟森林疗养医院

在风景区或森林公园之外，可以在一些条件优越的林场或林区，建立综合性森林疗养
医院，如专门的高山森林疗养医院、北方森林疗养医院、森林结核病疗养院等。完善服务
与医疗设施。

五、户外露营——森林疗养基地的必选设施

森林露营很受访客欢迎，因此，建议把露营地作为森林疗养基地的必选设施。但是设
置露营地并不简单，理想的森林露营地既应该有舒适森林，也应该有完备设施，并需要在
设置设施和保护森林方面实现平衡。

六、开展森林疗养、卫生、保健效益的研究与宣传

进一步认识森林对于人类的价值，提高森林的地位，合理地利用森林的功能与价值。
在森林旅游系中开设森林疗养专业，对不同类型森林的疗养功能进行系统科学地研究。

七、开展林药与森林保健食品的开发与研究

完善森林疗养的技术与服务项目。使我国森林疗养、保健旅游在森林中发挥应有的作用。

八、着手研究和制订有关森林疗养政策

资助发展森林疗养保健事业，进一步提高全民身体素质。

第四节　结　论

人类大健康产业将是 21 世纪的支柱产业，森林康养将成为人类大健康产业的重要组成。城市森林将是无偿提供森林康养的重要途径，是人类未来重要的生态产品供给源。因此，探讨城市森林的康养环境、康养功能，并提出城市森林康养功能发挥的对策和建议，具有重要的现实意义。本文的分析希望为我国城市森林康养产业的发展提供思路，起到抛砖引玉的作用，从而共同推进我国城市森林康养产业的大发展、大繁荣。

第二部分

基础条件研究

第九章 贵州省自然地理与社会经济基本情况

贵州地处我国西南云贵高原，面积 17.61 万 km²，山地和丘陵面积占 92.5%，属亚热带湿润季风气候，年平均气温 15℃左右，平均降雨量 1200mm 左右。自然资源丰富，煤炭等 46 种矿产资源储量居全国前列，水能资源蕴藏量居全国第 6 位，森林覆盖率达 48%，生物种类繁多。生态区位重要，是长江、珠江上游重要生态屏障。

第一节 自然地理

一、地理位置

贵州位于我国西南云贵高原东部，地处东经 103°36′~109°35′，北纬 24°37′~29°13′，东接湖南，西连云南，南界广西，北邻四川和重庆。东西长约 595km，南北相距约 509km，总面积 176167km²，占全国土地总面积的 1.84%。

二、地质地貌

贵州地处云贵高原东部斜坡，地势西高东低，自西部和中部向北、东、南三面倾斜，平均海拔 1100m 左右，毕节市赫章县珠市乡境内的韭菜坪海拔 2900.6m，为境内最高点；黔东南州黎平县地坪乡水口河出省处海拔 147.8m，为境内最低点。贵州是全国唯一没有平原支撑的省份，地貌的显著特征是山地多，山地和丘陵占贵州总面积的 92.5%。境内分布着四大山脉：北部的大娄山、东部的武陵山、西部的乌蒙山和横亘中部的苗岭，这四大山脉构成了贵州高原的地形骨架。

贵州是世界上岩溶地貌发育最典型的地区之一，位居世界岩溶分布最集中的东亚片区的核心位置，岩溶区面积 11.25 万 km²，占贵州省总面积的 63.80%。

贵州岩溶地貌千姿百态，类型复杂多样。地表有洼地、峰林、溶丘、天生桥、穿洞等地貌形态，地下有洞穴、地下河和石笋、卷曲石等钙质沉积形态以及流痕等多种洞穴溶蚀微形态。而且，多种岩溶个体形态又在不同区域有规律地组合，形成峰林盆地、高原峡谷等各种地貌类型。

(一)地　质

贵州位于华南板块,跨上扬子陆块、江南造山带和右江造山带 3 个次级大地构造单元。由于漫长的地质壳幔作用和板块运动,发生了多种地质事件,铸就了贵州复杂纷繁的地质图像,并以"沉积岩王国""古生物宝库"著称。具有地层发育齐全、碳酸盐岩广布、沉积类型多样、古生物化石丰富、岩浆活动微弱、变质作用单一、薄皮构造典型、地壳相对稳定等特点。

贵州出露地层为中元古界蓟县系至新生界第四系,厚约 30km。地层的生物地理区系多样,寒武系至中三叠统以古地中海区生物群为主,次为澳大利亚太平洋区生物群;上二叠统则为华夏植物群;三叠系(海相)属特提斯—扬子动物群。地层的组份较为复杂,中元古界为海相火山—沉积岩系,中部发育有枕状玄武岩。新元古界青白口系和南华系以陆源硅质碎屑岩为主兼有火山碎屑岩及少量火山岩;震旦系则主要为海相碳酸盐岩及陆源细屑岩。下古生界寒武系和奥陶系以海相碳酸盐岩为主,次为硅质陆源碎屑岩;志留系下统主要为硅质陆源碎屑岩兼夹生物碳酸盐岩。上古生界泥盆系、石炭系和下中二叠统均以海相碳酸盐岩为主,次为夹硅质陆源碎屑岩;上二叠统贵州西部为峨眉山玄武岩及陆源碎屑含煤岩系,东部和南部则为海相碳酸盐岩。中生界扬子区三叠系下统至上统下部为海相碳酸盐岩,右江区以陆源碎屑浊积岩为主;上统中上部则为陆相硅质碎屑岩;侏罗系至白垩系下统为紫红色碎屑岩;上白垩统则以紫红色粗屑沉积岩为主。新生界古近系为紫红色砂砾岩;新近系则为含砾泥岩及黏土岩;第四系为多种成因类型的砂、泥、砾及钙华等堆积物。

贵州的岩浆岩分布较零星且面积不大,但岩类复杂、期次较多。中元古代在梵净山区以海相枕状玄武岩为主,并有同源镁铁质超镁铁质岩岩床,以及末期花岗岩。新元古代早期九万大山区海相玄武岩、同源的镁铁质岩岩墙,以及过铝花岗岩。早古生代中晚期在黔东有偏碱性超镁铁质岩。晚二叠世贵州西部为大陆溢流拉斑玄武岩及同源辉绿岩床。中生代中晚期在黔西南为偏碱性超铁镁质岩。贵州的变质岩以区域变质岩为主,这些浅变质岩的主体属低绿片岩相,是构成贵州中新元古代地层的主要岩类,多为浅变质的硅质陆源碎屑岩和中酸性火山碎屑岩。具有面型层状分布、变质相带宽阔和单相变质等特点。在一些超壳断裂和滑脱构造带的旁侧,出现变质相对较深的动力变质岩;花岗岩侵入体的围岩有接触变质岩。

贵州表层构造以侏罗山式褶皱为主,属典型的前陆褶皱冲断带。卷入此带的地层为中新元古界、古生界和中生界。这类褶皱包括隔槽式、隔挡式、疏密波状和箱状等多种褶皱型式。其中以隔槽式最为典型,有一系列紧密向斜和平缓背斜组合而成,在平面上和剖面上均呈雁行排列。在黔东北、黔北和黔中地区还发育有与褶皱轴向平行的冲断层和斜切轴线的断层。在一些规模较大的逆冲断裂带出现飞来峰、构造窗和双重结构及冲断片等。在黔东南新元古界分布区,则发育有 NNE 和 NEE 向两组断裂系统,它们彼此相交、联合,构成菱形或矩形块体。这种强弱应变的规律组合,有时出现脆韧性剪切变形带,此乃大规模区域性剪切作用所致。贵州西南部的构造则以 NW 向为主,走滑、冲断均比较发育,特别是南、北盘江流域三叠系陆源碎屑岩区,褶皱紧密、变形较强。总之,贵州的构造变形样式及其组合，属典型的薄皮构造，是沿基底剪切滑动的结果，代表了地壳浅部多层次滑脱体系。

贵州地壳演化可追溯至距今1400百万年的中元古代，即Rodinia超大陆演化的早期聚合阶段，可能为陆缘环境；中元古末的格林威尔期陆陆碰撞造山及A型俯冲形成超大陆。新元古代初，地壳发生强烈隆升；之后，有类双峰式岩浆作用，超大陆发生裂解，形成裂陷盆地，直至中寒武纪初期。此后由被动大陆边缘向前陆盆地转化，并有幔源镁铁质岩浆爆发；志留纪末的加里东造山，完成了扬子与华夏两陆块的拼合。泥盆纪至中二叠世为陆内裂陷盆地发展阶段，形成台盆（沟）格局。晚二叠世由于峨眉地幔柱作用，使之隆升，形成大陆溢流拉斑玄武岩（高钛）系，且改变了以往的沉积格局。中三叠纪至早白垩世中期进入特提斯构造演化阶段；早白垩世晚期至晚白垩世为西太平洋陆—弧造山阶段，即燕山造山作用奠定了贵州构造雏形。新生代以后的特提斯碰撞造山，使贵州省发生轻微的变形，主要受超碰撞阶段影响，以面型隆升为主，形成当今贵州高原之地貌景观，并仍在继续演化中。

（二）地 貌

贵州是一个隆起于四川盆地和广西丘陵之间的亚热带高原山地地区，地势西部最高，中部稍低，自中部向北、东、南三面倾斜。贵州省地貌结构是东西三级阶梯，南北两面斜坡。西部海拔1500~2900m，中部1000m左右，北、东、南三面边缘河谷地带500m左右。

贵州省岩溶地貌分布广泛，占贵州省总面积的61.9%，且形态多样。也是全国地貌类型较为复杂的省份之一，地貌区域性差别显著。

西部海拔多在2000~2400m。除边缘部分被强烈切割为高中山山地外，高原面保存比较完整，地面起伏平缓，为高原丘陵地貌景观。

中部除深切河谷地段或断块上升地段为中山山地外，多数地面起伏不大，丘陵盆地分布广泛，为1000~1200m和1200~1400m的两级剥夷面组成的高原丘陵盆地地貌景观。在黔西北高原和黔中高原之间，即以赫章县的妈姑以东，盘州市民主、晴隆县中营至织金县以那架一线以西，是两高原的过渡地带。因河流深切，地面崎岖破碎，除盘州市等地残留一些高原面外，大部分地区为高中山和中山地貌景观。

东部为贵州与湘西丘陵的过渡地带，是600~800m的剥夷面所在。因受梵净山、雪峰山隆起和河流切割的影响，除铜仁市东部和黔东南自治州的凯里、镇远、黎平等县局部地区尚保留有成片或零星分布的老风化壳缓丘和溶蚀丘陵洼地外，地面起伏较大，大部分为低山丘陵地貌景观。

因受南北分流的河系切割，地面崎岖破碎。黔北为中山峡谷地貌景观，黔南为低山河谷和低山丘陵河谷盆地地貌景观。

此外，境内还有一些延伸较长的山脉和断续延伸的山岭。北部有北东走向的大娄山，海拔1000~1500m，是赤水河与乌江的分水岭，最高峰白马山，海拔1965m；东北部有北东走向的武陵山，海拔1200~2500m，是乌江与沅江的分水岭，最高峰是梵净山区的凤凰山，海拔2572m；西部有北东走向的乌蒙山，海拔2000m以上，为北盘江、乌江、赤水河、牛栏江的分水岭，最高峰韭菜坪，海拔2900.6m；中南部有苗岭（为东西向的侵蚀残留高地），海拔 1100~1500m，是长江水系和珠江水系的分水岭，最高峰雷公山，海拔 2178m。在这些山地中，散布着高差一二百米的丘陵，镶嵌着大小不等、形态各异的峡谷、河谷或岩溶盆地。

三、气　候

贵州属于亚热带湿润季风气候。东部在全年湿润的东南季风区内；西部处于无明显干湿季之分的东南季风区向干湿季分明的西南季风区过渡的地带。特殊的地理条件，形成了较独特而宜人的气候环境。

由于海拔较高，纬度较低，气温变化小，冬暖夏凉，气候宜人，贵州大部分地区年平均气温在 8~20℃。从贵州省看，通常最冷月（1 月）平均气温多在 3~6℃，比同纬度其他地区高；最热月（7 月）平均气温一般在 22~25℃，为典型夏凉地区。南部、北部和东部河谷地带为高温区；西北部地势较高地带为低温区。红水河和南、北盘江河谷一带，年均气温在 20℃左右，是省内气温最高地区。东南部的都柳江和北部的赤水河河谷地带，年均气温在 18℃以上。东部其他河谷地区，年均气温在 16.3℃左右；西北部地势较高地区，年均气温在 12℃左右；海拔 2400m 以上的地区，年均气温在 8℃左右；东北部的梵净山海拔 2400m 以上的山顶部位，年均气温在 8℃以下；省内其余地区年均气温在 14~16℃。

贵州离海洋较近，处于冷暖空气交锋的地带，降水量较多，年降水量在 850~1600mm，有 3 个多雨区和 2 个少雨带。3 个多雨区的年降水量都在 1300mm 以上，均位于夏季风的迎风坡上。第一个多雨区在西南部苗岭西段南坡，地处西南季风的迎风坡，是范围最大的多雨区，雨量最多的是晴隆县，年降雨量达 1588.2mm。第二个多雨区在东南部苗岭东段南坡，位于东南季风的迎风坡，雨量最多的是丹寨县，年降水量达 1505.8mm，仅次于晴隆县。第三个多雨区在东北部武陵山的东南坡，中心区的年降水量在 1400mm 以上。此外，大娄山东南坡和赤水市一带的雨量也在 1200mm 以上，是 2 个范围不大的多雨区。在 3 个多雨区之间是少雨带，雨量最少的是威宁、赫章、毕节一带，年降水量在 900mm 左右，其中赫章最少，仅 854.1mm，其他少雨带的年降水量在 1100mm 左右。

贵州省云量多，日照较少，湿度较大，风速较小。各地日照时数在 1050~1800h，西多东少，最少的在大娄山区。一年中夏季日照时数最多，春季次之，冬季最少。各地年平均相对湿度在 80% 左右，除春季南部和西部偏小（75% 左右）外，其余地区各季变化不大。年平均风速，西部地区在 2.5m/s 左右，低洼河谷地区在 1m/s 上下，其余大部分地区在 1.5m/s 左右。平坦地区冬季多偏北风，夏季多偏南风。

四、流　域

乌蒙山脉和苗岭山脉东西向将贵州一分为二，北面是长江流域，占贵州省土地面积的 65.6%；南面是珠江流域，占贵州省土地面积的 34.3%。贵州省岩溶区域共划分为 2 个一级流域、6 个二级流域和 11 个三级流域，11 个三级流域分别是长江流域的金沙江石鼓以下干流、乌江思南以上、乌江思南以下、宜宾至宜昌干流、赤水河、沅江浦市镇以下、沅江浦市镇以上和珠江流域的南盘江、北盘江、柳江、红水河。

五、土　壤

贵州省地势相较于其他省十分复杂，同时囊括了山地与丘陵以及盆地，甚至还有高山、峡谷等。虽然说该省主要由高原山地还有丘陵、盆地这三大地形组成，但实际上有92.5%的土地面积是山地及丘陵。地形众多，崇山峻岭，连绵起伏，山脉纵横交错。其中，贵州岩溶地貌最具有代表性，发育了独特的喀斯特地貌，溶洞、石林、石沟、石牙、石缝等各式各样，千姿万态。

贵州省地形地貌复杂，气候和植被区域性分异明显，土壤类型多样，水平地带性和垂直性分布显著。且地处我国西南喀斯特（岩溶）地区的中心地带，分布着世界上最为典型的喀斯特景观，分布面积最广、最为集中。元古代浅变质岩系构成其基底，古生代至中生代沉积岩形成其盖层，经燕山运动使白垩系以前的整个沉积盖层发生强烈褶皱、断裂。因为盖层的沉淀作为该地势高原达成的根本，再因为其褶皱的断裂发展和最近新构造运动促进地质结构大幅度的提升，让贵州变成了高原，而且在不一样地质构造单位上有着不一样的地貌，该地区差别也非常显现。贵州以高原山地为主，地形东边高西边低，由中间向四周倾斜下降（除西部外），平均海拔高度为1100m。自古以来有"八山一水一田"的说法。

贵州省地质地貌复杂，气候和植被区域性分异明显，形成了土壤类型多样。水平地带性和垂直性分布显著，土壤微生物功能多样性，季节性变化极其显著。贵州省气候和地理的复杂性直接影响土壤的发育与分布，其中红壤、黄壤、黄棕壤等土壤类型是贵州省的地带性土壤，其面积约占土壤总面积的60.29%，受母岩特性制约的岩性土壤石灰土、紫色土占土壤总面积的23.14%，人工耕种熟化的水稻土等及其他约占16.57%。贵州的土壤总面积高达158741km^2，占贵州省土地总面积的90%以上。由调研结果显示，省内有15个土类，36个亚类。主要土壤类型有：黄壤、红壤、黄棕壤、石灰土、紫色土、水稻土等。

岩溶山区特殊的地质地貌因素造就了生态环境脆弱的基础，土壤资源极其珍贵。土壤的地带性属中亚热带常绿阔叶林红壤—黄壤地带。中部和东部的大部分地区主要的植被是湿润性常绿阔叶林带，该部分地区分布着大量的黄壤，其范围包括了整个贵州高原的主体。西南部多呈现偏干性的常绿阔叶林带，与西北地区具有很大的差异，其中包括土壤、湿度、环境和作物等，都有很多的不同，但是各自也保持着自身的特色，在对其进行了解的时候不能就单方面来研究，需要考虑很多的因素，土壤类型复杂多样。土壤总面积达158741km^2，占贵州省土地总面积的90.4%，土壤类型繁多，比如黄壤、黄棕壤、红壤等等。但是，可以明显看出，贵州省土壤资源不足，可用于农业生产的土壤仅仅占贵州省总面积的83.7%。因此提高土壤利用效率迫在眉睫，进而更好地发展贵州省农林业生产。

贵州省主要土壤类型及分布情况如下。

（一）黄　壤

贵州黄壤集中分布在黔北、黔东和黔中的海拔500~1400m和黔西南、黔西北海拔1000~1900m的山原地区，面积约738.37×10^{4}hm^2，占贵州省土壤总面积的46.51%，是贵州省主要土壤类型。由于贵州山地较多，导致多雨多雾、气温变化大。岩石风化作用强烈，黄壤可发育于各种母质之上，以砂页岩、砂岩为主；此外还有第四纪红色黏土及石灰岩的风化物。在垂直带谱上，黄壤带下为红壤，上为黄棕壤。处于温和湿润、间有落叶树种的常绿阔叶林生物气候条件，有机质含量较为丰富，铁铝含量高，缺磷素，酸性强，钙、镁、钾等盐基离子少，土体湿润，耐旱保肥。

（二）黄红壤

黄红壤主要是中亚热带常绿林植被下形成的地带性土壤，是黄壤与红壤的过渡类型。垂直分布比黄壤低，比红壤高，贵州省以梵净山以东，雷公山东南面分布比较集中，红水河、南盘江低山地带亦有分布。东部地区海拔800m以下，南部900m以下，母质以砂页岩、轻度变质岩、第四纪红粘土为主。土壤剖面发育明显，在森林植被下，具有较深厚的腐殖质层，心土具有明显的由黄到红的分化，黏粒含量较高，多呈酸性反应。

（三）红　壤

红壤（包括赤红壤、红褐色土）主要成土母质为砂岩、砂页岩、页岩、砂砾岩、板岩、玄武岩等风化物以及第四纪红黏土。面积约为 $114.59\times10^4hm^2$，占贵州省土地总面积的7.22%左右，是在高温多雨、干湿明显的常绿阔叶林下形成的。母质有砂页岩、变质岩、花岗岩、第四纪红黏土等。主要分布于贵州省西南部、东部的低山丘陵及河谷地带。如西南部的红水河，南、北盘江及其支流。东南部的都柳江、清水江、锦江及其支流的低山、河谷，丘陵地带以及牛栏江、赤水河的河谷地带。在这些地带上，按垂直分布，一般地说，在黔南、黔东南海拔500m以下，黔西南的上限可分布到1000m左右。由于在高温多雨的生物气候条件下，植被生长迅速，有机质分解快，矿物风化迅速，腐殖质含量低，铁铝相对积累，铁在干旱条件下氧化为赤铁矿，因此土体多为红色，发生层深厚，呈酸性反应。红壤土色暗红，土体内常见铁磐；黏土矿物以高岭石为主伴有三水铝石，盐基饱和度为70%左右；铁的活化度60%~65%，富铝化程度高于黄壤。

（四）黄棕壤

黄棕壤主要成土母质为砂岩、砂页岩、页岩、玄武岩等风化物。面积约为 $98.64\times10^4hm^2$，占贵州省土壤总面积的6.21%。黄棕壤划分为黄棕壤、暗黄棕壤、黄棕壤性土3个亚类，是北亚热带气候条件下发育的地带性土壤，在贵州省是黄壤和山地灌丛草甸土之间的过渡类型。垂直分布通常在黄壤之上，山地草甸土之下，海拔较高的高原上或山体的上部，贵州省东部、西部、北部多在常绿植被下或常绿落叶、混交阔叶林下发育而成，垂直海拔一般为：黔中1400m以上，黔北1500m以上，黔西1800m以上。由于受温凉湿润的生物气候条件影响，土壤发生层明显，但矿物风化度低，黏粒含量较少，心土呈黄棕色，质地疏松，多呈强酸性反应。

（五）山地草甸土

受东南季风影响比较强烈，湿度较大，分布于山地、山原的山顶或分水岭平缓的山脊地带。如雷公山排列坡、梵净山顶、梅花山山王庙、乌蒙山大小韭菜坪以及各地残留高山顶部，多在黄壤或黄棕壤的上限之上，海拔一般在1500~2500m。由于所处冷凉湿润，风大及灌丛草甸的生物气候影响，具有草甸化和腐殖质化等成土过程特点，即土壤浅薄，矿物风化度低，发生层不明显，湿润，土壤呈强酸性等特点。

（六）石灰土

石灰土遍布于南方岩溶地貌区域，贵州岩溶区域分布广泛，所以石灰土众多，可分为黑色石灰土、黄色石灰土、红色石灰土和棕色石灰土 4 个亚类。贵州境内石灰土总面积 $278.56×10^4hm^2$，占土壤总面积的 17.55%

石灰土是受碳酸性岩类影响发育的土壤，属岩成土。均分布于贵州省岩溶地貌地区，以黔中、黔南、黔西南的分布较集中。因成土过程受母岩影响深刻，矿物风化度低，黏粒含量少，土层薄，土被不连接，因此地表多有基岩出露，抗旱性差。成土中受母岩影响，土体中仍保留一定的钙离子，盐基饱和度高，呈中性到微碱性反应，pH 值 6.5~7.5。剖面发育较完善的土壤为 A-(B/C)-R 型，一般为 A-C-R 型或 A-R 型。

（七）紫色土

紫色土，在以往是被看作特殊的土壤类型，因其"紫色"又表现出比较特别的肥力情况，从而中外土壤学家之前都认为"仅中国才有其紫色土"。紫色土多分布在四川盆地，于南方其他几个省份的盆地中也有少量分布。贵州主要发育于紫色砂页岩、紫色页岩、紫色砂砾岩等风化物，是典型的岩性土，总面积 $88.67×10^4hm^2$，占土壤总面积的 5.59%。主要分布在黔北的赤水、习水一带，桐梓、遵义、仁怀、金沙、黔西、七星关、乌当、花溪、惠水、施秉等县(市、区)也有零星分布。紫色土分布区主要为山地、丘陵地貌。形成特点具有快速物理崩解和频繁的侵蚀过程，盐基轻度淋失与快速补充同步进行过程，土壤特性随母质种类而异，基本保持母岩原色，生物积累作用较弱；典型剖面构型为 A-C 或 A-(B)-C 型。土壤侵蚀强烈，土体更替频繁，紫色土自然肥力高，是发展农业和用材林、经济林的良好的土壤条件。

（八）粗骨土

主要分布于侵蚀剥蚀山地的分水岭或洪积扇地形上，土层浅，石砾和砾砂多，发生层不明显，地表植被生长很弱。

（九）洪积冲积土

主要分布于贵州省大河系的谷地地带。由近代河流流水影响的洪积冲积形成，多为异源性母质发育的土壤，发生层不明显，时有交错层出现。

（十）水稻土

水稻土是指发育于各种自然土壤之上、经过人为水耕熟化、淹水种稻而形成的耕作土壤。贵州水稻土总面积 $155.02×10^4hm^2$，占土壤总面积的 9.77%。水稻土在贵州省各地均有分布，以黔中、黔北、黔东、黔南较为集中。水稻土受地形和灌溉条件的影响，形成淹育型水稻土、渗育型水稻土、潴育型水稻土、潜育型水稻土、脱潜型水稻土、漂洗型水稻土、矿毒型水稻土 7 个亚类;其中,黄泥田、大眼泥田、紫泥田和红泥田,分别由黄壤、石灰土、紫色土和红壤水耕熟化而成。在水耕熟化过程的控制下,进行氧化还原作用、土壤有机质的合成和分解作用、盐基淋溶和复盐基作用、物质淋溶和淀积作用和粘土矿物的分解和合成过程。典型剖面组合为 A-P-B/Bg/Br/Bm/W-G-C。贵州水稻土约占贵州省耕地总面积的 40%,是贵州重要的农产品生产基地。

(十一)沼泽土

主要分布在低洼地区,由于长期积水并生长喜湿植物的土壤。其表层积聚大量分解程度低的有机质或泥炭,土壤呈微酸性至酸性反应,底层常有低价铁、锰存在。沼泽土地下水位都在 1m 以上,具有沼生植物的生长,其形成称为沼泽化过程,包括了潜育化过程、腐泥化过程或泥炭化过程。省内主要分布在威宁县、赫章县、盘州市、水城县、龙里县、荔波县等。

(十二)泥炭土

分布于冷湿地区的低洼地,由于长期积水,水生植被茂密,在缺氧情况下,大量分解不充分的植物残体积累并形成泥炭层的土壤。泥炭土是具有厚度大于 50cm 泥炭层的潜育性土壤,地表可有厚 20~30cm 的草根层,草根层下为泥炭层和矿质潜育层,有时泥炭层下还有腐殖质过渡层。省内主要分布在赫章县、盘州市、水城县、龙里县、荔波县、雷山县、台江县、榕江县、剑河县等。

六、生物资源概况

贵州省属亚热带高原山区,气候温暖湿润,地势起伏剧烈,地貌类型多样,地表组成物质及土壤类型复杂,因而植物种类丰富,植被类型较多。自然植被可分为针叶林、阔叶林、竹林、灌丛及灌草丛、沼泽植被及水生植被 5 类。针叶林是贵州现存植被中分布最广、经济价值最高的植被类型,以杉木林、马尾松林、云南松林、柏木林等为主;阔叶林以壳斗科、樟科、木兰科、山茶科植物等为主构成,常绿阔叶林是本省的地带性植被。多种森林植被破坏后发育形成的灌丛及灌草丛分布较普遍。

贵州省生物种类繁多。贵州省维管束植物共有 8491 种,其中药用植物资源 3700 余种,占全国中草药品种的 80%。野生经济植物资源中,工业用植物约 600 余种,以纤维、鞣料、芳香油、油脂植物资源为主;食用植物约 500 余种,以维生素、蛋白质、淀粉、油脂植物为主;可供绿化、美化环境及有观赏价值的园林植物约 200 余种;具有抗污能力的环保植物 40 余种。贵州省有 78 种珍稀植物列入国家重点保护植物名录,银杉、珙桐、红豆杉等 18 种属国家 I 级保护植物,桫椤、秃杉、连香树等 60 种属国家 II 级保护植物。

贵州省有野生动物 11442 种,其中脊椎动物 1053 种。贵州自然分布的国家重点保护野生动物 106 种,其中黔金丝猴、黑叶猴、云豹、豹、蟒等 18 种为国家 I 级保护野生动物,猕猴、穿山甲、小灵猫等 88 种为国家 II 级保护野生动物。

贵州省植被具有明显的亚热带性质,其组成种类繁多,类型复杂,地域分异明显。贵州省维管束植物(不含苔藓植物)共有 259 科、1765 属、8491 种(变种)。列入国家重点保护野生植物名录的有 78 种, 其中国家Ⅰ级保护植物 18 种, 国家Ⅱ级保护植物 60 种。珙桐(*Davidia involucrata*)、秃杉(*Taiwania flousiana*)、西藏红豆杉(*Taxus wallichiana*)、桫椤(*Alsophila spinulosa*)、钟萼木(*Bretschneidera sinensis*)、榉树(*Zelkova serrata*)、鹅掌楸(*Liriodendron chinense*)、福建柏(*Fokienia hodginsii*)、香果树(*Emmenopterys henryi*)、马尾树(*Rhoiptelea chiliantha*)、水青树(*Tetracentron sinense*)等分布较多, 是本省有代表性的重点保护植物。由于人为活动的影响, 贵州省植被又具有较强的次生性。在水平方向上, 植被的分布表现出明显的纬度和经度地带性。在南北方向上, 由于热量条件的差异, 黔中、黔北地区的地带性植被是中亚热带常绿阔叶林; 而黔西南则发育了具有热带成分的南亚热带常绿阔叶林及沟谷季雨林。在东西方向上, 由于水分条件的变化, 黔中、黔东地区的常绿林为典型的湿润性(偏湿性)常绿阔叶林, 而黔西地区则发育了半湿润(偏干性)常绿阔叶林。在垂直方向上, 植被的分布又具有明显的垂向分带规律。在若干大高差、高海拔的山体, 常形成亚热带山地垂直带谱。

贵州省自然植被共分为 3 个系列, 9 个植被型组, 26 个植被型、146 个群系。按植被生长发育的土壤—基质条件不同划分为酸性土植被、钙质土植被、水生植被及沼泽植被。主要植被类型包括以下几种:

(1)半常绿季雨林。主要分布在属于南亚热带范围的西南部南盘江、北盘江、红水河河谷地带, 也称南亚热带河谷季雨林。包括河谷季雨林和山地季雨林 2 个类型。

(2)常绿阔叶林。包括中亚热带常绿阔叶林、中亚热带常绿硬叶林和喀斯特山地常绿阔叶林 3 个植被型。在贵州山地植被垂直带中以基带的地位出现, 其上限在东部地区大约在海拔 1300~1400m, 向西逐渐升高, 黔中一带大约在海拔 1600m, 西部威宁一带可达海拔 2000m。

(3)常绿落叶阔叶混交林。分为山地常绿落叶阔叶混交林和喀斯特常绿落叶阔叶混交林 2 个类型, 分布在梵净山、雷公山、宽阔水、佛顶山、斗篷山等山体上部以及茂兰等喀斯特丘陵山地。常绿树种有粗穗石栎(*Lithocarpus grandifolius*)、硬斗石栎(*Lithocarpus hancei*)等; 落叶树种有亮叶水青冈(*Fagus lucida*)、水青冈(*Fagus longipetiolata*)、花楸(*Sorbus alnifolia*)、中华槭(*Acer sinense*)等。

(4)落叶阔叶林。贵州的落叶阔叶林有 3 个类型: 一是中山、高中山落叶阔叶林, 为原生性落叶阔叶林, 分布在相对高度较大的山体上部海拔 1800~2100m 地段, 如梵净山、雷公山等山体上部, 主要树种有水青冈、亮叶水青冈、中华槭、扇叶槭(*Acer flabellatum*)、水青树等。二是丘陵山地次生性落叶阔叶林, 广泛分布在各地丘陵山地, 优势树种有栓皮栎(*Quercus variabilis*)、光皮桦(*Betula luminifera*)、响叶杨(*Populus adenopoda*)等, 也常混生马尾松(*Pinus massoniana*)、杉木(*Cunninghamia lanceolata*)等针叶树种。三是喀斯特落叶阔叶林, 分布在喀斯特极其发育、基岩大面积裸露的山脊和山体上部, 黔中、黔北较为常见, 优势树种有云贵鹅耳枥(*Carpinus pubescens*)、朴树(*Celtis sinensis*)、灯台树(*Cornus controversa*)、圆果化香(*Platycarya strobilacea*)等。

(5)暖性针叶林。贵州的暖性针叶林在贵州省范围内广泛分布。重要的类型有 4 个: 一是马尾松林, 在东部、中部酸性丘陵山地广泛分布, 分布上限在海拔 1200m 左右, 除马尾松外, 常有杉木、西藏红豆杉等针叶树种。二是杉木林, 广泛分布在省内各地, 东南部的清水江、都柳江流域为其分布中心之一。三是柏木林，分布在喀斯特丘陵山地，东部、北部分布较多。四是云南松林，分布在西部半湿润季风气候的高地山地，垂直分布幅度在1400~2400m。

（6）温性针叶林。贵州仅具温凉性针叶林，分布在东北部梵净山山体上部，有 2 个类型。一是冷杉林，分布在山体上部海拔 2100~2350m 地段山脊线以北的陡峭山坡，由梵净山冷杉为主构成，此外还有铁杉及少数落叶阔叶树种，如扇叶槭、毛序花楸（*Sorbus keissleri*）等；二是铁杉林，分布于山体海拔 1900m 以上地带，除铁杉外，在上部常有冷杉林的成分，在下部则可见米心水青冈（*Fagus engleriana*）、褐叶青冈（*Cyclobalanopsis stewardiana*）、木荷（*Schima superba*）等阔叶树种。

（7）竹林。贵州的竹类植物十分丰富，主要有 2 个类型：一是低山丘陵河谷竹林，分布于地势较低的低山丘陵和河谷地带的酸性土山坡，又分为有由毛竹（*Phyllostachys edulis*）、慈竹（*Bambusa emeiensis*）、斑竹（*Phyllostachys bambusoides*）、麻竹（*Dendrocalamus latiflorus*）等组成的大径竹林和由淡竹（*Phyllostachys glauca*）、水竹（*Phyllostachys heteroclada*）组成的小径竹林。二是中山高中山竹休，分布在高大山体中上部，组成种类均为小径竹，以方竹（*Chimonobambusa quadrangularis*）、金佛山方竹（*Chimonobambusa utilis*）、大箭竹（*Fargesia spathacea*）等为主。

（8）灌丛。贵州有 8 个主要类型：一是高中山常绿针叶灌丛，分布在梵净山山体上部海拔 2200~2500m 的凤凰山等地，以高山柏为主。二是中山、高中山常绿阔叶灌丛，分布于梵净山、雷公山和西部海拔较高的山地，由多种常绿杜鹃为主。三是丘陵山地常绿落叶灌丛，分布于省内各地酸性土丘陵山地，叶片多为常绿革质阔叶，主要种类有石栎（*Lithocarpus glaber*）、油茶（*Camellia oleifera*）等。四是河滩灌丛，零星分布于省内各地河流的河漫滩，主要种类有窄叶蚊母树（*Distylium dunnianum*）、水柳（*Salix warburgii*）、小叶女贞（*Ligustrum quihoui*）等。五是山地落叶灌丛，广泛分布于省内各地丘陵山地酸性土坡，以落叶阔叶种类为优势，常见种类有茅栗（*Castanea seguinii*）、川榛（*Corylus heterophylla*）、映山红（*Rhododendron simsii*）等。六是喀斯特藤刺灌丛，广泛分布于喀斯特丘陵山地，既有常绿种类，又有落叶种类，优势种有火棘（*Pyracantha fortuneana*）、南天竹（*Nandina domestica*）、圆果化香、多种野蔷薇、多种悬钩子和多种荚蒾等。七是肉质多浆灌丛，分布于南部和西南部的喀斯特丘陵山地，少数非喀斯特地区也有分布。八是竹类灌丛，分布于各地山地或山体中上部，组成种类以竹类为主，有箭竹、大箭竹、冷箭竹（*Arundinaria faberi*）等。

（9）灌草丛。贵州的灌草丛多是森林植被反复被破坏后退化形成的，有 3 个类型：一是中亚热带山地灌草丛，广泛分布于各地丘陵山地。优势植物以蕨类和多年生禾草为主，常见的是铁芒萁（*Dicranopteris linearis*）、蕨（*Pteridium*）、五节芒（*Miscanthus floridulus*）、芒（*Miscanthus sinensis*）、画眉草（*Eragrostis pilosa*），以及部分豆科、菊科、蔷薇科的种类。二是南亚热带河谷灌草丛，分布在西南部和南部的河谷地带，是河谷季雨林破坏后形成的次生植被，分布很广。常见的优势种类有类芦（*Neyraudia reynaudiana*）、棕叶芦（*Thysanolaena maxima*）等，散生有少量乔木和灌木。三是喀斯特山地灌草丛，广泛分布于喀斯特丘陵山地，主要由禾本科草本和蕨类植物组成，草层较低，主要有五节芒、芒等。

（10）山地草甸。贵州的草甸多发育在中山、高中山或高原面上，主要分布于威宁、赫章、水城、盘县、纳雍、大方等地。以温性草本植物为主，常见的优势种有委陵菜（Potentilla chinensis）、古草（Arundinella anomala）、知风草（Eragrostis ferruginea）等，次优势种有火绒草（Leontopodium leontopodioides）、龙胆（Gentiana scabra）、马先蒿（Pedicularis resupinata）、鹅观草（Roegneria kamoji）等。

（11）喀斯特植被。贵州喀斯特植被在我国最为典型，主要有以下特点：一是植被的种类组成上，在中亚热带常见的科是榆科、桦木科、樟科、蔷薇科、豆科、壳斗科、五加科等，常见的种类有云贵鹅耳枥、朴树、圆果化香、香叶树（Lindera communis）、云南樟（Cinnamomum glanduliferum）、多种青冈、椤木石楠（Photinia bodinieri）、女贞（Ligustrum lucidum）、南天竹、冬青叶鼠刺（Itea ilicifolia）等；在南亚热带常见的科是桑科、大戟科、梧桐科、楝科、豆科、大风子科等，常见的种类有榕树（Ficus microcarpa）、山黄麻（Trema tomentosa）、樟叶荚蒾（Viburnum cinnamomifolium）、圆叶乌桕（Triadica rotundifolia）等。二是植被适应喀斯特生态环境形成岩生性、旱生性、嗜钙性等一系列生态特性。喀斯特植被广泛分布于贵州中部、南部和北部的喀斯特区。

（12）水生植被。贵州水生植被的组成种类较为简单，其中以单子叶植物种类较多。主要可分为挺水植被、浮水植被、沉水植被3大类群。挺水植被群落分布于河流、湖泊、水库、水塘等水体的浅水处，常见种类有野荸荠（Heleocharis plantagineiformis）、灯心草（Juncus effusus）、水葱（Schoenoplectus tabernaemontani）、豆瓣菜（Nasturtium officinale）、水芹（Oenanthe javanica）、泽泻（Alisma plantago-aquatica）、菖蒲（Acorus calamus）、慈姑（Sagittaria trifolia）、荆三棱（Bolboschoenus yagara）等。浮水植被分布于各水塘、小河流及水田，包括漂浮植物和浮叶植物，常见种类有荇菜（Nymphoides peltata）、芡实（Euryale ferox）、浮萍（Lemna minor）、满江红（Azolla pinnata）、槐叶萍（Salvinia natans）等。沉水植被分布于各地水体，主要种类有金鱼藻（Ceratophyllum demersum）、黑藻（Hydrilla verticillata）、狐尾藻（Myriophyllum verticillatum）、海菜花（Ottelia acuminata）、菹草（Potamogeton crispus）、竹叶眼子菜（Potamogeton wrightii）等。

（13）人工植被。贵州人工植被类型多样，贵州省共有2个大类（草本类和木本类）3个类型20个组合型。3个类型分别为：一是农田植被。划分为旱地植被和水田植被。二是经济林。主要有常绿经济林和落叶经济林2个类型，常绿经济林以油茶、茶为主；落叶经济林类型较多，主要有油桐林、乌桕林、漆树林、核桃林等。三是果木林。分为常绿果木林和落叶果木林2类，常绿果木林主要是多种柑橘类和小面积的杨梅；落叶果木林主要由苹果、梨、桃、李、樱桃等暖温带果木所组成。

七、水　文

贵州河长在10km以上的河流有984条。河流顺地势从西向北、东、南三面分流，以中部的苗岭山脉为界，分属长江和珠江2大水系，苗岭以北属长江水系，以南属珠江水系。属长江水系的主要河流有赤水河、乌江、清水江、洪州河、舞阳河、锦江、松桃河、芙蓉江等；属珠江水系的主要河流有南盘江、北盘江、红水河、都柳江等。

贵州省境内河网密布，贵州省河网密度为每百平方千米河长17.10km。河流分布规律是贵州省的南部多于北部，东部多于西部，山区多于河谷地带。贵州省河流水系顺应垄状高原山地的地势格局向北、东、南三面作扇状分布；以苗岭为分水岭，分属长江和珠江水系。苗岭以北属长江水系，流域面积115747km²，占贵州省总面积的65.70%，主要河流有乌江、赤水河、牛栏江、松坎河、清水江等；苗岭以南属珠江流域，流域面积60420km²，占贵州省总面积的34.30%，主要河流有南盘江、北盘江、红水河、都柳江等。另外，贵州为内陆省份，与重庆、四川、云南、湖南、广西接壤，大小交界河流共有29条，其中出境河流26条，入境河流3条。

贵州省地表河网密布，根据《贵州省水文地质志》数据，长度大于10km的河流有984条，流域面积大于100km²的河流有556条，其中流域面积大于10000km²的河流有7条，即乌江、六冲河、清水江、赤水河、北盘江、南盘江(下称红水河)及都柳江。发源于中西部喀斯特高原面上的诸多河流，一般上游坡降小，河谷宽浅，下游坡降大，河谷深切，纵剖面呈上缓下陡的上凸型(又称"反常型")，其落差常达700~800m，局部可达1000m。河谷纵剖面上裂点发育，瀑布跌水众多，地表明流与伏流频繁交替。支流与主流常呈不协合交汇，悬谷飞瀑屡见不鲜。发源于贵州高原东部及北部丘陵及山地区的河流，坡降一般上游陡，下游缓，纵剖面呈上陡下缓的下凹型(又称"正常型")，上游瀑布跌水较多。贵州省水网发育密度与地层岩性密切相关：东部梵净山、雷公山浅变质岩区，河网密度大，一般为0.85~1.00km/km²；西部、南部碳酸盐岩大面积分布区，河网密度小，一般仅为0.14~0.30km/km²。

贵州省河流均属雨源性河流，具有暴涨暴落的水文特征。贵州省地表水多年平均径流深，各地变化较大，从200~1100mm不等，大部分地区为500~700mm。地表径流量的变化规律，基本上与各地降雨量的变化一致，一般是东部多于西部，南部多于北部。在梵净山、雷公山、织金等降雨中心，径流深为1000mm，最大值出现在梵净山东坡松桃河一带，达1100mm；最小值在威宁西部牛栏江流域，仅为200mm。苗岭以北的长江流域，径流深为577mm；以南的珠江流域为608mm。各河流年径流变差系数大部分地区在0.25~0.35，年际径流量最大与最小比值为2~3，个别高达4。年内径流分配极不均匀，多年平均丰水期4个月径流量占全年的56%~73%。各地丰水期出现时间不一，东北部为每年4~7月，中部为5~8月，西部为6~9月。各河流年径流系数为0.35~0.65，大部地区为0.45~0.50。一般降雨多的地区径流系数大，少雨地区径流系数小。

贵州省地表径流量多年平均为1035亿m³，丰水年(p=20%)为1201亿m³，平水年(p=50%)为1025亿m³，枯水年(p=75%)为900亿m³，特枯年(p=95%)为735亿m³。贵州省平均单位面积产水量为58.8万m³/km²，其中长江流域为57.7万m³/km²，珠江流域为60.8万m³/km²。但由于各地地貌、岩性及降雨量的差异，使不同地区单位面积的产水量有很大的变化。在东部元古界浅变质岩大面积分布的梵净山区，地貌上为海拔1500~2500m的高大山体，年平均降雨量高达1700mm以上，因此那里的单位面积产水量最大，达89.6万m³/km²；而在西部高原面上威宁以西的牛栏江上游，上古界碳酸盐岩分布广泛，地貌为海拔2000m以上的喀斯特高原溶丘洼地，年降雨量700~800mm，因此这里的单位面积产水量最小，仅为40.2万m³/km²。

贵州省地下河发育，分布广泛，是贵州省一大特色。地下水径流主要是管流和隙流2

种形式，前者主要发育于碳酸盐岩地层中，后者多见于碎屑岩、岩浆岩和变质岩分布区。岩溶地区的地下水径流与地表水径流关系密切，相互转化频繁。管流和隙流两种不同的径流形式，虽然性质各异，但常共存于同一个径流场中，互相转换。地下水排泄方式主要有2种：一是通过地下水出口集中排泄；二是以泉水形式分散排泄。地下河排泄，受地表水系控制最明显，在众多的地表河流的两岸均可见到地下河排入河谷中。天然状态下，地下水多为无味、无臭、无色透明、低矿化度（矿化度小于 300PPM）、微硬（硬度 8.4～16.8°dH）的碳酸钙水，水质良好。

八、水资源

2016 年贵州省水资源总量 1153.72 亿 m^3，入境水量 149.19 亿 m^3，出境水量 1254.14 亿 m^3，平均每平方千米产水量 65.49 万 m^3，人均水资源量 3269m^3。

九、矿产资源

贵州矿产资源丰富，目前已发现的矿产（含亚矿种）110 种以上，发现矿床、矿点 3000 余处，有 42 种矿产储量排在全国前 10 位，其中居第一至第三的达 20 种，尤以煤、磷、铝、汞、锑、锰、金、重晶石、硫铁矿、稀土以及多种用途的石灰岩、白云岩、矿岩等矿产最具优势，已探明的主要矿产储量潜在经济总值达 30775 亿元，其中工业储量价值近 10000 亿元。

十、旅游资源

贵州是我国在开发建设中的新兴旅游胜地。奇特的自然风光、浓郁的民族风光、厚重的红色文化和宜人的气候条件，构成了贵州特有的原始、古朴、神秘的风景画卷。贵州已开发建成的旅游景点共计 120 多处，其中有黄果树、龙宫、织金洞、红枫湖、荔波漳江等国家级风景名胜区，有梵净山、茂兰、草海、习水、赤水等国家级自然保护区，有遵义会议会址、普定古人类文化遗址、镇远青龙洞等国家级文物保护单位以及众多各具特色的民族风情旅游村寨。

十一、土地资源

贵州土地资源的基本特征是山多地少，土多田少。山地和丘陵占贵州省土地总面积的92.5%；山间平坝仅占贵州省土地总面积的 7.5%。按 3 大地类分，贵州省农用地 1476.47 万 hm^2，占土地总面积的 83.84%；建设用地 67.47 万 hm^2，占土地总面积的 3.83%；未利用地 217.05 万 hm^2，占土地总面积的 12.33%。在农用地中，耕地 454.84 万 hm^2，其中旱地 328.24 万 hm^2，占耕地的 72.2%；水田及水浇地 126.60 万 hm^2，占 27.8%。

十二、土壤流失情况

根据《贵州省水土保持公告（2011—2015 年）》，2015 年贵州省水土流失面积为48791.87km^2，其中轻度 26105.19km^2，中度 13601.45km^2，强烈 4841.21km^2，极强烈

2711.16km²，剧烈 1532.86km²。贵州省水土流失率为 27.71%；贵州省岩溶土壤侵蚀模数为 279.47t/km²·a，非岩溶区域土壤侵蚀模数为 1189.43t/km²·a。贵州省水土流失类型以水力侵蚀为主，空间分布格局由西北至东南逐渐减轻，西部、西北部及东北部水土流失最严重。

十三、自然灾害发生情况

"十二五"期间，贵州省自然灾害发生种类多、灾情频繁、区域分布广，干旱分布约占贵州省总面积的 80%，洪涝易发的汛期集中了贵州省降雨量的 70%，极易爆发洪涝灾害和引发地质灾害，五年间，发生滑坡、泥石流、崩塌等地质灾害共 1271 起，发生森林火灾 1267 起（其中较大规模 355 起），受灾面积 4.4 万亩；此外，各种农作物病虫害流行，平均每 1.7 天便有一起新灾发生，受灾范围涉及 98% 的县（市、区）。贵州省各类自然灾害累计受灾人口达 8240.04 万人次，平均每年因灾直接经济损失 145.89 亿元。

第二节　社会经济状况

一、行政区划、人口、民族

贵州省共设 9 个地级单位和 1 个国家级新区，88 个县级单位，其中，8 个县级市，54 个县，11 个自治县，1 个特区，14 个市辖区。762 个镇，134 个街道办事处，500 个乡（其中有 208 个民族乡），2016 个城市社区居民委员会，16747 个村民委员会。

根据《2016 年贵州省国民经济和社会发展统计公报》，2016 年末贵州省常住人口为 3555 万人。贵州省常住人口中，按城乡分，城镇人口 1569.53 万人，乡村人口 1985.47 万人，城镇人口占年末常住人口比重为 44.15%；按性别分，男性人口 1833.45 万人，女性人口 1721.55 万人。贵州省人口出生率 13.43‰，人口死亡率 6.93‰，人口自然增长率 6.50‰。

贵州省是一个民族众多的省份，少数民族人口数量较多，仅次于广西和云南，居全国第三位。贵州省民族文化丰富多彩，共有 49 个民族，其中，少数民族 48 个。世居民族有汉族、苗族、布依族、侗族、土家族、彝族、仡佬族、水族、回族、白族、瑶族、壮族、毛南族、蒙古族、仫佬族、羌族、满族 17 个。据贵州省 2010 年第六次人口普查数据显示，少数民族人口为 1254.8 万人，占贵州省人口的比重达 36.11%。在少数民族中，人口超过 10 万人的有 9 个，分别为苗族，396.84 万人，占贵州省少数民族人口总数的 32.39%，主要分布在黔东南、黔南、黔西南 3 个自治州，安顺、毕节 2 个市以及松桃自治县；布依族，251.06 万人，占贵州省少数民族人口总数的 20.49%，主要分布在黔南、黔西南 2 个自治州，安顺市南部及贵阳市郊；侗族，143.19 万人，占贵州省少数民族人口总数的 11.69%，主要分布在黔东南自治州和铜仁地区南部；土家族，143.70 万人，占贵州省少数民族人口总数的 11.73%，主要分布在铜仁市北部和遵义市的东北部；彝族，83.45 万人，占贵州省少数民族人口总数的 6.81%，主要分布在毕节市和六盘水市；仡佬族，49.52 万人，占贵州省少数民族人口总数的 4.04%，主要分布在遵义市、安顺市、毕节市及六盘水市东郊；水族，34.87 万人，占贵州省少数民族人口总数的 2.85%，主要分布在三都水族自治县、荔波县、独山县、都匀市和丹寨县；回族，18.48 万人，占贵州省少数民族人口总数的 1.51%，主要分布在威宁彝族回族苗族自治县、兴仁县、平坝区、六枝特区、普安县、安顺市及贵阳市郊；白族，17.95 万人，占贵州省少数民族人口总数的 1.47%，主要分布在毕节市的威宁彝族回族苗族自治县、纳雍县、大方县和赫章县。

二、经济发展情况

根据《2016 年贵州省国民经济和社会发展统计公报》，贵州省 2016 年实现生产总值（GDP）11734.43 亿元，其中第一产业 1846.54 亿元，第二产业 4636.74 亿元，第三产业 5251.15 亿元，第一产业、第二产业、第三产业增加值占地区生产总值的比重，分别为 15.8%、39.5%、44.7%。人均生产总值 33127 元。贵州省全年财政总收入 2409.35 亿元，全年贵州省居民人均可支配收入 15121.15 元。按常住地分，城镇常住居民人均可支配收入、农村常住居民人均可支配收入分别为 26742.62 元和 8090.28 元，分别比上年名义增长 8.8% 和 9.5%。

全年规模以上工业增加值 4032.11 亿元。其中，轻、重工业增加值分别为 1559.37 亿元和 2472.74 亿元。全年煤电烟酒四大传统行业实现增加值 2193.81 亿元，占规模以上工业增加值的比重为 54.4%。其中，酒、饮料和精制茶制造业增加值 815.09 亿元；电力、热力生产和供应业增加值 421.85 亿元。计算机、通信和其他电子设备制造业，汽车制造业，医药制造业增加值分别为 93.38 亿元、68.28 亿元和 126.57 亿元。高技术产业增加值 272.58 亿元。从产品种类看，贵州省规模以上工业企业共生产 567 种统计范围内的工业产品 325 种，产品覆盖率 55.2%。全年规模以上工业企业主营业务收入 10840.60 亿元，实现利润总额 669.80 亿元。

全年农林牧渔业增加值 1944.66 亿元。其中，种植业增加值 1189.20 亿元；林业增加值 133.32 亿元；畜牧业增加值 480.16 亿元；渔业增加值 43.86 亿元；农林牧渔服务业增加值 98.12 亿元。全年粮食作物种植面积 311.33 万 hm^2；油料作物种植面积 59.45 万 hm^2；烤烟种植面积 16.01 万 hm^2；蔬菜种植面积 105.04 万 hm^2；中药材种植面积 16.83 万 hm^2；花卉种植面积 0.86 万 hm^2；年末实有采摘茶园面积 26.22 万 hm^2；年末果园面积 35.26 万 hm^2。粮食总产量 1192.38 万 t，其中夏粮产量 257.45 万 t，秋粮产量 934.93 万 t。

贵州是全国贫困人口最多、所占比重最高的省份。88 个县（市、区）中有 50 个是国家扶贫开发工作重点县。在贵州省 50 个扶贫开发工作重点县中，有 41 个是本次石漠化监测县，贫困问题与石漠化问题、民族地区发展问题相互交织，制约了贵州省经济社会的发展。根据贵州省统计局发布的贵州省贫困现状分析，2015 年贵州省有 493 万贫困人口，贵州省贫困发生率为 14.0%，比全国平均水平高出 8.2 个百分点；农村贫困人口占全国贫困人口的 8.77%。

第十章 贵州省林业发展形势分析

"十二五"是贵州省林业发展环境最好、发展速度最快、改革力度最大、成效最显著的时期。贵州省委、省政府认真贯彻党和国家是对贵州工作的重要指示和具体要求，坚决守住发展和生态两条底线，高度重视林业建设，相继出台了《贵州省生态文明建设促进条例》《贵州省林业生态红线保护党政领导干部问责暂行办法》《贵州省生态环境损害党政领导干部问责暂行办法》，实施绿色贵州建设三年行动计划、开展森林保护"六个严禁"等重大行动。省林业局按照国家林业和草原局和省委、省政府部署，围绕增加资源总量、提升森林质量、促进农民增收，深化林业改革，加大生态建设力度，大力发展林业产业，着力推进现代林业建设，为构建功能完善的"两江"上游生态屏障，助推经济社会发展做出突出贡献。

大力实施天然林资源保护工程、退耕还林工程、石漠化综合治理等重点生态工程和造林补贴、巩固退耕还林成果、森林抚育补贴等项目。通过加快城郊绿化和公路绿化步伐，人居环境得到明显改善。通过完成石漠化综合治理林业建设项目，石漠化恶化势头得到有效遏制。"十二五"期间以113家省级林业龙头企业为带动，重点推进木竹纸浆一体化、人造板、竹木复合材料、家具制造等木竹精深加工，商品材产量191.36万 m³、锯材产量83.24万 m³、竹材产量740.17万根、人造板产量81.09万 m³，林业产业总产值年均增速22.4%，2015年，贵州省实现林业产值810亿元，占贵州省生产总值的6.58%。

第一节 林业发展的主要成绩

一、森林资源持续增长，生态功能不断增强

贵州省累计完成造林2161万亩，中幼林抚育2100万亩，低质低效林改造600万亩。2015年，森林面积达1.32亿亩，森林覆盖率达到50%，森林蓄积量4.13亿 m³。完成义务植树3.01亿株，城郊绿化和公路绿化步伐加快，人居环境明显改善。完成石漠化综合治理1240.5万亩，其中林业建设任务796.42万亩，石漠化恶化势头得到有效遏制。森林生态系统年服务功能总价值量达4300亿元，"两江"上游生态屏障进一步巩固。

二、产业发展步伐加快，生态经济优势渐显

依托良好的生态环境和物种资源优势，坚持生态建设与经济发展相结合，林业三次产业实现全面发展。新增经济林面积805万亩，2015年贵州省经济林面积达到2258万亩，竹林面积达到393万亩。以113家省级林业龙头企业为带动，采取"龙头企业+专业合作社+基地+农户"等多种运作模式，重点推进木竹浆纸一体化、人造板、竹木复合材料、家具制造等木竹精深加工。森林旅游快速发展，"十二五"期间，贵州省森林公园接待游客约1.3亿人次，旅游收入近130亿元。着力推进示范引导，省林业局牵头指导7个现代高效示范园区建设，至2015年底，建设面积达20万亩，从业人员9.8万人，实现产值39.77亿元。省级林业产业发展专项资金由2011年的1000万元增至2015年的3200万元，林业招商引资项目实际到位资金309.1亿元，政府引导下市场主体多元投入的林业产业发展格局基本形成。林业产业总产值年均增速22.4%，2015年达810亿元，林区民生不断改善，林业为促进农民增收和经济社会发展作出了积极贡献。

三、依法治林扎实推进，资源保护力度加强

"十二五"期间，颁布并实施了《贵州省森林防火条例》《贵州省义务植树条例》《贵州省生态文明建设促进条例》等涉林地方性法规，制定了《贵州省林业生态红线保护党政领导干部问责暂行办法》，依法治林的法律法规更加完善。认真宣传、贯彻执行各项林业法律法规，组织开展了森林保护"六个严禁"执法专项行动，并形成长效机制。贵州省森林公安机关共受理各类涉林案件28073起，查处26024起，查处率92.7%。全面实施国家级公益林和地方公益林补偿，补偿面积8891万亩，比"十一五"期末增加6141万亩。进一步加强自然生态系统和珍稀动植物资源保护，贵州省森林和野生动物及湿地类型自然保护区达到104个，保护总面积1346.5万亩。全面完成林业有害生物防治"四率"指标和治理任务，有效减轻了贵州省林业有害生物危害，基本实现了可持续控灾。年均森林火灾受害率0.076‰，均低于年度控制指标。贵州省年均森林采伐量占年度计划的30.7%，占用林地面积为定额的75.1%，均低于年度控制指标。

四、林业改革全面深化，林业发展活力增强

创新体制机制，为林业发展注入了强劲活力。贵州省集体林权制度改革基本完成了主体改革任务，勘界确权面积1.3亿亩，发（换）林权证1.29亿亩。出台了基层林业执法人员经费全额纳入地方财政预算、提高地方公益林森林生态效益补偿标准、规范林地林权流转、抵押贷款、政策性森林保险等一系列的配套改革政策。林权流转累计392.67万亩，办理林权抵押贷款13.8亿元，森林投保达8894.9万亩，成立各类林业合作经济组织2601个。贵州省国有林场110个，经营总面积522.8万亩，其中70%森林资源已划定为生态公益林，强化了国有林场在森林资源培育中的骨干地位。相继出台《贵州省林业生态红线划定实施方案》和《贵州省赤水河流域森林及物种保护红线划定实施方案》，贵州省划定林业生态红线面积9206万亩，占贵州省总面积的34.85%，明确了林地保有量、森林面积保有量、森林蓄积保有量、公益林面积保有量、湿地面积保有量、石漠化综合治理面积、物种

数量、古大珍稀树木保有量、自然保护区面积占国土面积比例等 9 条红线。在赤水、荔波等 4 县(市)开展了林业自然资源资产负债表编制试点。率先在全国探索自然资源资产离任审计，生态环境损害和生态红线保护党政领导干部问责落地实化。一系列改革措施的出台和落实，有力地推动了生态建设和保护。

五、生态文明深入人心，生态文化深入发展

始终坚持把构建生态文化体系放在重要位置，生态文化建设深入发展。一是生态文明观念深入人心。党的十八大以来，建设生态文明、保护绿水青山已逐步成为各级党政领导的执政理念，在推进工业化、城镇化过程中，对生态敏感区实行尽可能避让的生态优先策略。2014 年国家将贵州省纳入生态文明建设先行示范区，全社会普遍树立起尊重自然、顺应自然、保护自然的生态文明理念。二是生态文明教育活动扎实开展。黔灵山公园被确立为首批国家生态文明教育基地，龙架山、玉舍、紫林山森林公园被确立为生态文化示范基地。三是生态文化宣传影响广泛。成功举办了 4 届生态文明贵阳会议和 3 期生态文明贵阳国际论坛，以绿色经济、生态安全、两型社会、文明互视和社会责任为主题，展示生态文明建设成果，广泛深入宣传生态文化。

第二节　主要做法和经验

一、因势而谋，顺势而为

林业是生态建设的主阵地，事关经济社会可持续发展的根本。发达的林业、良好的生态，已经成为国家文明和社会进步的重要标志。"十二五"期间，贵州省积极响应中央关于建设资源节约型和环境友好型社会的号召，顺应人民群众向往绿色、追求美丽家园的需要，坚持把林业作为一项重大事业和重要工作放在经济社会发展大局中去谋划、去部署，作为实施主基调主战略的重要内容来推进、来落实，在加快推进经济社会发展的工作中，借势促进林业快速发展。

二、高度重视，政策给力

加快林业改革发展，既要靠客观自然条件，也要靠主观重视。长期以来，贵州省委、省政府对林业发展都高度重视，特别是党的十八大将生态文明建设纳入中国特色社会主义事业"五位一体"总体布局以后，省委、省政府把生态文明建设与经济建设、政治建设、文化建设和社会建设放在了同等重要位置，把林业作为生态文明建设的最重要工作抓手，历任省委书记、省长等主要领导对林业改革发展经常提、经常讲，多次听取汇报、多次专题研究，支持出台了多项促进林业发展的重要政策措施，如取消 10 个发展困难县 GDP 考核，提高生态权重；出台实施《县乡村造林绿化规划》《绿色贵州建设三年行动计划》《关于切实做好造林绿化工作力争到 2020 年贵州省森林覆盖率达到 60% 的意见》《关于推进贵州省林业产业发展的实施方案》《贵州省林业生态红线保护党政领导干部问责暂行办法》等；同时，还利用生态文明贵阳国际论坛、生态文明教育基地等平台，为林业发声造势，积极

传播和倡导绿色发展理念，积极引导全社会共同关注和支持林业改革发展。贵州省各级党委、政府对林业的重视程度和政策支持力度前所未有。

三、善抓机遇，借足外力

充分利用国发〔2012〕2号文件实施的良好机遇，积极争取国家林业局出台了《关于支持贵州省加快林业发展的意见》，争取到国家林业局对贵州省投入"十二五"高于"十一五"、高于全国平均水平、增幅高于中央对全国林业投入增幅的"三个高于"的优惠政策，争取到国家对贵州省退耕还林最大幅度的倾斜。五年来，贵州省共落实中央有关林业发展补助资金165.3亿元，同比增长54.1%。

四、加强督查，注重落实

在造林季节和森林防火紧要期，省委、省政府督查室组织开展重点抽查，督促有关市、县整改存在问题，贯彻落实省委、省政府的决策部署。省委组织部将森林覆盖率和营造林面积合格率纳入市（州）党政领导班子工作实绩考核评价范围。省林业局组织分片巡查，由局领导带头分赴市（州）、县（市、区）对林业重点工作进行检查督导；每年组织开展营造林实绩核查和林业综合检查，并及时向当地党委政府通报，扎实推进工作落实，确保了工作进度和质量。市（州）党委、政府、人大、政协和林业部门也相应组织一系列督查、考核工作，形成了对林业建设多层次、多方位的督查、考核体系。

第三节　存在问题

一、森林资源总量不足，质量不高

2015年贵州省森林覆盖率达50%，但在南方省份中排名靠后。特殊灌木林占森林面积的比例较大，人工林组成树种单一、中幼林较多。单位面积森林蓄积量仅为全国平均水平的3/4左右，绝大部分森林的生产力水平不高。贵州省80%以上林分生态功能等级为三至四级，林下植被稀疏、郁闭度低，森林生态系统涵养水源、保持水土、调节气候、增加碳汇、抵御自然灾害的生态功能不强。贵州省森林资源总量不足、质量不高的现状与贵州省建设国家生态文明试验区的建设目标不相适应。

二、石漠化、水土流失依然严重

贵州省地处长江、珠江上游重要生态安全屏障地带，生态区位十分重要。同时，山地丘陵占贵州省总土地面积的92.5%，岩溶地貌占61.9%，生态脆弱性与生态敏感性并存。贵州省25°以上坡耕地及重要水源地15°～25°坡耕地1982万亩，（据新一轮退耕还林摸底调查，贵州省25°以上坡耕地1573万亩，重要水源地15°～25°坡耕地639万亩，合计2212万亩。符合新一轮退耕还林总体方案的25°以上坡耕地面积256万亩，需要调整有关规划才能列入新一轮退耕还林的25°以上坡耕地和重要水源地15°～25°坡耕地面积为1956万亩。在256万亩中，"十二五"期间已完成退耕还林230万亩）"十三五"期间实施新一轮退耕还林总面积为 1982 万亩。石漠化土地 3294.77 万亩,水土流失面积 8290.35 万亩,特别是西部地区森林覆盖率低,水土流失依然严重,土地石漠化仍有局部加剧的态势;中部地区生态恶化势头虽然得到初步遏制,但生态建设质量低,两江上游重要生态安全屏障建设仍存在较大短板。

三、林业产业发展滞后

贵州省林业产业基础薄弱,产业发展机制体制不活,林业产业总产值偏低。2015 年,贵州省林业产业总产值 810 亿元,在全国处于靠后位置。森林资源开发利用效益不高,精深加工能力不强,大部分林产品均为初级产品,产业链短,单位面积森林创造直接经济价值仅为全国平均水平的 31%。产业发展科技支撑薄弱,经营理念和方式落后,缺乏大产业引领和大企业辐射带动。贵州省是全国贫困人口最多、贫困程度最深、扶贫开发任务最重的省份,林业在带动农民脱贫致富,调整农村产业结构中的重要地位未能充分体现,林业收入在农民人均纯收入中的占比不到 20%。林业产业发展与到 2020 年全面消除绝对贫困,带动山区群众增收致富,实现与全国同步建成小康社会奋斗目标的需求不相适应。

四、城镇、乡村、通道绿化水平低

开展全域旅游,打造"多彩贵州·山地公园"旅游品牌,是贵州省的重要发展战略。草木灵秀是贵州山地旅游赖以发展的源泉,绿水青山是贵州省建设山地公园省的根本保障。但是,贵州省城镇、乡村以及交通沿线绿化水平较低,部分区域或树木稀少、地表裸露,或树种、林相单一。城镇绿化率还只达到 24%,城郊、交通沿线、湖泊水库周边森林景观差的问题还比较突出。贵州省 1675 个乡(镇)中,森林覆盖率 50% 以下的 1005 个,占 60%;18570 个村中,森林覆盖率 50% 以下的村 11653 个,占 62.75%,绿化水平极不均衡。城镇等重点地段绿化美化现状与建设山地公园省的要求不相适应。

五、财政资金投入少

贵州省林业建设长期依赖中央投入,省级投入能力较为有限,市县配套多数不能落实。"十二五"期间,贵州省林业投资 200.45 亿元,其中大部分均为兑现给农户的补助资金,实际营造林工程建设费用仅为 50 亿元左右,平均单价为 231 元/亩。营造林工程建设费用长期投入不足,投资标准偏低,成为导致建设质量不高、造林效果差、成林慢的主要原因。目前,贵州省宜林荒山荒地立地条件差,造林绿化难度大、成本高、巩固难,新一轮退耕还林造林投资缺口更大。森林生态效益补偿、森林经营投入不足的问题也较为突出。财政投入偏低的现状与宏大的生态建设任务不相适应。

"十三五"是贵州省加快发展、实现与全国同步全面建成小康社会奋斗目标的关键时期,也是实现贵州林业后发赶超新跨越、提升林业建设质量与效益的重要转型升级期,机遇与挑战并存,希望与困难同在,总体而言机遇大于挑战,希望多于困难。

第四节 良好机遇

一、加快推进生态文明建设为贵州林业发展指明了方向

生态文明建设关系人民福祉，关乎民族未来，事关"两个一百年"奋斗目标和中华民族伟大复兴中国梦的实现。党和国家领导人多次对生态文明建设和林业改革发展作出重要指示批示，强调森林关系国家生态安全，把生态文明建设和林业改革发展提升到前所未有的战略高度。党中央、国务院站在战略和全局的高度，对生态文明建设提出了一系列新思想、新论断、新要求，作出了一系列重大决策部署。2015 年 4 月出台的《中共中央 国务院关于加快推进生态文明建设的意见》明确提出把生态文明建设放在突出的战略位置，使蓝天常在、青山常在、绿水常在，实现中华民族永续发展。党和国家领导人一直高度关注贵州省生态文明建设，对贵州提出守住发展和生态两条底线，走出一条有别于东部、不同于西部其他省份的发展新路的要求。为加快贵州生态文明建设，并向其他地区提供可供借鉴、可推广的经验，中央批准贵州省作为国家生态文明试验区。省委、省政府以"五大发展理念"为引领，根据中央关于生态文明建设领域改革的顶层设计，对推进绿色发展建设生态文明做出了一系列重大部署，既为林业工作提出了更高要求，也为加快贵州省林业改革发展带来了新的重大机遇。

二、供给侧结构改革为贵州林业发展注入了强劲动力

当前，国家和贵州省经济社会发展步入新常态，着力加大去产能、去库存、去杠杆、降成本、补短板的供给侧结构性改革。面对我国生态问题突出、生态产品短缺、生态差距已构成我国与发达国家之间主要差距的现实，必须尽快补齐生态短板。党中央国务院出台了全面保护天然林、加大生态补偿力度、扩大新一轮退耕还林还草等重大利好政策，着力解决生态问题、丰富生态产品、缩小生态差距。社会各界对林业的关注和期望前所未有，发展林业的热情空前高涨，各种生产要素不断向林业汇聚，呈现出全社会办林业的良好格局，为贵州省林业实现从量积累到质突破的转型升级跨越激发了强劲的内生动力。未来贵州省将重点发展以大数据为引领的电子信息产业，以大健康为目标的医药养生产业，以绿色有机无公害为标准的现代山地高效农业，以民族和山地为特色的文化旅游业等。这些战略性产业，既包含有生态建设的内容，又为林业发展创造了更好的条件。随着贵广高铁、沪昆高铁的通车，贵州与京津冀、长三角、泛珠三角等发达地区的时空距离大大缩短，日新月异的发展大环境、快速便捷的交通格局，将引导贵州林业与贵州省各行各业一起驶入发展的快车道。

三、构建两江上游重要生态安全屏障为贵州林业发展作出了准确定位

贵州处在长江和珠江水系上游分水岭地带，生态区位十分重要，但生态环境十分脆弱，生态修复难度很大。《国务院关于进一步促进贵州经济社会又好又快发展的若干意见》把贵州定位为长江、珠江上游重要生态安全屏障，明确提出了到 2020 年石漠化扩展势头

得到根本遏制、环境质量良好的奋斗目标。贵州省经济在西部省份中仍排名靠后，要实现与全国同步全面建成小康社会的目标，要在较长时期内实现较快增长，必须正确处理好发展与生态的关系，既要"赶"又要"转"，突出抓好重大生态修复工程，扎实推进生态建设与保护，着力提高生态环境对经济社会发展的承载能力。筑牢长江、珠江上游生态安全屏障，努力为建设以可持续发展为目标的资源节约型、环境友好型社会作出积极贡献，是贵州林业责无旁贷的重要使命。

四、林业发展环境持续向好为贵州林业发展树立了坚强信心

"十二五"期间国家林业局对贵州林业投入明显高于"十一五"，并高于全国平均水平，贵州省累计落实林业资金200.45亿元，同比增长62.8%。2014年，国家启动实施新一轮退耕还林后，在计划任务安排上给予了贵州较大倾斜。《省人民政府关于切实做好造林绿化工作力争2020年贵州省森林覆盖率达到60%的意见》提出，到2020年，贵州省森林面积达到15840万亩，森林覆盖率达到60%，意见明确继续实施《贵州省县乡村造林绿化规划（2014—2017年）》和《绿色贵州建设三年行动计划（2015—2017年）》，全面完成宜林荒山造林绿化和25°以上坡耕地和重要水源区15°~25°坡耕地退耕还林和种植结构调整。省人民政府同意印发的《关于推进贵州省林业产业发展的实施方案》提出，到2017年，贵州省林业产业总产值达到1200亿元以上。为实现"十三五"林业发展目标，省委、省政府采取了加强考核问责、提高资金投入、扩大舆论宣传等一系列措施。从中央到地方，持续向好的林业发展环境为贵州林业发展创造了前所未有的机遇，奠定了发展的坚实基础。

五、大扶贫战略的推进实施为林业发展提供了新舞台

脱贫攻坚是贵州省"十三五"期间头等大事和第一民生工程。省委、省政府出台《关于落实大扶贫战略行动坚决打赢脱贫攻坚战的意见》，要求深入推进大扶贫战略，扎实抓好中央和省扶贫开发政策的落地生根，开展包括"绿色贵州建设脱贫攻坚"在内的"六大扶贫攻坚战"。贵州是全国唯一没有平原支撑的山区省份，希望在山、脱贫在山、致富在山，贵州林业承担着打好绿色贵州建设脱贫攻坚战的重要使命。在探索建立健全生态补偿机制，切实加大贫困地区生态保护修复力度，让一批贫困人口就地转成护林员，大力发展乡村旅游、农林产品加工和林下经济等方面，林业将发挥积极作用。

第五节　面临挑战

一、生态环境脆弱，生态治理难度大

贵州森林覆盖率50%，在南方省份排名靠后。森林分布不均、结构不优、质量不高、功能不强、产出不多，林业在国民经济社会中的地位和作用与山区省份特征不相匹配。贵州省山多地少人密，人口与资源环境之间的矛盾异常突出，产业结构调整任务重、压力大、要求高。贵州省尚有部分宜林荒山、25°以上坡耕地及石漠化土地需要进行造林绿化和综合治理，而这些需绿化和治理的地块大多分布在石漠化严重或交通不便地区，零星破

碎，土壤瘠薄，造林难度大、成本高，巩固成果的难度很大。

二、林业专业人才缺乏，林业基础设施薄弱

贵州省林业人才总体偏少，难以满足生态建设和林业产业快速发展的需要，人才队伍结构性矛盾突出，掌握现代林业知识的创新型人才严重不足，高层次人才偏少，高技能实用人才和复合型市场开发人才偏少。基层林业单位现有的从业人员有很大部分是从其他行业转行而来，没有经过专门的林业基础知识与管理技能培训，急需更新知识，提高业务素质。贵州省自然保护区、国有林场、林业工作站、木材检查站等林业基层单位基础设施建设滞后，森林防火、林业有害生物防治设施设备及林区路、水、电、房欠账过多，基层林业单位工作、生活条件艰苦，广大林业职工的收入和社会保障还没有达到应有的水平，严重制约着其职能作用的发挥，难以满足新形势下林业加速发展和转型发展的需要。

三、体制机制制约，服务体系有待完善

贵州省林业改革发展仍面临一些深层次的矛盾和未破解的难题，观念落后、制度缺陷、体制老化、管理漏洞等问题还比较突出，适应社会主义市场经济体制要求的林业宏观调控体系、支持服务体系和现代林业产权制度尚未完全建立健全。林业的财政投入政策以及林权抵押贷款、政策性森林保险、国有林场改革、领导干部自然资源资产离任审计、生态环境损害责任终身追究制度等还需要继续推进和完善。基层技术力量弱化，林业机构不全、体制不顺的问题日益凸显，科技创新、林业信息化等支撑力度不够的问题更加突出。

第十一章　贵州省的湿地资源

贵州省位于我国西南部，长江和珠江上游地区，东接湖南，北邻四川，西连云南，南界广西，东西长约 595km、南北宽约 509km，土地总面积 17.62 万 km²，约占全国土地总面积的 1.84%。境内地势西高东低，自中部向北、东、南三面倾斜，平均海拔 1100m 左右。以高原山地居多，素有"八山一水一分田"之说。贵州省地貌可概括分为高原山地、丘陵和盆地 3 种基本类型，其中 92.5% 的面积为山地和丘陵。境内岩溶地貌发育非常典型，喀斯特（出露）总面积 10.91 万 km²，占贵州省土地总面积的 61.9%，是世界喀斯特地貌发育最典型的地区之一。贵州省特殊的地形地貌决定了湿地资源极其脆弱和珍贵。

贵州省湿地调查总面积 20.97 万 hm²，湿地类有河流湿地、湖泊湿地、沼泽湿地和人工湿地 4 类，湿地型有永久性河流、季节性或间歇性河流、洪泛平原湿地、喀斯特溶洞湿地、永久性淡水湖、季节性淡水湖、藓类沼泽、草本沼泽、灌丛沼泽、森林沼泽、沼泽化草甸、库塘、输水河、水产养殖场、稻田/冬水田（本次不纳入调查范围）15 型。自然湿地面积 15.16 万 hm²，占湿地总面积 72.31%；人工湿地 5.81 万 hm²，占湿地总面积 27.69%。根据《贵州统计年鉴 2012》数据，贵州省还有水稻田 75.22 万 hm²。

共有湿地植物 5 个植被型组，12 个植被型，585 个群系，湿地植物 1454 种，隶属于 200 科 726 属。其中，种子植物 140 科 640 属 1311 种，种子植物中裸子植物 4 科 5 属 6 种，被子植物 136 科 635 属 1305 种（包括双子叶植物 110 科 472 属 1029 种，单子叶植物 26 科 163 属 276 种）；蕨类植物 34 科 54 属 96 种；苔藓植物 26 科 32 属 47 种。贵州省湿地生态系统中有脊椎动物 618 种，隶属于 5 纲 36 目 103 科。其中，鱼纲 6 目 19 科 191 种；两栖纲 2 目 9 科 53 种；爬行纲 2 目 10 科 59 种；鸟纲 17 目 43 科 230 种；哺乳纲 9 目 22 科 85 种。贵州省湿地无脊椎动物 5 种，隶属于 1 纲 1 目 3 科。

第一节　湿地类型与面积

一、湿地概况

贵州省地处云贵高原东侧，是全国地貌分级的第二级阶梯，并含部分第二级阶梯向第三级阶梯的过渡部分，也是位于四川盆地、广西丘陵和湘西丘陵之间的亚热带岩溶山区。特殊的地质地貌类型，孕育了丰富多样的湿地类型。贵州省湿地调查总面积为 20.97

万 hm^2，占贵州省土地面积的 1.19%，按照湿地类型可划分为 4 类 14 型（不含稻田/冬水田），其中自然湿地（包括河流湿地、湖泊湿地、沼泽湿地）15.16 万 hm^2，占湿地总面积 72.31%；人工湿地 5.81 万 hm^2，占湿地总面积 27.69%（表 11-1）。

表 11-1　贵州省湿地概况表

湿地类	湿地型	面积 （hm^2）	比例 （%）	湿地类面积 （hm^2）	比例 （%）
贵州省	合　计	209726.85	100.00	209726.85	100.00
河流湿地	永久性河流	135386.06	64.55	138154.76	65.87
	季节性或间歇性河流	1999.95	0.95		
	洪泛平原湿地	750.92	0.36		
	喀斯特溶洞湿地	17.83	0.01		
湖泊湿地	永久性淡水湖	2446.63	1.17	2517.70	1.20
	季节性淡水湖	71.07	0.03		
沼泽湿地	藓类沼泽	677.53	0.32	10978.70	5.24
	草本沼泽	1757.24	0.84		
	灌丛沼泽	153.78	0.07		
	森林沼泽	39.20	0.02		
	沼泽化草甸	8350.95	3.98		
人工湿地	库　塘	56811.67	27.09	58075.69	27.69
	运河、输水河	1255.69	0.60		
	水产养殖场	8.33	0.004		

二、各湿地类型面积

贵州省湿地划分为 4 类 14 型，其中自然湿地有河流湿地、湖泊湿地、沼泽湿地 3 类 11 型，人工湿地有库塘、输水河、水产养殖场 3 型，湿地类比例构成如下。

按湿地类分，贵州省有河流湿地 13.81 万 hm^2，占湿地总面积 65.87%；湖泊湿地 0.25 万 hm^2，占湿地总面积 1.20%；沼泽湿地 1.10 万 hm^2，占湿地总面积 5.24%；人工湿地 5.81 万 hm^2，占湿地总面积的 27.69%。

按湿地型分，贵州省河流湿地中有永久性河流 13.54 万 hm^2，占湿地总面积 64.55%；季节性或间歇性河流 0.20 万 hm^2，占湿地总面积 0.95%；洪泛平原湿地 0.08 万 hm^2，占湿地总面积 0.36%；喀斯特溶洞湿地 17.83hm^2。湖泊湿地中有永久性淡水湖 0.24 万 hm^2，占湿地总面积 1.17%；季节性淡水湖 71.07hm^2。沼泽湿地中有藓类沼泽 0.07 万 hm^2，占湿地总面积 0.32%；草本沼泽 0.18 万 hm^2，占湿地总面积 0.84%；灌丛沼泽 0.02 万 hm^2，占湿地总面积的 0.07%；森林沼泽 39.20hm^2；沼泽化草甸 0.84 万 hm^2，占湿地面积 3.98%。人工湿地中有库塘湿地 5.68 万 hm^2，占湿地总面积 27.09%；输水河 0.13 万 hm^2，占湿地总面积 0.60%；水产养殖场 8.33hm^2。

三、各流域湿地类及面积

根据《全国湿地资源调查技术规程(试行)》中一、二、三级流域划分,贵州省水系共划分为 2 个一级流域、6 个二级流域、11 个三级流域(表 11-2)。

表 11-2　贵州省各流域湿地类统计表(单位: hm²)

一级流域	二级流域	三级流域	总　计	湿地类			
				河流湿地	湖泊湿地	沼泽湿地	人工湿地
贵州省		总　计	209726.85	138154.76	2517.70	10978.70	58075.69
珠江区		合　计	69523.11	43466.50	494.92	3337.06	22224.63
	南北盘江	小　计	35274.10	20365.31	478.46	853.68	13576.65
		北盘江	21627.97	14788.37	282.35	853.68	5703.57
		南盘江	13646.13	5576.94	196.11		7873.08
	红柳江	小　计	34249.01	23101.19	16.46	2483.38	8647.98
		柳　江	15782.09	15037.96		98.51	645.62
		红水河	18466.92	8063.23	16.46	2384.87	8002.36
长江区		合　计	140203.74	94688.26	2022.78	7641.64	35851.06
	金沙江石鼓以下	小　计	5293.75	2217.05	1409.69	1070.63	596.38
		石鼓以下干流	5293.75	2217.05	1409.69	1070.63	596.38
	乌　江	小　计	85987.48	47930.22	547.04	6530.91	30979.31
		思南以下	20727.89	18372.66	28.66		2326.57
		思南以上	65259.59	29557.56	518.38	6530.91	28652.74
	宜宾至宜昌	小　计	9377.89	8689.87	28.89		659.13
		宜宾至宜昌干流	1226.25	1199.49			26.76
		赤水河	8151.64	7490.38	28.89		632.37
	洞庭湖水系	小　计	39544.62	35851.12	37.16	40.10	3616.24
		沅江浦市镇以下	1665.81	1413.37			252.44
		沅江浦市镇以上	37878.81	34437.75	37.16	40.10	3363.80

(一)一级流域

一级流域包括珠江区和长江区。

1. 珠江区

珠江区在贵州省有 2 个二级流域 4 个三级流域,涉及贵州省 7 个市(州),分别是安顺市、毕节市、贵阳市、六盘水市、黔东南州、黔南州和黔西南州。该区湿地总面积为 6.95万 hm²,占贵州省湿地面积的 33.15%。其中:河流湿地 4.35 万 hm²,湖泊湿地 0.05万 hm²,沼泽湿地 0.33 万 hm²,人工湿地 2.22 万 hm²。

2. 长江区

长江区在贵州省有 4 个二级流域 7 个三级流域,涉及贵州省 8 个市(州),分别是安顺市、毕节市、贵阳市、六盘水市、黔东南州、黔南州、铜仁地区和遵义市。该区湿地总面积为 14.02 万 hm²，占贵州省湿地面积的 66.85%。其中：河流湿地 9.47 万 hm²，湖泊湿地 0.20 万 hm²，沼泽湿地 0.76 万 hm²，人工湿地 3.59 万 hm²。

(二) 二级流域

二级流域包括珠江区南北盘江、红柳江 2 个二级流域和长江区金沙江石鼓以下、乌江、宜宾至宜昌、洞庭湖水系 4 个二级流域。长江区乌江流域湿地面积最大，长江区金沙江石鼓以下流域湿地面积最小。

珠江区南北盘江流域，湿地总面积 3.53 万 hm²，其中：河流湿地面积 2.04 万 hm²，湖泊湿地面积 0.05 万 hm²，沼泽湿地面积 0.09 万 hm²，人工湿地面积 1.36 万 hm²。

珠江区红柳江流域，湿地总面积 3.42 万 hm²，其中：河流湿地面积 2.31 万 hm²，湖泊湿地面积 16.46hm²，沼泽湿地面积 0.25 万 hm²，人工湿地面积 0.86 万 hm²。

长江区金沙江石鼓以下流域，湿地总面积 0.53 万 hm²，其中：河流湿地面积 0.22 万 hm²，湖泊湿地面积 0.14 万 hm²，沼泽湿地面积 0.11 万 hm²，人工湿地面积 0.06 万 hm²。

长江区乌江流域，湿地总面积 8.60 万 hm²，其中：河流湿地面积 4.79 万 hm²，湖泊湿地面积 0.05 万 hm²，沼泽湿地面积 0.65 万 hm²，人工湿地面积 3.10 万 hm²。

长江区宜宾至宜昌流域，湿地总面积 0.94 万 hm²，其中：河流湿地面积 0.87 万 hm²，湖泊湿地面积 28.89hm²，人工湿地面积 0.07 万 hm²。

长江区洞庭湖水系流域，湿地总面积 3.95 万 hm²，其中：河流湿地面积 3.59 万 hm²，湖泊湿地面积 37.16hm²，沼泽湿地面积 40.10hm²，人工湿地面积 0.36 万 hm²。

(三) 三级流域

三级流域包括了北盘江、南盘江、柳江、红水河、石鼓以下干流、思南以下、思南以上、宜宾至宜昌干流、赤水河、沅江浦市镇以下、沅江浦市镇以上 11 个流域，其中思南以上流域湿地面积最大，宜宾至宜昌干流流域湿地面积最小。

北盘江流域，湿地总面积 2.16 万 hm²，其中：河流湿地面积 1.48 万 hm²，湖泊湿地面积 0.03 万 hm²，沼泽湿地面积 0.09 万 hm²，人工湿地面积 0.57 万 hm²。

南盘江流域，湿地总面积 1.36 万 hm²，其中：河流湿地面积 0.56 万 hm²，湖泊湿地面积 0.02 万 hm²，人工湿地面积 0.79 万 hm²。

柳江流域，湿地总面积 1.58 万 hm²，其中：河流湿地面积 1.50 万 hm²，沼泽湿地面积 98.51hm²，人工湿地面积 0.06 万 hm²。

红水河流域，湿地总面积 1.85 万 hm²，其中：河流湿地面积 0.81 万 hm²，湖泊湿地面积 16.46hm²，沼泽湿地面积 0.24 万 hm²，人工湿地面积 0.80 万 hm²。

石鼓以下干流流域，湿地总面积 0.53 万 hm²，其中：河流湿地面积 0.22 万 hm²，湖泊湿地面积 0.14 万 hm²，沼泽湿地面积 0.11 万 hm²，人工湿地面积 0.06 万 hm²。

思南以下流域，湿地总面积 2.07 万 hm²，其中：河流湿地面积 1.84 万 hm²，湖泊湿地面积 28.66hm²，人工湿地面积 0.23 万 hm²。

思南以上流域，湿地总面积 6.53 万 hm²，其中：河流湿地面积 2.96 万 hm²，湖泊湿地面积 0.05 万 hm²，沼泽湿地面积 0.65 万 hm²，人工湿地面积 2.87 万 hm²。

宜宾至宜昌干流流域，湿地总面积 0.12 万 hm²，其中：河流湿地面积 0.12 万 hm²，人工湿地面积 26.76hm²。

赤水河流域，湿地总面积 0.82 万 hm²，其中：河流湿地面积 0.75 万 hm²，湖泊湿地面积 28.89hm²，人工湿地面积 0.06 万 hm²。

沅江浦市镇以下流域，湿地总面积 0.17 万 hm²，其中：河流湿地面积 0.14 万 hm²，人工湿地面积 0.03 万 hm²。

沅江浦市镇以上流域，湿地总面积 3.79 万 hm²，其中：河流湿地面积 3.44 万 hm²，湖泊湿地面积 37.16hm²，沼泽湿地面积 40.10hm²，人工湿地面积 0.34 万 hm²。

四、各行政区湿地类及面积

贵州省 9 个市(州)湿地分布状况及面积排在前三位的分别是黔东南州、黔南州和毕节市。

黔东南州湿地面积为 3.76 万 hm²，其中：河流湿地面积 3.53 万 hm²，贵州省排列第一；湖泊湿地面积 13.19hm²；沼泽湿地面积 40.10hm²；人工湿地面积 0.22 万 hm²。境内有雷公山国家级自然保护区、佛顶山省级自然保护区(部分)2 个湿地区。都柳江、三板溪、舞阳河湿地区是境内面积较大的河流湿地。

黔南州湿地面积为 3.36 万 hm²，其中：沼泽湿地面积 0.88 万 hm²，该类湿地位居贵州省第一；河流湿地面积 1.78 万 hm²；湖泊湿地面积 16.46hm²；人工湿地面积 0.71 万 hm²。贵州龙里南部沼泽化草甸湿地区是贵州省最大的沼泽湿地，境内有贵定岩下省级保护区和茂兰国家级自然保护区 2 个湿地区。

毕节市湿地面积为 3.07 万 hm²，其中：湖泊湿地面积 0.19 万 hm²，该类湿地贵州省排列第一；河流湿地面积 1.40 万 hm²；沼泽湿地面积 0.19 万 hm²；人工湿地面积 1.29 万 hm²。境内有草海国家级自然保护区、长江上游珍稀特有鱼类国家级自然保护区、威宁锁黄仓国家湿地公园(试点)湿地区、百里杜鹃省级自然保护区、金沙冷水河县级保护区、黔西渭河县级保护区 6 个列为保护的湿地区。

表 11-3 贵州省各市(州)湿地类面积统计表(单位：hm²)

行政区	湿地类				
	总　计	河流湿地	湖泊湿地	沼泽湿地	人工湿地
贵州省	209726.85	138154.76	2517.70	10978.70	58075.69
贵阳市					
白云区	100.39			67.95	168.34
花溪区	364.19			525.85	890.04
开阳县	1255.70			224.07	1479.77
南明区	151.07			35.08	186.15
清镇市	914.61			6102.19	7016.80

（续）

行政区	湿地类				
	总　计	河流湿地	湖泊湿地	沼泽湿地	人工湿地
乌当区	586.30			439.03	1025.33
息烽县	909.29			869.89	1779.18
小河区	66.19			410.97	477.16
修文县	786.55			463.08	1249.63
云岩区	50.99	18.17		34.06	103.22
六盘水市					
六枝特区	1297.14			1542.65	2839.79
盘　县	1778.15	33.48	201.47	357.17	2370.27
水城县	2186.70	12.20	47.69	229.21	2475.80
钟山区	273.12			180.58	453.70
遵义市					
赤水市	1808.26	14.83		79.63	1902.72
道真县	1679.26			55.25	1734.51
凤冈县	1331.75			692.89	2024.64
红花岗区	396.95			408.98	805.93
汇川区	360.83			120.30	481.13
湄潭县	1393.39			220.84	1614.23
仁怀市	1282.66			199.14	1481.80
绥阳县	1465.81	28.66		327.17	1821.64
桐梓县	1660.25			109.38	1769.63
务川县	1317.04			114.35	1431.39
习水县	2170.99	14.06		175.16	2360.21
余庆县	1804.64			707.94	2512.58
正安县	2107.38			128.25	2235.63
遵义县	3231.89	107.73		960.04	4299.66
安顺市					
关岭县	940.83			272.74	1213.57
平坝县	646.95			1564.59	2211.54
普定县	534.88			1505.31	2040.19
西秀区	830.74			976.55	1807.29
镇宁县	1285.63			623.61	1909.24
紫云县	963.70			86.56	1050.26
毕节市					
大方县	1458.26	141.31		2941.46	4541.03
赫章县	1411.84	10.73	196.48	157.38	1776.43

（续）

行政区	湿地类				
	总　计	河流湿地	湖泊湿地	沼泽湿地	人工湿地
金沙县	1730.33			1576.12	3306.45
纳雍县	1269.48	34.47	38.74	786.39	2129.08
七星关区	1825.54	21.89		204.50	2051.93
黔西县	1777.59	163.21		3331.01	5271.81
威宁县	3023.31	1528.37	1675.15	657.56	6884.39
织金县	1476.40	8.57		3278.91	4763.88
铜仁市					
碧江区	2212.56			297.12	2509.68
德江县	1420.20			220.51	1640.71
江口县	2295.51	23.97		138.18	2457.66
石阡县	1537.63			324.32	1861.95
思南县	4396.02			178.87	4574.89
松桃县	2351.60			395.33	2746.93
万山区	592.32			190.47	782.79
沿河县	2340.27			906.80	3247.07
印江县	1567.85			105.04	1672.89
玉屏县	1083.58			135.13	1218.71
黔西南州					
安龙县	1404.52	225.38		1179.19	2809.09
册亨县	4317.63			33.11	4350.74
普安县	687.36			227.23	914.59
晴隆县	810.26			1771.10	2581.36
望谟县	2822.36			2315.29	5137.65
兴仁县	621.11	51.50		138.09	810.70
兴义市	970.22	49.52		6323.11	7342.85
贞丰县	1728.28			235.06	1963.34
黔东南州					
岑巩县	1583.62			243.49	1827.11
从江县	3907.27				3907.27
丹寨县	819.88			49.75	869.63
黄平县	1374.79			393.62	1768.41
剑河县	4438.94	13.19		8.04	4460.17
锦屏县	4604.34			308.95	4913.29
凯里市	1298.48			57.66	1356.14
雷山县	900.55		15.63	6.46	922.64

（续）

行政区	湿地类				
	总　计	河流湿地	湖泊湿地	沼泽湿地	人工湿地
黎平县	3136.75			293.38	3430.13
麻江县	981.33			11.53	992.86
榕江县	3975.06			57.55	4032.61
三穗县	734.06			38.93	772.99
施秉县	1621.81			191.79	1813.60
台江县	1268.05		24.47	172.42	1464.94
天柱县	2929.67			289.07	3218.74
镇远县	1763.56			41.95	1805.51
黔南州					
都匀市	1772.96			466.96	2239.92
独山县	1187.25		448.23	325.46	1960.94
福泉市	1310.60			60.35	1370.95
贵定县	1320.37			127.82	1448.19
惠水县	1575.16	8.43		119.56	1703.15
荔波县	1757.25		39.20	50.05	1846.50
龙里县	805.15		8291.64	50.97	9147.76
罗甸县	1379.43			4903.61	6283.04
平塘县	1580.13			10.36	1590.49
三都县	2752.03			181.54	2933.57
瓮安县	1808.10			339.37	2147.47
长顺县	501.92	8.03		417.31	927.26

第二节　湿地特点和分布规律

一、湿地特点

贵州省土地总面积 17.62 万 km^2，约占全国土地总面积的 1.84%。东西长约 595km、南北宽约 509km，处于亚热带高原山地地区，地势西部最高，中部稍低，自中部向北、东、南三面倾斜，岩溶地貌分布广泛，占贵州省土地总面积的 61.9%。特殊的地形地貌孕育了多种类型的湿地资源。

（一）湿地类型多样，斑块面积小

贵州省湿地类型多样，分布有河流湿地、湖泊湿地、沼泽湿地等自然湿地和人工湿地。自然湿地中湿地类型有永久性河流、季节性或间歇性河流、洪泛平原湿地、喀斯特溶洞湿地、永久性淡水湖、季节性淡水湖、藓类沼泽、草本沼泽、森林沼泽和沼泽化草甸 10

型，人工湿地中湿地类型有库塘、输水河、水产养殖场 3 型，共 13 种湿地型。

湿地总面积 20.97 万 hm^2，占贵州省土地总面积的 1.19%。湿地类分布不均，河流湿地面积 13.81 万 hm^2，占湿地总面积的 65.87%，分布最多最广；人工湿地面积为 5.81 万 hm^2，占湿地总面积的 27.69%，排列第二；沼泽湿地面积 1.10 万 hm^2，占湿地总面积的 5.24%，排列第三；湖泊湿地面积最少，为 0.25 万 hm^2，仅占湿地总面积的 1.20%。

河流湿地中以永久性河流为主，分布最多，占河流湿地面积的 98.00%；人工湿地中以库塘面积最大，是人工湿地的主要构成部分，占人工湿地面积的 97.82%；沼泽湿地中以沼泽化草甸为最多，占沼泽湿地面积的 79.61%；湖泊湿地中永久性淡水湖比例最大，占湖泊湿地面积的 97.18%。

本次共调查验证了 6218 块湿地斑块，其中：面积小于 $50hm^2$ 的斑块有 5673 块，占斑块总数的 91.24%；面积 50~100 hm^2 的有 232 块，占总数的 3.73%；面积大于 $100hm^2$ 的有 313 块，占总数的 5.03%。由此可见，贵州省湿地小面积斑块数量多，是贵州省湿地的重要组成部分。

(二)永久性河流占贵州省湿地比重最大，生态地位重要

贵州省湿地总面积中，永久性河流占 64.55%。特殊的地理自然环境，造就了数量繁多的大小河流湿地，特有的喀斯特溶洞地貌，孕育了独具特色的地下河。贵州省地表河网密布，长度大于 10km 的河流有 984 条，流域面积大于 $100km^2$ 的河流有 556 条，其中，流域面积大于 $10000km^2$ 的河流有 6 条：即乌江、清水江、赤水河、北盘江、红水河和都柳江。

贵州省属于亚热带高原山地地区，地貌结构是东西三级阶梯，南北两面斜坡状。西部海拔 1500~2900m，中部 1000m 左右，北、东、南三面边缘河谷地带 500m 左右。发源于中西部喀斯特高原面上的诸多河流，一般上游坡降小，河谷宽浅，下游坡降大，河谷深切，其落差常达 700~800m，局部可达 1000m。另外，贵州处于冷暖空气交锋的地带，降水量较多，贵州省地表径流量多年平均为 1062 亿 m^3，有着丰富的水能资源，是梯级电站开发的理想环境。

贵州省河流大部分是雨源性河流，河水多受大气降水控制，径流量最大年与最小年相差 2~3 倍，平均差 1.4 倍，夏季是丰水期，冬季为枯水期，出现一些季节性河流，暴雨过后河水涨落较快。在空间分布上，根据降水量多少，形成 3 个多雨区和 2 个少雨带。3 个多雨区的年降水量都在 1300mm 以上，均位于夏季风的迎风坡上。在 3 个多雨区之间是少雨带，年降水量在 900~1100mm 左右。另外，与我国北方不同的是贵州湿地水温变化相对较小，除海拔较高的威宁、赫章一带多年中水面偶尔结冰外，其他地方一般不结冰。

由于贵州省处于长江、珠江上游，河流湿地生态功能的发挥，如涵养水源、蓄洪防旱、降解污染、调节气候等，在维持区域生态平衡等方面发挥重要作用，因此上游地区生态环境的好坏直接影响下游地区的生态安全，生态地位极其重要。

(三)喀斯特溶洞湿地广布，极具科研价值

贵州是世界著名的喀斯特之乡，也是世界上喀斯特溶洞分布最广、发育最典型的地区

之一，喀斯特面积占据了贵州省土地面积的一半多。据不完全统计，贵州省喀斯特地区形成的地下河约有1130条。由于喀斯特溶洞隐藏于地下，不易被发现，对地下河的调查带来困难，因此本次调查喀斯特溶洞湿地面积仅有17.83hm²。喀斯特地貌上生长形成的森林沼泽等一旦被破坏，要恢复其生态功能极其困难，自我恢复能力极差，生态系统非常脆弱，经不起强烈外界干扰，但喀斯特地貌上形成的湿地生态系统在维护区域生态安全发挥了重要作用。另外，喀斯特地区也蕴藏了别具一格的湿地景观资源。贵州省喀斯特区域有数不尽的溶洞及地下河，它们在开发地下水资源及地下空间等方面具有广泛的利用前景，是研究喀斯特地质地貌、洞穴、洞穴生物、考古和古人类学的天然场所。

（四）湿地生物多样性丰富，是重要的物种基因库

贵州省湿地面积虽然仅占土地面积的1.19%，但生物多样性却很丰富，据本次调查统计，贵州省湿地植物名录共有1457种，隶属于199科725属，其中，种子植物140科639属1313种，种子植物中裸子植物4科5属6种，被子植物136科634属1307种（包括双子叶植物110科471属1031种，单子叶植物26科163属276种）；蕨类植物34科54属97种；苔藓植物25科33属47种。有国家级重点保护植物21种，其中国家Ⅰ级保护植物有云贵水韭、红豆杉、南方红豆杉、单性木兰、掌叶木5种；国家Ⅱ保护植物有桫椤、金毛狗、水蕨、中华结缕草、水菜花、莲、贵州萍蓬草、金荞麦等16种。省级重点保护植物有三尖杉、清香木、青钱柳、川桂、紫楠、檫木、白辛树、青檀等8种。

贵州省湿地生态系统中脊椎动物有618种，隶属于5纲37目100科。其中，鱼纲6目19科191种；两栖纲2目9科53种；爬行纲2目9科59种；鸟纲17目40科230种；哺乳纲10目23科85种。物种比例最高的是湿地鸟类，所占比例为37.22%，其次是鱼类，所占比例为30.90%，再次之为哺乳动物，所占比例为13.75%，爬行动物为9.55%，两栖动物仅占8.58%。兽类中，国家Ⅰ级保护动物1种，即灵长目猴科叶猴属的黑叶猴；国家Ⅱ级保护动物有猕猴、藏酋猴、穿山甲、水獭、大灵猫、小灵猫、斑林狸、中华鬣羚、斑羚9种。鸟类中，国家Ⅰ级重点保护的种类有6种，分别是黑鹳、东方白鹳、白肩雕、白尾海雕、黑颈鹤、白头鹤；国家Ⅱ级重点保护的有海南虎斑鸦、白头鹞鹳、白琵鹭、黑脸琵鹭、小天鹅、大天鹅、鸳鸯、黑鸢、苍鹰、松雀鹰、普通鵟、草原雕、白尾鹞、鹊鹞、白腹鹞、蛇雕、游隼、燕隼、灰背隼、红隼、红腹锦鸡、灰鹤、棕背田鸡、褐翅鸦鹃、小鸦鹃、斑头鸺鹠26种。两栖动物中，有国家Ⅱ级重点保护物种4种，即大鲵、贵州疣螈、细痣疣螈和虎纹蛙。鱼类中，有国家Ⅱ级重点保护鱼类有胭脂鱼、岩原鲤2种。

贵州省地形、气候复杂多变，素有"地无三尺平，天无三日晴"一说，小生境多样化，致使湿地生物多样性极其丰富，是重要的物种基因库。

二、湿地分布规律

贵州省范围内均有湿地分布，由于受高原山地地形地貌及亚热带湿润季风气候的影响，总体上东部多于西部，南部多于北部。

(一)河流湿地

河流湿地在贵州省范围内分布相对均匀，地表河网密布，顺应垄状高原山地的地势格局，向北、东、南三面作扇状展布，本次调查贵州省有4004条河流，相互交织似一张大网撒在贵州大地上。贵州省分属长江和珠江两大流域，长江流域面积最大，占贵州省总面积的65.7%，主要河流有赤水河、綦江、乌江、舞阳河、清水江和锦江等。珠江流域主要河流有都柳江、樟江、曹渡河、蒙江、北盘江、马岭河和南盘江等，受地质构造影响，这些河流的流向大多自北而南。

(二)湖泊湿地

贵州省地表崎岖，岩溶地貌分布广，占贵州省土地面积的61.9%，本次调查湖泊总数为69个，较大的湖泊不多。分布集中于毕节市和黔西南州，以毕节市的威宁县中部、黔西县的西南部、大方西部，黔西南州的安龙县和兴义市北部分布较多。最大的湖泊湿地是草海国家级自然保护区湿地区的草海，面积0.11万hm^2。贵州省湖泊多是岩溶洼地、溶洞堵塞或岩溶漏斗的裂隙、落水洞堵塞形成，有的是夏季排水不畅形成季节性湖泊。湖泊湿地的分布与喀斯特地貌分布成正相关。

(三)沼泽湿地

受地形地势的影响，贵州省沼泽湿地较少，零星分布在8个湿地区。藓类沼泽分布在赫章雨帽山湿地区、雷公山国家级自然保护区湿地区、纳雍县零星湿地区和盘县娘娘山湿地区；草本沼泽分布在草海国家级自然保护区湿地区和盘县零星湿地区；森林沼泽分布在茂兰国家级自然保护区湿地区；沼泽化草甸分布在贵州龙里南部沼泽化草甸湿地区。

(四)人工湿地

贵州省人工湿地以库塘为主，主要以灌溉、饮用和发电为建设目的，本次调查共有库塘580个，贵州省范围内均有分布。面积在1000hm^2以上的库塘从大到小依次为：洪家渡水库、红水河、天生桥电站库区、红枫湖、北盘江、乌江渡电站水库、大盐河、百花水库和夜郎湖水库共9个。输水河有114条，零星分布于贵州省各地。水产养殖场1个分布于荔波县。

第三节　存在问题与合理利用建议

一、存在问题

长期以来人们对湿地生态价值认识不足，加上保护管理方面存在机制不健全、基础设施差、投入不足等薄弱环节，贵州省天然湿地面积逐渐缩小，水生生物逐渐减少，生态质量逐步降低、生态功能逐步退化的不良趋势。主要存在以下问题。

(一) 工农业污染导致湿地水质下降

随着人口、经济的增长和工业化、城镇化的发展，大量排放的工业废水、城镇生活污水导致部分湿地水质恶化，严重危害湿地生物多样性。湿地调查发现贵州省湿地生态系统水环境质量虽然在近年来的治理下有所改善，但总体上仍不容乐观。据《贵州省环境状况公报》，长江流域乌江水系自西向东断面水质虽由Ⅴ类水开始逐渐好转，但水环境状况仍令人担忧，主要污染指标是高锰酸盐指数、石油类、总磷和氨氮。清水江超过半数的监测断面水质劣于Ⅴ类水质标准。珠江流域北盘江水系水质平均水质为Ⅲ类，南盘江水系水质没有太大改善，污染指标主要是氨氮和石油类。湿地水域水体富营养化进程和污染的加剧，导致水生植物赖以生存的生境退化、丧失，原生分布的一些特有种、狭域分布种逐渐变为濒危种、稀有种。

除了工业废水、城镇垃圾污水危害湿地水质之外，农村生产生活带来的面源污染也成为了湿地水污染的重要原因。分散在农村居民居住区和耕作区周边的小型库塘与沟渠，是农业面源污染和居民生活污水进入主要河道的前置蓄积库，发挥了重要的前期蓄积、沉淀、分解和降解作用，但由于农村生活污水污染、堆放垃圾、过渡养殖等，这些小型湿地破坏严重。

(二) 湿地资源利用方式不合理

近几十年来，贵州省自然湿地面积逐渐减少，大量自然湿地消失或转为工农业、城镇用地，或转变为以水产养殖、稻田为主的人工湿地。在对湿地的开发利用中，许多利用方式是不合理的，甚至是具有破坏性的。一是围垦湿地，挖沟排水，开辟农田。如草海20世纪50年代就曾被放干水营造田土，80年代恢复水面，至今仍有部分沼泽被占为农田，致使草海湿地生物多样性受到显著影响。开垦湿地的后果是造成湿地面积减少，调蓄防洪能力减弱，野生动物栖息地生境遭破坏，致使许多地方水禽减少，甚至于绝迹。二是无节制、野蛮地利用湿地资源，如炸鱼、电鱼、细网捕鱼等。三是少数不文明的狩猎行为对湿地水禽资源造成了破坏。四是随着城镇化进程的加快，城镇湿地存在被围垦或填埋的现象，湿地面积不断减少。另外，不合理的河流堤岸工程化处理也对湿地生态功能的发挥造成不利影响。

(三) 有害生物入侵威胁湿地生态系统

湿地调查还发现有7种外来入侵植物，严重影响本土植物的生存空间，大量繁殖后阻塞河道、水渠。例如：三板溪水库喜旱莲子草入侵后大量繁殖，造成河道阻塞，每年均需耗费大量的人财物力进行清除；破坏草在贵州省大部分地区均有分布，可进行有性繁殖和无性繁殖，对环境的适应性极强，所到之处寸草不生，危害严重，具有植物界里的"杀手"之称。

外来入侵动物桔小实蝇幼虫在果内取食为害，常使果实未熟先黄脱落，严重影响果园的产量和质量，贵阳、安顺等部分地区有分布；稻水象甲于2010年在平坝县、花溪区发现，可随水流传播，寄主种类多，危害面广，成虫蚕食叶片，幼虫危害水稻根部，危害秧苗时，可将稻秧根部吃光。

（四）水利水电工程的大量开发，对湿地生态系统造成不利影响

贵州省属于高原山区，河流落差大，水能资源丰富，水利水电工程的开发对湿地生态系统造成一定影响，主要表现为筑坝后减水河段生态基流不足，影响水生生物的生长和繁殖，特别是洄游性鱼类的正常生活习性受到影响，生活环境被打破，严重时甚至会造成部分物种的灭绝。另一方面，水利水电工程的建设使自然河流出现了渠道化和非连续化的态势，均对库区及其下游湿地生态系统造成不利影响。

（五）部分湿地泥沙淤积现象突出

由于贵州省人地矛盾突出，局部地区依然存在陡坡垦殖现象，造成水土流失，导致河、渠、库塘等泥沙淤积，河床及湖床被抬高，造成湿地退化，湿地保护形势严峻。

二、合理利用建议

（一）加强对现有湿地资源的保护

建立功能完备的湿地生态系统是构建两江上游生态屏障的重要组成部分，合理利用湿地资源的首要前提就是要加强对现有资源，尤其是自然湿地资源的抢救性保护，从根本上遏制湿地生态环境恶化的不良趋势，这也是可持续性利用湿地的首要前提。针对贵州省局部地区存在湿地面积逐步减小、生态质量逐步下降、生态功能逐步降低的现象，湿地资源保护工作任重道远。

（二）制定科学的湿地资源利用政策

坚决杜绝随意侵占湿地和扭转湿地属性的行为发生，严格禁止围垦、采挖、堤岸工程、景点建设、餐饮宾馆建设侵占湿地；对于河流、库塘湿地，必须着眼于地区经济社会发展的大局和贵州省土地资源紧缺的客观实际，本着生态优先的原则，制定科学的湿地利用规划，明确开发和利用的区域，合理控制规模和速度，注重保留和保护湿地生态系统及其生物多样性，维护湿地在生物多样性保护方面的重要作用。

（三）控制网箱养殖规模，维护水环境质量

近几年水利水电工程的兴建，筑坝后形成许多库塘，网箱养殖发展迅速，导致水体富营养化，加剧了水体恶化的趋势。因此，要进一步加强对网箱养殖的科学管理，科学评估水体生态承载力，控制围网养殖的规模，尤其是对提供饮用淡水资源的库塘要加大对湿地环保工程的投入，在提供足够水产品的同时，着力维护和提高水环境质量，实现湿地资源的可持续利用。

（四）合理利用湿地景观资源，发展湿地生态旅游

贵州省湿地景观资源丰富，类型多样，喀斯特森林沼泽、溶洞湿地特点突出，有着很

大的生态旅游价值。在维护湿地生态平衡、保护湿地功能和生物多样性的前提下，通过建立湿地保护区、湿地公园、湿地小区等保护体系建设，并适度发展湿地生态旅游，展示湿地独特的自然景观和湿地文化，可充分发挥湿地公园在湿地休闲、湿地科普教育等方面的作用，最大限度发挥湿地的经济、社会效益。同时，要避免因旅游业的过度开发对湿地生态环境造成破坏，尤其是在黄果树大瀑布、龙宫、织金洞、草海、茂兰、梵净山等著名景区更要下大力气维护湿地生态环境的安全。

（五）严格控制污染源，提高湿地水质

针对有污染排放的企业，建立排污许可证制度，采取有效措施，大力控制和治理工业污染。搞好环境整治，实行生活垃圾、生活污水集中处理。着力减少农业面源污染，科学施用化肥、农药，减少使用量，提高利用率，通过多种途径提高湿地水质，保护湿地生态环境。

（六）控制外来物种入侵

加强外来物种入侵监控，科学研究外来物种入侵的控制措施，充分发挥外来物种入侵管理机构和协调机制的作用，按照预防为主、积极消灭的方针，维护湿地生态安全，保护好湿地生态系统。

（七）开展湿地资源可持续利用示范

湿地资源只有被科学利用才能产生积极的综合效益，而湿地资源是水资源、土地资源、生物资源、景观资源、矿产资源、能源资源等多种资源类别的综合体，涉及林业、农业、渔业、能源、矿产、水利、土地等多个行业，湿地资源合理利用必须充分发挥其各个组成资源类别的效益。根据不同地方湿地资源的特征，积极开展各种类型的湿地资源综合利用和可持续利用示范推广，如开阔水域生态养殖、高效生态农业、农牧渔复合经营、湿地生态养殖等。

（八）正确处理水利水电工程建设与湿地生态环境之间的关系

加强水利水电工程建设对湿地生态环境的影响评价，提出有效可行的防治环境污染和生态破坏的对策，把生态环境保护融入到工程建设的各个环节，防止不合理开发给湿地生态环境造成严重破坏。同时，应建立水利水电工程环境影响监测和反馈机制，及时进行环境跟踪评价，发现有明显不良影响时，应及时采取改进措施，把破坏程度降到最低水平。建立湿地资源保护经济补偿机制，把水利水电工程产生经济效益中的一部分投入到对湿地的保护管理中，实现湿地的可持续发展。

第十二章　贵州省的石漠化现状

前期(2011年)监测范围涉及78个县(市、区)，1432个乡(镇)，本期(2016年)与前期监测范围保持一致，但由于监测区内行政界线调整，本期涉及78个县(市、区)和贵安新区，共1371个乡(镇)。前期监测面积11240174.70hm²，本期由于坐标系由前期的北京54调整为西安80，省界和县界周围均产生一定的缝隙和碎班，将缝隙和碎班处理后本期岩溶区监测面积为11247200.30hm²，较上期增加7025.6hm²。本期共区划监测小班1756184个，较上期1379742个增加376442个。

据调查，贵州省岩溶土地面积11247200.30hm²，占土地面积的63.80%。在岩溶土地面积中，石漠化土地面积2470136.10hm²，占21.96%；潜在石漠化土地面积3638546.68hm²，占32.35%；非石漠化土地面积5138521.52hm²，占45.69%。与上期相比，石漠化土地面积减少556912.15hm²，减少了18.40%；潜在石漠化面积增加380984.97hm²，增加了11.7%；非石漠化面积增加175927.18hm²，增加了3.55%。总体上，贵州省石漠化面积在减少，石漠化程度在减轻，有效遏制住石漠化扩大的趋势。岩溶土地石漠化状况占岩溶区面积的比例详见表12-1。

表 12-1　岩溶土地石漠化状况所占比例一览表

岩溶土地石漠化状况	面积(hm²)	占监测区(岩溶区)面积比例(%)
石漠化土地	2470136.10	21.96
潜在石漠化土地	3638546.68	32.35
非石漠化土地	5138521.52	45.69

第一节　石漠化土地现状

一、石漠化土地分布状况

(一)各市(州)石漠化土地状况

贵州省石漠化土地面积2470136.10hm²，石漠化发生率21.96%。各市(州)石漠化情况如表12-2。

表 12-2　各市(州)石漠化情况统计表

调查单位	岩溶面积 （hm²）	石漠化面积 （hm²）	占贵州省石漠化比重 （%）	石漠化发生率 （%）	占贵州省比重排名	上期排名	本期发生率排名	上期发生率排名
合　计	11247200.30	2470132.10	100.00	21.96				
贵阳市	715260.76	145832.95	5.9	20.39	8	8	5	5
六盘水市	768785.33	234228.81	9.48	30.47	6	6	3	3
遵义市	2213958.77	293202.30	11.87	13.24	4	4	10	10
安顺市	680637.43	244948.48	9.92	35.99	5	5	1	1
铜仁市	1118287.10	223219.13	9.04	19.96	7	7	6	6
黔西南州	905152.81	303275.45	12.28	33.51	3	3	2	2
毕节市	2127709.51	496761.53	20.11	23.35	1	1	4	4
黔东南州	550483.94	109774.29	4.44	19.94	9	9	7	7
黔南州	2132530.41	412287.83	16.69	19.33	2	2	8	8
贵安新区	34394.24	6601.33	0.27	19.19	10	10	9	9

(二)各流域石漠化土地状况

贵州省涉及长江流域和珠江流域的 11 个三级流域,乌江思南以上(3880328.95hm²)、乌江思南以下(1505222.15hm²)和北盘江流域(1488590.97hm²)3 个流域岩溶土地面积最大。

各流域石漠化分布的石漠化土地情况如表 12-3。

表 12-3　石漠化土地按流域划分统计表

流域名称	岩溶面积 （hm²）	石漠化面积 （hm²）	比例 （%）	石漠化发生率 （%）
合　计	11247200.30	2470132.10	100	21.96
长江流域计	7683056.89	1454147.54	58.87	18.93
金沙江石鼓以下干流	304831.04	45484.35	1.84	14.92
长江宜宾至宜昌干流	163897.34	28583.86	1.16	17.44
赤水河	712133.88	122800.72	4.97	17.24
乌江思南以上	3880328.95	779826.64	31.57	20.10
乌江思南以下	1505222.15	260243.61	10.54	17.29
沅江浦市镇以上	1032598.56	200209.40	8.11	19.39
沅江浦市镇以下	84044.97	16998.96	0.69	20.23
珠江流域计	3564143.41	1015984.56	41.13	28.51
北盘江	1488590.97	488484.14	19.78	32.82
南盘江	380025.53	125394.86	5.08	33.00
红水河	1283520.02	294103.69	11.91	22.91
柳　江	412006.89	108001.87	4.37	26.21

(三)各岩溶地貌石漠化土地状况

在石漠化土地中,峰丛洼地 165819.56hm²,占 6.71%;峰林洼地 71727.16hm²,占 2.90%;孤峰残丘 25769.27hm²,占 1.04%;岩溶丘陵 186528.92hm²,占 7.55%;岩溶槽谷 71174.82hm²,占 2.88%;岩溶峡谷 20737.66hm²,占 0.84%;岩溶断陷盆地 103.9hm²,占 0.00%;岩溶山地 1928270.81hm²,占 78.06%。

各岩溶地貌中峰林洼地石漠化发生率最高,达到 42.74%,孤峰残丘石漠化发生率最低,为 12.07%。各岩溶地貌石漠化发生率排序如下:峰林洼地>岩溶断陷盆地>峰丛洼地>岩溶峡谷>岩溶山地>岩溶槽谷>岩溶丘陵>孤峰残丘。

表 12-4 地貌类型石漠化统计表

地 貌	岩溶面积 (hm²)	石漠化面积 (hm²)	占石漠化比列 (%)	石漠化发生率 (%)
合 计	11247200.3	2470132.1	100	21.96
峰丛洼地	639779.38	165819.56	6.71	25.92
峰林洼地	167803.82	71727.16	2.9	42.74
孤峰残丘	213544.77	25769.27	1.04	12.07
岩溶丘陵	1011613.07	186528.92	7.55	18.44
岩溶槽谷	341794.02	71174.82	2.88	20.82
岩溶峡谷	92783.57	20737.66	0.84	22.35
岩溶断陷盆地	340.37	103.9	0.00	30.53
岩溶山地	8779541.3	1928270.81	78.06	21.96

(四)石漠化土地分布特点

贵州省石漠化土地面积以南部、西部和西北部分布较为广泛,毕节市、黔南州和黔西南 3 个市(州)石漠化面积占贵州省石漠化面积的近一半,其余依次为遵义市、安顺市、六盘水市、铜仁市、贵阳市、黔东南州。石漠化发生率与岩溶区地质背景密切相关,安顺市、黔西南州、六盘水监测区范围内,大部分以三叠系地层为主,岩性为纯碳酸盐岩,上部极少有砂页岩覆盖,而贵州省人口密集,人为活动强烈,在这种情况下,石漠化极易发生。而遵义市、黔东南州监测区范围内,以奥陶系、寒武系地层为主,上部大部分地区有砂页岩、页岩等覆盖层,土被覆盖率较安顺市、黔西南州、六盘水市高,石漠化发生率相对较低。

石漠化分布总体上受地质构造影响,石漠化严重的区域主要集中在石灰岩出露岩性较纯的区域。岩溶地貌类型多样,成因复杂,代表性强,既有峰丛洼地、峰林洼地、孤峰残丘,也有岩溶槽谷、岩溶峡谷,更常见的是岩溶丘陵和岩溶山地。岩溶山地在整个岩溶地貌中的比例高达 78.06%。

监测区岩溶土地范围内,未利用地石漠化发生率最高,为 86.18%;其次为草地,为 51.13%;第三为旱地,为 40.84%;林地最小,为 19.02%。在林地中,石漠化发生率按从高到低比例为：无立木林地 62.99%，宜林地 59.6%，未成林地 56.84%，疏林地 56.14%，灌木林地 26.8%，有林地 11.33%，苗圃地和林业辅助生产用地中没有石漠化土地。

二、石漠化程度

(一)各市(州)石漠化程度

在石漠化土地中，轻度石漠化土地 934210.67hm²，占石漠化土地的 37.82%；中度石漠化土地 1254119.61hm²，占石漠化土地的 50.77%；重度石漠化 256421.14hm²，占石漠化土地的 10.38%；极重度石漠化 25380.68hm²，占石漠化土地的 1.03%。

表 12-5　石漠化程度分行政区划统计表(单位：hm²)

调查单位	小　计	轻度石漠化	中度石漠化	重度石漠化	极重度石漠化
贵州省	2470132.10	934210.67	1254119.61	256421.14	25380.68
贵阳市	145832.95	72828.52	69587.50	3218.50	198.43
六盘水市	234228.81	103015.77	92080.45	30872.88	8259.71
遵义市	293202.30	119145.06	155305.20	18484.24	267.80
安顺市	244948.48	78510.56	115824.64	48595.87	2017.41
铜仁市	223219.13	94616.72	112503.95	15541.60	556.86
黔西南州	303275.45	58566.47	183693.37	52368.25	8647.36
毕节市	496761.53	146412.27	296300.77	5326.13	3722.36
黔东南州	109774.29	58012.53	49207.50	2459.66	94.60
黔南州	412287.83	202244.36	175664.90	32766.62	1611.95
贵安新区	6601.33	858.41	3951.33	1787.39	4.20

(二)各流域石漠化程度

三级流域中，轻度石漠化面积较大的 3 个流域分别是思南以上、北盘江和沅江浦市镇以上流域，占石漠化土地比例较高的 3 个流域分别是石鼓以下干流、柳江和沅江浦市镇以上流域；中度石漠化面积较大的 3 个流域思南以上、北盘江和红水河流域，比例较高的 3 个流域分别是沅江浦市镇以下、南盘江和赤水河流域；重度石漠化面积较大的 3 个流域分别是北盘江、思南以上和红水河流域，比例较高的 3 个流域分别是南盘江、北盘江、红水河流域；极重度石漠化面积较大的 3 个流域分别是北盘江、思南以上和南盘江流域，占比较高的 3 个流域是北盘江、南盘江和赤水河流域。

表 12-6　石漠化程度分流域统计表(单位：hm²)

流　域	合　计	轻度石漠化	中度石漠化	重度石漠化	极重度石漠化
合　计	2470132.10	934210.67	1254119.61	256421.14	25380.68
宜宾至宜昌干流	28583.86	12042.55	15328.75	1081.41	131.15

（续）

流　域	合　计	轻度石漠化	中度石漠化	重度石漠化	极重度石漠化
思南以下	260243.61	100572.36	137067.90	22005.36	597.99
沅江浦市镇以下	16998.96	6374.53	10526.88	73.43	24.12
石鼓以下干流	45484.35	36120.30	8915.39	429.90	18.76
赤水河	122800.72	34265.19	75612.46	12159.65	763.42
沅江浦市镇以上	200209.40	113916.47	82861.66	3297.84	133.43
思南以上	779826.64	270887.89	437601.44	64978.66	6358.65
北盘江	488484.14	154632.11	238907.95	82688.32	12255.76
柳　江	108001.87	63467.00	32509.70	11917.50	107.67
红水河	294103.69	116919.06	138944.84	35970.15	2269.64
南盘江	125394.86	25013.21	75842.64	21818.92	2720.09

（三）各岩溶地貌石漠化程度

轻度石漠化占比较高的 3 个岩溶地貌分布是孤峰残丘、岩溶丘陵和峰丛洼地；中度石漠化占比较高的 3 个岩溶地貌分别是岩溶断陷盆地、岩溶槽谷和岩溶峡谷；重度石漠化占比较高的 3 个岩溶地貌分别是岩溶丘陵、岩溶槽谷和岩溶山地；极重度石漠化占比较高的 3 个岩溶地貌分别是峰丛洼地、岩溶山地和岩溶丘陵。

表 12-7　石漠化程度分岩溶地貌统计表（单位：hm²）

岩溶地貌	合　计	轻度石漠化	中度石漠化	重度石漠化	极重度石漠化
合　计	2470132.10	934210.67	1254119.61	256421.14	25380.68
峰丛洼地	165819.56	71338.67	73328.36	16500.27	4652.26
峰林洼地	71727.16	8312.39	56413.65	6948.18	52.94
孤峰残丘	25769.27	20743.55	4680.93	344.79	
岩溶丘陵	186528.92	83385.32	81728.98	20454.42	960.20
岩溶槽谷	71174.82	24299.91	39079.48	7643.70	151.73
岩溶峡谷	20737.66	8319.07	11228.69	1132.89	57.01
岩溶断陷盆地	103.90	3.71	90.67	9.52	
岩溶山地	1928270.81	717808.05	987568.85	203387.37	19506.54

（四）石漠化程度的空间分布特点

贵州省石漠化等级齐全，轻、中、重、极重度石漠化土地在各个市（州）均有分布，轻度和中度石漠化土地分布最为广泛，重度和极重度石漠化土地分布相对集中，主要分布在黔西南、六盘水和毕节等地区；从流域来看，轻度和中度石漠化土地在各个流域分布均较广泛，重度和极重度石漠化土地主要分布在思南以上和北盘江流域；从土地利用类型来看，轻度石漠化以林地为主，中度石漠化以旱地为主，重度石漠化以林地和旱地为主，极重度石漠化以旱地和未利用地为主。

三、石漠化土地的植被类型状况

(一)石漠化土地植被盖度

石漠化土地平均植被综合盖度为 43.23%，其中：植被综合盖度在 10% 以下的面积 7847.28hm²，占 0.32%；植被综合盖度在 10%~19% 的面积为 14868.16hm²，占 0.60%；植被综合盖度在 20%~29% 的面积为 36771.12hm²，占 1.49%；植被综合盖度在 30%~39% 的面积为 212344.51hm²，占 8.60%；植被综合盖度在 40%~49% 的面积为 1003944.60hm²，占 40.64%；植被综合盖度在 50%~69% 的面积为 35865.22hm²，占 1.45%；植被综合盖度在 60%~69% 的面积为 21997.34hm²，占 0.89%；植被综合盖度在 30%~49%(耕地)的面积为 1136493.87hm²，占 46.01%。

表 12-8　按植被综合盖度型石漠化情况统计表

植被综合盖度	石漠化土地面积(hm²)	占石漠化比例(%)
合　计	2470132.10	100
10%以下	7847.28	0.32
10%~19%	14868.16	0.60
20%~29%	36771.12	1.49
30%~39%	212344.51	8.60
40%~49%	1003944.60	40.64
50%~59%	35865.22	1.45
60%~69%	21997.34	0.89
30%~49%(耕地)	1136493.87	46.01

(二)石漠化土地植被类型

石漠化土地中，植被类型为乔木型的面积 553510.09hm²，占 22.41%；为灌木型的面积 661914.3hm²，占 26.80%；为草本型的面积 109025.45hm²，占 4.41%；为旱地作物型的面积 1138275.57hm²，占 46.08%；无植被型的面积 7406.69hm²，占 0.30%。

表 12-9　按植被综合盖度型石漠化情况统计表

植被型	石漠化土地(hm²)	占石漠化土地比例(%)
合　计	2470132.10	100
乔木型	553510.09	22.41
灌木型	661914.30	26.80
草本型	109025.45	4.41
旱地作物型	1138275.57	46.08
无植被型	7406.69	0.30

第二节　潜在石漠化土地现状

一、各市(州)潜在石漠化土地状况

贵州省潜在石漠化土地面积 3638546.68hm²，占岩溶土地面积的 32.35%，其中：贵阳市潜在石漠化土地面积 245788.05hm²，占贵州省潜在石漠化面积的 6.76%；六盘水市潜在石漠化土地面积 190307.18hm²，占 5.23%；遵义市潜在石漠化土地面积 825500.84hm²，占 22.69%；安顺市潜在石漠化土地面积 181256.06hm²，占 26.63%；铜仁市潜在石漠化土地面积 410043.01hm²，占 11.27%；黔西南州潜在石漠化土地面积 256992.06hm²，占 7.06%；毕节市潜在石漠化土地面积 567381.65hm²，占 15.59%；黔东南州潜在石漠化土地面积 226656.90hm²，占 6.23%；黔南州潜在石漠化土地面积 726540.83hm²，占 19.97%；贵安新区潜在石漠化土地面积 8080.10hm²，占 0.22%。

表 12-10　潜在石漠化分行政区划统计表

调查单位	岩溶土地面积 (hm²)	潜在石漠化 (hm²)	占贵州省潜在石漠化比重 (%)	潜在石漠化发生率 (%)	占贵州省比重排名	发生率排名
贵州省	11247200.30	3638546.68	100	32.35		
贵阳市	715260.76	245788.05	6.76	34.36	6	4
六盘水市	768785.33	190307.18	5.23	24.75	8	9
遵义市	2213958.77	825500.84	22.69	37.29	1	2
安顺市	680637.43	181256.06	4.98	26.63	9	7
铜仁市	1118287.10	410043.01	11.27	36.67	4	3
黔西南州	905152.81	256992.06	7.06	28.39	5	6
毕节市	2127709.51	567381.65	15.59	26.67	3	8
黔东南州	550483.94	226656.90	6.23	41.17	7	1
黔南州	2132530.41	726540.83	19.97	34.07	2	5
贵安新区	34394.24	8080.10	0.22	23.49	10	10

二、各流域潜在石漠化土地状况

长江流域潜在石漠化土地面积 2602087.45hm²，占贵州省潜在石漠化土地面积的 71.51%；珠江流域潜在石漠化土地面积 1036459.23hm²，占贵州省潜在石漠化土地面积的 28.49%。在岩溶监测区，长江流域潜在石漠化发生率为 33.87%，比珠江流域潜在石漠化发生率(29.08%)高 4.79 个百分点。贵州省三级流域中，潜在石漠化土地面积最大的流域和最小的流域分别是乌江思南以上和金沙江石鼓以下干流；潜在石漠化土地占岩溶土地比例最高和最低的流域分别是长江宜宾至宜昌干流和金沙江石鼓以下干流。

表 12-11　潜在石漠化土地分流域统计表

流域名称	岩溶面积（hm²）	潜在石漠化面积（hm²）	比例（%）	潜在石漠化发生率（%）
合　计	11247200.30	3638546.68	1.00	32.35
长江流域计	7683056.89	2602087.45	71.51	33.87
金沙江石鼓以下干流	304831.04	28090.49	0.77	9.22
长江宜宾至宜昌干流	163897.34	76450.64	2.10	46.65
赤水河	712133.88	226565.09	6.23	31.81
乌江思南以上	3880328.95	1246852.08	34.27	32.13
乌江思南以下	1505222.15	613994.47	16.87	40.79
沅江浦市镇以上	1032598.56	381482.78	10.48	36.94
沅江浦市镇以下	84044.97	28651.90	0.79	34.09
珠江流域计	3564143.41	1036459.23	28.49	29.08
北盘江	1488590.97	370846.55	10.19	24.91
南盘江	380025.53	133463.05	3.67	35.12
红水河	1283520.02	386193.61	10.61	30.09
柳　江	412006.89	145956.02	4.01	35.43

三、各岩溶地貌潜在石漠化土地状况

从岩溶地貌潜在石漠化土地分布来看，潜在石漠化土地面积最大的是岩溶山地，占贵州省潜在石漠化土地面积的83.59%，其次是岩溶丘陵，占6.49%，第三是峰丛洼地，占4.87%，面积最小的3个岩溶地貌分别是岩溶断陷盆地、孤峰残丘和岩溶峡谷。

表 12-12　潜在石漠化土地分岩溶地貌统计表

岩溶地貌	岩溶土地面积（hm²）	潜在石漠化土地面积（hm²）	占潜在石漠化比例（%）	潜在石漠化发生率（%）
合　计	11247200.30	3638546.68	100	32.35
峰丛洼地	639779.38	177325.62	4.87	27.72
峰林洼地	167803.82	52409.37	1.44	31.23
孤峰残丘	213544.77	14996.39	0.41	7.02
岩溶丘陵	1011613.07	236108.5	6.49	23.34
岩溶槽谷	341794.02	94823.77	2.61	27.74
岩溶峡谷	92783.57	21283.54	0.58	22.94
岩溶断陷盆地	340.37	181.52	0.00	53.33
岩溶山地	8779541.30	3041417.97	83.59	34.64

第三节　石漠化特点和分布规律

一、石漠化面积大、分布广且相对集中

贵州省岩溶土地面积 11247200.30hm^2，占土地面积的 63.80%，岩溶土地面积占全国 8 个监测省岩溶总面积约 25%，岩溶土地在贵州省范围内广泛分布，且岩溶土地与非岩溶土地交错镶嵌分布；石漠化程度各等级交错分布，导致贵州省石漠化土地面积大、分布广，贵州省石漠化土地面积 2470132.10hm^2，占全国 8 个监测省份石漠化土地总面积的 25%，贵州省 88 个县(市、区)中 78 个均有石漠化土地分布。

贵州省石漠化空间分布极不均匀，各监测县存在着明显的差异，石漠化土地面积最大的大方县石漠化土地面积达 128004.44hm^2，而石漠化土地面积最小的云岩区仅 378.98hm^2，不足大方县石漠化土地面积的 3%。贵州省石漠化土地面积分布最多的 10 个县(市、区)的石漠化土地面积约占贵州省石漠化土地面积的 34%，主要分布在六盘水、毕节市和安顺市，贵州省石漠化土地面积分布最小的 10 个县(市、区)石漠化土地面积仅占贵州省石漠化土地总面积的 2.1%，主要分布在贵阳市和黔东南州。

二、石漠化土地岩溶地貌多样、程度较高

贵州省石漠化土地岩溶地貌类型多样，除常见的岩溶丘陵和岩溶山地外，峰林洼地、峰丛洼地、岩溶断陷盆地、岩溶峡谷、岩溶槽谷等地貌均有不同程度的石漠化土地分布。

贵州省重度石漠化土地面积 256421.14hm^2，占石漠化土地面积的 10.38%；极重度石漠化土地面积 25380.68hm^2，占石漠化土地面积的 1.03%。贵州省重度和极重度石漠化土地面积在全国仅次于广西，居第二位，石漠化程度高。

三、石漠化主要分布在陡峭山地

石漠化地区地形地貌陡峭且破碎，相对落差大，贵州省石漠化土地主要分布在陡峭山地，贵州省石漠化土地坡度在 15°~25° 的有 947724.89hm^2，占贵州省石漠化土地面积的 38.40%，坡度在 25° 以上的有 915796.30hm^2，占石漠化土地面积的 37.04%。

四、石漠化分布区域经济发展滞后

石漠化分布区域经济发展滞后，贵州省 50 个扶贫开发工作重点县中，有 41 个是石漠化县，贫困问题与石漠化问题相互交织，目前贵州石漠化片区还有贫困人口 247.63 万人，占贵州省贫困人口的一半以上。石漠化分布区经济发展滞后的主要原因是石漠化地区自然条件差，生态环境脆弱，贫困程度深，脱贫难度大。

第四节 石漠化土地危害状况

一、灾害时有发生，威胁生命财产安全

石漠化是岩溶地区自然灾害频发的主要诱因，它不但破坏了本来就极为脆弱的生态环境，还降低了其抗御自然灾害的能力，引起干旱、洪水等自然灾害，严重威胁着人民生命财产安全。"十二五"期间，贵州省自然灾害发生种类多、灾情频繁、区域分布广，干旱区分布约占贵州省总面积的80%；同时，由于山地、丘陵面积占贵州土地面积的92.5%，山高坡陡，地形破碎，切割严重，土层浅薄，抗侵蚀能力弱。每到雨季，滑坡泥石流频发。石漠化山区，道路抗灾能力差，通达深度不够，许多农村道路雨季不通车现象十分突出。由于雨季滑坡、泥石流的发生，每年雨季，交通、通讯、供电时常中断，影响了贵州经济发展。

据调查，贵州省目前已查明的地质灾害隐患点共有12430处，此前5年内先后发生滑坡、泥石流、崩塌等地质灾害1271起，造成144人死亡失踪。贵州省各类自然灾害累计受灾人口达8240.04万人次，因灾死亡失踪418人，农作物受灾面积551.37万 hm^2，其中成灾316.46万 hm^2，直接经济损失729.46亿元，平均每年因灾直接经济损失145.89万元。

二、生态系统退化，引发恶性循环

石漠化不仅导致岩溶生态系统多样性类型正在减少或逐步消失，而且迫使岩溶植被发生变异以适应环境，造成岩溶山区森林退化，区域植物种属减少，群落结构趋于简单甚至发生变异。贵州省许多岩溶石漠化山区，生物群落结构简单，且多为旱生植物群落，如藤本刺灌木丛、旱生性禾本灌草丛和肉质多浆灌丛等，使石漠化山区生态系统处于恶性循环，生境脆弱。生态系统的退化，还体现在物种的"生态入侵"问题上。在贵州岩溶地区，石漠化广泛分布，生态系统逆向演替，被列入《外来有害生物的防治和国际生防公约》中四大恶草之一的紫茎泽兰长驱直入，成为石漠化地区生态退化的典型标志。紫茎泽兰侵入农田后，土壤肥力严重下降，造成粮食严重减产；侵入林地、果园后，影响林木的生长，抑制树种的天然更新，经济林木减产减收。据调查，在黔西南州紫茎泽兰至少造成了5万 hm^2 桐林减产甚至枯死，如果任其发展下去，将给农林业生产、生态建设带来灾难性后果。退化的石漠化环境，给紫茎泽兰"生态入侵"提供了广阔的侵蚀空间。

三、水资源供给减少，造成用水短缺

贵州省岩溶石漠化地区植被稀少，土层变薄或基岩裸露，加之岩溶地表、地下双重地质结构，渗漏严重，入渗系数较高，导致地表水源涵养能力极度降低，保水力差，使河溪径流减少，井泉干枯，土地干旱，人畜饮水困难。贵州省年均降水1000mm以上，但岩溶发育，使水源漏失，地表缺水，形成湿润气候条件下的干旱。岩溶地区山高、坡陡、谷深，既缺土又缺水，农村人畜饮水困难。干旱季节，大量劳动力耗费在挑水上，饮水困难

已成为制约贵州石漠化地区一些地方摆脱贫困的突出问题。根据贵州省水利厅的数据，处于黔中地区的贵阳、安顺，年人均拥有水资源量为 1457m³，比世界公布的 1760m³ 的缺水警戒线低 303m³，其中贵阳年人均拥有水量仅 715m³，还不到贵州省平均水平的四分之一。由于水源建设投入不足导致工程性缺水，环境污染又造成水质性缺水，使石漠化地区成为综合性缺水十分突出的地区。

四、与贫困相生相伴，阻碍区域经济发展

石漠化和贫困是一对"孪生兄弟"，在某种意义上互为因果，贫困容易造成植被破坏引发石漠化，而石漠化导致生态和生存环境恶化，自然灾害频发，进一步加剧贫困，进一步阻碍区域经济发展。

五、水土流失，威胁区域生态安全

贵州地处珠江和长江水系上游分水岭，因石漠化严重，造成植被稀疏、岩石裸露、涵养水源功能衰减，水土流失加剧，调蓄洪涝能力明显降低。2015 年，贵州省水土流失面积为 48791.87km²，贵州省水土流失率为 27.71%，其中长江流域水土流失面积为 32512.14km²，珠江流域水土流失面积 16279.73km²，水土流失的大部分泥沙进入珠江和长江，在其中下游淤积，导致河道淤浅变窄，湖泊面积及其容积逐年缩小，蓄水、泄洪能力下降，直接威胁珠江和长江中下游地区的生态安全。

第五节　监测期内石漠化土地治理情况

一、石漠化土地治理情况

监测期内，除工程建设外，共有 993885.71hm² 岩溶土地实施过治理措施，其中：封山管护面积 196795.93hm²，占 19.80%；封山育林面积 224917.88hm²，占 22.63%；人工造林面积 515857.15hm²，占 51.90%；林分改造面积 4745.45hm²，占 0.48%；人工种草面积 276.6hm²，占 0.03%；草地改良 112.83hm²，占 0.01%；其他林草措施 7713.7hm²，占 0.78%；保护性耕作面积 707.08hm²，占 0.07%；其他农业技术措施面积 391.27hm²，占 0.04%；坡改梯工程措施 42367.82hm²，占 4.26%。

监测期内，共有 755077.11hm² 岩溶土地实施过林业生态工程，其中：石漠化综合治理工程面积 160829.48hm²，占 21.30%；生态公益林保护工程 11586.39hm²，占 1.53%；退耕还林工程 100535.57hm²，占 13.31%；长江珠江防护林工程 14973.89hm²，占 1.98%；天然林资源保护工程 88210.00hm²，占 11.68%；速生丰产林工程 2366.87hm²，占 0.31%；野生动植物保护及自然保护区建设工程 286.39hm²，占 0.04%；农业综合开发工程 2311.87hm²，占 0.31%；森林抚育工程 21729.34hm²，占 4.16%；长治工程 3434.51hm²，占 0.45%；巩固退耕还林成果专项工程 51756.04hm²，占 6.84%；国家战略储备林基地建设工程 869.45hm²，占 0.11%；财政造林补贴项目 72279.8hm²，占 9.57%；植被恢复费营

造林工程 86019.95hm²，占 11.39%；中央预算内油茶专项工程 2749.99hm²，占 0.36%；湿地保护与恢复工程 11120.51hm²，占 1.47%。

二、石漠化综合治理工程情况

2011~2015 年，贵州省 78 个石漠化监测县和贵安新区全部列入国家石漠化综合治理实施单位。在石漠化综合治理中，坚持把石漠化治理与项目区经济社会发展有机结合起来，治水与固土并重，生物措施、工程措施和技术措施并举，以小流域为单元，以改善生态环境和增加农民收入为切入点，科学合理布局各项石漠化治理工程，积极发展既能有效治理石漠化，又能促进农民增收致富的草地生态畜牧业和特色经果林产业，探索出了贞丰顶坛模式、晴隆模式、长顺模式、关岭板贵模式、普定梭筛模式等治理模式，提高了石漠化综合治理效果，实现了生态效益、经济效益和社会效益有机统一。2011~2015 年，贵州省石漠化综合治理试点工程累计投入 29.74 亿元，其中中央专项投入 27.04 亿元、地方投入 2.70 亿元。目前为止，完成投资 23.00 亿元。

为科学评价石漠化综合治理工程成效，分析贵州省石漠化区域治理前后动态变化趋势，根据省发改委、林业厅、水利厅《关于贵州省石漠化综合治理工程监测实施方案的批复》（黔发改农经〔2013〕2125 号），省林业调查规划院（贵州省石漠化监测中心）于 2014~2016 年连续三年对 27 条小流域开展石漠化综合治理效益监测，监测结果表明，通过工程实施，不仅提高了各小流域治理区森林覆盖率和林木绿化率，而且使小流域的老百姓改变传统的平面种植农业向现代的立体林粮间作农业转型。人工造林尤其是营造经济林，有效解决了造林见效慢的难题，有力调动了老百姓的造林积极性。封山育林则首先促进了小流域耐干旱灌丛草本植物的生长，使其种群数量增加，植被盖度增加，均匀度增大，其次封育让小流域的凋落物的分解积累和根系的生长发育、新老更替，改善小流域的土壤结构，增加土壤肥力，增强土壤保肥保水能力。生境的不断改善，促使封育区内的植物群落不断由低级向高级演替，形成一个越来越稳定的生态系统。

表 12-13　岩溶地区石漠化综合治理重点县中央预算内专项投资完成情况统计表（单位：万元）

指标名称		累 计	2011 年	2012 年	2013 年	2014 年	2015 年
计划投资	合计	297408.16	68639.99	51150.00	59720.07	60060.10	57838.00
	中央投资	270380.00	62400.00	46500.00	54300.00	54600.00	52580.00
	地方配套	27028.16	6239.99	4650.00	5420.07	5460.10	5258.00
实际完成	合计	230067.62	67494.84	49967.28	57892.64	54709.86	3.00
	中央投资	211939.42	61306.27	45674.13	53487.75	51471.27	0.00
	地方配套	18128.20	6188.57	4293.15	4404.89	3238.59	3.00
林业措施	计划数	126823.51	36443.21	27698.20	31208.45	31473.65	0.00
	实际数	124238.86	36259.80	27408.56	30568.38	30002.12	0.00
农业措施	计划数	21482.03	7285.53	4175.28	5581.33	4439.89	0.00
	实际数	21150.87	7243.19	4167.28	5633.57	4106.83	0.00

（续）

指标名称		累　计	2011 年	2012 年	2013 年	2014 年	2015 年
水利措施	计划数	73482.26	19733.39	15402.46	18575.54	19770.87	0.00
	实际数	71120.75	19616.36	15445.34	18398.85	17660.20	0.00
其他费用	计划数	17782.36	5177.86	3874.06	4354.75	4375.69	0.00
	实际数	13554.14	4375.49	2946.10	3291.84	2940.71	3.00

第六节　防治形势分析

一、局部区域存在逆转的可能性

石漠化是特殊自然因素与人为因素综合作用的结果，其中人为因素起主导作用。自然因素主要是岩溶地区碳酸盐岩分布广、易溶蚀、成土慢、土层薄、土壤易流失，植被生长缓慢，地势崎岖、河流深切，降雨丰沛集中、强度大等。人为因素主要是岩溶地区资源环境的人口承载力严重超限，造成陡坡开垦、过度樵采、不合理开发等活动频繁，形成了人增—耕进—林草退—石漠化的恶性循环。目前贵州省仍有 25° 以上坡耕地及重要水源地 15°~25° 坡耕地 132.13 万 hm^2，需要实施退耕还林还草。近年来，贵州气候异常情况增加，贵州省范围内的冰雪灾害、严重干旱、洪涝灾害交替发生，从而对林草植被形成巨大威胁，降低了林草植被质量，导致石漠化程度产生较大的逆转，有可能导致石漠化情况加重。

二、防治任务仍旧十分艰巨

贵州省是全国石漠化面积最大、程度最深、危害最重的省份，石漠化面积占全国的 25%。按照现在年均净减少 $1100km^2$ 左右的速度，尚需 23 年左右才能完成治理任务。随着工程治理的推进，需要治理的石漠化土地立地条件越来越差，治理成本越来越高，治理难度越来越大，石漠化治理仍旧任重道远。

三、生态系统仍旧脆弱

贵州省山高坡陡，岩溶地貌极为发育，生态脆弱性和敏感性极高，已经恢复的林草植被生态稳定性差，稍有人为干扰和自然灾害就可能造成逆转。监测表明，由于自然灾害、人为干扰等破坏因素导致，导致 $54441.40hm^2$ 潜在石漠化土地恶化为石漠化土地。

四、石漠化治理资金投入不足

石漠化治理资金投入不足，石漠化治理必须把林草植被保护与建设、草地建设与草食畜牧业发展、基本农田与配套小型水利水保工程建设、农村能源建设、资源合理开发利用、区域经济发展、生态移民等进行综合系统配置，才能达到治理效果。根据近年来试点工程实践，除石漠化综合治理工程投资单价相对较高之外，其他林业生态工程投资标准偏低，治理成效慢，完成治理任务难度很大。

第七节　防治对策

一、加大石漠化综合治理工程力度，加快石漠化治理步伐

经监测调查，贵州省石漠化面积和石漠化程度呈现整体好转的趋势，与近十年来贵州省加大生态建设力度密不可分。近十年来，贵州省林业生态建设共完成营造林任务 263 万 hm^2，仅"十二五"期间林业生态建设就投入 200.45 亿元左右。农业产业结构调整完成茶园、核桃园及各类经济林种。2008 年以来，国家启动了石漠化综合治理试点，到 2015 年，累计投入资金 37.44 亿元。土地石漠化，无论程度轻重，在贵州省的气候条件下，是可以通过生态治理进行修复的。但随着工程治理的推进，需要治理的石漠化土地立地条件越来越差，治理成本越来越高，治理难度越来越大，需进一步加大石漠化综合治理工程力度，并认真总结试点经验和教训，继续全面实施石漠化综合治理工程，加快石漠化治理速度，提高贵州省石漠化地区生态承载能力。

二、继续实施退耕还林等重点生态工程，提高区域森林植被盖度

继续推进各项林业生态建设项目的实施。国家在西部大开发中，贵州省先后实施了退耕还林、天然林保护、生态综合治理、石漠化综合治理等工程，通过多个生态治理工程的实施，贵州省石漠化治理取得了明显成效，要想巩固和扩大石漠化治理取得的成果，还需要继续加大实施退耕还林等林业生态建设治理工程的力度，需要在之前已取得经验和成绩的基础上，不断强化各种治理措施，探索有效治理方法和模式，使各项林业生态建设项目取得更好的实效，从根本上解决治理石漠化存在的生态修复问题。

三、加大封山育林与管护力度，保护好岩溶区林草植被

在石漠化地区加大封山育林进程，落实封山育林管护人员，制定并实施封育措施和管护措施，切实保护好岩溶区林草植被，在林草植被自然修复相对困难的区域，辅以人工种植适应本地土壤、气候、环境的乔木、灌木、藤类、草本植物等营造林方式恢复林草植被，不断提高的森林覆盖率，是石漠化得到根本整治的重要途径。

四、优化农村能源结构，减少森林资源消耗

扎实推进农村能源建设，减少森林资源消耗，一是多渠道增加农村能源建设投入，大力发展清洁能源，立足农村实际，继续推广沼气工程建设的同时，推广以电代柴、以太阳能代柴等方式解决农村能源问题；二是制定优惠政策，积极开展能源惠民工程，保障边远地区和困难群众生产生活能源使用，减少农村伐木取柴现象；三是全面推广节能设备，降低能源消耗。

五、降低石漠化区域土地承载压力，遏制石漠化土地发生

在石漠化严重的地区，不仅经济状况不佳，更重要的是生活环境恶劣，很多地方连人畜饮水都非常缺乏，无法进行正常的生产和生活。在石漠化程度极高的地方，坚定不移地采取有计划的分片生态移民的办法，在其他石漠化程度相对较轻的地域，主要应采取就地安居，积极治理的做法，减轻石漠化地区土地承载压力，为生态重建创造条件。

六、治理建议

(一)制定《石漠化防治条例》

石漠化与沙漠化、黄土高原水土流失并称中国的三大生态危害，与其他两项危害相比，专门针对石漠化方面的法律法规目前还是一片空白，建议从国家层面制定和实施《石漠化防治条例》，明确石漠化治理的法定地位、法律责任、责任主体和资金渠道，将石漠化治理纳入法治化轨道。

(二)建立石漠化防治组织机构

目前，石漠化治理需联合国土、林业、环保、发改、水利、农业等多个政府职能部门，仅靠单一部门组织实施，不能实现各部门联动，影响石漠化防治成效，应建立专门的石漠化防治组织机构，整合资金，以推动石漠化治理高效系统的实施。

(三)继续全面实施石漠化综合治理工程

加大对石漠化综合治理工程的投入力度，继续全面实施石漠化综合治理工程，加快石漠化治理进度，从根本上扭转石漠化恶化趋势，全面改善石漠化地区的生态状况，提高岩溶地区群众的生活条件，促进当地社会和经济可持续发展。

(四)提高工程建设补助标准

石漠化治理成本越来越高，治理难度越来越大，而林业生态工程建设补助标准低，往往只能支撑苗木等费用，缺乏后续的管护和抚育资金，导致造林容易保存难，建议提高林业生态工程建设补助标准，强化后续的抚育管护工作。

(五)建立石漠化防治基金

建议在石漠化较为严重的地区设立石漠化专项防治基金，专项用于支持石漠化地区生态恢复、污染治理、环境保护和资源综合利用。

(六)完善和落实石漠化治理建设机制

坚持"谁治理，谁管护，谁受益"的政策，积极推行承包造林和承包管护、责、权、利相统一。制定相应的管理办法和技术标准，工程建设实行项目法人制，建设过程实行监理制，资金管理实行报账制。建立石漠化防治目标责任制，加强石漠化防治机构建设。

（七）整合支农项目，形成合力效应

石漠化地区都是生态条件十分恶劣的地方，治理难度非常大，如果只靠石漠化综合治理专项资金，治理的效果和速度都不能满足经济社会发展的要求。因此，应由政府整合国土、林业、水利、农业等各渠道支农资金和项目，形成山、水、林、田、路综合治理的格局，促使部门责任明确、分工协作，切实落实和实施好石漠化综合治理的各项建设任务，确保治理成效。鼓励和支持以政府投资为引导，出台相关优惠政策，积极引进社会资金参与石漠化治理，有效地把社会投资追寻经济效益与政府力保生态效益的目标结合起来。

（八）加大科研与监测资金投入

石漠化监测为石漠化综合治理提供数据支撑，在实施石漠化综合治理的过程中必须强化科技支撑和数据支撑，进行科学防治，现有的防治体系下，不论是石漠化监测还是科研资金投入严重不足，建议加大石漠化科研和监测资金投入。

（九）加大生态移民力度

对缺乏基本生存条件的石漠化山区，要因地制宜地进行生态移民。在强度石漠化区域、矿山采空区和地质灾害严重区，采取生态移民搬迁，帮助移民谋发展、找出路，进一步实施新农村建设，培养新型农民，减轻土地的承载能力。把生态效益和经济效益结合起来，确定一定比重，适度发展生态林，这样既有利于控制水土流失，又能解决农民的长远生计问题，确保生态林的成效。

第十三章 贵州省"十二五"生态建设主要成就与形势

第一节 生态建设主要成就

一、森林生态系统功能持续增强

在天然林资源保护工程、退耕还林工程、石漠化综合治理等重点生态工程推动下，贵州省累计完成营造林 2161 万亩，中幼林抚育 2100 万亩，低效林改造 600 万亩，义务植树 3.01 亿株。2015 年，森林覆盖率达到 50%，森林蓄积量 4.13 亿 m^3，森林面积达 1.32 亿亩。森林年释放氧气 23 亿 t，年净化环境功能价值 774.4 亿元，森林生态系统年服务功能总价值量达 4275.28 亿元。森林面积、蓄积同步增长，森林生态功能不断提升。

二、湿地生态系统保护和修复取得积极进展

贵州省湿地面积 315 万亩，占土地面积的 1.19%。共有湿地及湿地相关类型自然保护区 20 处，国家湿地公园 36 个，省级湿地公园 4 个，湿地保护率 34.81%，重点湿地区域的保护管理能力得到加强。在重要河流及重点生态脆弱区实施了水资源合理调配、水生资源养护等综合措施，促进了湿地生态恢复。

三、石漠化恶化势头得到有效遏制

贵州省 78 个石漠化县全部纳入国家治理县，积极探索生态经济发展新模式，围绕增加植被、建设基本口粮田、发展草地畜牧业、农村能源建设、易地扶贫搬迁、发展后续产业等 6 大任务，开展石漠化综合治理。完成治理岩溶面积 1800 万亩，治理石漠化面积 1240.5 万亩，其中，人工造林 231.6 万亩，封山育林 564.8 万亩。一方面提高了石漠化区域农民的收入，另一方面增加了林草植被，改善了石漠化山区的自然生态环境，有效控制石漠化灾害的发生，石漠化恶化势头得到有效遏制。

四、城市生态环境质量大幅提升

一是城镇园林绿地稳步增长。园林绿化三项指标持续提高，贵州省城市建成区绿地率为 24%，建成区绿化覆盖率为 25%，人均公园绿地面积达 8m^2。城市森林吸收噪音，吸附

二氧化碳、二氧化硫等有毒气体，释放植物杀菌素，对城市生态环境质量提升具有较大作用。二是城镇园林绿地功能与品质提升。园林绿地布局有所改善，绿地品质与功能逐步提升，支撑城镇化快速推进。各地在城镇规划建设过程中，逐步重视城镇绿地系统建设，注重维护城市自然风貌、挖掘地域文化内涵，推进城镇规划建设向尊重自然、合理布局、营造特色、优化环境的方向发展，改善人居生态环境。贵州省拥有城市公园 160 个，国家城市湿地公园 2 个，山体公园、植物园等专类公园数量有所提升，具有综合服务功能的绿地不断增加，多样化的公园绿地建设很大程度提升市民生活品质。

五、水土流失综合防治成效明显

"十二五"期间，国家先后在贵州实施了中央预算内坡耕地水土流失综合治理工程、水土保持重点建设工程、农业综合开发水土保持保持项目等综合治理工程，以小流域为单位，开展山水林田路综合治理，贵州省完成水土保持综合治理面积 1.15 万 km^2，水土流失得到有效控制，水土流失区生产生活条件得到了极大的改善，促进了增产增收，为山区群众脱贫致富和社会主义新农村建设奠定了良好基础。

六、生物多样性保护日益加强

进一步加强了自然生态系统和珍稀动植物资源保护，自然保护区、风景名胜区、湿地公园、森林公园、山地(体)公园等各类受保护面积占土地面积的 6%，建成森林公园 78 个，贵州省森林和野生动物类型自然保护区达到 104 个，保护总面积 1346.5 万亩。加快了野生动植物保护和种质资源异地保存，加强了古树名木管理，强化了外来入侵物种预防控制。

七、生态文明体制机制建设不断创新

在深入推进生态文明建设过程中，在节能减排、循环经济、生态环境保护、生态安全等方面推出一系列政策、法规和举措，初步形成了绿色、循环、低碳发展的制度体系。省委、省政府制定和发布了《生态文明体制改革实施方案》《贵州生态环境损害党政领导干部问责暂行办法》《贵州省林业生态红线保护工作党政领导干部问责暂行办法》，开展领导干部自然资源离任审计试点，科学划定林业等生态红线，确保红线区域占贵州省土地面积的 30%以上。贵阳市成立了环境保护审判庭和环境保护法庭，明确受理国家机关、环保组织、志愿者个人作为原告的环境公益诉讼案件；连续举办生态文明贵阳会议并于 2013 年升格为生态文明贵阳国际论坛，成为我国唯一以生态文明为主题的国家级国际性论坛。

第二节　生态建设存在问题

一、水土流失、石漠化依然严重，生态环境依然脆弱

贵州省岩溶地貌占 61.9%，生态脆弱性与生态敏感性并存。据新一轮退耕还林摸底调查和第二次石漠化监测，贵州省 25°以上坡耕地及重要水源地 15°~25°坡耕地 2212 万亩，

石漠化土地面积 3294.77 万亩，水土流失面积 5.53 万 km^2。特别是西部地区森林覆盖率低，依然处于水土流失严重，土地石漠化局部加剧的恶化态势；中部地区生态恶化势头虽然得到初步遏制，但建设质量低，生态效能差。

二、自然湿地萎缩、河湖生态功能退化

随着人口、经济的增长和工业化、城镇化的发展，大量排放的工业废水、城镇生活污水和垃圾导致部分湿地萎缩、河湖水质恶化，严重危害水生态环境。如长江流域乌江水系主要污染指标是高锰酸盐指数、石油类、总磷和氨氮。湿地水域水体富营养化进程和污染加剧，导致水生植物赖以生存的生境退化、丧失，江河水电工程拦河筑坝，水域功能明显退化，水生生物迁徙路径被阻断，繁殖力和幼体存活力降低，水域生产力急剧下降，水生生物物种消失情况严重。

三、耕地质量下降，土壤污染现状堪忧

贵州没有平原支撑，山地、丘陵占土地面积的 92.5%，农田地块形态比较破碎，坡耕地面积大，石漠化严重，耕地质量不容乐观。土地垦殖率高，是全国平均水平的 2 倍，陡坡垦殖现象严重。贵州土壤污染来自重金属污染、农药和持久性有机化合物污染、化肥施用污染等多方面，土壤污染总体形势严峻，对经济社会、生态环境、食品安全和农业可持续发展构成威胁，并危害人体健康。

四、森林资源保护压力增大，林地管理难度较大

近几年贵州经济社会发展日新月异，特别是随着工业化、城市化的发展，招商引资、开发建设项目逐渐增多，出现了乱采、乱挖侵占林地的现象，森林资源保护压力增大，林地管理难度较大。一些重点工程及附属项目，临时占用便道、搭建工棚及弃土场、采石取土等破坏森林资源的行为屡有发生。"十二五"期间，贵州省森林公安机关受理报警 39578 起，受理涉林案件 28073 起，查处 26024 起，其中违法使用林地案件所占比例最大。

五、城市人居生态环境压力巨大

城市生态建设与城市人口增加、规模扩大不相适应，绿地总量不足。部分城市盲目开发建设，填埋湿地，压缩了城市绿色空间。城镇园林绿地功能相对单一，无法与城市通风廊道、雨水收集利用、历史文化传承、生物多样性保护等方面有机结合，公园的生态性、多样性、科普性、休憩性、文化性等综合服务功能不足。2015 年，贵州省城市建成区绿化覆盖率、建成区绿地率、人均公园绿地面积三项指标均低于全国平均水平，在 13 个设市城市中，仅贵阳、遵义被评为"国家森林城市"。

六、生物多样性面临严重威胁

人为破坏活动导致生物资源和自然生态系统受到破坏，生物资源受到严重威胁，生物多样性呈下降趋势，转基因生物安全、外来物种入侵、生物遗传资源获取与惠益共享等问题日益凸显。如梵净山冷杉等 17 种国家 I 级保护植物，楠木等 59 种国家 II 级保护植物，

林麝等 18 种国家Ⅰ级保护动物，黑熊等 72 种国家Ⅱ级保护动物及其栖息环境受到威胁。目前，贵州省资源过度利用、工程建设、气候变化及环境污染已经导致部分动植物濒临灭绝，野生中药资源逐年减少，对贵州省经济社会的全面、协调和可持续发展构成严重威胁。

第三节 生态建设面临的机遇

一、党中央、国务院对贵州生态建设高度重视

党的十八大作出了经济建设、政治建设、文化建设、社会建设、生态文明建设"五位一体"总体布局，十八届五中全会提出了"创新、协调、绿色、开放、共享"的五大发展理念。《国务院关于进一步促进贵州经济社会又好又快发展的若干意见》把贵州定位为长江、珠江上游重要生态安全屏障。党和国家领导人一直高度关注贵州省生态文明建设，对贵州提出守住发展和生态两条底线，走出一条有别于东部、不同于西部其他省份的发展新路的要求。中央将贵州作为首批国家生态文明试验区之一，赋予贵州探索绿色发展的重要使命。《中共中央关于制定国民经济和社会发展第十三个五年规划的建议》中特别突出了生态环境质量总体改善。"守住发展和生态两条底线，走出一条有别于东部、不同于西部其他省份的发展新路"，是中央对贵州生态文明建设的新要求，为贵州生态建设指明了方向引导和基本遵循。

二、省委、省政府实施了一系列保障生态文明建设的新举措

省委、省政府认真贯彻落实党中央、国务院关于生态建设工作部署，对生态建设提出了更高要求，在节能减排、循环经济、生态环境保护等方面推出一系列政策、法规和举措。制定和颁布了《贵州省生态文明建设促进条例》《生态文明体制改革实施方案》；为进一步督促各级领导干部依法履行生态环境保护职责，出台了《贵州生态环境损害党政领导干部问责暂行办法》和《贵州省林业生态红线保护工作党政领导干部问责暂行办法》；成功举办生态文明贵阳国际论坛和首次贵州省生态文明建设大会；森林保护"六个严禁"、环保"六个一律"作用明显，确保了良好生态环境的贵州生态品牌；赤水河、乌江流域 12 项生态文明制度改革试点取得实质性突破。

三、经济社会发展对生态建设提出了更加紧迫的要求

近年来，尽管贵州经济发展速度位居全国前列，但总体滞后的局面没有根本改变。发展方式粗放，经济发展主要依托煤炭、磷矿、铝土矿等资源，煤炭、电力、化工、有色、冶金等重化工业占工业增加值的 60% 以上，能耗强度是全国的 2.15 倍，工业固体废物综合利用率低于全国平均水平。十八大提出"面对资源约束趋紧、环境污染严重、生态系统退化的严峻形势，必须把生态文明建设放在突出地位"，要实现经济跨越发展、全面建成小康社会，生态建设显得更加重要和紧迫。随着人民生活质量的不断提高，对生态环境质量的要求也越来越高，优化国土空间格局，加大生态建设和环境保护力度，划定并严守生

态红线，实施水利建设、石漠化治理、水土流失综合治理、污染防治等重点工程，建设天蓝地绿水净的人居环境是贵州人民的期望。

四、多彩贵州赋予生态建设更加重要的使命

贵州秀丽古朴、风景如画，水能资源充沛，高山、峡谷、瀑布、溶洞、森林遍布，素有"公园省"之称。随着近几年的大发展，贵州成为通江达海的内陆之省受到外界广泛关注，其中一个重要因素就是清新的空气、美丽的环境。良好的生态是贵州最大的优势、最亮的品牌，多彩贵州赋予生态建设更加重要的使命：大力推行绿色、循环、低碳发展，形成节约资源、保护环境的产业结构和生产方式，提高发展的质量和效益，在实现经济跨越发展、全面建成小康社会的同时，继续保持天蓝地绿水净。

第四节　生态建设面临的挑战

一、经济社会发展与环境容量不足的矛盾凸显

总体来看，贵州省正处于工业化、城镇化加速发展时期，经济总量仍将保持高速增长，能源资源消耗还要不断增加，环境容量有限的基本省情不会改变，节能减排任务十分艰巨。由于产业层次较低、结构不合理，经济增长方式比较粗放，主要污染物排放总量仍然较大，而水环境、大气环境容量状况不容乐观。据《贵州省国民经济和社会发展第十三个五年规划纲要》，2015 年主要污染物排放总量减少分别为二氧化硫 92.12 万 t、氮氧化物 44.39 万 t、化学需氧量 32.5 万 t、氨氮 3.72 万 t。处理好发展与制约的关系，进一步深化治污减排、强化环境治理，腾出环境容量，拓展发展空间，为推进经济社会发展提供坚实的环境容量基础支撑，是当前和今后一段时期急需研究解决的重大课题。

二、人民群众对生态建设提出了更高要求

环境问题不仅是发展问题、经济问题，而且更是社会问题、民生问题。近年来，贵州省生态建设不断加强，常规环境污染因子恶化势头有所遏制，但重金属、土壤污染、危险废物和化学品污染问题日益凸显，人民群众对享有良好环境的期待不断提高，虽然贵州省生态建设取得了显著成就，但生态环境质量与人民群众的要求还有很大距离，环境信访事件不断增多，人民群众对环境保护的诉求越来越多，期望越来越高。

三、防范环境风险的压力和处置问题的难度不断加大

随着经济社会的迅速发展，突发环境事件明显增多，环境违法行为时有发生，自然灾害引发的次生环境问题不断发生，保障环境安全的不确定因素增多。同时，相当一部分突发环境事件影响范围广、持续时间长、处置难度大，不仅严重危害群众健康，而且会带来巨大经济损失，影响到经济社会的长远发展。"十三五"时期，工业化、城镇化发展步伐加快，结构性污染仍然存在，防范重大环境污染事件、保障经济社会稳定发展的任务将更加艰巨。

第十四章 贵州省的森林资源

贵州省位于我国西南部，是长江、珠江上游的重要生态屏障，其森林资源对于贵州省乃至长江流域经济、社会和环境的可持续发展具有极其重要的作用。

第一节 森林资源现状

依据贵州省 2015 年开展的国家森林资源连续清查第七次复查工作成果显示：贵州省土地总面积 1761.67 万 hm²，其中林地面积 927.96 万 hm²，占 52.68%；森林面积 771.03 万 hm²，占林地面积的 83.09%，森林覆盖率 43.77%。活立木总蓄积 44464.57 万 m³，其中森林蓄积 39182.90 万 m³，占 88.12%。

贵州省森林面积中，乔木林 585.44 万 hm²，占 75.93%；特殊灌木林地 169.58 万 hm²，占 21.99%；竹林 16.01 万 hm²，占 2.08%。贵州省天然乔木林面积 332.43 万 hm²，人工乔木林面积 253.01 万 hm²，分别占 56.78% 和 43.22%；天然乔木林蓄积 22596.63 万 m³，人工乔木林蓄积 16586.27 万 m³，分别占 57.67% 和 42.33%。

贵州省乔木林平均每公顷蓄积为 66.93m³，每公顷年生长量为 5.11m³，每公顷株数为 949 株，平均胸径 12.6cm，平均郁闭度 0.52。在乔木林中，具有完整或较完整结构的占 98.19%；针叶纯林和阔叶纯林面积分别占 27.24% 和 5.14%，其他 67.62% 都是不同程度的混交林。

贵州省森林面积中，有 47.41 万 hm² 遭受了不同程度的各种灾害，占 6.15%，其中，气候灾害所占比重最大，占 61.46%。按健康等级分，健康森林占 92.05%，亚健康森林占 5.27%，中健康和不健康的森林占 2.68%。森林面积按生态功能等级好、中、差分别占 2.62%、77.10% 和 20.28%，森林生态功能指数平均为 0.48，处于中等偏下水平，其中天然起源森林的森林生态功能好于人工起源森林。

一、各类林地面积

在林地面积中，乔木林地 585.44 万 hm²，灌木林地 192.66 万 hm²，竹林地 16.01 万 hm²，疏林地 5.76 万 hm²，未成林造林地 28.18 万 hm²，迹地 10.88 万 hm²，宜林地 89.03 万 hm²。

二、各类林木蓄积

贵州省活立木总蓄积 44464.57 万 m^3。其中，森林蓄积 39182.90 万 m^3，疏林地蓄积 129.30 万 m^3，散生木蓄积 2326.31 万 m^3，四旁树蓄积 2826.06 万 m^3。

三、森林面积蓄积

贵州省森林面积 771.03 万 hm^2，森林蓄积 39182.90 万 m^3。其中，乔木林面积 585.44 万 hm^2，特殊灌木林面积 169.58 万 hm^2，竹林 16.01 万 hm^2，分别占 75.93%、21.99% 和 2.08%。按林种分，防护林 407.21 万 hm^2，特用林 34.26 万 hm^2，用材林 268.41 万 hm^2，薪炭林 8.00 万 hm^2，经济林 53.15 万 hm^2。贵州省森林面积以防护林所占比例最大，其次是用材林。

四、天然林资源

贵州省天然林资源中，天然森林面积 455.58 万 hm^2、蓄积 22596.63 万 m^3，天然一般灌木林地面积 23.08 万 hm^2，天然疏林地面积 2.88 万 hm^2、蓄积 86.93 万 m^3。

五、人工林资源

贵州省人工林资源中，人工森林面积 315.45 万 hm^2、蓄积 16586.27 万 m^3，人工疏林地面积 2.88 万 hm^2、蓄积 42.37 万 m^3，未成林造林地 28.18 万 hm^2。

六、防护林资源

贵州省森林中，防护林面积 407.21 万 hm^2，蓄积 16401.02 万 m^3。其中，天然防护林面积 302.46 万 hm^2，蓄积 11193.21 万 m^3，分别占 74.28% 和 68.25%；人工防护林面积 104.75 万 hm^2，蓄积 5207.81 万 m^3，分别占 25.72% 和 31.75%。

七、特用林资源

贵州省森林中，特用林面积 34.26 万 hm^2，蓄积 3413.77 万 m^3。其中，天然特用林面积 28.18 万 hm^2，蓄积 2834.73 万 m^3，分别占 82.25% 和 83.04%；人工特用林面积 6.08 万 hm^2，蓄积 579.04 万 m^3，分别占 17.75% 和 16.96%。

八、用材林资源

贵州省用材林面积 268.41 万 hm^2，蓄积 18986.89 万 m^3。其中，天然用材林面积 116.94 万 hm^2，蓄积 8225.89 万 m^3，分别占 43.57% 和 43.32%；人工用材林面积 151.47 万 hm^2，蓄积 10761.00 万 m^3，分别占 56.43% 和 56.68%。

九、经济林资源

贵州省经济林总面积 53.15 万 hm^2，占森林面积的 6.89%。其中，乔木经济林 3.20

万 hm²，灌木经济林 49.95 万 hm²，分别占 6.02% 和 93.98%。

第二节 综合评价与保护发展建议

一、森林资源综合评价

总体来看，清查间隔期内，贵州省以各项重点林业工程建设为依托，以构建生态安全体系、发展绿色产业、繁荣生态文化为主线，以落实森林生态效益补偿制度和实施绿色贵州建设三年行动计划为重点，紧紧围绕"创建全国生态文明先行示范区"建设目标任务，通过实施特色经济林产业基地建设、绿色旅游村寨建设，转变林业产业发展方式，强化林业生态红线保护意识，加强森林资源经营管理和保护，生态建设不断增强，贵州省森林资源整体质量有所提高，森林资源总量有所增加，森林覆盖率得到进一步提高，天然林资源得到保护和恢复，林地无序流失现象得到有效遏制，林地管理工作继续增强，林业各项事业逐步迈向主动适应新常态的发展步伐。但是，总消耗量过大现象依然存在，人工造林管理水平有待提高，贵州省森林资源发展潜力仍然很大，森林资源培育和管理工作任重而道远。

(一)森林资源总量大幅度增长，森林覆盖率进一步提高

2010 年以来，贵州省依托各项重点林业工程建设，通过实施人工造林、封山育林等措施，实现了森林面积、蓄积双增长，森林资源总量稳步增加，森林覆盖率进一步提高。清查间隔期内，森林面积保持着持续增长，由前期的 653.35 万 hm² 增加到本期的 771.03 万 hm²，5 年净增 117.68 万 hm²，使森林覆盖率提高 6.68 个百分点；森林蓄积由前期的 30076.43 万 m³ 增加到本期的 39182.90 万 m³，间隔期内净增 9106.47 万 m³，保持持续大幅度增长的态势。从 1984~2015 年的七次复查结果来看，森林面积由 203.70 万 hm² 增至 771.03 万 hm²，森林蓄积由 10801.00 万 m³ 增至 39182.90 万 m³，近 30 年来，贵州省森林资源基本保持着增长的发展态势。

(二)林地无序流失得到有效控制，林地管理工作力度持续增强

清查间隔期内，林地面积净增 66.74 万 hm²，若考虑到农业经济结构调整等因素而净增的 42.61 万 hm² 非林地森林面积，林地面积净增 24.13 万 hm²，呈现出持续增加的态势。虽然清查间隔期内仍有 9.93 万 hm² 的林地逆转为非林地，林地流失现象依然存在，但比 2010 年连清复查的 13.13 万 hm² 减少了 3.20 万 hm²，林地流失面积中有近六成是随着社会经济建设的发展，因征占用林地所致，征占用林地面积较 2010 年连清复查的 2.89 万 hm² 增加了 2.87 万 hm²；而因林地被蚕食逆转为耕地的面积 0.97 万 hm²，比 2010 年连清复查的 4.80 万 hm² 减少了 3.83 万 hm²，减幅为 79.79%。说明随着贵州省林地管理工作的持续增强，林地无序流失问题已进一步得到有效控制。

(三)天然林资源得到有效保护和恢复，人工林资源快速发展

清查间隔期内，贵州省通过实施特色经济林产业基地建设、绿色旅游村寨建设，转变

林业产业发展方式，强化林业生态红线保护意识，生态建设持续推进，自然保护区和森林公园建设得到大力发展，重点生态区和生态脆弱区的天然林资源的保护和管理力度不断增强。通过封山育林等措施大力培育天然乔木林，通过严格执行森林采伐限额管理制度，控制采伐消耗，使天然乔木林消耗量基本保持稳定，天然乔木林资源得到有效保护，质量有所提高，该区域天然乔木林资源得到较好的恢复和发展，天然林面积不断增加，生长量大幅度上升，蓄积也随之增长。据统计，清查间隔期内，天然林面积净增 40.17 万 hm^2、蓄积净增 4077.55 万 m^3。与此同时，贵州省因发展林业产业、增加林农经济收入、提高林农生活水平的需要，在强化生态建设的基础上，加大了杨树、桉树等短轮伐期用材林和杉木、马尾松等速生丰产林建设基地，并大力发展油茶、核桃、茶叶等经济效益较高的具有贵州特色的经济林基地，使人工林面积蓄积大幅度增加，人工林资源得到持续快速发展。据统计，清查间隔期内，人工林面积净增 77.51 万 hm^2、蓄积净增 5028.92 万 m^3，其中，商品林面积增加 66.91 万 hm^2、蓄积增加 4187.77 万 m^3。

（四）森林质量有所提高，森林资源增长潜力仍然很大

清查间隔期内，除乔木林平均胸径有所下降、平均郁闭度基本持平外，乔木林单位面积生长量、单位面积蓄积、平均株数等质量因子均有不同程度的提高，其中，单位面积生长量平均每公顷增加 $0.41m^3$、单位面积蓄积平均每公顷增加 $4.10m^3$、平均株数增加 99 株；通过实施封山育林，针叶林和阔叶林造林并举，选择多树种造林，针阔混交林和阔叶林得到发展，使针阔混交林和阔叶林比重上升，树种结构得到调整而有所改善，乔木针叶林、针阔混交林、阔叶林面积比例由前期的 52：8：40 变为本期的 49：10：41；贵州省森林整体质量有所提高。但是，与世界森林经营管理水平先进、森林整体质量高的国家和地区相比，贵州森林各项质量指标还存在一定差距，上升空间依然较大。同时，目前贵州省仍有迹地面积 10.88 万 hm^2，宜林地面积 89.03 万 hm^2、林地利用率有待提高；迹地、宜林地人工造林更新失败的面积仍达 10.56 万 hm^2，人工造林的成活率、成林率也有待进一步提高。因此，贵州森林资源总体质量有待进一步提高，发展潜力仍然很大。

（五）低龄组林资源消耗比重较大，总消耗量过大现象依然存在

清查间隔期内，贵州省乔木林有采伐活动的 82.99% 的面积、消耗的 64.42% 的蓄积来自幼中龄林，资源消耗中，幼中龄林所占比重较大。市场因社会经济发展对杉木、马尾松等本省主产树种木材需求旺盛，而贵州省主产树种木材的近成过熟林资源因受其数量、采伐运输条件和采伐成本等因素限制，无法满足市场需求，从而不得不以幼中龄林作为消耗对象；幼中龄林抚育间伐措施力度加大和市场对中小径材的需求也使部分幼中龄林被采伐消耗。幼中龄林的采伐将对乔木林质量的提高和可采资源的积累造成负面影响。虽然，本间隔期用材林近成过熟林蓄积净增 4634.87 万 m^3，数量有较大幅度的增加，但木材市场供需矛盾依然存在。

清查间隔期内，贵州省林木年均采伐消耗量从 1303.89 万 m^3 增至本间隔期的 1339.92 万 m^3，增加 36.03 万 m^3，林木年均采伐消耗量略有所增加，但基本保持稳定的态势；而贵州省纳入采伐限额管理的林木年均采伐量为 1209.90 万 m^3，与贵州省同期年均采伐限额

817.84 万 m³ 相比，林木年均采伐量大于限额 392.06 万 m³。与 2010 年复查时林木年均采伐量大于限额 249.31 万 m³ 相比，增加 142.75 万 m³，林农受经济利益驱动而违规无证零星采伐林木导致的贵州省总消耗量过大现象依然存在。因此，加强森林采伐管理，有效控制资源消耗，仍是今后面临的重要课题。

二、森林资源保护与发展建议

(一)加强森林资源采伐管理，严格实行森林限额采伐

森林资源是林业和生态建设的根本，严格执行森林采伐限额制度是切实控制森林资源消耗，实现森林资源可持续发展的重要保障措施。清查间隔期内，贵州省森林资源生长量大于消耗量，森林蓄积有较大幅度增加。但是，林木年均总消耗量和采伐消耗量较前期均略有所上升，低龄组林资源消耗比重仍然较大，采伐消耗量依然大于采伐限额。因此，建议贵州省一是对国家下达的本省森林采伐限额，要在综合考虑贵州省各地区森林资源状况、可采资源数量和社会经济发展状况等因素的基础上，合理配置年森林采伐限额指标。二是贵州省各级政府和林业主管部门采取有效措施，加强森林资源管理和保护，特别是在森林资源采伐管理中，狠抓源头管理，在总结商品材采伐管理经验教训的基础上，制定出切实可行的自用材的采伐管理办法和措施，严格执行凭证采伐制度和森林采伐限额制度，使森林资源采伐管理科学化、规范化，从而使采伐消耗量有效控制在限额范围内，做到合理有效地利用森林资源，使森林资源保护和利用得到协调发展。

(二)加强人工造林绿化，提高林地利用率

目前，贵州省仍有 10.88 万 hm² 迹地面积和 89.03 万 hm² 宜林地面积尚未形成森林。同时，受自然灾害、造林地立地条件差、干旱等自然环境因素和迹地造林更新不及时、造林后管理不到位等人为因素的制约，迹地未及时更新和迹地、宜林地人工造林失败的现象依然存在，人工造林的成活率、成林率以及林地利用率均受到一定程度影响。因此，多渠道筹措造林资金，增加营造林资金投入，抓好造林配套工程设施建设，加强苗木基地建设，充分考虑林地土壤气候条件和依据适地适树原则实施人工造林，重视发展多树种造林，制定和落实好造林后管护管理措施，是目前提高人工造林成效，加快形成森林步伐，提高林地利用率的当务之急。

(1)多渠道筹措造林资金，增加营造林资金投入近 30 年来，通过实施各项工程造林和社会绿化造林，目前贵州所剩余的宜林地分布较为零散，多处于山高坡陡的偏远之地，立地条件差甚至干旱少雨，其自然地理环境条件确定了其造林难度大，造林成本高。从苗木的培育和调运、整地、植树到浇灌、防止牲畜破坏等所需的造林配套工程设施以及造林后的补植补造等管理管护工作，需要资金投入很大，若考虑到施肥等促进人工林的成活成林和生长的辅助措施，需要资金投入更大，常规工程造林和非工程造林的资金投入明显不足。因此，应在继续寻求各级财政给予资金投入的基础上，积极争取社会各界的支持，特别是结合林改后的各项政策措施，积极引导林农，通过联合造林经营、利益均沾、山林抵押贷款造林等方式，多方位、多渠道筹措资金，以增加营造林资金投入。

（2）加强造林配套辅助工程设施建设。贵州省是我国西部内陆省份，以山地为主，林地与农牧地混杂，放牧等农耕活动对造林地林木的成活成林影响较大；同时，雨雪冰冻、干旱等气候灾害，也对造林成效影响很大。因此，加强水利设施、浇灌设备、防护围栏等造林配套辅助工程设施建设，抵御自然灾害和牲畜等对新造林地的破坏，是确保造林成效的基础。特别是对于在造林和农耕生产中水资源矛盾突出的地区，在水利设施的建设中，应由政府主导，通过林业、水利、农业等部门充分协调，共同商讨、投资，将工程设施建设成为既满足造林需求，又满足耕作需求的永久性水利工程设施，减少重复投资，化解社会矛盾。要加强造林配套辅助工程设施建设的指导和质量监管，确保按标准施工建成。

（3）重视苗木基地建设，发展多树种造林。满足人工造林所需的苗木数量和苗木质量的高低是影响造林成败的关键因素，因此，加强苗木基地建设尤为重要。一是要充分研究本地区林地土壤气候条件的基础上，大力培育适应本地区生长环境的乡村树种苗木，以利于在造林中更好地做到适地适树，特别是立地条件差、自然地理环境条件恶劣的宜林地造林，对提高造林成活率至关重要；二是要加强技术和资金投入，增加营养袋苗的培育，彻底改变裸根苗造林的方式；三是加大科技投入，做好引种、选种的科研工作，为培育各类名、特、优林木，发展多树种造林创造条件，也为减少从外地调运苗木和大苗移植所带来的成本创造条件。

（4）制定和落实好造林后管护管理措施。人工造林工作一直强调"三分造，七分管"这一观念，可见，造林后管护管理工作的好坏是造林成败的决定因素。因此，彻底改变重造林轻管护的观念，造林后在管理和管护方面继续加强人力和财力的投入，制定和落实好造林后管护管理措施，是巩固和提高造林成效的关键。一是在造林地未成林之前，要与造林责任人签订确保造林成活和成林责任书，明确造林需要达到的质量要求和造林后管护责任，制定和严格执行奖惩制度；二是各地要结合生态公益林补偿机制和管理机制的建立，因地制宜地制定造林后管护管理措施，建立护林员管理体系，提高护林员待遇，明确其日常管护责任，并依法依规对破坏护林设施、进入造林地放牧和偷盗人工林木的现象进行严肃查处和严厉打击。

（三）扩大天然林保护范围，促进天然林资源培育和发展

天然林是森林资源宝库中的精华，是自然界中结构最复杂、群落最稳定、生物多样性最丰富、生态功能最强的生态系统，在维持生态平衡、保护生物多样性、保障水资源和国土安全、应对全球气候变化和温室效应等方面具有不可替代的作用。目前，贵州省天然森林质量不高，生态系统也较为脆弱，并存在着局部地区雨雪冰冻、干旱、雾霾、洪涝、塌方等自然灾害频发的问题。因此，从建设生态文明、维护生态安全、构建"全国生态文明先行示范区"、实现永续发展的战略高度来看，加快制定贵州省天然林保护实施方案，扩大天然林保护范围，通过严格保护天然林来促进天然林资源的培育和发展，意义重大而又深远。据统计，贵州省现有天然森林面积455.58万 hm^2、蓄积22596.63万 m^3，分别占森林面积蓄积的59.09%和57.67%。其中，已纳入天然林保护范围的公益林面积330.64万 hm^2、蓄积14027.94万 m^3，分别占72.58%和62.08%；未纳入天然林保护范围的商品林面积124.94万 hm^2、蓄积8568.69万 m^3。建议通过以下措施和办法将天然商品林全部纳

入公益林加以保护、培育和发展。一是做好这部分天然林的公益林区划界定工作，依据生态区位确定其事权等级和保护等级，并考虑贵州属于南方集体林区这一特点，依据集体林权制度改革成果资料，将其落实到每户林农，以利于天然林保护和管理措施的制定。二是根据贵州省实际情况，制定贵州省天然林、公益林保护政策，并依据国家和贵州省对天然林以及公益林保护政策，积极向国家、地方财政和社会各界多方位筹措补偿资金，按公益林事权等级和保护等级确定补偿资金额度，并将补偿资金落实到林权所有者；根据国家和贵州省国民经济发展状况，不断提高补偿资金标准。三是在有条件的地方，鼓励、引导和支持林农依据天然林资源结合当地历史、文化、饮食等人文特色，辅以特色经济林产业基地建设，创建绿色旅游村寨和特色生态旅游小区建设，增加林农收入，以绿色收入取代伐木收入，使林农经济收入结构向可持续方向发展。四是在商品林地上继续大力发展短轮伐期和速生丰产用材林以及优质、名贵特种用材林，加大木材培育的科技投入，提高林木单位面积生长量，宿短木材培育周期，提高林地利用率。同时，加强油茶、核桃、茶叶、优质柑橘等经济效益较高的具有贵州特色的经济林基地建设，最大限度地满足社会经济发展对木质产品的需求。

(四) 强化科学经营管理，不断提高森林资源质量

清查间隔期内，贵州省的乔木林单位面积蓄积、单位面积生长量和单位面积株数等质量因子均有不同程度提高，但与世界森林经营管理水平先进、森林整体质量高的国家和地区相比，贵州森林各项质量指标还存在一定差距，上升空间依然较大，贵州省森林资源总体质量水平依然不高，林分结构也不尽合理，森林资源经营管理还比较粗放，产业化程度不高，这一状况极大地影响着森林生态效益的发挥和商品材数量、品质的提高。因此，必须采取有力措施，在森林经营过程中加大科技投入，实施科学经营，重视林业的基础研究、应用研究和高新技术开发，提高林业科技创新能力和科技成果转化率，利用林业科技成果推动森林经营水平的提高；同时，应全面加强低质低效林的改造，强化森林抚育和经营管理，从而达到优化林分结构，不断提高森林资源质量，转变林业增长方式，提高林业综合效益，为社会提供高效的生态效益和优质的木材产品。

第十五章　贵州生态与民族文化资源

第一节　贵州少数民族森林文化

贵州是一个多山的省份，贵州省地貌可概括分为高原山地、丘陵、盆地三种基本类型，而其中山地和丘陵占92.5%，素有"八山一水一分田"之说。生活于贵州山区的各民族，树木森林可以说和他们的生产生活息息相关，"靠山吃山"，大山森林为他们提供了丰富的物产和食物，成为他们赖以生存的物质基础。因此，对森林资源的认识也形成了独特的传统文化，主要表现在他们的传统宗教里，对树木森林的崇敬；在民族传统习俗中，对森林树木的重视；在村规民约中，对森林树木的保护；同时在长期的生产实践中积累和总结了适合当地地形气候的树木森林栽种和维护知识。这些独特的森林文化体现了他们对自然的尊重，客观上较好地维护了当地的生态环境，提高了森林林分质量。在当前环境污染日益严重，人与自然之间的关系日益紧张的情况下，很有必要深入总结和研究少数民族的顺应自然和自然和谐相处的森林文化，进一步构建现代社会人与自然和谐相处的友好关系。

生活在贵州的各少数民族对森林的认识形成了独特的森林文化，它主要融合于传统宗教、传统习俗、传统制度以及森林栽护的地方乡土知识中，这些尊重自然、顺应自然的传统文化体现了朴素的人与自然和谐相处的可持续发展思想，对于保护森林，提高森林林分质量，保护生态环境起到了重要的作用。

一、色彩纷呈的树图腾文化

恩格斯指出："一个部落或民族生活于其中的特定自然条件和自然产物，都被搬进了它的宗教里"。长期以来，生活在大山中的贵州少数民族大多认为万物有灵，他们对自然充满了敬畏，与他们每天生活在一起的山水树木是重要的崇拜对象，由于对森林的依赖，使森林在他们的生活中逐渐具备了宗教和文化象征的属性。

苗族有"枫木崇拜"，黔东南苗族古歌中有"枫木歌"，"枫木歌"里说："枫树生妹榜，枫树生妹留……榜留和水泡，游方十二天，成双十二夜，怀十二个蛋，生十二个宝"，其中黄色的蛋孵出了苗族的祖先——姜央，所以苗族把枫木作为自己的祖先看待，即"枫木崇拜"。

　　在大部分的布依族中都有神树和神林崇拜，据说是古时打仗时森林作为屏障使外敌难以进攻，而神树庇佑了人民才得以安居乐业，人们对神树神林世代加以保护，并有很多禁忌。

　　2005年笔者在从江县高华瑶族村寨调查，看到高华村有5处地方，至今保留了上百年的古树。那些大树是瑶族先祖迁到这里时就有了，他们认为那些大树是他们的龙脉树，一直保留至今。这些龙脉树一般位于房屋的上方，每一集中的居住区就有一片这样的龙脉树，小片的数株参天大树，大片的数十株，大树有的直径达100~200cm。这些作为保寨树的大树，四季不落叶。这些地方不准小孩进入玩耍，不能捡树枝树叶，即使是掉落老死的树枝也不能捡来作柴，只能保留在原地，若掉下的树枝挡路了，可以把它捡开到一边去，随意砍伐那是绝对严禁的。家中老人从小便教育小孩，不能在这些大树的地方嬉闹玩耍，不能折树叶、树枝。

　　特定的生态环境生成了特定的民族文化，也生成了特有的宗教文化。一个民族不可能去崇拜他生活环境中从未出现过的或很少出现的自然现象、动物或植物，贵州少数民族正是通过在他们日常生活中出现频率最多，与他们联系密切的自然物——森林树木的崇拜，传承了他们与自然同体、珍爱自然、以自然为保护神的朴素的生态意识，而这种意识客观上保护了我们的生态环境。

二、生活习俗中的植树文化和伐树文化

　　森林与贵州少数民族的生活息息相关，他们对森林的认识不仅体现在传统宗教的尊重、崇拜和禁忌中，还体现在生活中，体现在民族传统习俗中。

　　还是在从江县岜沙苗寨，每当有新生命诞生，父母就栽下一棵小树，并会常去关注小树的生长，如被风吹倒或生长不好，他们会重新种植一棵。当孩子长大时，小树也长成了大树，而当他去世时，村民会砍掉这棵树为他做棺材，挖坑埋葬后，地面平整，并在那儿再栽上一棵树。

　　在黔东南的锦平、黎平等地，十八年杉的习俗盛传，女儿出生时，为人父母者即栽杉一片，经三年间作，五年抚育，十八年后姑娘出嫁时，杉树已经成林可伐，出售后作为嫁资。因姑娘与杉树同长，女儿与杉结缘，故十八杉又叫女儿杉、姑娘杉，也有家境殷实的人家，索性将大片杉林做陪嫁。

　　土家族人有栽喜树的习俗，若孩子出生在春季，则按照习俗栽下几株或十多株椿树苗，称为栽"喜树"；若孩子出生在秋季或冬季，主人就得在当年的冬季或次年的春季补栽喜树。

　　在黔东南，侗族在建房砍树时也十分讲究，有一整套习俗。"砍树备料，发墨开工，立架上梁，安置大门，迁入新居，都要选择吉日进行。采用梁木，特别慎重，在榕江县车江一带，以香椿树为贵，认为这是木中之王。天柱等地，以多株丛生的杉木为珍，现砍现用。砍伐时，由两位儿女齐全，家境兴旺者，先烧香化纸祈祷，放两个红包作为买梁山价，而后砍伐，所砍梁木，山主不加追究。砍梁、运梁、制梁、上梁，都不许梁木着地。"

　　瑶麓瑶族在建房时很重视挑选中柱，伐树时选择吉日，亲朋好友相约进山，挑选生长在东方方位的柏树、枫树等为中柱，他们称为金柱，以第一次就遇上的是为佳，禁忌舍一

求二。选中后，长者便面向大树，焚香三柱念诵"请木经"，方可砍伐。

水族人则有在坟山种植枫树的习惯，他们认为，坟山上树木茂盛，这样风水会更好，可以更好庇佑后人。

以上几个事例可以看到树木在贵州少数民族的生活中，在他们的人生大事中扮演着重要的角色，起着不可替代的作用。从江岜沙的苗族等视树木为生命，树木象征着生命。黎平、锦屏等地，当地少数民族掌握了较好的杉树栽培技术，杉树是家庭的重要财产。而侗族、瑶族等民族在建房砍树的各种隆重繁复的仪式中则体现了他们对树木的重视和尊重。

三、保护树的传统习惯法及乡规民约

据史料记载，湘黔一带的苗、侗等民族至少在明清时期就开始植树造林，因此森林的种植和利用，就成为一种社会行为，需要相应的社会规范，贵州各民族在各时期对森林维护和管理都有规定，从早期的习惯法，到后来的乡规民约及法律法规。

例如：在从江县东朗乡孔明村，"定点划区砍伐，对偷窃别人家柴火……，除退还原物外，罚猪肉33斤，失盗者得3斤，其余由全寨各家平分。未经长老同意，擅自放火烧山者，罚猪肉33斤，由全寨各家平分。别人已在树上定了号的树木，其他人不得随意砍伐，否则罚猪肉33斤。寨子附近的'斗昂'（即巨大的树，树龄过百年），……是全寨的命根子，任何人不得随意砍伐，否则依破坏龙脉论处，罚猪一头，用以祭祀掌管龙脉的土地公，猪肉由全寨各家平分。寨外的荒山荒地未征得同意，任何人不得擅自开发，否则……罚猪肉33斤，由全寨各家平分。"到后来，这种原始的惩罚方法逐步过渡到由造为主，以罚为辅的方式，有关护林方面的条款有：①凡乱砍伐一株树木，执行"砍一栽三罚五"（五元），包栽包活，并由护林小组验收。②失火烧毁树木的，每亩罚款20~100元，烧毁成林杉木按森林法处理，同时责令栽培。……④畜生吃坏幼苗一亩，罚款300元。

类似对森林管护的习惯法或乡规民约在贵州各民族地区都能见到，无论是早期的"榔规""榔约"，还是后来的村规民约都是当地社区民主制定的，符合民主的意愿，并为当地群众熟知，在制度上对森林进行了很好的保护。

四、树和森林的培育与管护文化

生活在贵州的各民族根据各地自然地理条件不同，积累和总结了丰富的森林种植和管护的经验。在贵州民族地区，杉树是广泛栽培的树种。早在明代，黔东南地区的林业就作为商品进入了市场，明万历年间，锦屏文斗苗族"开坎砌田，挖山栽杉"。清水江流域的"苗杉"具有干直、耐腐等特点而享誉全国，当地少数民族充分利用当地的自然条件进行人工造林，在长期的林业生产中，对人造杉林的整地、造种、育苗、移植、林粮兼作、施肥管理等生产环节，不断总结积累了丰富的经验。

据《黔南识略·黎平府》记载："种杉之地必预种麦及包谷一二年，以送土性，欲其易植也。杉阅十五六年始有子，择其枝叶向上者撷其子，乃为良，裂口坠地者弃之择木以慎木以其选也。春至，则先粪土，覆以乱草，既干而后焚之。然后撒子于土，面护以杉枝，厚其气而御其芽也。秧初出，谓之杉秧，既出而复移之，分行列界，相距以尺，沃之土膏，欲其茂也。稍壮，见有拳曲者，则去之，补以他栽，欲其亭亭而达也，树三五年即成

林，二十年便共斧柯矣。"这套人工栽杉的经验至今仍为人们所采用。

瑶族育杉苗技术，也具有较悠久的历史。据《从江县志》（1999年）载，清末民初县内民间开展大面积人工造林。瑶族重视对杉木种籽的采集和幼苗抚育。其基本步骤如下：方法一，在正月间，选择土壤肥沃的地方作为苗圃（朝向不论，以较荫蔽为好），把地平整弄细，每隔寸许均匀撒种，之后再仔细覆盖细泥土于上约4cm左右（不能过厚），浇淋牲畜尿水，开春后苗长到约10cm时移栽到较肥沃的地方，相隔约尺许。因山势普遍陡峭，不能直栽，要视地形山势顺栽。待第二年正月再正式移栽，直到成林，此法主根长，侧根少，费工少。方法二，用杉树皮垫底，上置细土拌肥撒种，待幼苗生根后用牲畜尿水浇淋，起苗时不会伤主根，苗木主根短、侧根多、林木长势良好。此法费工较多，但效果更好。他们在大面积林地周围筑土墙、挖围沟、围木栏保护幼林，用油桐树叶将杉树幼苗尖围裹遮蔽，或用牛粪兑水洒在杉树幼苗上，可防牲畜啃踏损坏幼苗。林粮间种、混种是抚育幼苗的另一有效方法，在树苗空隙间种、混种花生、豆、包谷、旱禾等农作物，连续种植4~5年后再停止间种混种作物。在相同条件下林粮间作林地比未用此法的林木生长速度快1/5。在用林方面，近几年，村内制定村规民约，将部分公山作为薪柴林，一部分实行彻底的生态封育，严禁人畜进山砍伐、烧炭、践踏。两部分山林若干年后轮换使用。家庭烧炭只能用所承包的山林进行。薪柴砍伐一般在春初秋末期间，这有利于树木的迹地更新。进出砍伐时，对某些树木有传统的约定，如对野杨梅树留母树伐公树，一些古木、高大乔木予以保留。对村寨每处风水树严加保护，不能对其损伤毁坏。

从江侗族在栽种杉树时对杉树的密度有其独特的讲究，一般株距1丈，这样十二三年便可成材，比林业部门要求的五六尺的距离大了许多，成材的时间却缩短了7~8年。

以上等等经验是重要的地方性乡土知识，在各民族中代代相传并不断总结，在森林的培育和维护上起到了重要的作用。

第二节　贵州少数民族传统生态理念

生态问题是当前政府和学术界都十分关注和重视的问题，也是关乎当今和子孙后代生存发展的重大问题。贵州的世居少数民族在漫长的社会、生产、生活的实践中，形成了本民族的生态知识和传统生态理念。

贵州是一个多民族长期和睦相处的民族省份，除汉族外，有苗族、布依族、侗族、土家族、彝族、水族、仡佬族等17个世居少数民族。贵州是一个多民族交汇杂居的地方，土家族和仡佬族自古就居住在这里。秦汉以来，苗瑶、百越、氐羌几大族系从东、南、北方进入贵州，形成了今天大杂居小聚居的分布特点。贵州省的民族结构以明代为界，明以前的贵州是"苗夷杂处"，即均为少数民族交错分布，虽有少量的汉人进入贵州，但都被"夷化"，逐渐变成了少数民族。自明代起，朱元璋在贵州广设卫所屯田，数十万大军进入贵州，改变了贵州的民族结构，变成"汉苗杂居"，即贵州省完全的少数民族"杂处"结构被改变了，成为汉族与"苗"（泛指少数民族）的交错杂居状况。数十万人以汉族为主体的屯军进入贵州，他们不仅带来了先进农业耕作技术、种子、农具以及手工业加工技术，而且还带来了以儒家文化为主干的汉文化，这些对当时的贵州少数民族产生了很好的影响。

一、同源和谐理念

在社会发展的历史长河中，人类为了自身的生存，在与大自然斗争的过程中，形成了各民族的原始生态观，逐渐学会与自然环境和平相处，共同生存发展。在苗族、布依族、侗族、土家族、水族等少数民族中，民间至今还广泛流传有关于开天辟地、人类与动物起源、万物产生的古歌和传说故事，认为人与世界万物都"同源"，应该和睦相处。如侗族的传说故事《九十九公合款》《族源歌·人的根源》、苗族的《枫木》组歌、布依族的《人和动物是怎样产生的》、土家族的《创世歌》、水族的《人类起源》等都属于这类。在侗族的《九十九公合款》古歌中，讲述了在混沌时代，有 4 个龟婆同时孵蛋，只孵出了松桑、松恩 2 个。他们结为夫妻，生下了蛇、龙、虎、雷、姜良、姜妹和猫儿 7 个子女，姜良总是用心计欺侮除姜妹外的那 5 个动物，遭到了洪水朝天被淹的报复，又因为得到螟蛉帮助人类，砍掉 5 个太阳，留下了一个半为太阳和月亮，所以侗族至今也不伤害螟蛉。故事反映了侗族先民的原始生态观。土家族的《创世歌》讲述了古代土家先民解释宇宙开辟、万物来历的多个短小古歌。在人类起源歌《墨日里日》（土家语）中，讲述了人类治天治地治万物的创造经过，张古佬做天、李古佬做地、衣恶阿巴（即女神）做人。

在《鸿均老祖歌》中的关于人类起源，说"天地相合生佛祖，日月相合生老君，龟蚊相合生金龙，兄妹相合生后人。"而在《咿罗娘娘》人类起源神话中讲，土家族是"植物造人"，用竹子做的骨架，荷叶做的肝肺，豇豆做的肠子，葫芦做的脑袋。此 3 个古歌都是讲人与动物、植物、天地在一共同的大自然环境中生长而成，视为同胞兄妹，同时产生，共生共长，体现了土家先民的"同源"思想。"植物造人"的古歌是用葫芦、竹子、荷叶、豇豆等多种植物来组成各个部位而构成人，与其他民族相比，既有共同之处，也有不同的地方。这仍然是"同源"和谐理念的体现，认同生活在同一自然环境中，人类和动物、自然现象都是同胞兄妹，相互依存，和睦相处，谁也离不开谁的共同生活在一起。

在民族学的调查中，我们发现许多少数民族对大自然中的动物，除了为生计而捕杀外，对动物仍然是采取保护的态度，遵循着"择而捕之，适可而捕"的传统理念。侗族同胞在捕鱼活动中，对受伤的鱼忌捕，坚持着"抓大放小"的原则。居住在都柳江两岸的少数民族群众（侗族、水族和苗族），对下河捕鱼的鱼网网眼有不成文的习惯约定，网眼不能小于两指的大小，以保护小于两指的鱼能成为"漏网之鱼"而存活下来，繁衍发展，只能捞取比两指大的鱼，保留一种平衡的生态。同时他们还认为：不管捞鱼或猎取鸟兽，如果毫不费力就得到许多，都认为是"不祥之兆"，必将受到惩罚，轻者生病，重者要死人。在从江县九洞地区的侗族还认为：上山打鸟时，如果鸟飞来太多，猎捕者必须立即收拾猎具回家。九洞人深信，如果不及时离开必将遭到报应，受到老虎的袭击。表明侗族人民对大自然的获取，始终保持在"适度""留有余地"的理念之中，保持着一定的"平衡"，保持一种可持续发展状态。

更有意义的是从江县和平乡占里侗寨对人口控制的生动事例。这里的吴姓侗族，历史上由于人口的增多，长期为了寻找生存地方，经过 7 次大的迁徙。从广西梧州逆都柳江而上，迁到了广西的三洞，又从三洞迁入了贵州黎平县的寨东居住，由于山林和耕地的原因，再迁榕江的车江坝暂住，之后又折回顺都柳江下迁，途中人群失散，剩下 5 户依附于从江县的付中苗寨，得到庇护，住秧田地方，人口发展到 30 户，但耕地和山林有限，不得不再次寻求新的生存地方。一次狩猎中发现"归占"溪有一开阔地可供生计，驻下，人口发展到 50 户。因此，这里至今还流传有"三十托里，五十占里"的说法。又一次狩猎发现"归笨"溪沿岸可供造田，开辟了占里。对于长期受着人多地少、生存危机煎熬的吴姓侗族来说，他们一再地总结和反思，从雀鸟与生态环境的关系中悟出了一个朴素的真理，叫作"一棵树上一窝雀，多了一窝就挨饿"的道理。于是，占里的侗族人便利用自己传统的形式立下了一对夫妇只能生两个孩子的规矩，后人代代恪守不渝，逐渐形成了占里人独特的节育习惯。占里侗族注意节育、用药物控制、推迟婚龄等手段控制生育。每年农历八月初一过大节时，由寨老主持，杀一头肥猪，每家分一串肉。由寨里熟悉乡规侗理的老人念诵"斗煞"词，叙述吴姓祖先迁徙路线，建寨创业之艰辛经过和为什么要立下一对夫妇只能生两个孩子的规矩，来教育全寨人民。同时，还对婚姻缔结加强了管理，对生育更加重视，男、女子女财产的分配和继承做出了明确的规定。使占里的人口与当地的自然环境保持着长期稳定的生态和谐。据老人回忆，占里历史上人口最高峰达到 160 户 770 人，后来决定控制在 700 人以内。又据 1952 年统计，全寨为 156 户 675 人，到 1988 年减到 133 户，人口仍为 675 人。36 年末增加一人，受到良好的效果，使人口和自然环境长期保持着一种"平衡"状态。

由此可见，贵州各少数民族从原始生态观出发，在"同源"思想支配下，遵循着和谐相处的理念，对动物和大自然中的"万物""择而捕之，适可而捕"，留给繁衍发展的空间，保持一种"平衡"，保持着"可持续发展"的状态。占里侗族的人口控制，是在实践中摸索出人与自然的和谐理念。他们控制人口的理念形成较早，是很先进的思想，也是十分难能可贵的，对人类社会的自我控制值得推广。

二、多种保护理念

在贵州少数民族中，对于生态环境的保护理念有着悠久的历史和良好的习惯，他们认为，地方兴衰与森林的盛败密切相关，民谚有"山青水秀，地方兴旺""山穷水尽，地方衰亡"的说法。苗族则有"封河才有鱼，封坳才生草，封山才生树"的生态观。在苗族的榔规理词中，先是从古代的"烧山遇到风，玩狗遇雷声响。烧完山岭上的树干，死完谷里的树根，地方不依，寨子不满。"这样才有"金你郎来议榔，罗洞寨来议榔……议榔育林，议榔不烧山。大家不要伐树，人人不要烧山。哪个起歪心，存坏心，放火烧山岭，乱砍伐山林，地方不能造屋，寨子没有木料，我们就罚他十二两银子。"表明苗族先民保护森林资源的认识过程，用议榔组织的功能来保证木材、保护森林、保护生态。

贵州各少数民族对于所拥有的森林资源十分重视利用和保护，相沿成俗，主要方法是封山育林，严禁各种形式的破坏事件发生。苗族、土家族、布依族、侗族、水族等少数民族中，对于村寨集体的山林需要使用，均须要说明用途，经过寨老同意，方能上山砍树或垦植荒地。在这类村寨里都受着习惯法的制约，苗族、布依族、水族的议榔，土家族的禁林公约，侗族的合款，都有关于保护自然生态的内容，如不准乱砍滥伐、乱烧山、乱砍树木、防火等条款。

在土家族地区，各地都制订有《封山禁林公约》，其条款制订得十分具体，执行也很严格彻底。凡禁林公约的条款决定的封山区域，均立禁碑，标明四周界线，周围树上捆好草标，或贴上涂有血的白纸，以示此山已被封禁。封禁期限，多为永久性的，以利于对整体生态系统的保护，也有十年、二十年、三十年、四十年不等者。凡属封山均公推大公无私、不徇私情、执法不苟者专人看管。所定条款内容有，封山区内禁止放牧、拾柴割草、砍树梯丫、落叶烧灰、刨土积肥、放火烧山等等。在所定约规中，对于防护林、风景林、古庙林、祖坟林，以及路边、房屋四周、井边、凉亭边、风雨桥头的大小树木，都列有专门条款保护。在《封山禁林公约》中，对违犯者的处罚也有明确规定，管山员在执行巡山时，若发现在禁区里放牧、背柴者，或偷砍捆有草标的树枝树干，或偷砍经济林木时，不管是谁，当场抓住，或抢夺斧头、柴刀、背篓等，管山员报告村寨主持人，违者由主持人按规定据情节处理，轻者在村寨内或禁山周围来回三次鸣锣认错，边走路、边鸣锣、边高喊："为人莫学我，快刀砍禁山"。重者有罚款、罚粮、罚栽树、罚修路、罚酒席等。被罚的钱粮收入，由村寨主持人管理，年终结算，当众公布，并将该经费用于封山禁伐和造林，形成一套完整的良好护林制度。

土家族地区开发较早，对于经济林也有自己的一套保护方法，并在公约中有明确的规定，对土家族地区主要的经济林树种桐子树、茶子树、木油树、五倍子树、漆树均不准砍伐当柴烧。如果发现谁家柴禾中有此五种生树，每枝各罚款桐油、茶油、木油、五倍子油一斤，或罚漆四两(亦可按市价折钱)。公约还规定：对枯死的桐、茶、木、五倍、漆五种干树，也不能自主随意砍伐作柴禾，必须按统一规定的时间去采伐，即每年农历七月十四日、十五日、十六日三天，事先由管山员对枯枝树先做好记号，再鸣锣告之，方能将枯枝枯树背回家，否则，也将受到惩罚。

民间还有一个共同遵守的习惯，即逢七(农历)忌砍竹子等能生长的树木。土家人认为逢七之日都是"不生长"日，逢七砍后竹子将不长笋子。

民国年间，从江县孔明山地区的苗族就规定，乱砍伐杉木和放火烧山者，罚肉八十八斤。榕江县的苗族规定，砍一株杉树，罚大洋十三元。台江县的苗族规定，砍去一株小杉树尖，罚银三两三钱。

新中国成立初期，许多少数民族地区对自然环境的保护，仍然是习惯法发挥着约束和保护的功能。以后逐渐以乡规民约、村规民约的形式所替代。贵州少数民族中，特别是边远地区，乡规民约中对国有山林、集体山林、自留山林、封山育林、人工造林、草坡地、集体石山荒山都有保护的内容，其针对性强，所指具体，处罚简单清楚。如黎平县岩洞乡竹坪村 1993 年订的乡规民约中："七、偷木材、乱砍滥伐杉松树，(除)退回赃物外，每次罚款五十元；八、对毁林开荒者，罚款二十元；九、破坏幼林(用材林、经济林)，(除)按根赔偿付，另罚二十元，报案者奖励五元；十、偷砍楠竹林，每根罚款十五元。偷挖楠竹笋，每个罚款十五元，报案者奖励五元。"又如三都水族自治县九阡镇母改村制订的《民议公约书》中规定："本组集体林场和各户集体山林、自留山、自生或培育的用柴林、经济林和一切杂树严禁乱砍滥伐，违者一、砍一根小树罚款十元至十五元，砍一根三寸(树干直径)以上的罚款一十元至三十元，砍一根树干圆周一尺以上的罚款七十元至一百元；二、砍伐果类树的每株罚款五十元至一百元；三、梯砍树技丫的每挑(扛)，罚款五元至十元；四、砍竹竿的每根罚款五元至十元。"还规定："严禁放火烧山、烧育林坡、原林山坡的每亩罚款二百元，并栽树赔还，包栽包活。"荔波县永康水族乡尧古村的《乡规民约》中规定："严禁野外用火，因管理不当，造成火灾者，按国家有关法律法规处理时，村按每人每天参加救火误工费二十元收取外，另罚一百元、一百斤酒、一百斤肉、一百斤大米"。

时至今日，土家族对生态的保护理念仍有很好的传承，结合时代特征和体制形式，利用乡(村)规民约对树林、生态进行保护。如贵州省江口县凯岩街上片区的乡规民约就是很好的例子，他们在所订的乡规民约中规定有：

积极开展造林植树，搞好封山育林，为了保护好生产队风景山、水源林和社员的责任山、自留山、发展林业，绿化祖国，特制定封山育林公约。

(1)凡属于本片区风景、水源、水口、老坟山，不许任何人以任何借口进行砍伐，如有违章者，砍一根要栽活十根，并罚以全片区封山育林议约时的全部生活费，并放炮火五千封山(本片区封山的山有：水口山、安塘瑾、坟山、后山、中岭山、面山、坳上、凰形等处)。

(2)按照"山林三定"队里承包给每户社员的责任山、自留山必须坚决维护，不许任何人在别人的承包山里砍伐材林、竹林(如界线不清，要经民约小组调解后方得管理)，如无故偷砍、估砍者要没收其全部物资归承包者所有，另罚款十五元，十元作为对其原主赔偿损失，五元奖励给报案者，知情不报者罚款一元。

(3)对于偷挖他人笋子，破坏别人所管山林的人，要没收侵占的全部财产，由群众检查，并罚十元，其中五元奖励报案者。

并明确了乡规民约小组九名负责人，便于监督执行。

又如，江口县快场乡凯岩寨秦、刘、赵族中条约书中也规定有封山育林、保护生态的内容：凡已封的水口山、水源山、祖坟山，不得随意乱砍乱伐，违者杀猪封山(已封的山有：水口山、安塘瑾、坟山、后山、中岭山、面山、坳山、凰形等处)。

在贵州历史上除了各民族对于自然生态环境的保护外，还有地方政府官员的保护。在中国历史文献中，多有保护自然生态的记载，如《逸周书·大聚篇》有"春三月，山林不登斧，以成草木之长。夏三月，川泽不入网罟，以成鱼鳖之长。"《淮南子》中又有"不涸泽而渔，不焚林而猎……草木未落，斧斤不入山林。"相传秦始皇焚书时，也不烧"种树之书"。基于中华民族的这种维护自然生态、维护山林以利于发展的传统思想，各地方政府官员往往把保护当地的山林大川，名山胜地作为他应管理份内职责，所谓"职斯土者"，为何不"加意"保护呢？如梵净山地区铜仁知府敬文在清道光三年(公元1823年)所立的《梵净山禁树碑记》。知府敬文在碑记中指出：铜仁大江、小江之水均系梵净山"山脉所出"，对于"铜仁梵净山，惯黔中胜地，名山大川，职斯土者，所有事，予往兹土，曷加意焉!"因有人状告梵净山中有人"积薪烧炭"，敬文说："十年之计树木，况兹崇山茂林，岂可以岁月计，宜止焉，戒勿伐"，认为"草木者，山川之精华。""因书与邦人，勒诸石，永以为禁"。其对自然资源重要性的认识还是较深刻的，其职责是十分明确的。清道光十二年(公元1832年)，佛教圣地梵净山发生坝梅寺僧人与炭商勾结，私卖山林，烧炭坏山事件。这次事件不仅惊动了铜仁府衙，而且还惊动了在贵州省城的官员，一位是贵州巡抚麟庆，一位是布政使李文耕，他们针对梵净山事件，分别发布告示，并勒石刻碑，一为《名播万年》碑，一为《勒石垂碑》。麟庆在文中首先指出："灵山重地，严禁伐木掘窑。梵净山，层峦耸翠，古刹庄严，为思邛江之发源，良田民命，风水悠关。"责成"思铜二府亲往查勒封禁，妥议具详外，合出示严禁。"最后强调，"如敢故违，一经查获，或被告发，定即从重究办，倘乡保差役得规包庇及藉端滋扰，一并严惩，各宜凛遵勿违。"麟庆对梵净山自然生态的保护理念十分清楚，认识也很深刻，处理私卖山林的态度十分坚决。贵州布政使李文耕亦因此事出具通告，称"勒石垂碑"。李在碑文中指出："严禁采伐山林，开窑烧炭，以培风水"。最后要求认真查处，"如敢互相容隐，于中分肥，别经发觉，或被查出，定行一律并照知情盗卖官民山场律治罪，决不宽贷。"

类似这种地方官员保护自然生态环境的事和布告、碑文还不少，如榕江县高兴水族地区就有清政府地方官颁布的《清军府示》碑，鉴于当地"山多田少，地瘠民穷，尤宜勤耕，种树木、桐茶、杂粮……"号召民众多种树木，培育生态环境。

此外，在贵州的传统生态保护中，还有一种是当地少数民族民众与地方官员联合行动，相互支持和配合，以实现保护当地山林、草坡，保护地方生态。如印江自治县汪家沟于清光绪七年(公元 1882 年)立的严禁盗砍树林的《功德碑》就属于此类。

首先是同治十三年(公元 1874 年)九道溪乡民宋洪照、汪积珍、安洪俊、宋宗奎等向县府反映，当地土多田少，乡民寒苦，以山林蓄薪，卖柴纳课，村民以山林为生存，因遭不法恶徒假割草为名，行偷砍树木之实，乡民不敢干涉，甚至反遭欺凌凶辱，"恳请出示严禁"。印江县知事刘肇观颁发文告，称"示仰县属诸邑人等知悉，嗣后割草者只准在外割野草，毋得盗砍树木。"若有发生，"许各牌乡民等扭禀以凭惩究。各宜凛遵勿违。"县知事的文告起了一定的作用，事过八年，印江县汪家沟又出现了类似事件的不断发生，出现了汪家沟首事乡民三十七名倡导立碑。碑正面上部阴刻"功德碑"三个醒目大字，其下竖书阴刻立碑的原因和目的及三十七名倡导者姓名。还将同治十三年(公元 1874 年)县知事刘肇观颁发文告也刻于碑上。这是一个利用官府文告又立乡规，把二者结合起来保护地方生态的典型实例。

由此可见，贵州少数民族把生活的环境与当地的兴衰紧密联系在一起。在这种理念的支配下，为了保护美好的生态环境，充分利用习惯法以及乡规民约，保护生态环境，不惜用较为严厉的处罚来保护生态环境。同时，还出现了少数民族民众、地方官员、地方官员和民众共同保护生态的多种形式。

第三节　贵州仡佬族传统宗教中的生态文化

贵州仡佬族在历史上存在着万物有灵和灵魂不灭的观念意识，其宗教信仰主要表现为以自然崇拜、祖先崇拜、鬼神崇拜为内容的原始宗教，外来佛教和道教在贵州仡佬民族地区的传播过程中，与仡佬族原始宗教、地方习俗和民间巫术相结合，相互适应和吸收，相互影响和渗透。仡佬族传统宗教文化在贵州仡佬族传统文化中占有重要地位，对仡佬族人的精神文化和物质生活产生着重要影响。虽然贵州仡佬族传统宗教文化带有一定的迷信色彩，是人们生产力落后和对大自然无知的表现，但这种以人文主义为中心去理解自然界万事万物的思想，在今天仍具有积极价值。

一、贵州仡佬族传统宗教信仰

宗教信仰是人们在生产、生活或娱乐中寄托希望、祈求幸福、保持心理平安而产生的一系列神灵崇拜观念、行为模式和仪式制度，内容十分丰富，几乎所有趋吉避凶的民俗事象都属于信仰范畴，图腾禁忌、自然崇拜、巫术卜筮、天宫地狱和阴阳风水，在人们的心灵中都充满敬仰，用虔诚、感恩的仪式来表达对神灵的祈求。贵州仡佬族认为，天地山川、风雨雷电、日月星辰、金石草木等万物皆有灵，神圣不可侵犯，对其都带有极强的崇拜心理，将之作为神加以崇拜，认为对之如有不恭之处，就会受到天地的惩处。

因此，祖先崇拜、天地崇拜、日月星辰崇拜、风雨雷电崇拜、山川水火崇拜和动物植物崇拜都是贵州仡佬族原始宗教的基本内容。

（1）祖先崇拜。祖先崇拜是贵州仡佬族原始宗教信仰的重要内容，广泛渗透于贵州仡佬族社会、生产和生活的各个领域。仡佬族的先民自认为是竹王的后裔，竹王是他们的祖先神。关于竹王的传说，以及崇敬竹子的习俗，至今仍广泛留存在各地仡佬族民间。如道真仡佬族苗族自治县梅家寨的仡佬族，在生下第一个男孩时，父母要将其胎盘和一些鸡蛋壳埋入竹林地下，以祈得到竹王护佑。春节，家家户户要到竹林去供献竹王钱。有不少地方以竹筒装米祭祖或求丰收。

（2）日月星辰崇拜。贵州仡佬族对日月星辰充满崇拜。他们将太阳视为灵物，尊称为"太阳菩萨"，供奉于神庙。日常生活中对太阳有很多禁忌，如不能在太阳光下晒女人的内裤，不能将刚出生的婴儿的屎尿片放在太阳光下晒，小孩不能用手指太阳和月亮，认为是对太阳和月亮的不恭敬。除崇拜太阳和月亮外，仡佬族还崇拜星辰，认为紫微星是吉星，看到紫微星预示好运将会到来；扫帚星是凶星，撞到扫帚星不吉利，甚至会家破人亡；读书人供奉魁星，认为魁星主宰文运与文章兴衰；文曲星主宰功名禄位，也受文人士子的叩拜。

（3）风雨雷电崇拜。贵州仡佬族有相关的雷公电母传说。雷公是司雷之神，属阳，故称雷公，又称雷师。电母是司掌闪电之神，属阴，故称电母。此二神掌管着天庭的雷电，认为雷电代表天庭的神威，如果人间有人心存不良，雷神就会主持正义，代天执法，击杀有罪之人，因此，雷神也就成为正义的代表，享有人间祭祀香火。若有人被雷电击中，就认为是他作恶多端，遭天报应。不少地方建有雷神庙，专门奉祀雷神菩萨。

（4）大地山川崇拜。人们生活离不开大地，受原始观念的影响，贵州仡佬族认为大地上的泥土山石，与人类生活有着紧密联系，人们相信生命来自于土地，土地能为人们带来安宁，因而为其修房建庙，设山川、土地之神位，给予祭祀。一些形状奇特的山石、钟乳石，也被视为灵物，仡佬族地区石牛菩萨、石猪菩萨、石观音等遍地皆是，人们虔诚地搭上红布，奉以香烛。还有一种是将石块赋予神力，形成各种形象的神，如石敢当、石吞口、石狮子等。

（5）动植物崇拜。动植物信仰与崇拜以动植物或幻想中的动物为崇拜对象，贵州仡佬族认为他们可能给自己带来福音或威胁，故对他们心存敬畏，予以祭祀。如仡佬族有祭祀牛王菩萨的习俗，各地建有专门祭祀牛王爷的牛王庙，每年农历十月初一，靠天吃饭的仡佬族人供奉果品祭拜，祈望牛王护佑子孙，消弥瘟疫。有钱的人家还要用粮食饲料喂牛，要杀鸡备酒，燃香点烛烧钱纸，祭祀牛王，主人用糯米打糍粑挂在牛角上，把牛牵到水边，让牛从水中照见自己的样子而高兴，然后取下糍粑喂牛，叫给牛"做寿"，祈求牛王菩萨保佑耕牛身躯健壮，感谢耕牛一年劳作，以确保一方农耕而造福黎民。贵州仡佬族特别崇拜神树，每一个村子都有神树，不能砍伐。三月初三是仡佬年，务川仡佬族苗族自治县、遵义县平正乡、平坝大狗场、普定猫场等地的仡佬族都要举办祭树仪式，到村寨附近的神树下进行祭拜，祈求神树庇荫族人。

二、贵州仡佬族传统宗教文化蕴涵的现代价值

（1）贵州仡佬族传统宗教文化充分体现了人与自然和谐相处的理念。大自然赐予了仡佬族人生活的全部，仡佬族人对大自然有着天生的敬畏之情，追求人与自然和谐共生，并懂得对大自然知恩图报，适度索取，对大自然爱护有加，具有较好的自觉意识。仡佬族人珍爱生命，认为自然万物皆有灵，在仡佬族人眼中，山川、土地、树木、耕牛这些看似平常并且与生活息息相关的事物都是神圣的或具有灵魂的，因此仡佬族人每年要定时祭山、拜树、敬牛。仡佬族人对自然万物的崇拜和保护无不蕴涵了仡佬族人淳朴自然的生态理念，并且渗透到了他们生活的方方面面。

（2）贵州仡佬族传统宗教文化是仡佬社会成员生存发展的精神支柱和行为规范。在万物有灵思想基础上形成的仡佬族原始宗教，数千年来历经各个历史阶段，已经演化为仡佬民族文化的核心，是仡佬族社会风俗习惯的灵魂，仡佬族民族心理素质的基本构成，与仡佬族同命运共存亡。传统的仡佬民族宗教，不管是古代还是现在，自然地成为仡佬社会成员和睦团结的纽带，成为仡佬社会成员生存发展的重要精神支柱，在一定程度上还是仡佬社会成员行为的规范。

（3）贵州仡佬族传统宗教文化充分体现了对祖先的尊崇敬畏之情。仡佬族先民开荒辟草，创建了家园，人们对祖先的开拓精神充满了由衷的尊崇敬畏之情。在仡佬族的节日庆典活动中，祭祖几乎都是其中最主要的内容。如仡佬族的吃新节，其中一项重要的含义就在于请祖先尝新。每年的七八月间，田里的庄稼成熟时，人们要"吃新"，祭祀天地，以感激祖先开荒辟草的功绩。除夕之夜，供奉祖先是仡佬族人一个重要的内容，在这合家团圆的时刻，人们首先怀念的是已经逝去的祖先，希望在普天同庆的春节把他们的亡灵请回家一起过年。

在仡佬民族地区，由于受文化传统、社会形态、地理环境等各种因素的影响，宗教信仰及宗教活动方式有其独特的文化内涵及地域特色。虽然贵州仡佬族传统宗教文化带有一定的迷信色彩，是人们生产力落后和对大自然无知的表现，但这种以人文主义为中心去理解自然界的万事万物的思想，有利于伴随仡佬族人通过祈祷神灵保佑渡过难关，在他们看来，敬重祖宗，是因为祖宗生前开荒辟草，创造了物质财富，养育了后代，今后还会关照他的亲人。而大自然给了人们丰富的资源，其自身也有灵魂，因此也要敬重它，这就是为什么仡佬族人要把祖先崇拜、多神崇拜和自然崇拜重叠在一起，既要祭祀祖先又要祭祀天地的原因。总之，仡佬族传统宗教文化渗透于仡佬族传统物质文化和精神文化之中，是仡佬族人成员生存发展的重要精神支柱，也是连接仡佬族人的重要纽带，在一定程度上还规范和制约着仡佬族人的行为。

第四节　贵州布依族药用植物资源与文化

　　贵州省位于云贵高原东部，是我国苗、侗、布依、水等民族的主要聚居区之一，少数民族人口占贵州省人口的 37.9%，而 95% 的布依族就分布在贵州，是贵州最古老的土著民族之一。贵州境内自然环境复杂多样，动植物品种资源丰富，为各民族医药提供了充实的物质基础。民族医药已成为贵州省特色的支柱产业，民族药工业产值远远高于全国水平。民族医药是我国传统医药的重要组成部分，具有悠久的历史，鲜明的地域性和民族特色。布依族是中华民族大家庭中的一员，人口约有 300 多万，布依族历史悠久，人民勤劳勇敢，曾被誉为"水稻民族"，与其他民族一样，布依族在发展和壮大的过程中，也创造了自己独特、丰富的医药文化

　　据胡陈刚等研究，贵州布依族药物资源约有 1000 余种，代表药物有石斛、岩豇豆、果上叶、苦楝子、马槟榔等。贵州布依族药用植物总共记录种类为 539 种，分别隶属于 97 科 230 属 252 种基源植物。这种情况显著表明布依族药用植物存在典型的一物多名现象，比如茜草科植物一炷香（*Anotis ingrata*）在罗甸被称为"那笨习"，在贵定县被称为"雅把那"。又比如菊科植物千里光（*Senecio scandens*）在罗甸被称为"那笨习"，在贵定县被称为"雅把那"，而在六枝则被称为"高党钱"。而在其他少数民族中，比较突出的现象则是一名多物，如藏药"藏茵陈"一个药名下，云南产的就有 14 种 2 变种基源植物。贵州布依族药用植物科属分析表明，绝大部分植物药为单科单属单种，其中超过 10 个种的科有 4 个，分别是菊科（22 种）、蔷薇科（14 种）、百合科（14 种）和豆科（13 种）。而仅有 1 个种的科则有 50 个，说明布依族利用植物作药用的范围较广，具有很高的多样性。另外，与其他民族传统药物一样，菊科、蔷薇科、百合科和豆科依然是布依族药用植物的主要来源。贵州布依族药用种子植物分布区类型覆盖了除中亚分布及其变型而外的所有 14 种植物属分布类型，其中最多的是泛热带分布及其变型（43 种），其次是北温带分布及其变型（38 种）。不计算世界分布，贵州布依族药用种子植物的区系成分中热带成分和温带成分接近，比例为 1：0.9。药用种子植物分布区类型特点反映了贵州布依族生活环境特点，即热带与温带的过渡性质，而更偏于热带。贵州布依族植物药中乔木和藤本种类的比例大，也进一步反映了其偏热带性质。

第五节　贵州的耕牛崇拜文化

　　耕牛是兼具实用性和灵性的动物，为贵州人民的生产生活做出了巨大贡献。贵州人民爱惜耕牛、崇拜耕牛，耕牛崇拜文化贯穿于贵州历史发展过程的始终，也表现在贵州人民农业生产、民居建筑、民族服饰、舞蹈、婚恋、习俗、节庆节日、祭祀活动等社会生活的方方面面。耕牛崇拜文化彰显了贵州人民祈求丰产、展示力量、祈福辟邪等美好愿望。耕牛不仅塑造了贵州人民的精神性格，也丰富了贵州文化的内涵。

　　牛在我国传统农耕社会中扮演着至关重要的角色。牛不仅是耕作的主要工具，还能提供大量牛肉。人们爱牛、惜牛、更崇拜牛。

考古发掘出土的资料来看，耕牛在汉代就已经被贵州人民用于农业生产之中。在赫章可乐汉墓出土的牛拉车画像砖及兴仁交乐汉墓出土的陶牛俑形象地展示了汉代贵州人民利用牛进行农业生产的场面。

由于耕牛在农业生产中扮演着举足轻重的角色，贵州人们特别注意保护耕牛。历史上保护耕牛的碑刻比比皆是，典型的有修文《永远禁止杀牛碑》和正安《禁止宰杀耕牛碑》。《永远禁止杀牛碑》位于龙场镇高仓村南，青石方首，高0.7m，宽0.4m，厚0.08m。碑文楷书阴刻，3行，满行6字，共计12字。内中有句："永远禁止杀牛，违者送官追究。"立于光绪四年（1878年）。《禁止宰杀耕牛碑》位于格林镇太平村西，青石方首，高0.97m，宽0.53m，厚0.12m，额题"正寿团布告"5个大字，每字0.1米见方。碑文楷书阴刻，2行8字："公议禁止宰杀耕牛"，立于1926年。

在日常生活中贵州人民也特别注意保护耕牛。或者将牛置于干燥、凉爽的楼下生活，或者将牛关在卧室旁边，以便随时观察耕牛情况。若有偷盗耕牛者必遭重罚。许多村寨议定，只要吹响牛角或敲响款鼓，全寨成年男子都会持械出动追击偷盗耕牛者。

耕牛是农民的所有财产中最珍贵的宝物。在部分村寨中，若耕牛不幸死去，村民会遵循祖制将牛肉按照村寨户数或家族户数分好，然后按份集资，再买一头供其役使。这种风俗带有"耕牛保险"性质，颇受农民欢迎。

一、建筑中的耕牛崇拜

对于牛的崇拜，在关岭发展成修建"石牛寺"。寺位于关索镇交通路青龙山，建于明代中期，现存庙基及石牛。据文献记载，古人作有石牛诗："怪石巍巍恰似牛，独立庙前几千秋。风吹遍体无毛动，雨洒浑身有汗流。青草齐眉难开口，牧童敲角不回头。至今鼻上无绳索，天地为栏夜不收。"贵州有些古桥，以铁牛、石牛"镇桥"，民俗认为，牛可以保护桥梁不被洪水摧毁。"五行"说，"牛属土"。常言道："兵来将挡，水来土掩。"有牛"镇桥"，安然无恙。遵义市红花岗新华路，有座"万寿桥"，又称"新华桥""塌水桥""吴公桥"，始建于明万历年间。清康熙年间增高加宽，后毁于水，旋即重建。光绪年间改建。1937年加高桥墩，并铺设木板，更名"中正桥"。1948年扩建，东西向，跨湘江，长50m，宽10m，单孔净跨4m，矢高2m。

民居建筑上的木雕石刻，常见水牛形象。在贵州，常以"水牛望月"代替"犀牛望月"。在贵州人的心目中，水牛比犀牛更实用。苗族建筑中门槛、腰门多做成牛角形，因为苗族同胞认为世上水牛威力最大，可以用来辟邪。

人们不仅爱护牛，而且十分崇拜牛，认为公牛是人类的保护神。贵阳市花溪区有座喀斯特石山上有一处清代同治五年修建的"公牛屯营盘"。该营盘位于燕楼乡燕楼村北1.5km处，以青石砌筑，平面椭圆形，周长约1500m，设南北二门，今存石块垒砌的屋基共129间，储水池1个，池壁楷书阴刻"天地生成"。

二、服饰中的耕牛崇拜

在贵州的出土文物中，与牛直接有关者，首推牛头形铜带钩。带钩是周代至秦汉时期贵族阶层中广为流行的一种日常用具，也是身份的象征。带钩多用青铜铸造，也有用黄金、白银、玉石等材质制成，具有较高的工艺水平和艺术价值。贵州省博物馆收藏的牛头形铜带钩，出土自威宁自治县"中水汉墓"。据考古学家考证认为，是夜郎时期的民族墓葬。

贵州部分民族的服饰中展示出了独特多变的牛文化，牛形的纹样有的写实，如用蜡绘画或用针刺绣一头牛，有的写意，有的极度简化，如只绘画或刺绣一个牛头或一对牛角或几个牛漩。苗族同胞常常将"牛漩"和"牛角形鼓架"视为水牛的象征。

苗族是个格外器重银饰的民族。居住在雷公山麓的苗族姑娘多头戴"牛角形银冠"，而住在乌蒙山区的苗族同胞则多用牛角形木梳插在头上作装饰，因此被人称为"长角苗"。居住在舞阳河畔的苗族女子常身着没有扣子的衣服，腰间系长长的花带，花带几乎从臀部拖到脚后跟。有研究认为，花带的形制是仿照牛尾，是仿生学在服饰中的体现。

三、舞蹈中的耕牛崇拜

民族舞蹈中也有对牛崇拜的具体体现。居住于都柳江和龙江上游的水族流行"斗牛舞"或者"斗角舞"，这是用篾条之类的材料制作成牛的形象然后模仿水牛格斗的民间舞蹈，生动有趣。

苗族舞蹈有一种"踩铜鼓"的舞蹈，主要见于"过苗年""吃鼓藏"等重大庆典中。在舞蹈中，悬挂铜鼓的铜鼓柱制成牛角形，铜鼓由两人合作敲击，敲出来的鼓声酷似水牛叫声。村民们围着铜鼓跳舞，祈求来年的丰收。

四、婚恋习俗中的耕牛崇拜

由于牛在人们的生活中扮演着举足轻重的角色，在古代苗族社会中常以牛的数目来衡量财富的多少。因此，婚嫁中以牛为彩礼曾盛极一时。随着社会经济的发展，彩礼中的耕牛变成了首饰和金钱，但以牛为彩礼的遗风在婚礼对歌中仍清晰可见。苗族婚礼上演唱的"姑舅表优先婚"古歌，其歌词内容主要是：母舅坚持"养女还舅"，数目是120头牛、120头猪、120头羊、120只鸡、120只鸭，经过讨价还价，最后降到12个鸡蛋、12碗酸汤，最后才允许外甥女另嫁他人。侗族婚恋中的"牛文化"，突出表现在"行歌坐月"上。月明星稀之夜，小伙子们在"月堂"里对唱情歌，其间要用一种形似牛腿的拉弦乐器伴奏，那乐器因名"牛腿琴"。

五、饮酒习俗中的耕牛崇拜

贵州人喜喝酒，贵州酒史源远流长，各族人民在长期的酿酒、喝酒过程中，形成了独特的酿酒技术和富有趣味的饮酒习俗。

苗乡侗寨有一风俗，每当贵客进入村寨，必以酒拦路迎接。拦路酒少则三五道，多至十二道，最后一道设于村寨门口，用的便是牛角杯。有的牛角杯做工精细，杯身错铜、错银，堪称民俗精品。按照习俗，喝牛角酒时客人不能用手接牛角，否则满满的一牛角酒就全属于客人了。

六、节庆活动中的耕牛崇拜

苗侗等族农民常在农闲时举行声势浩大的斗牛活动。格斗胜负关乎全寨子或全家族的声誉。据调查，数十年前的风俗是斗牛的赢家可以到输家吃喝三天，甚至抓走输家的家禽，尽兴而归。为了取胜，有的村寨专门饲养了用来格斗的斗牛，这种斗牛为全寨所有或家族所有。村民非常重视训练斗牛，训练方法很多，比如反映在儿童玩具上的"斗牛杆"。"斗牛杆"状似钉耙，只是铁钉耙换成了铁牛角；反映在游戏上是双方在河滩上各自手捏一团河沙，互相滚动碰撞，以此决定输赢。都柳江畔的侗族村民，用木筏子载水牛去打架，别有一番情趣。到了斗牛场上，众人簇拥，高呼"牛王来了"，威风凛凛。侗族斗牛场面，常被绘画在鼓楼上，场面十分热烈。即便鼓楼上的"款鼓"，也是用水牛皮制作的，非常神圣。

七、民族节日中的耕牛崇拜

贵州许多民族节日中都有关于耕牛的节日，如"牛王节"。"牛王节"体现出村民对牛的崇拜和感恩。各地各民族举办牛王节的时间各有不同，如仁怀、遵义一带仡佬族的牛王节是农历十月一日，布依族的牛王节是农历四月初八。节日当天一般都会让耕牛休息一天，用清水给其洗净并好吃好喝招待耕牛。清水江畔苗族同胞过"龙船节"时，会在龙头上安装一对水牛角。他们认为有了这种牛、龙合一的"神物"，必会风调雨顺、丰产丰收。

八、祭祀活动中的耕牛崇拜

在贵州传统节日中，也有很多祭祀耕牛的习俗。在祭祀之前，一般都会让耕牛跟人一样吃肉、喝酒、吃糍粑，如同对祖先一样尊敬。

在很多苗族村寨中，用于祭祖的水牯牛在祭祀完毕后留下的牛角与祖先具有同等神圣的地位。苗寨中的一些富裕人家会在老人去世后杀牛随葬，并留下牛角作为象征。祭祀的牛角作为亡灵和祖先的代表，是神圣而庄严的，不能随便触摸，但不懂事的孩童例外，孩童触摸牛角的意思是"孙孙和他爷爷玩"。

九、贵州耕牛崇拜文化体现了丰富的内涵

一是祈求丰产。耕牛在农业社会中扮演着重要的角色，吃草咽糠，辛勤劳作。李纲在《病牛》中描述道："耕犁千亩实千箱，力尽筋疲谁复伤？但得众生皆得饱，不辞羸病卧残阳。"形象地表达了牛的牺牲和人们对牛的喜爱和感激之情。对耕牛的崇拜寄托了劳苦大众祈求丰收、生活安康的美好愿望。二是彰显力量。在传统农耕社会，耕牛是第一生产力，因此，在民间的传说中，不同于汉族的虎是力量之王的说法，牛的威力是最大的。在苗族传说中，水牛与老虎是兄弟，为了争当大哥，水牛和老虎进行了殊死搏斗，最后水牛胜出，因此最有力量是水牛。对牛的崇拜体现了贵州人民在开发贵州的过程中辛苦劳作、与天斗争、与地争食的不屈意念，也是贵州人民自身形象的写照。三是祈福辟邪。牛被当作财神来供奉，在乌当《牛王财神二金像新塑暨妆造神龛碑序碑》中有所表现。碑立于乌当协天宫右厢房内。协天宫又名"财神庙"，始建年代不详。清乾隆、嘉庆年间及光绪十六年

（1890 年）数次大修。右厢房内墙壁上嵌碑刻 8 通，其中《塑财神像碑》为 100 余名信士公立于清嘉庆六年（1801 年），青石方首，高 0.95m，宽 2m，厚 0.13m，首题"牛王财神二金像新塑暨妆造神龛碑序"16 字，碑文楷书阴刻，61 行，满行 23 字，共计 1300 余字，记述了在协天宫内雕塑牛王财神菩萨事。

耕牛是传统农耕社会的典型文化符号，深受百姓的喜爱。在贵州大地上，对耕牛的崇拜体现在农业生产、民居建筑、民族服饰、舞蹈、婚恋习俗、节庆节日、祭祀活动等生产生活中，融入贯穿了贵州人民生活的方方面面。耕牛坚韧不拔、辛苦劳作的精神影响并塑造了贵州人民坚强的性格，耕牛崇拜也不断丰富了多彩的贵州民族文化。

第六节 贵州布依族石板民居——石山环境的适应

贵州是多民族聚居的省份，有苗、侗、布依、水、土家、彝、仡佬、瑶等世居少数民族。布依族是贵州的土著民族，据资料记载，早在石器时代就在这里繁衍生息。布依族与壮族有着同源的关系，都是古代"百越"族的一支。主要分布在贵州、云南、四川等省份，其中贵州布依族分布最多，主要集中在贵阳、安顺、黔西南、黔南等地。布依族人喜欢居住在有水的地方，所以多选择有河流经过的地方居住。居住在贵阳的花溪、龙里，安顺的平坝、镇宁等地的布依族利用当地丰富的石材修建石板房，形成了独具特色的石板民居，同时也造就了本民族的建筑符号特色。除房屋的檩条和椽子是木质的，其余都用石头建造而成。如来到镇宁的布依村寨，布依族居民们住的房屋全是用石头建造的，石头砌的墙，石头做的窗户，石板盖的屋顶，仿佛进入了一座石头城。这种石头建造的房子粗犷大气，冬暖夏凉、防风、防雨、外形古朴，独具特色。形成了这一地区布依族传统民居独特的建筑风格。

一、布依族石板房的建筑符号特色

布依族民居在修建房屋十分讲究，要先看风水选址，一般选在背靠青山，面朝流水的地方，他们修建房屋比较注重生态文化。他们的生活方式、风俗习惯、宗教信仰等因素都能体现在布依族房屋的建造中，同时这些因素也成就了布依族传统民居的建筑符号和风格特色。

在贵州布依族村寨，利用当地丰富的石材修建房屋就成为布依族传统建筑分符号特色，就地取材不仅具有经济效益，而且充分展现建筑的地域文化符号特征。贵州布依族石板房是布依族人民将房屋、人与自然环境相互依存，和谐依存的生态文化观的集中体现。布依族人民在建设房屋时要先勘察场地气候等条件，综合考虑地势的利用，合理设计布局、朝向等。对于房屋的选材、运送等因素都要综合考虑。布依族传统民居一般依山傍水而建，受地势高低变化的影响，布依族民居建筑群也随地势高低变化形成错落有致的构成形式，这也形成了布依族建筑的特色符号。

布依族民居融合了布依族人的宗教信仰、价值观念、建筑审美等观念。他们对于建筑中的朝向布局，造型设计和功能分区等进行合理的设计，把人与动物的空间分开，又有联系，方便人的活动，又注重环境的卫生整洁。

(一)布依族民居建筑材料的地方性特征

贵州属于山区，大部分地区以山地为主，贵州的布依族聚居区域石材丰富，当地盛产优质页岩石料，布依族人就近取材就用当地丰富的石材，建造了布依族石头房子，这些房屋造型简单，古朴实用、房屋十分牢固、功能齐全、冬暖夏凉、居住舒适的本土布依族石板房。

布依族人喜欢依山傍水而居，一般布依族村寨都集中在山脚修建，村子周围必有河流，房前屋后生长着茂密的树木、竹林。布依族人利用这些天然的石材、木材建设自己的家园，形成了布依族民居建筑材料的地方性特征。

(二)布依族民居建筑材料的易用性特征

贵州布依族主要聚居地区的石材岩层外露、天然分层、硬度合适，比较容易开采，布依族人民利用这一有利自然资源，开采当地的页岩石材进行加工修整，便用来修建房屋，包括屋顶也用这样的石板来代替瓦片。利用周围天然的优质木材做檩条和椽子，建筑材料就在当地就能解决。布依族利用自己的聪明才智，合理利用当地石材的易用，易开采和易加工等特征，节省了大量人力、物力和材料成本，因此这些石材被布依族所喜爱，也成为布依族民居建筑的主要材料。

二、布依族石板民居建筑符号的审美价值

布依族人喜欢族群居住，他们的传统建筑也因此形成与发展，建筑符号同样来自布依族人的传统信仰观念和农耕生产方式。布依族的石板房建筑符号有着和他们生活息息相关的实用功能和不可忽视的艺术审美价值。

布依族的建筑历史悠久，传统建筑风格则于明、清以后形成，这与当时的社会生活、社会现状有着必然的联系。

布依族建筑符号的形成和发展，不但体现了本民族的物质文化现象，同时也体现当地的特殊环境的区域性、民族性和时代性，还深刻体现了布依族人民对于物质表现特有的精神内涵。居住在贵州安顺的布依族在传统"干栏"式建筑的主体风格上改建石头房，使其成为这一地区布依民居的建筑符号和风格特色，它的发展与演变不仅是布依族人们智慧的体现，而且也体现社会的精神文化与物质文化。石板房是布依族人民建筑的主要符号特征，同时也是他们本民族物质文化和精神文化的具体体现。

布依族民居建筑符号是布依族历史文化的再现，蕴含着布依族人的精神价值和审美意识，体现了布依族人丰富的想象力和创造力。布依族人崇尚自然生态观，依靠自己的勤劳和智慧创建独具特色的民居建筑符号风格，充分展现了他们本民族的悠久历史和文化精髓，他们利用当地的天然材料来建造家园。石板房是布依族人民合理利用自然、用心改造自然的成果，他们将大自然与生态环境巧妙地融合在一起，实现了人与自然的完美结合，相互依存的理念，是值得我们去研究和继承发扬的。

第七节　贵州岩画资源以及远古文化

贵州省位于我国西南部地势第二级阶梯的云贵高原上，平均海拔1100m左右。贵州省西部地区地势最高，中部稍低，自中部起向北、东、南三面倾斜。世界岩画发现表明，有岩画的地区，也是史前文化较为发达的地区。贵州以其丰富的岩画发现与史前文化著称于世。贵州是岩画大省，主要分布在少数民族地区，是古老少数民族祖先所做，反映着古代贵州的少数民族经济社会发展状况。

岩画是先人们为描绘人类的自身生活，表达其想象和愿望，而在岩石上刻画和涂绘的各种符号、图形及图案。岩画也被称为"岩石艺术"（Roekart）。贵州省是我国岩画较多的省份之一，据《贵州省·文物志》记载，"截至2001年，贵州境内已在12个县市内发现各类岩画23处"。20世纪50年代，人们在六枝县的桃花洞首次发现一批岩画后，贵州岩画进入世人视野，特别是学术界。许多学者、专家从不同角度对贵州岩画做研究，并且取得了一些可喜成果。

一、贵州岩画的题材

贵州岩画绝大多数分布在少数民族地区，所占比例为86%。岩画所在地附近的村寨也有一些是苗族、汉族或布依族、汉族杂居。但有一个现象：大约有40%的当地村民是从外地迁徙来的。其中包汉族，也包括少数民族。

贵州岩画的题材内容大致可以归为三类：图形、符号和线条。其中，动物图案占30%，与人或人体有关的图案占25%，不明符号的35%，似文字的图案约为10%。其中：

（1）动物图案中关于马的图案较多。在28处岩画中，有马的岩画达16处。其中，七马图、安顺金齿洞岩画的图案100%全是关于马的图案；紫云猫猫冲岩画的图案中关于马的图案达25%。

（2）与人体有关的图案大多是关于人的手掌图形和手指图形。手掌图形主要集中贞丰红岩脚和惠水大龙乡，约占这两幅岩画图案的63%。特别是贞丰红崖岩画，大小各异的手印岩画有一千多个。手指图案主要集中在孟关猫洞和长顺付家院岩画，约占这两处岩画总数的13%。

（3）符号图案中，有很多不明意义的图案和符号以及似文似字的图案。其中，不明意义的图案中，又以类似于圆形的最多，在长顺的付家院、紫云猫猫冲、惠水大龙乡以及龙里巫山等都有类似圆形的图案。在册亨，则存在一些不明意义的类似于房屋构造和圆圈的符号。而笃山大岩脚和写字岩、普定空山反字岩以及红崖天书则都是似文似字的图案。

二、贵州岩画遗址时空分布

贵州岩画遗址时空分布变化与区域地貌环境密切相关，贵州省喀斯特地貌发育，占贵州省土地面积的61.9%。因碳酸盐类岩石的可溶性形成的洞穴，其中的一些洞穴就成为石器时代人类的天然居所，在众多洞穴的堆积物中常常可以找到远古人类劳动、生息的遗物和遗迹。这一特殊的地形也给贵州旧石器时代以来至各历史时期的文化交融传播变迁创造了条件。更新世的考古发现，大气环流、地球化学、地质构造、生物演化等都提供出有力证据，表明贵州大地与今天的面貌截然不同。这里有着适合于早期人类生存与发展的生态环境，而岩画与古人类生息繁衍就与环境息息相关。

贵州是喀斯特地理环境最典型的地区之一，峡谷深切，河流蜿蜒，发育良好的峰林、崖壁、洞穴、岩壁、岩厦、岩腔随处可见。史前人类活动频繁，史前时期人类活动的遗址就有300余处。岩石就是岩画的载体，喀斯特岩溶世界给古人创作岩画提供了天然的条件。

从贵州目前已经发现的岩画遗址来看，古人在立意作画之前，对岩画的选址十分讲究，对即将要作画的岩石、岩壁以及周边环境也有十分严格的要求。一般选择向阳、避雨、朝向东方或东南，迎面开阔，距离水不远、岩面高大平整的白色崖壁或岩石窟穴，如贞丰大红岩岩画、长顺傅家岩岩画、龙里巫山岩画、六枝木岗岩画等。也有在古老驿道一侧的山体岩壁上，如关岭马马岩岩画、六枝木则岩刻画、息烽三妹岩画、丹寨石桥岩画等。贵州岩画也有相当一部分发现在古人所居住的溶洞洞穴石壁上，如兴义猫猫洞岩画、惠水岩画群、六枝观音洞岩画、册亨郭家洞岩画和贵阳孟关猫坡洞岩画等。由于贵州岩画有很大一部分是古人在祭祀仪式的同时所创作的，因此为了表达对天、对上苍的诚意，选择一些离天更近的山顶的岩壁或岩厦来绘制。比如，关岭红崖天书、安龙梨树岩画岩书、贞丰大红岩岩画等。这充分说明，岩画者在创作时所考虑作画的空间不再仅限于岩画平面空间，而它已成为作画者表达精神世界的场所。

考古发现表明，贵州境的古人类在旧石器时代晚期开始制作精美的骨、角、牙、蚌等器物。出土的穿孔蚌器装饰品有穿孔动物犬齿、刻符骨块、似鸟形骨制饰品，还有刻有经纬纹的小砾石，有刻痕豪猪牙和局部磨制的石器等，这些反映出当时人类爱美审美意识，是古人类的装饰和艺术品。

贵州古人类在进入新石器时代，继承沿袭了旧石器时代人类的艺术加工，更精美、器形也更多。并出现了陶器，特别是在陶器上的装饰纹样，更直接地反映出了美的视觉冲击。有粗细绳纹、方格纹、维刺纹、刻划纹、附加锥纹、网纹。在平坝飞虎山洞穴遗址陶片中还发现了三片彩陶，一片是在泥质灰陶的内外施以粉橙色陶衣上绘有两条平行的红色条带。

目前，贵州的崇山峻岭的山崖上、洞穴中都发现岩画点。在开阳、息烽、花溪、修文、龙里、惠水、长顺、六枝、水城，兴义、安龙、册亨、普安、贞丰、安顺、关岭、普定、紫云、镇远、丹寨，赤水、道真、江口、毕节24个县（市、区），共发现岩（崖、洞穴）画40余处。其中以贞丰、龙里、长顺、惠水、开阳等地岩画最多。贵州岩画主要集中分布在以贞丰大红岩岩画点为代表的北盘江流域和以龙里巫山岩画点为代表的黔中地区。

三、贵州岩画特征

贵州岩画及西南岩画甚至南方岩画都与北方岩画有所区别。在文化圈上属于西南山地类型的岩画，为西南高原文化圈，由于域、地理环境、古代民族组成、文化生态环境，使这一地区的岩画与云南、广西、四川岩画较为接近，有的甚至雷同。岩画表现的物种和文化生态内容属于西南山地类型岩画，在图形内容方面展露出的民俗和文化习俗为西南高原文化圈。

贵州岩画从画址现状、相关遗存等方面，与川、滇、桂等地岩画在时代上较接近，而与北方岩画迥然不同，说明西南岩画是同一种模式，因此在产生时间上处于同一个时期，即除个别地点可追溯到旧石器时代晚期至商周时期外，大多数地点的岩画为战国至唐宋时期，有些晚至明代。而作者认为，与生活在贵州境内相应历史时期的远古人类、百越、百濮、氐羌、苗瑶四大族群，今天被称为彝、仡佬、布依、苗、侗、水、瑶等民族有关。

贵州岩画作为文字萌芽前的古代艺术和文字出现后的古代民族艺术盛宴，它是献给神灵的，也是古代人类族群给自己的狂欢。它蕴藏着古代人类太多的秘密，以至于我们大多无法去解读。

四、贵州岩画艺术

包括贵州在内的中国西南和东南亚地区史前墓葬中和以后历史时期墓葬中使用红色粉末、红烧土等尚红习俗有关。由此可见，红色颜料被古代人用于画岩画石不足为奇。颜料一般是铁系天然矿物质与动物血、朱砂、骨胶等作为黏合剂混合起来使用，使它能保存久远而不褪色或衰变。制作岩画是一种技术活动，贵州岩画主要以涂绘、勾勒、吹、喷、印等技术活动去完善图形内容。用刻或绘的方法勾画出作画对象的轮廓外形，再进行凿刻或涂绘该物体形象。可用涂绘方法和凿刻的方法勾画，如贞丰大红崖岩画的熊图形就是先勾勒绘制之后再涂绘的。

涂绘是区别于凿刻而对应的方法。贵州岩画与我国南方岩画，大都使用红色矿物质颜料，采取涂绘的形式完成图形。该方法是用软质工具蘸颜料涂绘。马鬃、皮毛、羽毛、植物纤维都可用来制笔，也可用手指来涂抹颜色的。也可用管子将粉状颜料直接吹到岩石上，还可用嘴把颜料喷到岩石上，用制好的图形或原物(如手、树叶、脚掌等)直接粘颜料印在岩石上。凿刻是区别于涂绘的一种方法，用工具去掉岩石表面暗色的岩晒，露出较亮的原始层，用打磨了的尖角燧石器来琢出图案，或用石錾子和石斧进行，用石块磨掉或擦刮掉岩石表面的覆盖物，再深深地刻进岩石中去。有敲凿法、磨刻法、线刻法，北方岩画大多如此。贵州省仅六枝木岗、安龙洒雨、修文黄鹰岩、赤水官渡、安龙和习水有零星发现。

岩画作为各历史时期人群物质、精神、文化的艺术再现，代表了多个历史的节点，它所提供出的信息不只是一些古代艺术家们在岩画上以平面造型、两度空间的简单线条、色块组织构成的图形。从这些图形的背后，我们看到的是贵州地域文化的深厚，它体现了人类审美意识的萌芽。贵州岩画由于地域、民族的原因，属南方西南系统，它已经打破了地缘的物理空间，如果我们视觉思维定格邀游在岩画建立的时间中，隐藏在岩画图像中西南民族特有的交感巫术、崇拜祭祀、生产生活场景便会浮现出来。

从这一处处、一片片、一幅幅古朴写实、清晰生动、稚嫩拙朴、诡异难测的图形中，透露出贵州高原古代人类与古代民族物质生活、精神世界的方方面面。还正向许多方面延伸，并联系和涵盖贵州各时段、各族群的历史文化。

贵州岩画与世界、中国岩画的某些符号、物象有着惊人的相似性：如太阳、十字形符号、鸟崇拜、狩猎交感巫术等，几乎所有远古族群都有；符号、手印、龙形、人面像、野生动物等，表现出史前远古遗风；马文化表现出汉唐时代烙印，牛反映游牧放牧文化。

这些凝固在岩石上的图形载体隐埋根植在历史的长河中，它引领我们把目光投向今天贵州少数民族具有丰厚文化传统的傩舞文化、服饰文化、铜鼓文化、鬼神文化、祭祖文化、丧葬文化、节日活动和其他习俗中。

贵州岩画运用绘画语言所留下的形象记录，向我们讲述了远古时期古人类的一些片断，真实地记录留存各民族的文化特征，从这些凝固在岩石上静态的艺术沉淀或记录中那具有个性色彩的物质元素中，远古人类、古代民族的文化与生活情景得以表述。岩画以其风格迥异的点滴，那具象的记录，视觉形象的表述，为我们真实解读追溯民族题材或少数民族题材绘画提供了依据。

第八节 贵州毛南族原生态传统体育文化

2000 年全国第五次人口调查显示，毛南族现有人口 107200 人，是我国人口较少的山地民族之一。贵州毛南族主要分布在黔南州的平塘、惠水、独山 3 县的 6 个乡（镇）、46个行政村，约有人口 35965 人，约占全国毛南族人口总数的 27.00%。勤劳勇敢的贵州毛南族人民在历史发展的进程中，为了适应生产力和社会发展的需要，创造了丰富多彩的民族传统体育文化。历史悠久的毛南族传统体育文化不仅具有独特的价值功能和鲜明的文化特色，而且为本民族地区的经济文化发展，加强民族团结，发展民族个性，增强民族凝聚力，构建和谐社会，提高身心素质起到了积极的促进作用。

史籍资料显示，毛南族是从古"百越"中的"僚"分化、发展而来的，汉末至隋唐，毛南族同水族、侗族和仫佬族都分布在僚人居住的黔桂边境。

《黔南州志·民族志》中记载："平塘县境的毛南族称，其祖先系明万历年间由江西临江府迁至，部分毛南族称来至广西"。毛南族原生态传统体育文化具有悠久的历史和深厚的文化内涵，它的形成与发展与毛南族人民的生存需要、生产劳动、生活娱乐、风俗习惯、社会斗争和宗教祭祀有着极为密切的联系。在远古时代，由于特殊的地理位置和自然环境的影响，形成了贵州毛南族自身独特的山地体育文化。毛南族原生态传统体育活动最初产生于毛南族先民淳朴的自然生活与生产劳动中，生活在封闭的崇山峻岭中的毛南人民，以狩猎和农耕为基本生产方式，在牧猎与农耕文化背景下，逐渐形成了攀爬、追猎、跳跃、投石等基本动作技能。毛南人民在漫长的历史进程中，思想意识逐渐成熟，情感丰富，当人们在获取猎物、打败侵敌、谷物丰收或民俗婚嫁、祭祀等活动中，会自发组织一些民俗民间文化娱乐活动，载歌载舞，欢声庆典，以表达内心的激情，满足身心活动的需要。传统的春节舞火龙、大年三十举火把游山、祭祀跳猴鼓舞等是后期毛南人从民俗民间传统文化活动中发展演变而来。由此可见，毛南族原生态传统体育文化在民族的生存需求、宗教信仰、生产劳动、生活方式及社会竞争等多重因素影响下逐渐传承发展至今。

随着社会进步，科学发展和外来文化的影响，毛南族地区原生态传统体育文化从内容到形式均发生了一定程度的变化。这些变化主要体现在：一是目前现存和已挖掘的项目共有 20 余种，但只有舞火龙、猴鼓舞、斗地牯牛、举火把游山等传统体育文化具有顽强的生命力在民间流传至今，并深受毛南人的喜爱。二是在贵州省毛南族山寨，传统的舞火龙、猴鼓舞、斗地牯牛、举火把游山等从规模上来看，参与人数相对减少，其活动规模有局限性，没有任何规范的竞赛规则和组织形式及固定的活动地点，多在传统节庆、参观活动及农闲时由乡政府举行或民间自发组织进行，经费主要由政府拨款和村里自筹及事主出资。三是毛南族传统体育文化活动内容不断流失异化，开展的传统体育活动中现代体育文化含量过多，而其具有民族原生态特色内容的元素逐渐减少，且竞技功能退化。在民族大众中真正了解舞火龙、猴鼓舞、举火把游山等传统体育文化内涵实质的人不多，仅限于少数本族长老和民间艺人掌握。

一、独特的民族性和地域性

毛南族传统体育文化在历史的进程中，随着时代的发展而不断更新，但它仍始终保持原始的民族文化元素。据资料记载，每逢毛南族传统节日，本民族地区要举行舞火龙、举火把游山等系列传统民俗民间活动，届时毛南族众身穿节日盛装成群结队，在欢乐的民俗氛围中积极参与各种传统体育活动，展现了浓郁的山地民族文化特色。如居住在平塘卡普乡的毛南族人，在有限的发展空间和农耕文化背景的影响下所开展的毛南族传统体育文化活动具有独特的山地民族文化特色，其民族传统体育文化的猴鼓舞、舞火龙、竹筒舞、斗地牯牛、骑马扛、荡秋千、斗捺奴等民族传统体育活动，充分体现出独特的民族性和地域性传统体育文化特色。

二、广泛的适应性和交融性

调查发现，毛南族传统体育不仅健身价值高，教育功能强，而且不受时间、季节、场地的限制，经费投入少，简单易学，能满足不同年龄、不同性别、不同层次、不同人群的需要。如少年儿童可选择运动量小、趣味性高、娱乐性强的斗地牯牛、猴鼓舞等项目来锻炼身体，中青年可选择难度大、技巧性高、竞技性强的石锁、舞火龙、举火把游山、同背等项目来增强体质，老年人可选择毛南棋等项目来修身养性，妇女可选择火把舞、竹筒舞等项目来娱乐身心。

内容丰富，形式多样的毛南族传统体育为开展全民健身活动提供了有利条件，具有广泛的适应性。不仅如此，毛南族传统体育文化随着社会的发展和与外来文化的交融，从内容结构到运动方式上均发生不同程度的变化。毛南族传统体育通过与各民族传统体育文化的相互交融，将外来体育文化精髓融入自身的文化体系中，如打陀螺、骑马扛等毛南族民间传统体育活动，在其动作的内容、形式、方法与规则的要求上均含有其他民族"打耗子、踩高跷"的成分，毛南族传统体育文化的交融与更新是各民族文化共融的结果。

毛南族民间的猴鼓舞、舞火龙等传统体育文化活动带有神秘的宗教色彩，表现出极为丰富的文化内涵其动作原始自然，朴实大方，形象逼真，给人以回归自然的享受，具有较高的竞技性、健身性、娱乐性和观赏性价值。它体现了毛南人民独特的民族个性和鲜明的文化特色，再现出贵州毛南族人民独特的文化表达方式和民族社会历史文化变迁的轨迹。

第九节 贵州少数民族民居建筑文化

贵州是一个多民族聚居的省份，有苗、布、侗、彝、水、仡佬、土家等 17 个世居民族，少数民族人口占贵州省人口的 1/3 以上。历史上，这些民族的民居在文化的激荡交融中不断发展变化，并在一些时间截面上展现出各自的面貌特点。如改革开放之前，布依、侗、水等民族民居屋顶，多悬山顶、支撑体为穿斗木构、覆盖材质以瓦居多并有少量的草茎叶。一楼结构多为三构六间或三构五间形式，一楼基础为全干栏或半干栏形式（也有无干栏的形式）。苗族、彝族、仡佬族等建筑风格既有干栏特点也有板筑特色。这些民族民居建筑面貌与各民族生计方式紧密结合，并连同内置于各民族内部的建筑信仰文化体系一起，构成了贵州每一个民族的独具特色的建筑文化。

贵州少数民族民居建筑过程中，一般都有仪式文化要素，如定址仪式、开基与伐木仪式、立柱或上大梁仪式、安香火仪式、开财门仪式等。

定址仪式是根据民族民间的风水观来选建筑朝向、建筑基址中的一个重要环节，也是整个建筑开建的第一个步骤。

开基仪式在贵州布依族、彝族民间也叫砍木头仪式、奠土仪式，或叫架马仪式。以前以土木结构为风格的民居开建时，家家都要举行此仪式，要杀鸡、煮肉和奠酒，并念许多吉祥语，现在由于用了砖混结构，举行此仪式的人家不多了。

一、立柱或上大梁仪式

立柱或上大梁仪式是在贵州许多民族传统土木结构或纯木构民居建筑过程中必不可少的仪式，在立组柱及上中梁过程中，此仪式充满着喜庆与热烈的气氛，中梁承载着舅家家族与本家族的双重祝福与希望，因此上中梁是整个传统建筑过程中文化信息最集中的环节。现在由于木结构房的减少，此仪式呈现消退之势（个别地区以浇灌封顶仪式替换）。

二、安香火仪式

安香火仪式是给祖灵以及其他诸如儒、释、道、财、艺、灶、天地等诸"神"建新龛并隆重地请进新家的重要仪式，此项仪式曾在贵州土家族以及部分布依、侗、彝、苗、仡佬、水等民族中盛行。近些年来，民居新材料新结构取代了传统材料与结构，特别是结构的变化，过去祖先堂——堂屋的位置变得不清晰，所以此项仪式减少了。

三、开财门

开财门，在贵州各民族地区也叫"进新"，或叫"烧锅底"，既有"迎神纳祥"之内容，也有世俗庆贺的含义。过去开财门的双重功能的权重是并列的，甚至"迎神纳祥"的意义更重些。今天，人们则更强调世俗庆贺的内容，点香上供祈福谢神的仪式几乎退出了进新的议程。

四、风　水

布依、彝等部分贵州少数民族过去比较讲究风水。即讲究新居选址是否与传统风水观中的神灵居址相正位或相协调，如要正靠祖山（玄武），左青龙与右白虎要对称，正前方为案山和朝山（朱雀），同时讲究藏风和纳气，忌水流或公路的冲煞。

五、神　位

过去，贵州侗、布依、水、仡佬以及部分彝、苗等民族的神龛的正位置是在三居室的一楼正中墙壁上，神龛正对堂屋双合门，有开门便见、"神位应案山"的特点，但现在由于房屋结构的变化，有的人家干脆就不再留神龛，即便仍存的人家也将神龛搬到了二楼不是很居中的房间中，六枝特区箐口乡下麻翁村彝族的许多砖混新居多有此特点，甚至该村中被誉为彝族文化代言人的毕摩张昌富家也不例外，他家的神龛是安在二楼楼梯口的房间墙上的。他说这种变化主要是一楼要做生意，再者房子在路边上车多、人多，对祖灵也不好。不过这种错位他认为"很不好，如杀年猪供饭、点香、烧纸钱、儿孙跪拜等都很不方便。最关键的是与祖宗们的做法很不吻合"。

民族地区传统的居住建筑与其所从事的主要生计方式是有紧密联系的，特别是以自给自足的传统农业为生计方式的地区更是如此。民居既是人祖共居的居所，也是粮食脱粒、加工、籽种储存、工具收藏摆放、畜禽饲养的综合场地。

第十节　贵州蚩尤文化资源与特色

蚩尤文化是由蚩尤部落及其后裔在历史过程中所创制的文化事象。目前，贵州是蚩尤族后裔苗族的大本营，因此，活态存在成为贵州蚩尤文化资源的显著特色。蚩尤文化起源于丘陵稻作农业，后因种种因素经历了从丘陵过平原迁徙而至贵州山地，这使得贵州蚩尤文化资源还兼具了丘陵、平原、山地综合性地缘特色。

如果苗族是蚩尤部落后裔的话，那么就可以从苗族目前的分布来推测蚩尤部落在战败之后不断向西部山地迁徙的最后落脚点。经过上千年迁徙，苗族目前已分散在世界各地，但尤以现今的武陵山脉南部和苗岭山脉一带最为集中。这一带正属于贵州的界域之内，因而可以说，贵州就是蚩尤族后裔的大本营。人是文化的重要载体之一，有人存在就会有文化的存在。自此意义上，蚩尤文化在贵州的存在就是苗族文化。蚩尤文化就其在贵州的存在与其在异地他区的存在而言，其独特性两个方面凸显出来：其一是以活态方式存在，并且还不断地得到发展和创新；其二是综合了丘陵、平原、山地、高原的地缘特色。

文化是人的生活方式及生活痕迹。如前所述，蚩尤部落的足迹遍布了大江南北，因而广泛分布是蚩尤文化必然具有的特征。虽然蚩尤文化分布广泛，但蚩尤后裔的迁徙性而非扩展性，从而除苗族群体仍然是其活性载体而对其进行传承之外，其他地区的蚩尤文化存在，因蚩尤族后裔的迁徙离去，而实质上仅是蚩尤族曾经的生活痕迹而已。这些曾经的生活痕迹只能通过考古才能获知，而通过考古获知的文化，实质上就是一种已经没有了生命的文化。分布在湖南的蚩尤屋、蚩尤场、蚩尤坪等的蚩尤文化，当地人除了要依赖其带来旅游收入之外，不会再有人感觉到这些场所的神圣性。实际上，这些所谓的蚩尤文化仅仅是一种物质性存在而已，而物质性的存在之所以具有文化意义，主要的是这些物质性背后的情感因素。当物质性存在背后的情感因素消失了，那么这些物质性存在也就失去了文化的意义。同样的道理，长江中下游的良渚文化、河姆渡文化(应该也属于蚩尤文化)，以及中原平原区、山东丘陵带等地区的蚩尤文化事象，如蚩尤泉、蚩尤城、蚩尤陵、蚩尤冢等，实际上也只是一些失去活性的文化事象而已，因为当地人对这些文化事象已经没有多少感情了。

蚩尤文化在贵州的境遇如何？苗族自认为是蚩尤族后裔的主体，而苗族又以贵州为居住中心和大本营。在这个意义上，蚩尤文化在贵州因存在苗族这个活的载体而使其表现出与其他地区不一样的存在状态。问题是苗族是不是蚩尤族的后裔？我们知道，蚩尤部落联盟在与炎黄部族冲突中战败，部落联盟首领蚩尤被砍掉了脑袋，做了断头鬼。

我们也知道，蚩尤在汉文献和正史中一直以邪恶或怪物形象而存在。但是，在苗族民间资料中，蚩尤却一直保持着心直口快、刚正不阿、和善待人的正人君子形象，而炎帝、黄帝则成为精于诡计、善于阴谋、言而无信的龌龊小人。在胜王败寇的思维认识中，属于"寇"的人是邪恶的、丑陋的，应该是要被清除的。"非我族类，其心必异"，"异心者"则应当消灭。尽管断头鬼蚩尤被当作"寇"而被丑化，然而，苗族却不仅将他当作先祖来褒扬、尊崇、祭拜，而且还情愿即使被追剿、灭杀，放弃故地流落到蚊虫肆虐、瘴气弥漫、不宜人居的高巅、深谷，也不改初衷。如果仅从生存策略上来说，只要蚩尤部落的后裔放弃把蚩尤当作先祖祭拜而转向炎、黄先祖认同，那么，他们就将成为炎黄族的"同族类"，而不是"非族类"，那么他们也就不属于"异心者"了。只要不属于"异心者"，也就不太可能成为被不断追剿和戮杀的对象。从这个角度上看，现在的苗族毫无疑问与蚩尤族存在着很深的渊源关系。

从辩证法角度看，也正是苗族的固执与坚持，才使蚩尤文化传统在无意中不仅得到了较好的保存保护，而且还得到了不断的发展创新。

作为亚洲最早发明稻作文明的族群(这个观点尚待商榷)，与土地打交道的生产实践，使蚩尤族成为一个不是很有攻击性的民族。蚩尤族后裔——苗族逃到苗岭山脉、武陵山区时，这些地区中的易耕宜种之处已多为其他族群所占据，苗族不是与他们发生战争而是落草于山巅和深谷之中。高山之巅、深谷之沟的生存条件和环境，用苗族著名学者石启贵先生的话来说就是"山高马踏云，地瘠人耕石"。然而，也正是这种"踏云""耕石"的生存环境和生活条件，使苗族与其他族群的联系得以割裂。这样，苗族的生活就较少受其族群的影响，从而使蚩尤文化的本源性和本真性得到了较好的保存和传承。此外，历史不是一成不变的文物遗存，而是人的实践活动不断展开的过程，这个过程不但受原有实践活动所积累的经验的影响，同时也受到活动之时所处的环境以及所拥有的条件的制约。从这个角度上说，蚩尤文化正是凭借着苗族这个活的载体而不断地再迁徙中保存了自身的本源性、本真性，同时也在不断的迁徙中得以丰富、创新和发展。由此来看，正是具有了苗族这个活的载体，贵州的蚩尤文化才成为一种动态活性的传统文化。换而言之，就是一种以活态方式存在的传统文化，其之活态性通过苗族族体成员而得以展示。

文化是一种积累、积淀。蚩尤文化经历了从丘陵、平原，最后迁徙到贵州山地、高原的历程，从而综合了丘陵、平原与山地和高原的地域性特色，成为蚩尤文化在贵州不同于其在其他地区的另一个表现。这种特色主要从衣、食、住、行及信仰精神方面体现出来。

一、衣 饰

衣饰既反映了人们对环境的适应，也反映了人们的经历传统。贵州界域内的东、中、西部地区都有苗族分布。由于居住环境和条件存在着差异，因而分居各地区的苗族衣饰也有所不同。但是，无论是那个地区的苗族衣饰，它们的装饰图形与图案，几乎都记录了蚩尤族在历史过程中迁徙的经历。其中，牵牛过江图案、河流图案、马蹄图案等最为核心。苗族衣饰被称为"穿在身上的史诗"正是缘于这个原因，苗族衣饰的类型、装饰在一定程度上也反映了这个族群在不同地域生存经历的累积和沉淀。最为典型的是，无论分居在东部，还是分局在中部、西部，苗族都存在着超短裙衣着的记忆，尽管现在不少地区已不再制作和穿着。我们知道，苗族现在不是高山就是深沟的生存条件和环境，不仅气温低，而且荆棘密布。仅就实用功能来看，短裙衣着一点作用也没有。由此看来，短裙衣饰只能是苗族群体对曾经在温暖平原生活过的经历的一种记忆而已。再如，苗族衣饰中绑腿习俗。苗族不论分居何处，也无论男女，在衣饰上都有绑腿的习惯。苗族绑腿不是将裤子与脚包在一起，而是直接绑在腿上。苗族的绑腿是在寒冬季节才绑的，御寒取向十分明显，因而苗族的绑腿习俗，显然是苗族迁徙到山地、高原之后，为适应新的生存环境和生活条件而发明的。苗族的绑腿习俗同时也与苗族在丘陵和平原生存时形成的衣饰（宽松异常的裤子或裙子）相匹配。

二、饮食习俗

苗族饮食习俗上也表现了综合性地缘经历的沉淀。"喜酸""爱鱼""好糯"，是苗族丰富厚重文化中为众人所称道的饮食习俗。所谓的喜酸，就是指苗族群体无论分居何处（主要是指国内）都喜欢酸味饮食（国外苗族已没有这个习俗）。苗族的酸味饮食种类很多，包括酸菜、酸鱼、酸肉等。酸味饮食在苗族社会中十分普遍，在某种程度上可以说，凡是可以作为菜类的东西，苗族通常都能做出酸味来。有观点认为，苗族之所以喜酸，是因为苗族迁徙到山地高原之后缺盐之故（这个观点尚待深入分析和考证）。钱定平先生认为，蚩尤族原有居处并不缺盐，他甚至认为蚩尤族之所以兴盛很大程度上正是得益于其占有产盐地之故。根据钱先生的推断，苗族的酸味饮食文化习俗是苗族迁徙至山地高原之后的产物。

苗族爱鱼在少数民族中也是比较出名的。苗族的爱鱼习俗，不仅表现为爱养鱼、爱吃鱼、爱吃酸汤鱼，更表现在祭祀中必须要有鱼（此现象现在已逐渐改变）。在不少民族看来，在年夜饭中的鱼意味着"年年有余（鱼）"，但在苗族看来，"鱼"却是告慰逝去的先人，你的子孙仍然同鱼一样自由地繁殖、生活。鱼的象征意义在苗族社会中具有十分独特的性质，它象征的是生命而不是财富。比如，苗族父母通过在井里或河流深渊处放几条鱼，以将身体较弱的小孩寄托给井神、河神看护。苗族的爱鱼某种意义上是丘陵、平原文化经历的延续。

苗族的祭祀活动也几乎不能缺少糯米糍粑。只要对苗族文化有较深了解的人都知道，苗族招待客人的最高级别不是酒、肉，也不是歌舞，而是专门为来客制造糯米糍粑。糯米在苗族社会中是一种普遍性粮食，从稀缺程度来说不如酒、肉，但制造糯米糍粑却是一种繁杂繁重的工作，因而糯米糍粑是不轻易制造的。糯稻这种植物环境适应很强，不管是丘陵、平原，还是山地、高原，它都能够生长。蚩尤族是最早发明稻作文化的民族之一。稻、鱼、糯这三种事物具有很强的关联性。稻的生存需要水，鱼就生活在水中，稻生长的地方通常也生长着鱼，而糯是稻中的一种。语言是人类对世界认识的载体，在苗族语言中，稻、鱼、糯这三种事物同音别调。从人对认识事物的发生学来看，人类应该是先认识稻，然后才认识生活在稻下的鱼，最后才逐渐对不同种类的稻进行区别。蚩尤族认识稻应该是生活在丘陵之时。因此，像爱鱼习俗一样，苗族的好糯习俗也应属于丘陵、平原文化的遗存。由于平原地区温暖湿润，糍粑不易保存，因此，便于携带、保存时间较长，随时可以食用的糯米糍粑，应该是苗族适应迁徙和山地、高原环境的结果。

三、住居建造

苗族住居建造也十分显著地体现了综合性地缘特色。吊脚楼是我国西南地区最为显著的建筑风格。从起源论来说，这种建筑风格可能是由蚩尤族所发明和创制的。苗族作为蚩尤族的后裔主体，不仅继承了蚩尤文化传统中饮食文化喜稻好鱼的习惯，而且还将守稻护鱼的生产习惯延伸到住居房屋的建造上来。蚩尤族在训稻之后，稻成为了他们的主要粮食，但稻的生长需要平地蓄水，从而就形成了爱田、惜水的风俗习惯。这种习惯使蚩尤族即便迁徙到山地、高原之后仍然对其生产生活产生影响。比如，为了获得耕田农地，他们往往十分珍惜地势平缓之处，将平地缓坡保留下来，修建为能够蓄水的水田，以便种植水稻。这样，住所就只能建在山上。山上由于平地不足，为了拓展居住空间，以吊脚方式扩建居所面积和空间成为最佳方法。

通过吊脚楼方式拓展居住空间很大程度上则是守稻护鱼技术的延伸与迁移的结果。稻谷的储存是不能直接放在地面的，必须要与地面保持一定的距离，否则会因为受潮而很容易就腐坏烂掉。此外，远古时代飞鸟兽群糟稻捕鱼十分普遍，为了守稻护鱼，远古人类也可能会在稻田边或稻田上建造看护场所。看护场所与地面保持一定距离具有一定的防止蚊虫野兽袭扰的作用。因而，建造与地面保持一定距离的处所显然与稻作生产存在着密切的联系。目前，在苗族某些地区仍然盛行着的"水上粮仓"，以及仍偶尔可见的稻田上边或稻田上的简易茅屋，其功能就是存稻、护稻、护鱼。蚩尤族将他们在丘陵和平原地区所探索出的存守稻谷、看护鱼的技术，运用到山地的住所建造上来而演变成为吊脚建造技术，具有逻辑上的一致性。目前，吊脚楼住所建造还常用到石块、石板，这些是山地、高原中常有的建筑材料，但在丘陵、平原中则较少。由此可见，吊脚楼实际上就是多种地缘适应性的结果。

贵州蚩尤文化传统的综合地缘性在信仰、精神方面更具特色，这有待于我们进一步深入挖掘和整理。

第十一节　贵州侗族服饰文化

服饰作为一种视觉化的历史、文化记载和表现的方式及载体，反映出该民族的历史、文化信息。

　　贵州省侗族传统服饰就映射出其丰富的历史和文化。贵州省侗族分布：境内主要聚居在黔东南苗族侗族自治州的黎平、天柱、锦屏、从江、榕江、剑河、三穗、镇远、岑巩和铜仁地区的玉屏、万山特区，其余雷山、铜仁市、石阡、江口、松桃和荔波、福泉等地有部分散居侗族。1995 年，全国 1% 人口抽样调查贵州省侗族人口有 160700 人，占全国侗族之 55.7%（《贵州省志·民族志》）。贵州省侗族还有南北分区的情况，划分的主要依据是侗语，侗语分南北两部方言。划分的主要标志是锦屏县启蒙镇，启蒙镇以北为北部方言区，以南为南部方言区。北语方言包括天柱、新晃、靖县（烂泥冲）、剑河、三穗和锦屏北部，以锦屏"大同话"为代表；南部方言包括黎平、榕江、从江、通道、龙胜、三江、融水、镇远和锦屏南部，以锦屏的"启蒙话"为代表。南部方言区侗族服饰保持较好。北部方言区侗族服饰（头饰）汉化较为明显，除九寨、报京和大同 3 个地区尚还留有相对完整的民族服饰（头饰）外，北部其他侗族聚居地区传统服饰（头饰）的置备和穿戴都极少。

一、男性服饰和女性服饰

　　贵州省侗族服饰分男性服饰和女性服饰。其中男性服饰地区差异不大，基本上为对襟短上衣，长裤，裤管宽大。从江县有着右衽开襟短衣者，从江小黄头帕为织锦白底黑格，较特殊。另外，南侗部分地区男性盛装有头帕上插羽翎，彩带束腰，两条银链交于胸者；或为青衣白裤，腿部绑裹腿，左挎猎袋及火药葫芦；又有"银朝男子古装"。女性服饰分为裙装和裤装，主要以裙装为主（裤装流行于整个北侗地区和南侗小部分区域）。裙装分为两大类：一类是开胸对襟，一类是右衽大襟（以着不着胸兜为区别，着者为开胸对襟反之为右衽大襟）。

二、图案、纹样

　　在图案、纹样上，以几何纹样为主，多以常见的植物纹样进行抽象和变形，动物纹样相对较少。此外，与其生产、生活联系紧密的器物，如"笆篓""刀叉剑戟""纺车""稻穗"等以纹样、图案的方式融入其服饰（头饰）中。这一方面承载和反映出了侗族的历史、文化——农耕稻作和万物崇拜，同时还折射出侗族人民独特的审美心理、审美追求与审美品位。

三、发　式

　　发式如土堆，形似"萨坛"，隐喻着祖先的居所，它是生命收集与散发之地。它像萨玛神不仅体现了强大的生命力以及繁殖力，它还代表着"再生与复活"。所以年轻女性的髻上，往往枝繁叶茂，它是生命力旺盛的持续释放之地。而在中老年的头髻上，头饰远没有年轻姑娘那般炫耀，它表达出该民族对生命万物再次复活的强烈渴望，即渴望"再生"。所有这些构成了侗族对其传统文化的一种遥远而联系紧密的历史呼应。

四、服饰（头饰）

　　服饰（头饰）与该民族历史的关联更紧密。比如百褶裙的历史就很悠久。有学者指出：

"在唐以前的服饰文化中，最有特色的恐怕要数侗族妇女的百褶裙了。因为自唐朝至今为止，历史上各个朝代的服饰少有像侗族这种工序如此之多、做工如此精细的百褶裙。"又如发型、头饰也多有历史记录。侗族被认为是"中国少数民族中头饰最丰富的民族之一"。

《黎平府志》有诗说"高楼翠压千重树，雉尾珥环拜回互"。明代黎平府属"侗人，妇女之衣，长裤短裙，裙作细褶裙，后加一幅，刺绣杂文如缓，胸前又加绣布一方，用银钱贯次为饰，头髻加木梳于后，好带金银耳环，多至三五对，以线结于耳根。"关于六洞女性梳偏髻、插花饰的记载，清代文献说，"侗人，椎髻，首插雉尾，卉衣"；怀远（三江）侗人，"罗汉首插雉羽、椎髻，裹以木梳，着半边花袖衫，有裤无裙，衫最短，裤最长。女子挽偏髻，插长簪，花衫、耳环、手镯与男子同。有裙无裤，裙最短，露其膝，胸前裹肚，以银缀缀之，男女各徒跣"。

关于勾头鞋，学者多考证为是与舟船打交道的历史缩影。《越绝书·外传记越地传》说他们，"以舟为车，以楫为马"。对于古越人建造"干栏"和制作舟船的传统，侗族一支有所继承。他们还保持了许多与水事活动相关的习尚，如分布在各地的侗胞，都爱吃鱼虾蛤蚌，都从事稻田养鱼。

五、佩 戴

侗族女性头上喜欢佩戴花朵，特别是佩戴大红的娟花，即使是中年妇女也可以佩戴。通过对其文化的考察发现，侗族女性头上的装饰物，在最开始的时候，并不单单是为了美丽的考虑，它们甚至是姓氏的标识，侗族古歌唱道："你们是大姓，你们是关共大姓，插青杨柳的姓氏，插杜鹃花的姓氏。"这说明戴花不是一种简单的爱美行为，而是历史观念的表现。侗族先民们沿水而居，周围花草丰美繁茂，自然会将"花"纳入服饰之中。侗族有这样一则传说：侗族的祖先住在美丽的花林之中，这花林由人称"花林祖婆"的四位花林女神掌管。经"花林祖婆"赐花于人间男女后，夫妇才会生子。这样"花"就与婴儿生命、生育有着密切联系。

六、工 艺

从工艺上讲，六洞、九洞地区的女性服饰（头饰）不仅体现出了侗族传统工艺的特色和水平，同时它所主要采用的编织工艺技术，还将侗族与苗族区别开来。与苗族刺绣为主的工艺相区别。二千久服饰的精彩独特之处在于其银围腰、背坠和银簪，银簪型制极独特，于国内都少有类似者。视觉效果特异，让人印象深刻；背坠为正四面体与S形背坠一样罕见，但形式美感逊之。银围腰不仅于侗族地区为少有，且它的出现，使二千久服饰又呈现出别样的风格和审美倾向——华美而近于丽。高增在传统手工艺上较有优势，清代其生产的斜纹侗布曾做过贡品。此地较富有，饰品丰富，拥有量大，这些历史记忆和信息大部分保留在其服饰（头饰）上。

七、女性服饰（头饰）审美

女性服饰（头饰）在审美表现方面也独具特色。整体特征是美而不艳，质朴中透出一种清新之美。饰品多寡适中、样式独特。装饰纹样要而不繁，点睛、提神。色彩对比强烈、搭配和谐，与服饰本色、质地的关系巧妙，仿佛自内而生、自然而然。含蓄而不乏表现，节制而充满智慧与激情，可以说是素而雅并有致，完美地表现出侗族女性的美。

女性服饰(头饰)穿着更为舒适与得体，"随身""适性"是服饰(头饰)的基本功能要求。所谓"随身"，是指服饰(头饰)与人的行为方式及其要求的高度一致，简单地讲是方便不受累。"适性"，即是与着装人的文化、历史和审美要求的表达和表现一致。如有研究者指出侗族代表性服饰，"这一造型体现了对称均衡的法则：对襟衣两侧开衩，对比分明。因衣长袖长裙短，即上装长下装短，平衡均匀。襟边、袖口、下摆、绑腿处所绣的花边，都给人一种匀称平稳的视觉美感。"总的来说，六洞等代表性服饰(头饰)与该民族着装人的文化诉求和祈愿是协调统一的。

第十二节　贵州傩戏面具文化

贵州傩戏面具是中国传统傩面具中典型的代表形式之一，是具有历史意义的传统文化艺术。贵州傩戏面具中狰狞恐惧的面具形式和变化、夸张的艺术手法以及对比强烈的色彩搭配给世人留下了极为深刻的印象。研究贵州傩戏面具在形成、发展、演变过程中的形式语言美及其规律性，对我们深入理解和传承、发展中国传统的傩文化等有着重要的意义。

面具是一种泛人类的、古老的文化现象，是一种具有特殊表意性质的象征符号。作为人类物质文化和精神文化相结合的产物，面具在历史上被广泛运用于狩猎、战争、祭祀、驱傩、丧葬、镇宅、舞蹈、戏剧等；具有人类学、民族学、民俗学、历史学、宗教学，以及雕刻、绘画、舞蹈、戏剧等多学科的研究价值。中国的面具在世界上是最悠久、流传最广泛的国家之一，仍然"存活"到今天的傩面具有如此之大的学术和研究价值，有效地学习、开展、探究将对人类学、民族学、民俗学、历史学、宗教学，以及诸门类艺术学科的发展有着不可估量的重要意义。同时，对贵州省乃至我国文化艺术、旅游等产业的发展以及社会经济的飞速发展，都有着极其巨大的历史意义。

贵州傩面具的形成有自身的缘由。首先，自然物象的启示。远古时期的人类几乎生活在纯自然的世界，对任何事物都是一个全新的表象观摩，对风、雨、雷、电诸自然现象无法理解，对豺、狼、虎、豹等山林野兽充满着恐惧，长期与自然界万物的"贴身"接触促使人们对自然物象的描摹。其次，生活的体验，实践的累积。原古人类的社会性活动基本处在维持生存状态，在狩猎、捕鱼劳作之中，天灾人祸的境遇，久而久之在先民们眼里有了原像和"残像"的"印记"。再次，本能的自卫。在长期遭受到自然侵袭的原始人类，凭着自己反抗和抵御自然灾难的本能和在实践中找寻到的一些方法和经验开始了"对策"的思考，注意到哪些东西可以抵挡，什么样的东西会使它们恐惧而避免灾害。最后，装饰效果的萌发。从一开始抵御自然灾害的工具到了以面具来维持生存和保护生命，这是一次工具使用上的飞跃。最初的面具在造型上比较简陋，在加工上比较粗劣，从粗犷中开始有了简单的线条装饰，从而加强了视觉效果，这一过程是人类祖先上升到艺术层面的一个再创造过程。

如果说傩面具的雏形是远古先民对自然世界的模仿，那么中间层次的傩面具的产生说明了人类祖先不仅停留于简单的模仿阶段，而是在此基础上进行了造型的变化和加工方法的重新思考。这是原始艺术的构思与创作，也为傩面具的高级层次奠定了基础。

一、贵州傩戏面具造型形式

从傩面具的造型特征来看，人物角色都带有明显的象征性特征。这种象征性源于古人对原始自然、图腾、巫术等宗教的崇拜和审美性。此时，傩面具已成为古人对宗教崇拜的物化物，决定了它具有宗教和艺术双重性质。在释、道、儒等宗教精神影响之下，物化后的傩面具被视为神通广大、法力无边的象征性符号。傩面具的造型形态都是源于自然但却超于自然的象征物象。

二、贵州傩戏面具造型结构

民俗造型艺术的种类丰富，其品种按造型艺术规律为出发点，并结合民间艺术的自身特征，一般分为平面造型、立体造型、综合造型三大类，有几十种之多。

从以上几个傩戏面具的造型可以看出，傩面具文化属于综合造型的一类。傩面具因在傩活动中扮演的角色和赋予的文化内容的差异有着千容百态之称。在造型上主要通过面具的五官造型变化的附加来塑造它所代表人物或鬼神的凶猛、狂傲、奸诈、深沉等形象性格特征，千姿百态的傩戏面具带给人们丰富多彩的艺术美感。贵州傩戏面具其独特的魅力就在其千变万化的艺术造型上得以充分体现。这一切促使傩面具成为傩活动中最为重要的道具之一而流传至今。

贵州傩戏面具中的形象有多达几百种，仅贵州德江傩堂戏正戏演出中全堂戏二十四戏（面）和半堂戏十二戏（面）的说法，有开山、开路、唐氏太婆等面具角色名称，其中包括传说中的神话人物形象和世俗中的人物形象。

表演者通过面具上雕开的孔往外视物，面具一般都比人脸大，主要是方便加工以突出该角色的形象特征和性格特点，面具的背面依据人的面部结构进行凸凹挖切，以方便饰戴。

目前，贵州面具大致有两种类型：一种类型为传统面具，主要包括傩面具、藏面具、民间舞蹈和民俗面具。另一类则是非传统面具，将其又可分为艺术面具和商品面具两种类型。从材质上来讲，现已有的傩面具有木、竹、纸、铜、布、牛皮、笋壳等诸多材料加工而成，不同的材质加工而成的傩面具会给观众不同的肌理效果。在这些类型中，见的最多、用的最为广泛的还属木制的傩面具。这可能与贵州特殊的地域环境有着紧密的联系，木料资源较为丰富，加工制作便捷，造型视觉效果较好，再加上价格低廉又经久耐用等诸多优点，但在木制的傩面具中基本都只有假面而无假头具，这估计是与木材加工时的特性有关。

从傩面具的面数上来看，通常有 12、24、36 或 72 面等为一堂，大致有鬼神、世俗人物和动物三类傩戏角色。数量最多又最为复杂的便是鬼神角色，对于傩戏中的鬼神，有道教、佛教、也有巫教鬼神，还有该民族发展史上传说中的对贤士和英雄人物等等，充分表现出少数民族在特殊的时空领域民间宗教信仰的多元性。由于道和巫在驱鬼逐疫，酬神纳吉过程中的方式与傩自身的精神比较吻合，故道与巫鬼神在诸多的鬼神群中占有较高的地位。

三、贵州傩戏面具色彩

色彩就其本身的存在而言并无情感和性格，对于色彩的视觉和心理是人们赋予它不同的联想和意义而使色彩产生诸多象征性特征，是因为人们对生活经验积累的结果，傩面具中的色彩的运用正是色彩这一属性在傩面具文化中得到充分发挥。

以贵州傩面具中属高级层次的军傩系列的地戏为代表对贵州傩面具的色彩进行分析，贵州安顺地戏是贵州地戏中较为典型的傩活动，地戏中的傩面具面部着色看去十分自由，但有规律，以色来示意面具所代表角色的褒贬。例如：红色在可见光谱中是波长最长的色（640~780nm），在色相中对视觉的影响是最大，红色往往会给人产生强烈的战斗意志和冲动。也使人容易联想到热烈、兴奋、活力、奔放、情绪高涨等性格特征。在贵州安顺地戏面具中的红色代表着勇敢、忠诚的形象性格特征；从美学角度来讲，黑色会使人联想到神秘、恐怖、庄严、刚毅、刚强、恐怖等的象征，在贵州安顺地戏面具中黑色代表着人物性格的刚烈，同时能起到很好的震慑作用；白色在色彩学中有纯洁、神圣、光明等的联想和象征性，但在贵州安顺傩面具中它有时代表着奸诈，可又不一定，有些少将的面具脸部也是白色。为了色彩更好地体现该角色的性格形象特征，面具艺人常常在同类色的面具面部用花草、藤蔓等做装饰加以区别，对于色彩的运用有时候并非那么绝对，可以说是规律中又显得较为灵活。

第十三节　贵州民族红色文化资源

红色文化是中国共产党带领各族人民在追逐中国梦进程中创造的先进文化，其核心是社会主义核心价值观，其载体包括各种物质和非物质的文化表现形式。贵州被誉为"多彩"，是因为这片热土上不仅积淀了丰富的民族文化，更积淀了同样丰富的红色文化、生态文化、历史文化，而红色文化则是多彩贵州文化之魂。

民族文化是各民族在其历史发展过程中创造和发展起来的具有本民族特点的文化，包括物质文化和精神文化。饮食、衣着、住宅、生产工具属于物质文化的内容；语言、文字、文学、科学、艺术、哲学、宗教、风俗、节日和传统等属于精神文化的内容。民族文化的差异源于各民族对自身所处的不同环境的能动适应差异，在此过程中，各民族先民往往将理论与实践进行了"无意识"的结合。民族文化作为意识形态是一定社会政治、经济的反映，不是一成不变的，随着社会的变化，民族文化也会发生变化。在当代中国，民族文化是具有社会主义内容和民族形式的新文化。

红色文化是在革命战争年代和社会主义建设时期，由中国共产党、先进分子和人民群众共同创造并极具中国特色的先进文化，蕴含着丰富的革命精神和厚重的历史文化内涵。其最根本的特征是"红色"，它具有革命性和先进性相统一、科学性与实践性相统一、本土化与创新性相统一以及兼收并蓄和与时俱进相统一等特征。

民族红色文化是指在中国共产党的领导下，我国各族人民结合自己的民族文化，为推进中国革命与社会主义建设而创造的红色文化。民族红色文化本质上是红色文化，但又融入了民族文化的合理因子，因此，它是红色文化在民族地区的"在地化"。

在中国革命与社会主义建设中，贵州各族人民在党的领导下，坚持马克思主义、坚持理论与实践相结合，坚持实事求是，坚持马克思主义普遍真理与民族地区具体实践相结合，为中国革命与社会主义建设做出了重大贡献，这为贵州民族红色文化研究提供了丰富资源。

截至 2011 年 6 月，贵州省有革命遗址共 2078 处，位列全国前十名，是全国革命遗址资源大省。其中，重要革命遗址共 2067 处，仅红军长征文化遗址就达 900 多处，为全国之最。

由于贵州是少数民族聚居区，这些革命遗址大多是贵州各族人民在中国共产党领导下浴血奋战而留下来的，因此，这也是贵州民族红色文化研究的丰富宝藏。红军长征时期是贵州民族文化与红色文化全面接触时期，从中央红军 1934 年 12 月 14 日转战贵州攻占黎平县城起到 1935 年 4 月 22 日突进云南，中央红军在贵州斗争长达 4 个多月，占中央红军长征时间的三分之一。

而红二方面军从 1936 年 1~4 月在贵州转战，活动亦接近 3 个月时间，占红二方面军长征时间的四分之一。长征期间，红军到过贵州约 80% 的县，在少数民族地区广泛播下了革命的火种。长征期间，中国共产党还帮助贵州各族人民组建了中共贵州省工作委员会，并任命林青担任书记。而贵州各族人民也积极支持红军长征，据不完全统计，中央红军在贵州扩红 5400 多人，红二方面军在贵州扩红 5000 多人，贵州省扩红总数达 12500 人以上。

贵州各族人民还拿出衣物、粮食等支持红军；他们积极救护、掩护红军伤病员，并积极为红军带路，提供情报；热情提供门板、船只等器材，为红军驾船渡江渡河。尤其需要指出的是，在贵州各族人民支持红军的时候，他们充分发挥了其民族文化的优势，如他们充分利用其长期在山间的攀岩技术，带领红军翻越悬崖峭壁；他们充分利用苗医侗药，为红军伤病员治病；他们利用高超的水上驾船技术，帮助红军渡江渡河等等。从红军长征经过贵州的历史我们可以看出，这既是贵州各族人民接受红色文化的过程，也是贵州各族人民创新红色文化的过程。由于贵州各族人民在创新红色文化的过程中，充分发挥了各民族文化的优势，事实上实现了红色文化与民族文化的结合，创造了丰富的民族红色文化。这不仅为我们今天的民族红色文化研究提供了丰富的资源，也为我们提供了民族红色文化研究的精神动力。

新中国成立后，贵州各族人民坚持马克思主义普遍真理与民族地区具体实践相结合，灵活地将党的民族政策与民族地区实际结合，充分发挥民族红色文化的优势，推进了民族地区各项工作的开展。

新中国成立初期，贵州各族人民积极响应党的号召，开展土地改革。而在民族地区土地改革的过程中，少数民族民众积极向党献言献策，主动向党介绍地方民族文化，介绍"姑娘田""麻园地""蓝靛土""跳花坡"等特有的民族文化，并积极输送少数民族干部，从而使"重大事宜由本民族协商决定，具体工作由本民族干部领导进行"。

民族地区土地改革顺利完成。20 世纪 90 年代，贵州各族人民弘扬"大关精神"，既充分发挥本民族的本土知识优势，又充分发扬革命战斗精神，战天斗地、劈石修路、抠土造田，"到 1999 年，48 个贫困县修建县乡公路 8918km；新增 315 个乡镇通公路；178 个乡镇通程控电话；新增农田灌溉面积 86 万亩；解决了 579 万人和 395 万头大牲畜饮水困难问题；实施水土保持和小流域治理面积 10355km² 等。1999 年与 1993 年相比，48 个贫困县的财政收入增长 98.5%，每年平均增长 12.1%。随着生产条件的改善和经济综合实力的增强，48 个贫困县已有 44 个基本解决温饱，贵州省贫困人口已减少到 315.2 万人"。在 2010 年的大旱面前，贵州各族人民也充分发挥"不怕困难、艰苦奋斗、攻坚克难、永不退缩"的贵州精神，抗灾自救，黔西南州兴义市则戎乡冷洞村各族人民表现尤为突出。当地山多、石多、坡多、林少、土少、地少，属典型的喀斯特地形地貌，居住着汉、苗、布依、彝等民族。"大旱面前，群众用矿泉水瓶为在山崖上种植的金银花'滴灌'，保住一抹抹生命的绿色；砸石造田，村里原本怪石嶙峋的石旮旯被农户房前屋后一块块平整的田土取而代之；烈日当头，一个个遍布田间的小水窖让已经'渴'了 8 个月的群众和土地还能顽强支撑"。2010 年 4 月，中华人民共和国总理温家宝来到冷洞村，实地察看滴灌的情况，称赞道："这个办法真的好，滴灌面积小，入土深度够，把水用到了最需要的根部，一点也不浪费。这我还是第一次见，这是被大旱逼出来的智慧"。

这既是不畏困难的红色智慧，也是穷则思变的民族智慧。这种在中国共产党领导下各民族结合自己实际而形成的民族红色文化使贵州各族人民挺过了一道又一道难关。

第十四节 贵州锦屏林业契约文书文化

在贵州省清水江畔的锦屏县，数万份反映"苗疆"500 年人工营林史的山林契约文书被称为"活化石"，它是忠实记录清水江流域中下游少数民族地区林业经济与社会发展变迁史，还是打开当地长期以来山常青水常绿的"社会基因密码"的金钥匙。

这个就是贵州锦屏林业契约文书。

一、贵州锦屏林业契约文书概况

(一)契约文书的现世

贵州锦屏林业契约文书的现世，可以追溯到 20 世纪 60 年代初，与一次田野调查密切相关。1963 年 8 月，贵州省民族研究所杨有赓到锦屏县平略镇进行田野调查时，发现农民家里有成捆的山林契约文书，杨有赓那一次就收集了 200 多份契约。

"锦屏林契"因其最早发现于锦屏县内而得名，又称"锦屏文书"或"清水江文书"，现主要留存于贵州省黔东南的锦屏县及清水江流域的天柱、三穗、黎平、剑河、施秉、台江等林业地区；主要内容是从清代至民国时期林业生产方面的各种买卖、租、佃、转让契约，山场清册、山场座簿、乡规民约及石刻碑文等。

目前专家认为，锦屏文书是林学、经济学、生态环境学等诸多学科研究的重要档案史料，是我国现今保存最完整、最系统、最集中的历史文献，堪称继故宫博物院的清代文献和安徽"徽州文书"之后的我国第三大珍贵历史文献。它填补了我国经济发展史在"少数民族地区封建契约文书""我国经济发展史上缺少反映林业生产关系的历史文献""没有民族文字的少数民族用汉民族文字反映和记载少数民族社会、经济、文化"三方面的空白。

(二)契约文书的数量

经过政府和其他志愿者的努力，2007 年在锦屏县的县档案馆共保存契约原件 13666 份，复印件 59 份，山林账簿 9 本，民国时期相关资料 36 份。

调查显示，锦屏契约文书总数不下 10 万余件，目前发现最早的契约是清康熙五十四年(1715 年)签订的，最晚的一份签订日期是民国三十九年(1950 年)。

令人惊讶的是，契约文书在锦屏民间保存密度非常大，县档案局曾做过估算：以目前全县 1600km² 保存 10 万份契约文书量计算，每平方千米就有约 60 份。几乎每户农家都有珍藏，少则几十份，多则数百上千份。

县档案局仅在河口乡加池村姜绍卿一家，就征集到了 1118 份契约。而且每家保存的契约都是有关自家事务的，是祖辈一代传一代积累下来的。有些山民不知该把契约放在何处放心，就将契约包好，挂在床头上，整天提心吊胆，出门都担心，极为珍视。

锦屏文书作为我国继敦煌文书和徽州文书之后发现的国内第三大文书。目前已公布出版的清水江文书中崖帛屏县文斗和加池两个苗寨的文书数量巨大保存完整。特别是加池寨文书已公布约 5000 份。这些文书是两个家族在清代购买田土和山林的完整档案是清代苗族土地买卖及其经济社会发展相关问题的典型材料。

截至 2010 年，黔东南州锦屏等 5 县已征集进馆保护锦屏文书 5 万多件，县档案馆锦屏文书原件超过 3 万件，已抢救修复 1.8 万余件。其中，保存最完好、幅面最长、字数最多的是清光绪十四年(1888 年)形成的"黎平府开泰县正堂加五级纪录十次贾右照给培亮寨民人范国瑞、生员范国璠的山林田土管业执照"，盖"贵州黎平府开泰县印"官印，堪称镇馆之宝。

据档案部门不完全统计，在清水江流域的林业契约总数应在 35 万份以上，目前这些林业契约绝大多数仍散落在民间。

(三)契约文书的形式

目前所发现的契约大多数是纸契，但也有少量石契、皮契、布契等。内容主要是围绕土地租赁、山林养护、调解纠纷、乡规民约等方面。

(四)契约文书的分类

锦屏县档案局曾对这批档案进行过归类，大致有以下几种：

山林土地权属买卖契；房屋、宅基地、水塘、菜园权属买卖契；山林土地、房屋、宅基地、水塘、菜园等家产析分及传承记录契；合伙造林、佃山造林、山林管护、山林经营契；山林土地权属纠纷诉讼文书、调解裁决文书；生态环境保护契；家庭收支登记簿(册)；乡村民俗文化记录、家(族)谱；官府文件、村规民俗等。

二、契约文书的研究与保护

(一)契约文书的研究

贵州锦屏的契约文书引起世界一些历史学家和人类学家的兴趣，2002 年 3 月，由英国牛津大学，我国清华大学、北京师范大学、中山大学、厦门大学等学校的多名专家、学者组成的联合考察团来到锦屏，在县档案局配合下，开始对契约档案进行系统、深入的综合研究。

2001~2003 年，唐立、杨有赓、武内房司主编的《贵州苗族林业契约文书汇编(1736~1950)》一至三卷本在日本问世，共收录近 1657 件契约，这是第一次对锦屏契约文书进行的系统整理，也是尘封百年的锦屏林契第一次进入国内外学术界视野。法国《欧洲时报》、《贵州日报》、贵州电视台、《中国绿色时报》等几十家国内外媒体相继推出介绍锦屏林业契约文书的报道，国内外由此掀起一场锦屏山林契约文书研究热。

专家通过对于大量贵州山林契约的分析，可以发现清水江流域苗族土地买卖具有如下特征：

一是清水江流域苗族的土地交易存在着明显的周期性，并受国内乃至国际政治、经济大环境的影响。田土买卖和山林买卖都依次经历了繁荣、衰退、萧条和复苏 4 个阶段。可以预想，清水江流域第二次土地买卖的高潮将在民国时期实现。

二是木材市场的兴衰直接影响土地兼并的程度。当木材市场兴旺时，地主将经营木材的丰厚利润投入土地市场，购买大量田土和山林从而加剧土地的兼并。相反，当木材市场萧条时，地主经营木材的获利减少，也就制约了他继续兼并土地的能力和动力。

三是林契和田契的交易存在相关性。柱形图很直观地显示了当山林交易兴旺时，田土买卖也很兴旺；而山林交易低迷时，田土买卖也很低迷，田土产物有大部分用于家庭消费，有较强的自然经济属性。而山林的产物却主要用于出售，属于商品经济的范畴。这说明清水江下游流域的苗族地主兼具地主与商人的双重属性。

厦门大学教授郑振满说："锦屏的林业契约十分完整也很罕见，而且几乎家家都有，过去从未见过，令人震撼。"

2010 年 2 月 22 日，锦屏林契文书成功入选第三批《中国档案文献遗产保护工程名录》。英国牛津大学教授、著名历史学家柯大卫说，锦屏契约非常珍贵，像这样大量、系统地反映一个地方民族、经济、社会发展状况的契约在中国少有，在世界上也不多见。

(二) 契约文书的保护

目前，锦屏林业契约先后被国家档案局列入全国重点档案抢救和《中国档案文献遗产》候选名录。2010 年 2 月 22 日，锦屏文书成功入选第三批《中国档案文献遗产保护工程名录》，这是继"水书"文献后，贵州又一中国档案文献遗产，创造了申报联合国教科文组织"世界记忆工程"的工作平台。

三、契约文书的价值

锦屏林契是社会经济发展到一定阶段的产物，它记录下了当时贵州少数民族地区的经济生产发展现状，它记载着西南地区清水江(及都柳江部分)流域数百年林业经济社会发展历史。

（一）民间认为是祖辈传承下来的，是祖上创业的见证，保存下来有纪念意义

在民间，虽然林契现在已经失去了以往作为一种财富的象征作用，但持有林契的村民们仍然十分珍视这些年代久远的契约，不愿无偿将这些没有了实际意义的林契上交，这是因为：其一，这些林契都是祖辈传承下来的，是祖上创业的见证，保存下来有纪念意义；其二，由于贵州地处山区，交通不便、经济落后、信息闭塞，林契仍然得到当地少数民族的认同，但凡遇有林业纠纷往往还会找出原始的林业契约作为佐证，所以弥显珍贵；其三，历经几百年的岁月沧桑，这些林业契约早已在村民们的认识中成为了一种比较原始的习惯"法律"文书，这种习惯法的力量不是一朝一夕可以改变的，它早已成为了当地的"法律条文"，并且还镌刻在石碑上以警示族人；其四，近年来由于对林契的重视，有人大量收集林契囤积居奇，林契成为一种商品，村民们不愿把林契以无偿献出。

（二）历史上山林契约极为少见，少数民族地区的林业契约就更加稀少

中国几千年的封建社会都是处在以农为本，重农轻商的意识中，在农村一直都是把土地、房屋作为财富的象征。中国现存的契约大都产生在文化经济比较发达的汉族地区，例如"徽州文书"及"清代故宫文书"等，所签订的契约也大都是反映土地买卖、租佃或货物交易关系的，而有关山林契约的却极少见，少数民族地区的林业契约就更加稀少了。

这是由于少数民族长期受到封建统治者的压迫和歧视，大多都生活在偏僻边远的山区，山高坡陡交通不便，那里几乎与外界隔绝，所以文化也十分落后，经济发展迟缓；再之由于林木都生长在深山野岭之中，林木也很难成为商品流通。在山区人们如需用木材，都以砍伐天然林木为主，天然林属原始公有林木，不存在签约之说，即便个别村寨签有契约，林木一旦砍伐完毕，林山也便成了荒山，契约也就失去了作用，更不会有人保留。林木生长周期长达十多年至数十年，生长周期的差异自然影响到人们的生产经营方式和生活方式。由于林木的生长周期长，使人们很难以种植林木为生，所以很难见到规模性的人工造林，更难见到林业上的租佃关系，故而林业契约也就难以见到了。

（三）真实反映了苗、侗族群众的经济活动和各种行为方式

中国现存的大量契约文书，一般都产生在文化经济较为发达的地区，而且多为汉民族所签订。少数民族由于受封建王朝的民族歧视和压迫，大多生活在偏僻山区，文化落后，经济发展迟缓，他们留下的契约文书十分罕见。过去很多学者在研究中，注意和强调了汉族移民在开发西南地区中发挥的作用，而很少有人能站在当地少数民族的立场，来说明他们在相对封闭环境中的生存状况及与外界的联系，他们社会发生的历史性变化，以及他们在这种变化中扮演的角色。除去一些观念认识上的问题外，文字资料的缺乏也是一个重要问题。这批林契对于研究西南少数民族的社会，有着重要的价值。它们虽然是使用汉文签订的，却都是在苗、侗族内部形成的，足以真实反映苗、侗族群众的经济活动和各种行为方式。

（四）折射出清代至民国时期贵州少数民族的历史、经济、生活以及思想观念

锦屏林业契约较之其他契约更具有独特性，它与房屋、土地、财产以及生意上交往的契约不同，通过它可以折射出清代至民国时期贵州少数民族的历史、经济、生活以及思想观念，对研究西南少数民族的社会发展，提供了真实可靠的依据，对研究清代至民国期间少数民族人民的特殊经济生活及我国林业发展史都有重要意义。为我们从民族的、经济的、法律的、林业的、环保的、婚姻习俗等多方面研究那个时代的民族生活、历史发展、社会经济状况，提供了一批宝贵的原始资料。而这也正是锦屏林业契约的价值和意义所在。

（五）完整地记录了至今仍然还在延续的，世界上目前唯一还存在的林粮间种的生产模式

对林契的保护除了因为它是研究民族经济、历史、文化以及林业、环保、法律等方面的重要文献外，还有另一个重要的意义就是：它比较完整地记录了至今仍然还在延续的，世界上目前唯一还存在的林粮间种的生产模式，这也是联合国粮农组织近年来一直在找寻的一种已经近乎消亡了的生产模式。随着经济的发展，现在世界上林区面积越来越少，林粮间种的生产模式基本绝迹，但在贵州的锦屏还仍然保持着这种生产模式，从这点上不能不说它在国际上有着十分重要的意义，这是一种环保的生产模式，它可以保持生态的平衡，促使生态的良性循环，对于农业生产发展能够提供一种良好的借鉴，特别是在工业极速发展的今天，我们如何对农业和林业进行二者兼顾的生产，不能不引起人们的深思。

（六）为林业林权法、环境保护法、契约法、税法、民族地方自治条例的制定提供借鉴

通过对林契的保护，还可为林业林权法、环境保护法、契约法、税法、民族地方自治条例的制定提供借鉴，因为林契中对如何砍伐林木，如何保护林木都有着比较详尽的案例，同时还可以通过林契的有关地方规则参考制定适合少数民族地区的地方性法规。从现有收集到的林契中还可以发现，最早的林契只是山民们在种佃、租赁、新垦林田等方面的个人之间的契约行为，发展到后期已经出现了地方官府介入契约的签订之中，并在后期林契中盖有地方官府的印章，也就是说个人间的林契已经得到了地方官府的许可和认同，并出现了含有纳税契约的内容，在契约上加盖官印，当然主要是为了保证契税的征收，但也说明了林契已经不仅仅只是民间个人的买卖行为。另外，有些契约虽然没有官府的介入，但在契约签订时已经出现了"骑缝"契约的形式，签约双方各执一半以防有人从中作假或毁约，这不能不说是在契约签订上的一种进步，并逐步规范化。

清水江清代林契是贵州高原山区的绿色文化宝藏，它的发现和研究对人类环保事业有着特殊的重要的意义。在人类越来越意识到生态环保重要性和必要性的今天，明清两代清水江畔的古人为我们树立了榜样。

第三部分
关键技术研究

第十六章　我国国家森林城市建设的基本内容

　　为了科学地指导全国各地开展森林城市创建工作，2007 年、2012 年、2019 年先后发布了《国家森林城市评价指标（试行）》《国家森林城市评价指标》林业行业标准和《国家森林城市评价指标》国家标准，国家森林城市建设主要包括组织领导、管理制度、森林建设、森林覆盖率、森林生态网络、森林健康、生态休闲、生态文化和乡村绿化 9 个方面的建设内容。

　　组织领导建设的核心是要求政府把林业生态建设工作作为执政为民、关注民生、改善生态环境、提高人居环境质量的一项民心工程，纳入政府重要工作日程。要制定创建国家森林城市的实施方案，要求成立创建国家森林城市指挥部和林业生态建设领导小组，把城市森林作为城市基础设施建设的重要内容，其建设资金有保障并纳入政府公共财政预算。

　　管理制度建设要求根据《国家森林城市评价指标》的要求，编制《创建国家森林城市建设总体规划》，并纳入城市总体规划和制定一系列有关的规章制度。

　　森林建设的核心是森林城市的建设要有现代林业发展和城市森林建设的先进理念；在生态建设方面，要注重以人为本、生态优先的原则，打造生态宜居环境城市；在林业产业方面，要以改善森林景观、提高文化品位为核心，大力发展森林观光业、森林旅游业；在生态文化建设方面，要把自然与人文文化紧密结合，历史文化与城市现代化建设相融合，构建人与自然和谐相处的美好景象。在城市森林建设过程中，要以乡土树种为主，通过实施以林木植被为主体的公园、游园、广场绿化建设，以乔灌结合为模式的道路绿化建设，以花草美化为主体的单位和居住区绿化达标建设等一系列绿化亮化工程，逐步形成森林和树木总量适宜、布局合理、植物多样、特色鲜明，点、线、面、环有机结合，乔、灌、花、草合理搭配的城市绿地系统。

　　森林覆盖率建设要求南方城市达到 35% 以上，北方城市达到 25% 以上，规定了建成区绿化覆盖率、绿地率、人均公共绿地面积、城市中心区人均公共绿地面积的标准。

　　森林生态网络建设要求各类森林、绿色走廊形成绿色网络，有利于市民休闲娱乐。

　　森林健康建设要求区域内的野生动植物资源、湿地资源得到有效保护。

　　公共休闲的建设要实现市民出行 500m 就可以步入绿色空间的目标，各类公园要基本满足市民日常休闲游憩需求。

　　生态文化建设要求有丰富的森林公园、生态园区、生态科普教育基地、生态文化和生态知识教育基地、生态文化展览馆等生态文化设施建设。要大力开展"造纪念林""植纪念树""绿地认养""绿地冠名""绿地认领"活动，培养健康的生态精神文化。

乡村绿化建设要求和生态经济林、林业生态文明村植树与林木种苗、花卉等特色生态产业发展相结合，实现乡村绿化与富民强社的目标。

森林城市建设以森林和树木为主体，城乡一体、稳定健康的城市森林生态系统为目标，建设的核心内容是建立完善的生态网络体系，富民的生态产业体系，丰富的生态文化体系。

第一节　生态网络建设体系

城市森林建设是森林城市建设的核心内容。城市森林是城市中唯一有生命的基础设施建设，在改善城市生态环境和人居环境方面发挥着主体作用，是建设现代城市不可缺少的重要内容，是社会经济发展的重要指标和城市文明的重要标志。通过建立相对稳定而多样化的城市森林生态系统，能够有效控制和改善城市的大气污染、热岛效应、粉尘污染，解决城市居民游憩休闲、生态保健等实际需要，全面提高城市人居环境质量。

一、城区森林建设

城区森林建设是森林城市建设的核心内容。城区森林建设以改善城区生态环境质量，提升城区景观，增加市民日常游憩空间，拓展城区绿色福利空间为目标，开展城市公园、单位、社区公园、道路、滨河、街头绿地、露天地面停车场等区域的绿化，不断扩大城区绿地面积、提升城市绿量，提升城区绿地生态功能、绿化水平和景观层次，改善城区居民居住环境。

（一）城区公园

森林城市建设中，一是科学合理地规划城区公园，按居民生活区300m见绿、500m见园的要求，通过新建、改建和扩建等途径，科学合理地布局公园，以形成规模适当、功能完善、服务半径配套的城市公园系列，使公园绿地较均匀地分布，为市民提供日常休闲的活动空间和较丰富的休闲活动内容；二是以突出地方特色，充分挖掘地域文化特色，改善公园及其周边的公共设施、市政设施、道路交通设施等，充分发挥公园的景观、休闲、游览功能，全面提升城区公园绿地景观质量；三是城区公园绿化材料选择上，遵循因地制宜，适地适树的原则，以乡土景观树种为主，适量增加经过驯化的外来物种和珍贵、长寿命树种，尽量避免使用高成本、高耗水型的植物材料，以形成多树种、多色彩、多层次的景观。

（二）社区绿化

城市居住区与单位是人们生活、工作于其中时间最长的贴身场所，与居民的生活工作质量密切相关，居住区与单位绿地系统是城市森林的重要组成成分。居住区与单位绿化，体现的是调节小气候、净化空气、休闲保健等生态功能，同时与当地居民生活习惯和审美观相一致，符合当地居民的较高观赏价值；而对于工厂等特定污染区的绿化，主要是抗污、吸污的生态功能。按照国家住建部颁布的《城市居住区规划设计规范》《绿色生态住宅小区建设要点和技术导则》等规范要求，采用规划建绿和见缝插绿相结合的方法，充分利用居住区和单位建筑周围边角地、道路两旁空地、宅旁、宅间空地，设置小游园、绿带、绿岛等，提高绿地率，并配备必要的基础设施，供居民休闲、运动、交流。同时，可结合开展森林社区、森林学校、森林机关等创建活动，推进绿化建设。小区和单位在绿化时，一方面，利用道路两旁、楼房之间、违章建筑清理和临时建筑腾出的空地，在充分满足小区功能的前提下，尽量减少硬化面积，扩大绿地面积，进行单位、社区景观改造和绿化、美化，构建森林式绿色社区；另一方面，在植物配置上，提倡以高大乔木为主体的绿化格局，增加保健型植物和彩色植物的比重，不用或少用带刺、飞毛多、有毒、易造成皮肤过敏的植物，同时，在适地适树的基础上，注意与住宅建筑风格相协调，并与城区的绿地系统相联系，创造兼具较高的生态效益和艺术感染力的植物景观，提升城市的生态质量。

（三）街头绿地

城区用于建设绿地的大片土地空间有限，应充分挖掘城区建筑、街道、社区之间的绿化用地潜力，结合旧城改造和拆违等工程置换绿化用地，在重要场所、道路交叉口、标志性景观、重要建筑等区域营造与周边小区文化相适宜的街头绿地，种植乔木、花灌木，林下可种植草本地被植物，开辟游步道和小型铺装场地，并配置相应的活动设施、小型器械等基础设施，以便于市民日常游憩之用，提高绿地的使用率和可达性。

（四）城市道路

城市道路的绿化起到城市"窗口"形象的作用，城市建设部门对城市道路的绿化都非常重视。在进行城区内快速路、主、次干道的绿化、彩化、亮化和景观改造提升时，主干道路两侧各建设一定宽度的绿化带，重点地段适当提高绿化标准，打造景观大道；次干道路两侧可采取乔—灌或乔—草结合，增加道路景观；居住区街道应营造绿树成荫、鸟语花香的居住环境，选择枝叶繁茂浓密的树种，适当配置各种花乔灌木。对存在树种老化，设计不合理等问题的老旧街道进行更新改造时，缺苗断株的街路进行补植补栽，丰富树种，提高这些道路的绿化档次，以适应城市快速发展和城市整体绿化的需要。同时，在城市道路绿化时，应注意在城市快速路沿车站、港区等大型公共建筑物或沿水面或滨海岸，保持20~50m的绿化距离；在通过名胜古迹、风景区的城市快速路，应保护原有自然状态和重要历史文化遗址，保持不小于20m的景观距离；靠近居住区的快速路应建设不小于30m的防护林带；靠近山体的快速路，要对临山体一侧的山坡进行景观打造。另外，行道树宜选择深根性、分枝点高、冠大荫浓、生长健壮、适应城市道路环境条件，且落果对行人不会造成危害的树种；花灌木应选择花繁叶茂、花期长、生长健壮和便于管理的树种。

（五）绿荫停车场

按照《国家森林城市评价指标》新建地面停车场树冠覆盖率应达到30%以上的绿化标准。绿荫停车场树种以冠大荫浓、深根性、分枝点高兼具较强的抗风、抗污染、抗高温干旱胁迫的落叶、高大的乡土乔木树种为主，同时，在林下可适量配植花灌木。有条件的区域可建设采取铺设嵌草地砖与高大乔木相结合的方式营建生态停车场。

(六)健康绿道

绿道是沿着河滨、溪谷、山脊线等自然走廊,或是废弃铁路线、沟渠、风景道路等人工走廊所建立的线型开敞空间,包括所有可供行人和骑车者进入的自然景观线路和人工景观线路。它是公园、自然保护地、名胜区、历史古迹,及其他与高密度聚居区之间进行连接的开敞空间纽带,具备生态、文化、休闲、景观、通行于一体的综合功能。健康绿道主要包括郊野绿道、城市绿道和社区绿道。社区绿道主要连接居住区绿地;城市绿道主要连接城市里的公园、广场、游憩空间和风景名胜。

(七)生态隔离林带建设

结合城市布局结构、污染类型,在矿区、工业区、开发区与生活区各组团内部及组团间,坚持宜宽则宽、宜窄则窄的原则,选择具有抗污吸毒、滞尘降噪等功能的树种,采用乔—灌—草合理搭配,常绿与落叶、针叶与阔叶搭配的方式营造不同宽度的生态隔离林带,以减轻工、矿业城市交通污染、高压走廊等对居住及生产生活造成的不良影响。针对工矿区产生的污染,在有污染的工业用地与居住用地间设置一定宽度的污染防护绿带。靠近居民区侧的生态隔离林采用乔灌结合、通风透气较差、隔离效果较好的紧密结构配置方式,以阻隔工业废气及工业噪声等工业污染对居住环境的不良影响;远离居民区侧的则采用通风效果良好的通透结构配置方式,促使有毒、有害气体迅速扩散到旷野中去,减少有毒、有害气体积聚对居住环境及工业区造成的污染。城市高压架空线走廊根据电压大小设置防护绿地宽度,为保护高压线安全,整体采用高度不超过 1.5m 的低矮灌木。

(八)垂直绿化

垂直绿化作为城市绿化的重要形式,是城市绿化的有效补充,在提高城市绿化覆盖率、拓展城市绿色空间、美化生态景观、改善气候环境、增强生态服务功能以及缓解城市热岛效应等方面具有重要作用。选择爬山虎、五叶地锦、凌霄等适于垂直绿化的植物材料,在适宜垂直绿化的建筑屋顶、墙体、高架桥桥体等建筑物、道路护栏、构筑物等实施垂直绿化。

二、乡村人居林建设

乡村人居林建设是农村生态环境治理的一个重要组成部分,乡村人居林的发展应在乡村生态环境规划的框架内进行。乡村人居林建设的内容包括乡村游憩林、围村林、庭院林、水岸林、道路林等方面。坚持生态优先、生态与经济双赢和保护与建设并举的绿化方针,大力开展庭院绿化,发展庭院经济,增加农民收入。开展路渠绿化、村庄公共游憩地等公共绿地的建设,完善村庄绿地系统,推进村庄绿化美化进程,改善农村居民的生产、生活环境,促进人与自然和谐发展,为全面建设小康社会提供生态保障。

（一）庭院绿化

乡村庭院林是乡村绿化与乡村居住环境的重要组成部分，也是乡村生态文明建设的主要内容，它不仅反映出村庄的地方特色和文化内涵，从某种程度还反映出一个地区的经济发展水平和居民的文化素养。因此，引导村民做好乡村庭院林建设，是建设和谐社会、改善人居环境和提高人民群众生活水平的重要内容。乡村庭院林具有改善生态环境、增进身心健康，美化乡村环境、丰富文化生活，发展庭院经济，增加居民收入等功能。乡村庭院林的建设遵循尊重民风民俗、因地制宜、经济性、生态性和美学等原则。

根据不同类型乡村庭院林特点的分析，乡村庭院林的类型包括自然绿化型、园林小品型、经济林果型、阳光晒场型等四种配置模式。

（二）乡村游憩林

随着社会经济的发展，社会主义新农村建设的不断推进，我国乡村各项事业得以蓬勃发展，特别是随着物质生活水平的提高，人们对生活环境有了更高要求，人们在物质生活得到满足的同时，对精神和文化生活的追求越来越强烈。乡村居民在闲暇之余，常常不由自主地集中到乡村中一些场所，或纳凉，或聊天。乡村游憩林便是常见的场所之一，它在乡村的居民休憩、文化娱乐和环境美化等方面，起着越来越重要的作用。

乡村游憩林作为乡村人居林中一个重要的类型，乡村游憩林与乡村居民的生活、乡村环境的改善等方面息息相关，尤其在生态休憩方面发挥着不可替代的作用，建设意义大。其功能主要是满足乡村居民日常休憩需求、改善乡村小气候环境、美化乡村景观和传承乡村文化。

乡村游憩林本身也是森林，是森林文化的载体，林内大部分为当地乡土树种，是当地社会经济发展的历史见证，区域生态文化底蕴深厚，并承载着浓厚的历史文化内涵。乡村游憩林因为人们提供了一个良好的去处而易于成为一个集合点，乡村居民闲来无事便会聚集于此观景聊天，便也成为信息传播的主要场所。于是，乡村游憩林一方面拥有深厚的文化底蕴，另一方面扮演着交流平台的光荣角色，两者互为统一，必然使其在文化传承上发挥积极的作用。

根据乡村游憩林的功能作用，可分为休憩游园型、生态景观型、观光果园型、综合型等。在我国的广大乡村，基于居民需求和乡村自然环境的实际情况，在营建乡村游憩林时，应注重充分利用现有林分、居民游憩的便捷性、游憩类型的多样化、树种选择以人为本、游憩设施配套化等原则。

根据乡村游憩林建设地段的原有林分状况，可以将乡村游憩林构建模式分为改造型和新建型。

（三）乡村道路林

乡村道路绿化是道路环境的重要组成部分，也是乡村人居林系统的重要组成要素，它直接形成乡村的风貌、道路空间的性格、村民交往的环境，为居民日常生活提供生态的视觉客体，并成为乡村文化的重要组成部分。乡村道路是乡村人工生态系统与其外围系统进行物质循环与能量流动的主要"廊道"。道路是乡村建设的骨架,乡村道路绿化对形成优美的乡村景观,改善乡村环境起着重要的作用。近年来,随着经济条件的提升和社会主义新农村建设的全面推进,各地乡村逐渐开始重视道路林建设,促使我们必须认真审视和面对乡村道路绿化存在的不足和困惑,逐步建立完善的技术体系改善乡村道路绿化的效果。

乡村道路林具有绿化美化村容村貌、调节改善道路采光、视觉隔离和生态防护、实现居民增产增收等功能,在乡村道路林建设时,应遵循因地制宜、适地适树和以人为本的原则。

乡村道路林配置模式有:规则式植物配置和自然式植物配置两种模式,规则式植物配置是指沿道路两侧有规律地布置行道树,成行种植或以某种图案重复有规律地出现;自然式植物配置是指根据地形和环境来模拟自然景色的绿化模式。

(四)乡村水岸林

传统的乡村水岸林是经过长期的自然淘汰和人为选择共同作用的结果,它具有很强的适生性,充分体现了自然与乡村的有机融合,展示了乡村的乡土风貌,营造了乡村的文化特点。同时,岸边年代久远的古树名木还是当地乡村文化的主要载体。

乡村水岸林建设的主要目的是为了强化生态防护、提升景观质量和促进经济发展。其建设遵循因地制宜、功能需求和生物多样性等原则。根据乡村水岸林主要功能的不同,建设模式分为防护型、经济型和景观型等。

(五)围村林

围村林主要指村庄周围的林木。围村林主要功能是改善村庄居住区生态环境,增加农村经济收入。目前围村林可划分为生态防护型、景观绿化型、生态经济型三种模式。围村林建设根据村民意愿、生态防护功能以及土地条件,在确保生态目标的同时,适当发展经果林和用材林,如以核桃、板栗、榛子、苹果、柿子、花椒等优质乡土树种为主的经济林,银杏、红松为主的果材兼用林,杨树、刺槐、落叶松等速生用材林,充分发挥绿化的经济效益和社会效益,为农民增收致富。

(六)乡村风水林

乡村风水林在广东、福建、江西、广西及其周边省份部分地方的山区村落周边普遍存在,它是被人们以乡规民约形式保护下来的一类极具生态、景观和环境意义的林分,由于它特殊的人文和生态意义,风水林历来备受人们的悉心保护,历代保存,是目前保存得较为完好的森林,其树种组成、结构特征等是长时间演替、更新而成的。风水林是保持生态平衡和维护物种多样性的特殊载体,是当地野生资源的基因库,具有较高的生态、科研价值;风水林的悠久历史和特殊的存在形式充分体现了其深远的文化意义,对繁荣生态文化、弘扬生态文明、绿化美化环境等有着重要作用。

在某些主、客观因素(人为破坏、自然灾害等)的影响下,风水林受破坏或面临破坏的现象日益显现,使其多项功能受到损害。开展风水林的保护恢复工作,有助于维护风水林群落结构和各项功能的完整性,是更好地保留风水林这一珍贵遗产的重要举措。开展风水林的保护和恢复主要有政策措施、民俗措施的技术措施。政策措施是通过政府制定相关法规对风水林进行有效的管理和保护，如建立风水林自然保护小区，明确管护责任，有意识地引导各部门关注风水林，增强对风水林的保护，通过强制手段逐渐形成风水林保护风气，形成多部门协调合作对风水林进行有效保护。民俗措施是从村民的意识出发，利用风水林是祖辈们传下来的，是兴家旺业的希望，是家族的保护神，对风水林的保护就是对先民的敬仰，对自然的敬畏等意识，进一步深化人们对风水林的感情，增强人们对风水林的保护意识和责任。技术措施是为防止或减轻人为干扰的影响，相关林业技术部门或当地村民可采取一定的技术措施对风水林进行保护恢复和有效管理。从森林培育的角度，可通过封育、补植补种、土壤管理等技术措施进行风水林的保护恢复。

三、生态林网体系建设

(一)道路林网

在森林城市建设中，道路绿化一直是不容忽视的重要组成部分。一是道路绿化是保障道路和交通安全的重要措施之一。道路绿化对于促进道路安全和运输安全具有积极的意义。树木有庞大的根系，能有效地固定土壤，稳固路基，保持水土，减少雨水对路基边坡的冲刷。其次，沿线造林绿化以后，树木、树丛、草坪等会自然形成良好的植被，可以有效地抵御流沙、风雪、洪水等自然灾害的侵蚀，防止灾害对道路造成的危害。同时，道路线造林绿化，具有良好的视觉诱导功能，包括视线诱导和线形预告两方面，道路沿线的绿带可起到引导司机视线，缓解驾驶疲劳，提高驾驶员注意力的作用。采用道路绿化模式划分交通线路并诱导视线，能有效保障行人和车辆的安全，像指示路标一样分隔交通和组织交通。道路绿化的安全功能包括防对面车灯眩目、限制人车随意进出、耐冲撞的矮树丛或绿墙可以提供失控车辆冲撞的缓冲带等方面，有助于降低伤亡程度。二是道路绿化美化沿线景观。植物的最大特征是具有生命。不仅不同的植物形态各异、色彩纷呈，而且即使同一植物在不同的季节，其叶长叶落、花开花谢等也是变化多端，丰富多彩。通过不同植物的有机组合和合理配置，将使道路沿线的景观得到美化和提升，甚至，可以从其道路的绿化景观中体味到一个地方的文化韵味与自然特色。道路沿线这些美丽的自然景观给沿路的行人或居民带去了很多愉悦、舒适和美的享受。三是道路绿化改善沿线生态环境。基于生态环境的视角，道路沿线的绿化其生态功能表现为在释放氧气、吸收有害气体、净化空气，遮阳庇荫、调节小气候，以及净化汽车尾气等造成的土壤污染、减噪滞尘、保持水土、防护农田等多个方面具有积极作用。同时，通过对道路沿线的绿化，可以在一定程度上恢复因道路建设而对原来环境造成的损害，减少景观的破碎化程度，并为鸟类等生物提供了适宜的栖息生境，保护了生物多样性。

针对交通污染，以城市对外交通道路、铁路和城市快速道路(城郊部分)为基础，在道路两侧设置分隔绿带；城际快速轨道交通线、铁路线两侧建成隔噪声、防尘绿化带。高速公路、国道、省道及市区外环路每侧建成绿化隔离带。

(二)水岸林网

水岸林网主要功能，一是维护河流生态健康与安全。河流林网是最为典型的廊道结构,并处于特殊的水陆交错地带,具有多种生态功能。河流线的植被建设,作为河流生态系统的重要组成部分,对于维护和促进河流生态系统的健康安全方面具有重要作用。河流沿线良好的植被群落,可增加水源涵养,改变地表和地下水径流的状况,有效保持水土,减少水土流失,防止河床淤堵。同时,在削减洪峰、防风消浪、护岸固堤、防灾减灾等方面有着积极作用。其次,河流沿线良好的植被群落,为鱼类等水体生物、两栖动物以及许多鸟类等提供了适宜的栖息环境和迁移通道,极大地丰富了生物多样性。另外,河流沿线良好的植被群落,具有缓冲带的缓冲功能。河流两岸一定宽度的植被带可以通过过滤、渗透、吸收、滞留、沉积等机械、化学和生物效应使进入地表和地下水的污染物毒性得以减弱、污染程度得到降低,从而起到消污纳垢、净化水体作用。

二是景观游憩功能。河流沿线的植被带建设,使河流两岸的景观得到绿化美化,形成有水有林、林水相依的优美环境。亲水亲林,本就是人们与生俱来的秉性,河流沿线的绿带建设及其所形成的美丽景色和良好生态,更为人们提供了旅游、休闲、健身、嬉戏的极佳场所。

(三)农田防护林网

农田防护林对于减轻气象灾害、维护农田的良好生态环境,保证作物高产稳产具有重要作用。农田防护林的建设按照《生态公益林建设技术规程》国家标准的要求,坚持因地制宜,因害设防的原则建设高标准农田林网。对已达标的要加强保护;对断带、缺失、老化的农田林网应补植和改造。同时,对不同区域农田林网建设,在满足生态防护功能的前提下,可结合不同的需求进行建设,对靠近城区的农田,农田防护林网建设时,可增加观赏型和经济型树种的比例,在发挥林网生态效益的同时,提高林网的观赏和经济价值;距城区较远的农田,在沟、渠、路配套的基础上建设高标准林网,实现宽林带,小网格,因地制宜,选择抗性强的乔木树种,充分发挥林网的生态防护效益。

四、山地森林保育

以恢复山体植被、提高林分质量和加强林分资源管护为主要目标,通过封山育林、人工造林、低质低效林改造等方式,逐步恢复低质低效林分、受损山体的植被环境,减少山地水土流失,增加林分水源涵养能力,提升林分生态景观。

(一)宜林荒山荒地植被恢复

宜林荒地立地条件较差,山地土层较瘠薄,应根据立地情况采取封山育林和人工造林相结合的措施,切实恢复荒山荒地、石漠化土地林草植被,大力植树种草,培育以人工森林植物群落为主体的多林种、多层次、多功能、多效益绿化体系,提高森林覆盖率。

对人烟稀少的远山、高山、水库附近和水土流失严重地区,采取"全封闭"的封山育林方式,禁止放牧、人为经营活动,利用自然力恢复植被。对土层瘠薄、距离居住区较近,人为活动较频繁的稀疏林地或荒山荒地,采取"半封闭"的封山育林方式,允许一定的季节在林内进行经营活动,此方式适用于用材林和薪炭林。可以采取建设围栏封禁保护和人工造林方式,促进植被恢复。人工造林以地带性森林植物群落为主,选择根系较发达、适应性强的树种。

(二)低质低效林改造

对于低质低效林要根据其所处的位置和主导功能,积极推广应用植被恢复与重建技术,选用育林择伐、带(块)状改造、林冠下更新、抽阔补针、间阔育针等措施,提升林分质量。对已经退化为疏林地、灌丛和荒山荒地的有林地,要因地制宜,采用人工造林,封山育林等措施,尽快恢复森林植被,提高森林质量,从而提高森林生产力,增加其经济效益,强化其森林生态功能。同时,要强化中幼龄林抚育工作,加快林木的生长速度,促进林分生长,提升山地生态功能和景观功能。

(三)矿区植被复绿

采用科学合理的工程措施和生物措施,全面整治矿山,以人工造林为主,因地制宜、适地适树,逐步恢复采矿坑、排土场、尾矿库及其四周的植被,培植乡土性植被,改善区域生态环境。

对于采矿坑区,由于区内地表剥离、植被消失、坡面坡度较大、岩石裸露,造林难度大。应根据不同坡面坡度,采取爆破造林、削坡、水泥网格、石壁安装种植筑槽板等方式营造造林环境,然后采取植生袋、网格栽植乔灌藤等容器苗、喷播、藤本植物攀援或垂悬绿化等多种方式培植乡土性灌丛植被。针对采矿坑周围少有薄层土壤造林极度困难的立地,可首先实施封禁,同时播种当地的灌木树种及草本植物,培植灌丛植被。

排土场和尾矿库土壤肥力低、酸化严重,因此提倡客土造林,首先对土壤进行物理处理,添加营养物质,去除有害物质,再采用穴状造林整地方法,进行裸根壮苗植苗造林;同时还要注意加强后期抚育管理,保证造林成活率和成林率。

矿区植被恢复以乡土树种为主,选择耐干旱、瘠薄,萌蘖性强、生长较快,根系发达、固土蓄水能力强的阳性乔灌木先锋树种营造混交林。

(四)水源地保护

对水源区具备天然更新条件的林地,可采用封山育林方式更新为水源涵养林。根据造林地条件和造林树种,分别采用鱼鳞坑、水平阶、穴状等整地方法,合理增加水源涵养林比重,发展和培育以松、柞为主的水源涵养林体系,提高林分质量,增强水源涵养能力。25°以上陡坡地一律退耕还林还草,25°以下坡耕地梯田化,新发展的果园、经济林要与水保工程同步进行,提高水土保持能力。树种宜选择耐干旱瘠薄、生长稳定、根系发达、枯枝落叶丰富的树种。

(五)生态风景林培育

公路、铁路两侧自然地形中第一重山脊,江河源头、江河两岸及水库区域的周边山体区域中的疏林地、灌木林和低质低效林是进行生态风景林保育的重点林分,针对这些区域,重点进行封育和掺砂改造,对可视山体重点进行林分结构优化和景观改造,着重增加乡土彩叶、观花、观果及部分常绿树种,提高林分本身质量,增强森林生态功能;同时,提升林分美景度，改善窗口地带生态环境，形成优美的山区自然生态景观，为发展生态旅游创造良好的环境。

(六)生态公益林管护与建设

积极培育复层异龄林，大力发展针阔混交林，优化森林结构，提升林分质量，增强森林涵养水源、净化水质、减少水土流失的功能；建立一个稳定、高质、高效的森林生态系统，形成优美的山区自然生态景观，为发展生态旅游创造良好的环境，拓展山区农民致富途径。对重点公益林，要进行全面封禁或定期全面封禁，严格限制采伐、开垦、放牧等人为干扰和一切生产性森林经营活动。对天然次生林要逐步恢复其生态功能，通过采取生态疏伐、补植、适当抚育和有效管护等措施，积极诱导针阔混交林，提高林分质量和次生林生态系统的多功能效益。对重点保护地区的生态公益林应禁止商业性采伐，在不破坏地表植被的条件下，可以适度发展林下种养业或者开展森林旅游等活动。对一般公益林允许并支持发展林下种养业等林地经济项目，但不得造成水土流失或者破坏生态公益林整体生态功能。

第二节　生态产业建设体系

森林城市建设中，生态产业是生态体系的有益补充。在生态建设优先的前提下，以加快转变林业发展方式为主线，以提高产业发展竞争力为目标，以重点项目为支撑，整合特色资源，优化产业结构，科学合理布局，加速生态产业发展，促进生态产业发展与生态建设良性互动。立足于森林可持续经营与湿地生态保育，积极推进资源综合利用，建设具有区域特色的生态产业体系。坚持以市场为导向，以改革为动力，以科技为支撑，以经济发展和群众增收为根本出发点，不断优化产业结构，大力发展生态富民产业，着力提升林业传统产业，积极培育生态战略性新兴产业，促进生态产业健康、协调、可持续发展。

生态产业的发展遵循以下原则：一是坚持统筹兼顾、均衡发展的原则。正确处理生态和产业两大体系建设的关系，生态产业发展要服从和服务于生态建设的大局，不能以牺牲生态环境为代价；同时，生态产业的发展，又促进生态建设，最终实现生态建设与产业发展的良性互动和协调发展。二是坚持效益优先的原则。分析生态产业市场发展潜力，预测产业效益，确定产业布局和建设内容。资源培育要以规模化、集约化的经营方式进行，缩短培育周期，提高单位面积产量，获取最佳林地使用效率和经济效益。林产品加工业要按照资源节约型、环境友好型的要求进行建设，走原料基地化、产品品牌化、产能高效率的新型工业化发展道路，提高林木资源的综合利用率，提高产品附加值。森林旅游及服务业要以提高品位、品质、回归自然为核心，寻求效益的最大化。三是坚持实事求是，量力而行的原则。生态产业发展规模，既讲规模效益，又要量力而行。基地建设必须按树种生态习性，布局于其最适生长区，立地质量好的地块，形成相对集中连片和一定规模。四是坚持合理布局，突出重点的原则。统筹生态产业布局，发挥区域资源和资本等生产要素优势，发展具有区域特色的规模经济，实现产业聚集效应和规模效益。五是坚持合作创新、科技先行的原则。加强与国内外科研机构、大专院校和规划设计单位的合作，积极引进新产品，培育新品种、推广新技术、研究新工艺，提高产品科技含量。强化科技支撑在产业发展中的作用，促进产业科技创新，延长产业链，实现资源的有效转化和产品的多次增值，提高产品市场竞争力。六是坚持服务于解决"三农"问题的原则。生态产业发展必须坚定不移的保护农民利益，以尊重农民意愿为前提，以增加农民收入作为出发点和落脚点，促进山区经济发展和生态改善。七是坚持加强协调，形成合力的原则。以政府行政主管部门为主导，以科技作支撑，并进行省、地、县相关部门纵向沟通，政府相关部门横向衔接，以利于各级政府在今后生态产业发展中发挥指导和调控作用。

一、休闲游憩

通过全面整合包括森林公园、郊野公园、湿地公园及以生态环境为主体的生态旅游资源，形成以主题各异的森林生态旅游产业群，以精品旅游线路为链接的森林生态旅游产业链，使森林生态旅游在林业经济发展中居于重要的地位；提升景点基础设施建设、旅游管理与服务水平，使其成为有区域性影响的旅游品牌。

二、特色经济林果

特色经济林果产业的发展，对带动地方百姓致富，发展生态经济具有重要作用，是典型的民生产业；同时，对生态环境的改善具有促进作用，对森林城市中生态环境的建设也具有推动作用。特色经济林果的发展，使产业发展融于生态建设中，实现大地增绿、农民增收、行业振兴的目标。特色经济林果产业的发展应根据市场需求，利用当地的林果资源，瞄准世界产业前沿，突出产业优势，培育、引导和扶持特色鲜明、市场前景广阔的产业，同时，通过引进试验和示范推广适宜地方的特色林果新品种、新技术、新成果，不断提高特色林果产业的科技含量。在生态产业的建设中，部分地方取得了骄人的业绩，如延安发展洛川苹果、温州发展的系列新品种杨梅。

三、种苗花卉

我国正处在全面建成小康社会的进程中，种苗花卉面临重要的战略发展机遇期。党的十八大提出，把生态文明建设放在突出地位，努力建设美丽中国，为种苗花卉产业发展指明了方向，拓展了空间，赋予了新的使命。种苗花卉产业是"生态林业""民生林业"和生态文明建设的重要组成部分，把发展种苗花卉产业作为林业工作的重要职责，强化、拓展和履行好花卉行业管理职能，努力抓好机构、队伍和基础设施等能力建设，开展市场预警，加强市场监管，为花卉产业发展创造良好的条件。种苗花卉产业发展应加强种质资源收集保存、品种创新、技术研发和良种繁育示范基地建设，提供更多的自主知识产权的新品种和特色种苗花卉，同时，加快种苗花卉产业信息化进程，健全统计体系，为种植户提供便捷的信息服务，防止盲目过度的发展。

四、林下经济

林下经济包括林下种植和养殖业。林下经济投资周期短，见效快，特色突出，既是长周期林业的重要支撑，也是农产品生产的必要补充。根据市场需求和当地的资源优势，出台扶持林下经济产业发展实施办法等相关配套政策措施，集中人力、物力、财力，把林下经济培育成为带动区域经济发展和农民增收新的增长点。林下经济产业发展大力推进"公司+基地+农户""公司+合作社+养殖大户""公司养殖小区+农户"模式，确保林下经济产业健康有序发展。

第三节　生态文化建设体系

生态文化建设体系是国家森林城市建设的重要组成部分。生态文化是人与自然协同发展的文化。在人类对地球环境的生态适应过程中，人类创造了文化来适应自己的生存环境，发展文化以促进文化的进化来适应变化的环境。随着人口、资源、环境问题的尖锐化，为了使环境的变化朝着有利于人类文明进化的方向发展，人类必须调整自己的文化来修复由于旧文化的不适应而造成的环境退化，创造新的文化与环境协同发展、和谐共进。

生态文化含义广泛，内容丰富，但从国家森林城市建设的内容来看，生态文化建设体系内容主体里包括生态文化载体建设与生态文化传播，其中，森林城市的生态文化载体主要包括森林文化载体与湿地文化载体。森林城市中的森林文化载体建设侧重于文化林建设为主体；湿地文化载体一般包括近海与海岸、河流、湖泊、沼泽与人工湿地等类型，森林城市建设以滨海和河湖湿地文化为主体。

一、生态文化载体建设

（一）文化林载体

文化林是改善人居环境和具有丰富文化内涵的森林，是生态文化体系的重要组成部分，文化林建设以城市森林、园林、村庄风水林、森林公园、名胜古迹林等为主，重点加快城市各类纪念林、森林生态环境教育基地建设，人文与森林景观相结合的文化林体系，增强人们的环境保护意识，传承历史文化，实现人与自然协调发展，为和谐社会建设作贡献。文化林建设也是我国经济社会发展到一定水平后向建设和谐社会目标迈进的要求。建设和谐社会的关键问题是实现人与自然和谐，要处理好人与自然的关系，提高包括务林人在内全社会公民的生态意识，把爱护环境的意识体现在具体的行动中、日常的行为上。文化林是弘扬生态文明的重要载体。发展文化林，改善城乡人居环境，加强环境保护意识的培养，有助于增强人们的生态意识，丰富森林文化内涵，促进我国生态文明社会建设。

（二）湿地文化载体

湿地与人类的生存、繁衍、发展息息相关，是自然界最富生物多样性的生态景观和人类最重要的生存环境之一，它不仅为人类的生产、生活提供多种资源，而且具有巨大的环境功能和效益，在抵御洪水、调节径流、蓄洪防旱、控制污染、调节气候、控制土壤侵蚀、促淤造陆、美化环境等方面有其他系统不可替代的作用，因此，湿地被誉为"地球之肾"。在世界自然保护大纲中，湿地与森林、海洋一起并称为全球三大生态系统。湿地文化的形成是一个渐进的过程，由于人类对湿地利用程度的不断加深，湿地遭到破坏，人类的生存和发展面临严重的危机，人们意识到保护湿地的重要性，并产生自觉的保护行为，因此上升为湿地行为文化。森林城市的湿地文化建设侧重于湿地文化的挖掘、丰富与传承，以唤起人们对湿地的保护。

二、生态文化宣教平台建设

在森林城市建设过程中，生态文化宣传与教育已经成为推动城市生态文明建设的重要内容。通过加强宣传教育，在全社会牢固树立尊重自然、顺应自然、保护自然的理念，树立良好生态环境是最公平的公共产品、最普惠的民生福祉的理念，树立保护生态环境就是保护生产力、改善生态环境就是发展生产力的理念，使全社会对生态文明建设的认识和理解达到一个新高度、新境界，既内化于心、又外化于行，转化为支持和参与生态文明建设的强大共识和切实行动，既为生态文明建设营造良好的舆论氛围，又注入源源不断的正能量。目前，通过森林城市的创建，已培育了丰富的文化土壤和良好的社会条件，开展全方位、多领域、深层次的生态文化宣传教育，全社会对接受高质量、多样化的生态文明宣传教育的需求更加旺盛，加强生态文化宣传教育，提供更多更好的精神食粮、教育产品和文化服务，是顺应人民群众新期待新愿望的现实要求。

每个人都是生态文明的参与者、建设者、受益者，都是实现人与自然和谐的一分子。任何人都不能置身其外，只享用成果而不为之努力，甚至成为人与自然和谐的阻碍者、破坏者。只有全社会和每个人都真正形成符合生态文明要求的思想共识、行为规范和道德风尚，生态文明建设的美好蓝图才会如期实现。

根据森林城市建设的特点，生态文化传播内容侧重于通过广播、电视、报纸、出版社、网络、广告牌等等各种传播媒体，依托森林公园、郊野公园、植物园、湿地公园和自然保护区、生态科普馆、自然教育园区等生态文化载体，设立参与式、体验式自然课堂，完善科普解说标志标牌等宣传教育设施；开展古树名木保护、义务植树、树木绿地认建认养等群众实践活动；以植树节、森林日、湿地日、爱鸟周等等重要生态节庆日为契机，广泛举办生态文化主题宣传教育活动，使环境保护意识深入人心，促进人与自然的和谐发展；以各地的旅游资源与生态产业为依托，举办不同种类节庆活动，如桃花节、樱桃节、杨梅节等等各种观赏和采摘节活动，让人们自觉参与生态文化的体验与教育；通过古树王、最美风水林、市树市花等评选活动，激发人民群众的文化和精神认同感，增强市民爱绿、植绿、护绿意识，传承生态文化。

第四节 小 结

国家森林城市是一个新兴快速发展的事物，其特有的"城市—自然"复合生态系统导致了其规划建设涉及的面广、难度大、理论性强。因此，科学、实用的基本理论是国家森林城市规划建设的重要基础。

第十七章 城市森林近自然化经营技术与对策研究

随着人类社会经济的快速发展，城市化进程为人们提供大量享受和发展空间，同时，人口密集、交通拥挤、环境污染、资源短缺和生态恶化等一系列的问题，向人们提出了各种挑战。城市建设的飞速发展和全球化趋势的不断加速，绝大部分城市的规模正在迅速扩大，许多县城、乡镇将很快达到城市的规模和水平。为了改善现代化城市环境，给人们营造舒适、优美的环境和良好的休闲、娱乐场所，大中城市开始创建城市森林。已经建成和正在不断营建的城市森林是人民大众的生态文化产业的一个部分，若使它们越建越好，效益越来越大，并持续稳定发挥作用，满足当代和后代的需要，须遵循城市森林自身发展的规律来进行经营管理。

第一节 城市森林的概念及其发展

一、城市森林的概念

城市森林是一种新型的森林生态系统，分布于人口高度密集、人工景观高度集中的地带，且呈现高度破碎化；其植被在城市及周边范围内以乔木为主，并达到一定的规模和覆盖度，能对周边的环境产生重要影响，具有明显的生态价值和人文景观价值等的各种生物和非生物综合体。广义上是指在城市地域内以改善城市生态环境为主，促进人与自然协调，满足社会发展需求，以树木为主体的植被及其所处的人文自然环境所构成的森林生态系统，是城市生态系统的重要组成部分；狭义上是指城市地域内的所有林木的总和。也就是说，城市森林建设是以城市为载体，以森林植被为主体，以城市绿化、美化和生态化为目的，实现森林景观与人文景观有机结合，改善城市生态环境，加快城市生态化进程，促进城市、城市居民及自然环境间的和谐共存，推动城市可持续发展。

二、国外城市森林的发展历程

城市森林的提出最早源于美国和加拿大。在 1962 年，美国肯尼迪政府在户外娱乐资源调查报告中，首次使用"城市森林"这一名词。自 1965 年加拿大 Erik Jorgensen 教授提出城市林业概念以来，城市林业与城市森林先后在北美、欧洲乃至全球掀起了研究热潮。1970 年，美国成立了环境林业研究所，专门研究城市森林，目的是通过对城市林业的研究，改变美国东北部人口密集区的居住环境。1978年美国国会通过了城市林业法。1979年，加拿大建立第一个城市森林咨询处，研究和回答城市森林的有关问题。1988年，美国威斯康新大学Miller(1996b)教授出版了《城市林业》一书，1996年再版，是目前城市林业研究较为权威的一本书籍。目前许多国家已把发展城市森林作为实施城市可持续发展战略的一项重要实践内容，相继开展了城市森林培育与经营理论研究和具有各自特色的城市林业建设实践，已经采用计算机对城市森林进行编目和管理，通过收集相关数据资料，构建城市森林生态系统模型，对城市森林的规划、城市森林效益的综合评价、城市森林发展趋势的模拟、城市森林财政开支的预算等方面进行了研究。总之，在20世纪80年代初，城市绿化进入生态园林的摸索阶段；以及20世纪90年代，可持续发展战略的提出和全球掀起生物多样性保护的热潮，21世纪"人居环境的可持续性"建设，城市森林的地位和作用越来越受到人们的重视。

三、国内城市森林的发展历程

我国从20世纪80年代开始"城市森林"方面的研究。台湾大学高清教授在其出版的《都市森林学》(1984)中认为城市森林是一门新兴的学科，其范围包括庭院园林的建造，市区行道树，都市绿地及都市范围内风景林与水源涵养林的营造和管理。

1992年举行第一次城市林业研讨会，1994年林学会成立了城市林业专业委员会，许多学者对城市森林开展了研究工作。1998年中国林科院主持了由国家科技部、财政部和国家林业局支持立项的"中国城市森林网络体系建设研究"项目，率先在哈尔滨、大连、上海、合肥、厦门等地，针对城市森林布局、树种选择与配置、树种生态效益等城市森林建设问题开展了比较系统的研究。

2002年9月，在上海召开了国际城市森林与生态城市建设国际研讨会。各城市借鉴国内外城市森林建设的成功经验，建成各具特色的森林城市。自改革开放以来，我国城市数目增加1.5倍，城市化水平几乎提高一倍，目前大约43%的中国人生活在城市里。

2012年7月在呼伦贝尔举行的"第八届中国城市森林论坛"，被全国绿化委员会和国家林业局授予"国家森林城市"称号的城市已经达到了41个。同时，"让森林走进城市，让城市拥抱森林"已成为改善城市生态环境、提升城市形象，提高市民生活质量、提升市民环保意识的新理念，是我国城市生态建设、环境保护、文明建设和生态文明建设的重要举措，对于促进城市化走上生产发展、生活富裕、生态良好的发展道路，将起到重大作用。

2013年以后采用了城市森林建设座谈会的形式，总结与布置森林城市建设工作，分别在2013年江苏省南京市召开了"城市森林·生态文明·美丽中国"为主题的中国城市森林建设座谈会；2014年在山东省淄博市召开中国城市森林建设座谈会，主题为："城市森林·民生福祉·美好家园"；2015年中国城市森林建设座谈会在山东省淄博市召开，主题为："让森林走进城市，让城市拥抱森林"；2016年中国城市森林建设座谈会在山东省淄博市召开。

截至2017年年底，全国有137个城市获得"国家森林城市"称号，130多个城市开展"创森"活动。

第二节 近自然化森林经营的研究进展

一、近自然化森林经营的概念与意义

1898 年，Gayer 指出近自然林业理论为："生产的奥秘在于在森林中一切起作用力量的和谐"。他认为"森林生物多样性是一个在永恒的组合中互栖共生的诸生命因子的必然的结果"。近自然森林经营是德国林业坚持不懈探索的最为经济、合理的森林可持续经营技术模式，是一种顺应自然管理森林的模式，其体系注重对原始森林的基础研究，力求利用森林生态系统所发生的自然演替过程，促成森林的反应能力向合乎天然林的程序和结构发展，从而实现接近自然的森林经营模式。近自然森林经营是以近自然林为参照，营建和将现有人工林逐步引导为近自然林的一种经营，以森林生态系统的稳定性、生物多样性、系统多功能和缓冲能力分析为基础，以整个森林的生命周期，即从"自然更新—快速生长期—顶极群落期—自然衰退期"为时间设计单元，以目标树的标记和择伐及天然更新为主要技术特征，以多树种、多层次、异龄林为森林结构特征，以永久性林分覆盖、多功能经营和多品质产品生产为目标的森林经营体系，充分利用森林生态系统内部的自然生长发育规律，从森林自然更新到稳定的顶级群落这样一个完整的森林生命过程的时间跨度来计划和设计各项经营活动，优化森林的结构和功能，永续充分利用与森林相关的各种自然力，不断优化森林经营过程，从而使生态与经济的需求达到最佳结合的一种真正接近自然的森林经营模式。

二、近自然化森林经营的理论与原则

(一)近自然化森林经营的理论

近自然化森林经营理论是基于利用森林的自然动力，尽量不违背自然的发展来经营建设森林。林分越是接近自然，各树种间的关系就越和谐，与立地也就越适应，产量也就越大。可持续发展的理论是城市森林近自然化森林经营的理念基础，而城市森林的近自然化森林经营正是合乎可持续发展理论中"在满足当代人需求的同时，不损害后代人满足其自身需要的能力"的理念，并且强调城市森林布局的合理性、公平性，城市森林经营中不能超越环境承载能力和尽量利用森林的自然潜力，尽可能地减少能源和其他自然资源的消耗。森林从个体到群体都有一定的生长发育过程，在这个过程的不同阶段，林木和群体对环境有不同的要求和适应，同时将提供不同的生态和景观效能，随着年龄的增长可以区分为幼龄林、中龄林、近熟林、成熟林和过熟林阶段。近自然化森林经营就是通过经营活动使其在不同阶段的生态景观功能达到最大，并且提早进入成熟期，尽量推迟过熟期，从整体上获得最大的生态效益。总之，"近自然化森林经营"必须以森林可持续经营发展为主导思想，充分利用自然力，符合当地的生境条件；保持群落的稳定性、合理性，增强抵御外界灾害的能力；充分发挥森林的多种效益，保护生物多样性；充分合理地在最小投入的情况下发挥森林的最大效益，包括经济效益、生态效益、社会效益等。只有这样，城市森林

才能在较短的时间里达到结构合理、功能优化，逐步趋向于当地的天然林。

（二）近自然化森林经营的原则

（1）在城市森林的营建和调整中应以乡土树种和适应该地区的树种为主，尽可能依靠自然的力量经营森林；营建和诱导与当地天然林的森林外貌相近的森林群落，以呈现地方特色。

（2）城市森林的结构应逐步诱导为多层次，由单层同龄纯林转变为复层异龄混交林，以提高生物多样性和稳定生物群落。

（3）森林的更新以天然更新与人工促进更新相结合，必要时辅以人工更新，采伐要由皆伐转为择伐，林地要保持持续覆盖。

（4）在近自然化森林经营过程中充分利用自然潜力，减少人工干预，致使人力、财力和物力的低投入。

（5）城市森林的近自然化森林经营，从长远来说是持久的、循序渐进的，追求的是一个生态系统的过程，但对具体的森林来说，则以森林的生命周期为时间设计单元，根据具体森林所处的生长发育和演替的阶段，制定具体的目标，而这个目标必须服务总目标，并为完成总目标服务的。

三、近自然化森林经营的方法与目标

在城市森林建设中，近自然化森林经营真正回归自然（类似自然群落的自然），充分利用自然潜力，以现有自然林为参照，按森林生长发育和演替的规律，在不同的阶段，采用不同的经营措施，减少能源和资源的投入，使城市森林的生态和景观效益达到最大化。一方面是系统水平，是指在系统水平上确定城市森林的规模、布局、特色。城市森林是城市生态系统中重要的组成部分，它在城市生态系统中应有相当地位、作用。它的规模必须合乎城市性质、模型、环境容量、人口等一系列相关因素，绝对不是越大越好，只有这样才能与城市的其他因素一起构建和谐的生态文明城市。城市森林的地方文化特色则表现在城市森林的树木组成应以乡土树种为主，而其群落外貌应与当地自然林的各种不同阶段的外貌相似，并处于不同自然度的水平上。另一方面是森林群落水平，则按城市森林发生、发展不同的阶段采用不同的经营措施。

近自然化城市森林经营不是以木材的产量和质量为经营目标，而是以改善城市的生态环境和提供居民休闲和游憩场所为目的，建设和谐的宜居城市。从长远和全面来说，它的经营是多元的、灵活的、复杂的和持久的，几乎没有止境。因此，这里追求的不是一个目标，而是一个过程。在这个不断延续的过程中，一代一代地使城市森林不断发挥它们的生态和景观效益，满足人类的需求。

第三节　城市森林近自然化经营技术

一、城市森林近自然化经营范围

城市森林和近自然森林经营的定义已基本上界定了它的范围，其经营技术范围包括生态、景观功能和物质方面经常与城市稳定交流的所有林地。因森林在减免城市灾害、提供用水和林产品、提供游憩和旅游、调节气候、维护城市良好的大环境上起着巨大作用，关系到城市的生存和发展，所以要合理有效地利用森林。当前，一些城市为了搞建设，为了发展经济对森林的作用更加重视了，开发利用森林资源的力度也加大了，为协调城市与森林所在地区的关系，合理经营、利用森林，总体来说，城市林业更加注重发挥森林的防护、生态、景观方面的效能，其布局、结构、营造及经营活动都是按城市需要设计的；只有对城市森林的范围有了明显划分，才能按城市建设的需要进行集约经营。

二、城市森林近自然化经营内容

根据城市森林营建理论和近自然化森林经营理论，遵循人工林培育原则，天然自由演替的规律，使城市森林景观趋于稳定健康，实现可持续发展，城市森林营建技术内容包括森林景观规划、森林群落设计、森林细部要素和森林营造技术4个方面。通过绿化体系规划设计近自然化，选择乡土树种近自然，管护手段近自然，尽量减少人工过度干扰，多树种、多色彩、组团状发展，任其自由演替。

城市森林创建的近自然化经营技术具体内容包括：城市建成区绿地系统建设，森林围城(乡镇、村)新造林，水系、道路和农田林网建设工程，长江防护林工程，矿区植被保护与生态恢复工程，绿色家园建设工程，避灾绿地建设工程，城镇立体绿化工程，森林品质提高工程，生态公益林建设工程，湿地保护与恢复工程，退耕还林后续管理工程，有害生物防治工程，森林防火工程，古树名木保护工程，中药材基地建设工程，名特优经济林产业工程，速生丰产用材林建设工程，林木种苗花卉产业工程，森林生态休闲产业工程，森林生态物质、精神文化建设工程，森林生态制度文化建设工程，森林管理体系建设工程。

三、城市森林近自然化经营技术步骤

依据不同城市的具体情况，城市森林近自然化经营技术的范围和内容确定实施步骤如下。

首先，确定范围。确定森林景观的大小和范围，分析理解和把握城市现有的生态景观形式和结构，进一步明确城市森林所营造的人工林在城市景观中的位置和作用。

其次，实地调查。根据其大小和范围进行现场基地的调查和研究，包括气候、土壤、地质、水文、河流、植被、动物、微生物及基地潜在植被和地域特色等详细资料的调查，如区域内不同生态景观要素生物种类、环境、生态功能调查和评价以及人工林营造若干年后对周围景观要素产生的影响等等。

最后，规划造林区域。遵循城市森林营建的理论基础和基本原理以及人工林培育原

则，近自然化森林经营的理论和原则，确定城市森林生态景观的基质(森林类型)，依照原有的森林生态面貌，分成几个大型的自然斑块，满足森林的主导功能和生态功能，然后在森林内设计多个大小不一样的自然斑块(不同的植物群落)以保证森林景观的异质性和生物多样性。保护和利用原有的植物类型和水系来维持地域特色，为某些特有植物和动物提供生存的空间，对其进行自然驯化，逐步建立城市森林生态系统的自我维持机制。在规划的基础上，提出造林方案，然后付诸实施。城市森林是营造多树种混交林，以乡土树种为主，按近自然林造林方法和技术进行造林。

四、城市森林近自然化经营技术措施

以林分立地条件和指示植物为基础，参照当地天然林分，确定森林经营的目标林相，设计需要调整的林分结构；以森林完整的生命周期为计划的时间单元，参考森林不同演替阶段的特征，来制定经营的具体措施。

首先，以林分中的优势木或乡土树种为主要经营对象，通过标记目标树，对其进行单株木抚育管理；在保持森林生态功能的前提下，实现林分的高价值成分(目标树)的最大平均生长量，保持林地最大生产力，确保林分不出现早期生长衰退，避免灾害性病虫害的发生。其次，在进行林地择伐之前，要分析林分的结构和竞争关系，确定抚育和择伐的具体对象以及作业区域、作业面积、作业强度。经营措施应充分利用林地自然力，促进并实现林分的天然更新，保持目标树种群有足够数量的可更新幼龄个体，使林分更新可以在大面积上实现。最后，通过监测对照样地，调查经营措施过后的林木生长、目的树种更新、林地生态因子等变化，使用各类模型和决策系统，分析群落发展趋势，评价林地生产力和生态条件改善状况，分析经营措施的生态和经济效果，保证作业设计体系是最优设计，定期对经营后森林的生长和健康状态进行监测与评价。

第十八章　城市森林健康经营措施探究

森林健康是指森林生态系统能够维持其多样性和稳定性，同时又能持续满足人类对森林的自然、社会和经济需求的一种状态，是实现人与自然和谐相处的必要途径。通过对森林的经营管理，按照自然的进程，维护森林生态系统的稳定性、生物多样性和对灾害性破坏的自我调节能力，减少因火灾、病虫害、环境污染、人为过度采伐利用及自然灾害等因素引起的损失。

第一节　森林健康经营基本理论

一、用近自然经营理论调整林分结构，提高森林植物抗灾能力

将人对自然的改造力和自然力相融合，以城市原生的森林群落为模拟样板，按照森林发生的自然规律，培育健康、稳定和多样的混交林。近自然林具有人工林生长快和天然林稳定的优点。具体做法是：利用乡土树种营造混交林，整个经营过程只对目的树种进行单株抚育。

二、以生态学理论为基础，科学防治林业有害生物，严防外来林业有害生物的入侵

坚持"预防为主、综合治理"的方针，加强森林生态系统内植物、动物、微生物等所有生物的种群管理。大力推广生物防治技术，严格控制农药的使用，保护天敌，维持森林生态系统的生物多样性。对一些大面积常发性的、暴发成灾的林业有害生物，可以首先采用药剂防治，压低有害生物密度；然后，经常性地释放天敌，补充林内天敌数量。为有效防范外来林业有害生物入侵，强化对外来有害生物的防范工作，严格检疫执法，控制和规范引种，确保森林资源的安全；提高检疫技术，不断吸收国内外的先进检疫技术；提高检疫队伍的素质，完善检疫设施，使检疫工作制度化、法制化。

三、预防控制空气污染和森林防火，减轻环境因素对森林生态系统的破坏

特别注意人类活动和管理不科学造成的空气污染、森林火灾和水土流失等强烈的干扰因子对森林健康的影响。同时，建立、完善法律法规，加大行政执法力度，强化执法监

督，加强对工业大气污染、乱垦滥占林地等行为的管理。

第二节　森林健康内涵

城市森林生态健康的本质是要体现森林生态系统的平衡。具体要求为近自然性、乡土性、地带性、生态系统平衡性、系统内动植物的和谐性和生物多样性。

城市森林经济健康包括商业碳汇能力与生物量，木质与非木质产品有益性和有用性，商品价值与市场意义，游憩与景观使用价值及森林的居住环境与房地价的影响力。

城市森林健康不但要体现一般的森林健康的特征，同时，要能够体现地域城市文化、市民的文化与审美需求，即森林的文化健康。城市森林的审美与文化健康较其他区域的森林更为重要。对于一个城市而言，只有符合大多数人的审美情趣和文化价值取向的森林，才是审美与文化健康的森林。其中包括城市特色与文化的象征性、城市居民的精神寄托，城市森林必须是广大平民所共享的资源，绝大部分城市森林、园林能够为广大居民所免费共享，城市森林的所有生物得到尊重，没有大量修剪、猎捕等。

一、生态健康

生态健康的森林，实际上是生态系统平衡的森林，这些森林是气候、土壤、文化、经济、社会和谐的综合体。

(一)近自然性

体现生态健康的首要特征应该是近自然的，完全自然的原始林是其顶级表现。近自然性是城市森林建设的首要要求。近自然性在文化的角度上是对自然的一种尊重，如土壤、河流、野生动物，近自然的森林与这些环境要素是平衡的、和谐的，是没有冲突关系的。

(二)乡土性

乡土性有两个意义：一是人工营造的森林选用的是乡土树种，因为只有选择乡土树种，才能更容易营造近自然的森林；二是在经营技术上利用乡土性，尊重地方、民族文化习俗。

(三)地带性

地带性一般有水平地带性和垂直地带性，指的是所营造的森林与地方气候土壤的适应性。健康的城市森林要满足其生态稳定和低碳管理的要求，必须是地带性的植被。在一定意义上，城市森林不提倡大量引进外来物种。应充分利用环境的自然修复功能营造地带性森林。

(四)生态系统平衡性

对于特定的林分而言，具有水—土壤—植被的和谐及抵御自然灾害的能力，具有健康的碳平衡、水平衡和土壤微量元素综合平衡以及健康的食物链，具有自我更新能力，是衡量健康森林生态平衡的具体要求。

(五) 系统内动植物的和谐性

从食物链的角度，健康的森林应该有系统各单元的和谐性。如森林中的病菌能够足够分解森林的凋谢物，森林中的昆虫能够使森林中病弱个体淘汰，从而满足优势个体的生长。

(六) 生物多样性

我们一般认为生物多样性对于人类是有益的，当然对于森林生态系统的稳定、平衡、和谐也是有关的，但其有益或者健康的机制和意义有待深入研究。对生物多样性的要求已成为当代社会的普遍要求，因此，丰富的生物多样性也是城市森林健康的标志之一。

二、经济健康

这里提到的森林经济健康，包括两个方面：一是可以直接用货币表现的森林健康指标；二是不能直接用货币来衡量，它们的经济功能必须通过其他形式体现的。

(一) 商业碳汇能力与生物量

在一定意义上，能够在市场上以价格来体现的森林服务能力是其经济能力的最终体现。在目前，能够在市场上以商品出现的，最主要的是森林碳汇和森林生物量/木材，涉及这些产品经济能力的因素有森林的产品规格、种类及市场需求。

(二) 木质与非木质产品有益性、有用性

对于森林而言，体现其经济价值，除了碳汇、木材外，还有许多非木质产品，而且这些产品/功能，还必须是对人类有益的、有用的。

(三) 商品价值与市场意义

之所以把商品价值和市场意义单独作为经济健康提出来，目的是城市森林是一种自然资源，这种资源通过开发，可以形成产品，而这些产品只有变成具有市场意义的商品，形成市场认可的商品，才能真正实现货币价值。所以在营建商品林，考察其经济健康时，应充分地考虑其市场实现价值。

(四) 游憩与景观使用价值

城市森林的经济价值非货币体现，主要是游憩价值。对此用完全的货币化评估目前尚不成熟，一般可以用游憩机会来表述。虽然不能用货币来体现这种经济价值，但它是最重要的，所以城市森林的游憩与景观使用价值也应该与城市森林经济健康指标有关。

(五) 居住环境与房地价的影响力

森林与湿地及相关环境状况对城市居住和房地价影响甚大，可以说城市森林对城市居

住而言是最主要的要素，对一个区域的房地价影响极大。森林类型、面积大小、分布、季相变化都是影响其价值的主要因素。因此，从这方面考察，营建健康的城市森林也非常重要。

三、审美与文化健康

相对而言，城市森林的审美与文化健康较其他区域的森林更为重要。人类的审美情趣会随着时代的变迁而变化，也会因地域不同而存在差异。因此对于一个城市而言，只有符合大多数人的审美情趣和文化价值取向的森林，才是审美与文化健康的森林。

(一)城市特色与文化的象征性

最能体现城市森林和文化的是市花、市树。城市森林的结构在一定程度上也反映了城市的特色。对不同的城市，应认真分析其城市特色与文化价值取向，从而应用到城市森林规划与建设中。

(二)城市居民的精神寄托

寄情于物是中国文化的一个特点。对于城市森林而言，必须满足大众的这种深刻的心理需求，使城市的森林与树木成为大众居民的精神寄托。

(三)平民化

对于一个城市而言，占有大部分城市财富的也许是少数人，而消费城市的绝对是组成城市人口大多数的平民。因此要开放森林区域，尊重平民的森林需求。进行林权改革，广泛认领、认养林木等都是文化健康森林营建的需求。

(四)可亲近性

建成区、郊区、风景区的森林应该绝大部分是国有的、集体的，能够为广大居民所免费共享。居民可以进入这些森林、亲近这些森林，也是城市森林文化健康营建的要求。

(五)生物尊严与生命尊重

对于城市森林而言，尊重生物生命是现代文明的标志。具体而言，形成生物和谐的群落，采用群落式绿化；减少和杜绝大量修剪，让林木自由生长，杜绝和禁止猎捕；营造和保护野生动物栖息地、保护自然的湿地；划定具有野生动物栖息保护价值的森林与湿地，甚至划定和保护原野地。这些都是对生物生命尊重的需求，也是审美与文化健康森林建设的具体要求。

城市森林健康包括生态健康、经济健康与文化健康。城市森林健康因子组成详见图18-1。

城市森林生态健康的本质是要体现森林生态系统的平衡。具体要求为近自然性、乡土性、地带性、生态系统平衡性、系统内动植物的和谐性和生物多样性。

城市森林经济健康包括商业碳汇能力与生物量、木质与非木质产品有益性和有用性、

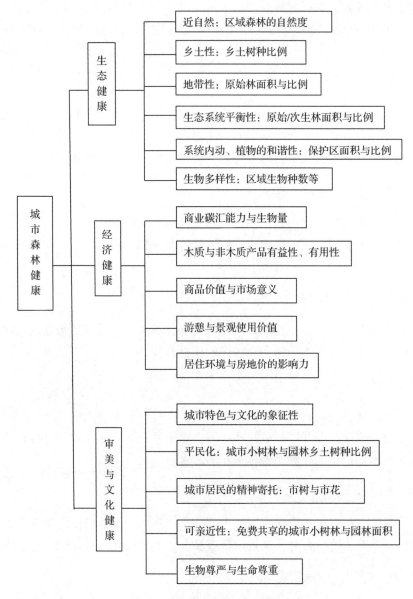

图 18-1 城市森林健康因子组成

商品价值与市场意义、游憩与景观使用价值及森林的居住环境与房地价的影响力。

第三节 森林健康经营措施内容

一、营造措施

(一)科学划分立地类型,实施标准化造林

以县为单位,在借鉴过去土壤调查和森林资源调查资料的基础上,按不同树种详细划

分造林立地类型，因地制宜，从根本上解决适地适树问题。在实践的基础上，实施林业标准化体系建设，将各种类型造林模式纳入贵州省地方标准，实行标准化造林，解决粗放到集约经营的跨越，为营造健康森林打好基础。

(二) 以地带性植被为主，建立多类型植被

地带性植被是大自然经过千百年来优胜劣汰的择优选择，具有很强的稳定性。对于能够通过封育恢复及人工方法促进其恢复原生植被的，应以自然恢复为主，不必再引进外来树种。对无法恢复原生植被的，在营造生态林中应首选乡土树种，提高树种适应性。在造林规划中，应择优筛选出一批适合贵州省生长的乔灌木，进行优化组合，营造多类型森林，增加生物的多样性，形成优势互补、良性发展。乔木营造要以防护林为主，减少片状纯林数量。

(三) 加强种子繁育及森林病虫害防治工作

随着造林苗木品种单一和无性系繁殖苗木比例不断增加，给森林病虫害暴发埋下了隐患，对森林健康形成了潜在威胁。因此，森林病虫害防治工作必须贯穿城市森林建设全过程。必须把森林病虫害防治措施纳入造林规划设计，从选育良种、培育壮苗、造林、抚育、管护、采运等各个环节充分考虑森林病虫害防治因素，实行同步规划、同步实施、同步检查验收。

二、改造措施

(一) 加大现有林抚育间伐力度

从现在人工林林分状况看，乔木造林密度过大，土壤水肥供应严重不足，使树木产生恶性竞争，造成林分整体树势衰弱，为一些森林病虫害的大流行创造了条件。现在应立即对林内枯死及发病严重的林木进行卫生伐，清理病源物，之后应有计划地进行抚育间伐，最后达到合理密度。

(二) 提高低产林改造强度

以往由于栽植品种不适及未达到适地适树要求的林分，现在大部分已形成小老头树，并成为森林病虫害暴发的发源地。对这部分林地应进行超强度改造，实行统筹规划，分步实施。但是对于天然次生林应以减少人为干扰、防止外来物种入侵为主，尽量保护原生植被。

三、林分质量提质——经济与生态健康措施

林分质量提质包括了营建具有地带性植物群落组成乔、灌、草、花、果的有机结合，突出城市自然和人文的和谐统一的复合式城市森林；增加森林结构的自然度和多元化。林分质量提质措施主要如下。

（一）补 植

通过补植与林分主要树种不同的树种，以形成各种类型的混交林，以提高林分的生态与经济健康水平。

（二）林分调整

林分结构与森林健康密切相关。一般而言，具有生物多样性的林分健康状态优于树种单一的林分，林龄结构均衡的林分健康状态优于林龄结构失调的林分。

健康森林林分结构优化措施主要是对现有低效林分，通过块状、带状、片状等抚育和择伐、更新等措施，促使林分形成多树种的复层异龄的混交林，有利于增强森林生态系统的稳定性和抗逆性。

（三）封育保护

对于林分密度过小、生产不稳定或者林下植被稀少的幼龄林进行封育保护。

封育保护措施主要包括：

（1）人工促进。通过采取块状、带状除草以承接种子入土、除杂扶苗以促进现有幼树幼苗生长；适当补植、补造，禁止人为活动干扰。

（2）封禁育林。划为封禁管护区，杜绝人为干扰破坏。

四、高效立体林业经营——经济健康措施

发达的林业产业体系也是城市森林建设的重要内容，而提高林地单位面积的产出，增加林地单位面积的收入，是发达林业产业体系建设的重要目标和举措。因此，健康高效的立体林业经营措施和技术是提高森林经济健康的重要途径。

健康高效立体林业经营主要措施有：

（1）设计林—农、林—禽畜等复合经营和林茶、林药、林果、林苗等高效立体经营。

（2）设计混作或林下种养殖。

（3）推广经济林的生态栽培模式。

五、生态采伐——生态健康措施

生态采伐就是在实施森林采伐作业设计时，要用生态学的原理考虑每一项技术措施，以保证森林健康。在林分水平上考虑林木及其产量、树种、树种组成和搭配、树木径级、生物多样性的最佳组合；在景观水平上考虑原生植被和顶级群落，进行景观规划设计，实现不同的森林景观类型的合理配置。同时，还要考虑采伐后的林地对人感观的影响，即美观的效果等。

生态采伐的主要技术要点如下：

（1）一般不使用皆伐，提倡择伐或抚育采伐、更新采伐。一般择伐和抚育采伐强度不应超过 20%。为了保护生物多样性，对一些有生态价值的活立木和枯立木（如有鸟巢和猛禽栖息的林木）应予以保留。

（2）采用锯斧并用法、加楔法、留弦法等以控制树倒方向，减少对保留木和幼苗的伤害及对林地植被造成破坏。

（3）采取以畜力和人力集材为主，且最好在冬季进行。以有利于森林资源的恢复、生长和培育。

（4）尽量回收可用材，采取散铺或堆铺的方式清理枝桠，禁止采用火烧清理。

六、森林文化建设——文化健康措施

要体现城市森林文化健康的措施，在规划实践中主要采用以下措施：

（1）城市与郊区园林乔木化，让森林走进城市。

（2）采用群丛式进行城市与郊区绿化。

（3）广泛采用乡土树种。

（4）在城市与郊区绿化时注重不同植物对于人类健康的作用，发展保健森林。

（5）广泛地使用当地的市树市花。

（6）补植能够让动物栖息（包括取食）的树木或者森林环境。

（7）大力发展各类纪念林。

（8）注重森林的季相变化，发展彩色森林。

第四节　小　结

城市森林健康包括生态健康、经济健康与文化健康。城市森林生态健康的本质是要体现森林生态系统的平衡，商业碳汇能力与生物量，木质与非木质产品有益性、有用性，商品价值与市场意义，游憩与景观使用价值和森林的居住环境与房地价的影响力，同时要符合大多数人的审美情趣和文化价值取向。

目前，城市森林与园林的自然度不高、人工林中的乡土树种使用不普遍、地带性植被不明显、系统内的生物多样性不高是影响生态健康的重要原因。

部分生物量不高，森林的碳汇能力有限；森林的非木质产品、游憩与景观使用价值没有得到开发利用是影响经济健康的主要问题，城市森林不能够完全体现地方特色与文化；市树与市花应用不普及，森林中的生物没有完全受到尊重是审美与文化健康中存在的问题，通过各种改造措施，尤其是对乔木造林密度过大、土壤水肥供应严重不足的人工林的改造，在保护原生植被的基础上，采取多种措施，使其形成稳定的林分。

通过补植、林分调整、封育保护等林分质量提质措施可以增加森林结构的自然度和多元化，提高林分质量。

发达的林业产业体系也是城市森林建设的重要内容，而提高林地单位面积的产出，增加林地单位面积的收入，是发达林业产业体系建设的重要目标和举措。因此，充分运用生态学、生态经济学等原理，通过混作或林下种养殖，在时间、空间和立地上科学配置林分，推广经济林的生态栽培模式是健康高效立体林业经营的主要措施，也是提高森林经济健康的重要途径。

生态采伐由于在具体实施过程中保留了一定的枯立木、倒木和枯枝落叶等以满足动物

觅食和求偶等活动的需要，尽量减少森林采伐对生物多样性、野生动植物生境、生态脆弱区、森林流域水量与水质、林地土壤等生态环境的影响。因此从总体上不会对生态系统和森林健康造成危害，所以也是森林健康培育的重要方式与要求。

在城市森林建设中融入森林文化元素，使城市森林能够符合大多数人的审美情趣和文化价值取向，使之成为城市特色与文化的象征、城市居民的精神寄托是城市森林文化健康的关键。

第十九章 森林城市的低碳措施与规划

因为城市森林可以直接吸收城市中排放的碳，同时城市森林通过减少热岛效应，调节城市气候，可以减少碳的排放。因此，现在普遍的认知是城市森林是建设低碳城市的最佳途径。

第一节 低碳森林城市的构成与城市森林的低碳作用

一、低碳森林城市的构成

森林城市的低碳途径主要包括了城市森林建设、城市低碳生活、城市低碳经济、城市低碳交通、城市低碳文化和低碳城市规划等。具体构成详见图 19-1。

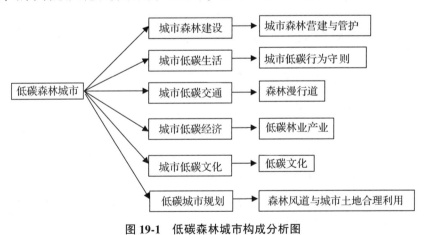

图 19-1 低碳森林城市构成分析图

二、城市森林的低碳作用

城市森林对于低碳森林城市的意义就低碳而言主要有三方面：一是直接减排；二是间接减排；三是增加生态容量。

城市是全球碳排放的集中场地，城市的碳排放不但引起了全球的气候变化，同时，也严重影响了城市的生存环境，到目前为止，改变城市环境最有效的措施之一就是增加城市森林，也就是增加城市的生态环境容量。

城市森林，一方面通过吸收二氧化碳，直接降低了城市二氧化碳含量，是实现城市低碳的直接有效途径。

另一方面，城市森林的合理布局，能彻底改变城市用地格局，使城市的绿色用地更加合理，在一定程度上减少了城市碳排放的集中分布。再次，通过森林的蒸腾作用增加垂直气体交流、缓解了热岛效应，从而也能有效地减轻温室气体排放和沉积，详见图19-2。

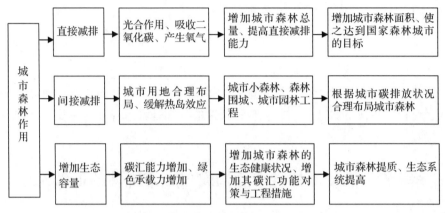

图 19-2　城市森林的低碳作用分析图

第二节　森林城市的低碳措施

一、森林城市低碳基础——城市森林

(一)城市森林的数量、质量与布局

低碳森林城市的低碳直接措施是大力营建城市森林。城市森林主要通过光合作用直接减排；通过缓解热岛效应间接减排；最终使城市碳汇能力增加，绿色承载力增加。

我们在以前创建国家森林城市的城市森林建设规划中，主要通过规划森林基础工程体系、森林生态保护体系、森林产业3大体系23个工程项目围绕城市森林的数量增加、质量提高、布局合理，以期达到利用城市森林进行直接、间接减排和扩大城市生态容量的目的。具体项目以及它们的低碳作用详见表19-1。

表 19-1　城市森林建设规划(参考)项目与低碳作用分析表

序号	国家森林城市低碳建设项目	低碳作用		
		直接减排	间接减排	增加生态容量
一	城市森林生态基质建设规划			
1	道路绿色廊道建设工程	√	√	√
2	河流绿色廊道建设工程	√	√	√
3	城区绿地系统建设工程	√	√	√

（续）

序号	国家森林城市低碳建设项目	低碳作用		
		直接减排	间接减排	增加生态容量
4	减灾避灾绿地建设工程	√	√	√
5	村镇绿化工程	√	√	√
6	城镇立体绿化工程	√	√	√
7	石质山地与废弃矿区生态修复工程	√	√	√
8	森林提质工程		√	√
二	森林生态保护体系建设规划			
1	生态公益林建设工程			√
2	林业血防工程			√
3	长江防护林工程		√	√
4	退耕还林后续管理工程	√	√	√
5	湿地保护工程		√	
6	自然保护区建设工程			√
7	林业有害生物防治工程			√
8	森林防火工程			√
9	古树名木保护工程		√	√
10	森林健康工程			√
三	森林产业体系建设规划			
1	用材林及工业原料林建设	√	√	√
2	林木种苗花卉产业建设		√	
3	木本油料产业建设	√	√	√
4	名特优经济林产业建设	√	√	√
5	森林生态旅游建设		√	

（二）城市森林的管护

另外城市森林的管护是否低碳也关系到低碳森林城市的建设，城市森林的低碳管护包括低能耗、低污染、低排放的经营管理模式；涉及规划、设计、施工、养护等各个环节，要求在各个环节都能够最大限度地降低能源的消耗，并应用新的清洁型能源，降低二氧化碳的排放量。

1. 在植物配置中体现低碳理念

在低碳发展的现在，植物的配置除了满足传统的景观要求外，还要将低碳的理念考虑进去，要注重不同植物的固碳能力的互补优势，提高植物群落的整体固碳能力。一是落叶乔木与常绿灌木的合理配置。二是幼龄树与老龄树的合理配置，合理有效的保护古树名木。从低碳的角度考虑，年龄较低的树种，其固碳能力要高于老龄树。在植物配置中，采用该种配置方式不仅可以提高生态效益，而且可以达到低碳的目的。三是乡土植物的配置应用。乡土植物较其他植物在适应性和抗性方面表现得更强，并且乡土植物资源丰富，选择面广，选择余地大。乡土植物的应用除本身的优势外，在设计施工过程中可以就近取材，所以在交通运输上会大大减少能源的消耗。

2. 在材料使用上体现低碳理念

在城市森林管理中，要想减小碳排放的影响最直接的方法就是选择低碳型园林材料。低碳型材料的实质就是降低碳成本，即在生长、制造、收获、采掘、运输等过程中减少所排放的二氧化碳量，以及这些过程中所消耗的能源和产生的废物等。

3. 在施工、养护管理中体现低碳理念

在施工过程中，要尽量减少机械的操作，这样不仅能减少碳的排放和能源的消耗，还能减少对土地及周围生态景观的破坏作用。

城市森林、园林的养护管理随着植物的生长更新以及在城市空间中表现效果的稳定性需求，在后期的维护(灌溉、修剪、施肥等)中二氧化碳的排放是一个连续不断的过程，因此，要在设计之初就要充分考虑到碳成本的持续性，要用生态的技术与方法去适应生态系统的变化。比如多选用一些粗放型管理的植物种类，增加乔木的数量与种类，垂直绿化增加绿化面积，增加植物的多样性等。

二、城市低碳生活

(一)政府低碳行为

在低碳城市建设中，政府主要起到规划与引领作用。政府要把低碳城市理念的贯彻、技术的推广、策略的实施都纳入政府城市发展的政策体系中。

首先，要有完善的法律制度体系。完善的法律制度体系是低碳经济发展的重要保障，应积极推动相关法律和法规的制定和实施，增强法律的可操作性、公平性、持续性，使各项行为都有法可依。对于涉及能源、环保、资源等的法律、法规，应根据低碳经济的发展需要做进一步修改和调整，包括可再生能源、环境保护的法律等。

二是建立长效机制和体制保障。政府要把有助于促进低碳城市的发展理念、产业政策、技术规范、决策方式纳入到城市规划发展和管理的政策框架之中，并且建立长效机制和体制保障。

三是建立统一协调的管理机制。政府管理方面，政府需要建立统一协调的管理机制。就目前现状而言，要通过改革条块分割的行政体制消除管理弊端，形成有利于低碳城市建设的组织和管理操作机制，在城乡建设部门下设专门机构，协调好城建、市政、交通、环保等相关部门之间的关系，统领各相关部门统一行动，避免由于政出多门造成的资源浪费。

四是制定低碳指标：制定在城市规划、住宅区规划、建筑设计等领域的低碳指标，制定系列低碳城市的绿色建筑标准和指标，分为控制性和引导性两种指标。

五是编制低碳规划：用低碳、零碳的理念研究城市的功能定位、产业政策、空间结构、用地规划、能源结构、市政给排水、道路交通、建筑设计、碳汇系统以及废弃物规划等等。

六是进行碳审计：政府应该对部门、企业、学校、医院、家庭等组织的建筑物进行

"碳审计"，计算其排放的二氧化碳温室气体。规划环境评价时应该用低碳、零碳理念对各类规划进行环境影响评价，编制环境影响报告书。

(二) 城市居民低碳行为

首先，要继续广泛开展"低碳生活"的宣传和教育活动，进一步提高全民对低碳经济重要性的认识。在公众生态意识提高的基础上，建立起良好的公众参与机制。建立城市居民绿色、低碳生活方式，关于城市居民低碳行为更多的是一种在政府引导下的城市生态文明，因此，建立起城市居民的绿色、低碳生活行为守则非常重要。

(三) 企业低碳行为

通过市场调节，使得低碳产品、低碳技术、低碳服务市场化，充分调动企业的积极性。

企业要遵循市场经济的运行规律，充分发挥市场机制这只"看不见的手"的作用，调动市场参与主体和各种要素积极参与低碳城市的建设，企业应该实现积极向低碳转型，积极走节能环保之路。

构建低碳企业与如何建立企业的低碳行为守则也非常重要，在一定程度上是构建低碳城市的关键，由于研究局限有待今后进一步探讨。

(四) 城市低碳行动

低碳城市建设是一项复杂的系统工程，单单依靠政府作用是难以完成的，政府、企业和社会之间能否形成良性的互动合作关系非常关键。如果得不到市民的支持，改变奢侈浪费的消费观，也不可能有企业为适应消费观的转变来发展低碳。规划推进有政府、企业、居民共同参加的城市低碳行动。

城市低碳行动需要政府同企业和居民三方通力合作，需要各部门共同参与。政府在低碳城市的发展中主要起到规划、引导和领导的作用，居民和企业是低碳城市建设的主体。

三、城市低碳交通——森林慢行道

森林慢行道是现代生态城市出行的新选择，它是城市低碳交通的自主选择方式，它的低碳主要表现在机动车的减少，而导致的减排。作为城市森林的一种特殊形式而呈现出减排、扩容等特质，并作为一种独特生活方式而产生影响。

城市森林慢行道一般有两种方式：一是专门的林荫步行道、二是与车行道相辅的林荫自行车或者人行步道。但是无论怎样具有良好的森林覆盖与非机动车是其主要特征。森林步道主要形式有以下四种。

(1) 小区林荫步道：一般在小区内设计。步行径一般 1.5~2.0m，木质或卵石铺装；一般在小区内自成系统与小区出口道路相连。周边是园林式布局的城市、园林或城市小森林。

(2) 公园森林步道：一般指在公园内的人行道游道，公园森林步行道 (游道) 也一般在公园内有自成体系与公园内的机动车道相联系，继之与公园外交通道路相连。

(3)城市区域森林步道：在城市居住小区与商业办公区相连的漫游道，一般长度3~5km为主，它们可以由单独设计的森林慢行道，也可由街道的独立或相辅的自行车道、人行道相连，一般3~4m为主，它是城市森林慢行道的主体。在低碳森林城市中应单独进行区划，城市区域森林慢行道与小区、公园慢行道共同组成城市内森林慢行道系统的主体。

(4)环城森林步道：森林城市的一个主要理念是森林环城，因此结合森林环城工程，构成环城的森林慢行道是低碳森林慢行道系统的重要组成。

环城森林慢行道结合环城森林进行设计、可与公路附属车行道、人道、步道和单独设计的慢行道组合形成，与城市内森林慢行道构成森林城市慢行道系统。

将环城林带与水源地森林公园、城市森林、农业生态园、滨河公园，结合园林、城郊公园相联构成环城林带系统，在环城林带内规划慢行道。

四、城市低碳文化

森林城市低碳文化建设主要从森林生态物质文化、精神与制度文化3个方面进行建设。

森林生态物质文化建设包括了森林人家旅游示范点、森林生态文化村、森林社区、森林生态文化教育示范基地、生态文化教育基础设施、森林生态文化主题园等方面进行生态文化与低碳理念的宣传教育。

生态精神文化是人类对自然的认识、情感的总和，是生态文化的精神内核。规划借助传统或现代的媒介：文学、影视、戏剧、书画、美术、音乐等多种形式进行大力宣传。

森林生态制度文化从森林生态机构组织体系建设、法律法规体系建设进行建设，其中低碳森林政策是关键。

五、低碳城市规划——森林风道

一般而言，城市空间填得太满，会导致城市通风不畅，污染加剧，热岛效应显著增强，由此使城市中心区进一步升温，并需要消耗大量的能源进行人居环境的调节。能源的消耗又给经济和环境带来了沉重的负担，形成影响城市生态的恶性循环城市热岛效应的产生，在于温室气体的沉聚，越处在城市中心区其温室气体沉聚越多，因此，加大城市气流的畅通，使温室气体散放，有利于缓解形式热岛效应。

一个有效方法是利用城市地形和廊道，沿城市主风向设计城市风道。城市森林风道主要利用街道、配合高大的沿主风向形成了森林廊道，能有效地把风引入城中，从而进行可以把城市中心沉聚的温室气体带入大气中。

城市森林风道设计的要旨：一是进城沿主风向的廊道，中间不能有隔阻；二是可以利用街道和森林慢行道进行风道设计；三是在城市上风方向，不要设计高大的楼群，以有利于风的导引。

第三节 小 结

目前，创建国家森林城市的一个主流方向是利用城市森林建设来构建低碳森林城市，利用城市森林达到直接、间接减排和扩大城市生态容量的目的。配合城市森林低碳管护，通过大众行为建设城市低碳绿色生活，利用建设森林慢行道来构建城市低碳交通，利用森林风道减轻城市中心温室气体沉聚等这些措施都是实现低碳城市的有效途径。

第二十章 城市森林的植物精气以及对人类的健康作用与功能

近年来，研究人员对植物器官所释放出来的挥发性有机物进行了大量研究，其化学成分多达 440 种，其作用远远超出了杀虫、杀菌功能。大量的植物挥发出来的有机物有防病、治病、健身强体的功效，我们将"植物的器官和组织在自然状态下释放出的气态有机物（VOCs）"定义为"植物精气"。

植物精气的主要成分为芳香性碳水化合萜烯（Terpene），即半萜在生物体内所结合化合物的统称，主要是一些香精油（萜烯）、酒精、有机酸、醚、酮等。已知植物中提取的精油含有树木散发出来的萜烯类物质，其碳架是由异戊二烯（Isoprene）聚合而构成，分子式符合 $(C_5H_8)n$ 通式，故又称异戊二烯类化合物（Isoprenoids），是一群不饱和的碳氢化合物。根据医疗上的经验，在萜烯类物质中单萜烯作为医药使用最有价值，含有大量单萜烯的精油，可以做成各种药剂如刺激剂、醋酸盐和利尿剂等。

据研究，植物精气具有多种生理功效，植物依靠精气进行自我保护，并能阻止细菌、微生物、害虫等的成长蔓延。植物精气可以通过肺泡上皮进入人体血液中，作用于延髓两侧的咳嗽中枢，抑制咳嗽中枢向迷走神经和运动神经传播咳嗽冲动，具有止咳作用。通过呼吸道黏膜进入平滑肌细胞内，增加细胞里磷腺普的含量提高环磷腺苷与环磷鸟苷的比值增强平滑肌的稳定性，使细胞内的游离钙离子减少。

第一节 植物精气的发现

虽然人类利用植物释放的气体由来已久。埃及人 4000 年前就已利用香料消毒防腐，欧洲人则利用薰衣草、桂皮油来安神镇静，我国古代传统中医也有"芳香开窍、通筋走络"的理论，民间则有"佩香袋""薰艾蒿"进行驱虫杀菌、去邪防病的习俗。1865 年，德国开创了"森林地形疗法"（森林+运动），此疗法在 1880 年被进一步发展为"自然健康疗法"＝森林+水雾+运动（也就是后来的植物精气+空气负离子+运动）。但是由于当时研究手段的匮乏，植物精气的作用机理一直不为人知。直到 1930 年，苏联的托金在观察植物的新陈代谢过程中，发现植物散发出来的物质能杀死细菌、病毒，才把这些物质统一命名为芬多精（Phytoncidere），又称植物杀菌素或植物精气。后来，随着研究手段的不断改进，植物精气的作用机理逐渐得到了阐释。德国、日本、俄国等国家和地区开始利用植物精气的杀菌和保健等多种功能开展森林生态旅游并取得了成效。比如 1982 年日本引入了德国的森林疗法，又根据植物精气可以杀菌治病的原理推行"森林浴"。到了 1983 年，日本林业厅更是发起"入森林、沐浴精气、锻炼身心"的"森林浴"运动，同时此举也大大推动了日本森林旅游业的发展。

第二节　植物精气的形成机理

植物精气是植物的器官和组织在自然状态下分泌释放出的具有芳香气味的有机挥发性物质。其主要成分是芳香性的萜类化合物，其中包含了单萜、倍半萜等，其碳架都是由异戊二烯聚合而成，所以又被称为异戊二烯类化合物。

目前已经探明的萜类化合物的生物合成途径，首先由乙酰辅酶 A（Acetyl-CoA）缩合生成 β-羟基-β-甲基戊二酰辅酶 A（HMG-CoA），然后在还原酶的作用下生成甲羟戊酸（MVA），MVA 经过焦磷酸化和脱羧作用形成异戊烯焦磷酸（IPP），IPP 经硫氢酶及焦磷酸异戊烯酯异构酶可转化为二甲丙烯焦磷酸（DMAPP）。IPP 与 DMAPP 两者可相互转化，且两者结合成为牛儿焦磷酸（GPP），GPP 释放焦磷酸即成单萜。如果 IPP 再与 GPP 以头尾方式结合，则产生法呢焦磷酸（FPP），FPP 去焦磷酸即为倍半萜。总之，萜类化合物是由 Acetyl-CoA 经过 MVA 和 IPP 转变而来的。

第三节　植物精气的功能分类

在陆地生态系统中的植被，特别是木本植物，其植物精气的排放量占到全球精气总量的 90%以上。植物精气主要是通过植物的叶面挥发到大气中去，其成分和结构数以百计，但其中的两类化合物异戊二烯和萜类物占到一半以上。近年来，随着对植物精气（特别是高等植物）研究的深入，人们发现他们在生态系统中发挥的作用越来越突出，遂引起人们极大关注城市绿化树木植物精气释放动态及其对人体健康的影响。

一、植物精气的保健功能

（一）植物精气的芳香疗法

芳香疗法可以说是一种整体疗法，它考虑到人类的身体、理智和心灵深处的需求，以及生活环境状态，也是一门使用植物精油治疗疾病的艺术科学。香料被喻为是植物的"生命力"或能量，通过嗅闻精油对人体生理和心理产生刺激作用，主要表现出：

（1）消除疲劳，解除紧张状态，促进安眠等，使人体处于放松状态。

（2）醒脑提神，集中注意力，使人体处于适度的紧张清醒状态，提高工作效率。

（3）使人体身心处于平衡、和谐状态，最终达到预防和治疗疾病的目的。

（二）森林浴的保健功效

当人们走进茂密的树林，投入绿色的怀抱之时，那一股股浓郁的花香、果香和树脂等芳香扑鼻而来，沁人心脾，使人精神为之一爽。这种具有调节精神、解除疲劳和抗病强身的植物 VOCs 大体可分为三种，即单萜烯、倍半萜烯和双萜烯，它们都分别具有抗生(微生物)性、抗菌性和抗癌性，可促进生长激素的分泌。单萜烯还具有促进支气管和肾脏系统活动的功能，倍半萜烯具有抑制精神上焦躁、调节内脏活动的功能。

二、植物精气的抑菌作用

在古代，人们常用树叶包裹食物，用植物汁液或浸提液作为外科手术的消毒剂，说明远古时代人们就认识到某些植物内含有可以杀菌的物质。大量的科学研究表明植物 VOCs 作为杀菌素抑制、抵抗病原微生物的入侵、生长、繁衍，起到净化环境空气的作用。利用这一天然杀菌素，许多国家建成风格独特的"植物气体诊疗所""森林医院""森林浴场"等，还有直接把疗养院和医院建在森林中。

三、植物挥发性有机物的净化空气作用

由于城市建设和人类活动的干扰，大气中氧气含量下降，而有害于人体健康的 SO_2、苯系物、氮氧化合物、碳氢化合物以及烟尘等污染物已远远超出了大气自身的净化能力。为了防止和降低大气污染，除了生产工艺的革新改革，大量研究表明，植物在吸附悬浮颗粒物、吸纳噪音、释放氧气、水蒸气和 VOCs 等方面的作用是其他措施所不及的。在防治空气污染、净化空气、保护环境中植物发挥着巨大的作用，是环境保护中的一种有效补充工具。现在很多发达国家以种植的绿色植物量来衡量植物的净化空气的能力，我国在生态环境建设和治理中利用退耕还林的方式在全国范围内进行大面积植树造林，防止沙尘暴的出现，经过几年的治理和防护，目前北方城市的环境空气得到明显的净化。

第四节　影响植物精气释放的因子

植物精气的挥发受诸多环境因子的影响。这些环境因子包括了非生物因子(如温度、光强、水分胁迫、空气相对湿度、土壤营养、大气 CO_2 浓度等)和生物因子(如树龄、叶龄、发育部位、树种差异、人为干扰等)。

一、环境因子

(一)温　度

温度是影响植物精气释放的一个重要因子。Tingey 等将萜类释放速率与温度之间的关系概括为：$\ln(ER) = a+b(T)$。式中，ER 为萜类释放速率，T 为环境温度，a、b 为特征常数。由此可见，萜类释放速率是温度的指数函数。王志辉等观察北京地区几种植物单萜烯的释放后发现其主要受温度影响，温度越高单萜烯排放速率越大。

(二)光　照

一般而言，植物精气的释放率与光强无关，如湿地松(*Pinus elliottii*)在暗处和照光条件下的单萜释放率相似。但是有些树种的精气释放率则对光有依赖性，比如栎属(*Quercus*

L.)中一些不挥发异戊二烯的树种释放的单萜类物质和一些针叶树幼叶挥发的某些单萜类物质都与光强有关。P. Dominguez-Taylor 等的研究也显示，墨西哥冷杉(*Abies religiosa*)释放的 α-蒎烯和桑毛斑叶兰栎(*Quercus rugosa*)释放的异戊二烯一样都受到光和温度的控制。

(三)水　分

研究表明水分胁迫对单萜浓度的影响与光合产物的积累有关，轻度或中度的水分胁迫会导致植物体内的光合产物浓度升高，植物利用过剩的碳源来合成单萜。Gershenzon 等研究火炬松(*Pinus taeda*)发现，其发生水分亏缺时针叶中单萜浓度升高。Clark 等研究指出水分和氮素同时缺乏会限制薄荷(*Mentha piperita*)生长，同时单萜类物质明显增加。但水分供应不足而 N 素过量时，单萜产量没有变化。曹潘荣等通过水分胁迫处理分析茶树(*Camellia sinensis*)鲜叶芳香物质的变化，发现不同程度的水分胁迫能诱导形成不同种类的芳香物质，且随着水分胁迫程度的加深，其诱导的芳香物质种类也随之增加。E. Ormeno 等研究也发现，受水分胁迫的迷迭香(*R. officinalis*)、灌木栎(*Q. coccifera*)的单萜释放量与不受水分胁迫时的相似，地中海松(*P. halepensis*)、白岩蔷薇(*C. albidus*)的则比不受水分胁迫时高。而倍半萜的释放量在水分胁迫的第四天开始减少或受到抑制，尤其是迷迭香。研究还表明尽管水分胁迫对植物的单萜释放有积极的影响，但在长期的水分胁迫下单萜释放量也会呈缓慢下降趋势。

(四)湿　度

湿度的变化对不同树种的精气释放影响效果也有不同，有些树种的精气释放速率随湿度的增加而增加，有的则随湿度增加而降低，还有部分树种精气释放速率与湿度的变化关系不大。美国黄松(*Pinus ponderosa*)的单萜释放速率与空气湿度的变化密切相关，当空气湿度小于40%时，单萜释放速率急剧降低。Janson 等对欧洲赤松(*Pinus sylvestris*)和挪威云杉(*Picea abies*)的研究还表明，周围环境湿度的增加不仅可以加快气体的释放，而且可以使树木释放的气体组分发生改变。薄荷的萜释放速率会在洒水的 20min 内明显增加，并且这种高释放速率会一直持续到洒水停止后的几个小时。而桉树叶片周围湿度的变化对其单萜的释放速率没有明显的影响，湿地松的萜释放速率与环境湿度的变化之间则存在负相关关系。

(五)土壤肥力

土壤肥力可通过影响植物体内的碳源向单萜类物质的分配模式来影响单萜的释放量。Bryant 等认为额外追加 N 肥可导致单萜类物质的减少。Muzika 等研究发现土壤中的氮从 22.4mmol·L⁻¹ 到 44.8mmol·L⁻¹ 时巨冷杉(*Abies grandis*)幼苗中总单萜含量下降。这是由于氮肥促进光合作用，使非结构碳水化合物含量下降所致。单萜是以非结构碳水化合物为底物进行合成的，低水平的非结构碳水化合物将导致单萜合成下降。但并非所有情况都如此，Loreto 等实验证明，夏季的高温土壤中可利用的氮含量与单萜类物质的释放率成正相关关系。

(六)二氧化碳浓度

大气中 CO_2 浓度的变化也是影响植物精气释放的一个重要因素，CO_2 倍增可提高某些植物体内单萜的含量。Lincoln 等指出，CO_2 浓度升高时薄荷叶片中单萜总量升高。Heyworth 等的研究结果也显示，CO_2 倍增可提高欧洲赤松体内 α-蒎烯的浓度。大多数研究表明幼树具有更高的精气释放速率。Street 等发现，30℃时同样生境下的松树(Pinus)幼树枝叶的萜释放速率要比成年松树高出 2~3 倍。Kim 研究同样环境条件下不同生长年龄湿地松的萜释放速率，认为 4 年生湿地松的萜释放速率是 7 年生湿地松的 8 倍。徐福元等研究了不同龄级的马尾松(*Pinus massoniana*)对松材线虫(*Bursaphelenchus xylophilus*)病的抗性差异发现，长叶烯和去氢枞酸的含量随树龄的增加而增加，并与其抗性呈负相关；β-蒎烯、单萜和枞酸型树脂酸的含量随树龄的增加而减少，并与其抗性呈正相关。但 Janson 却发现，40 年生和 140 年生欧洲赤松的精气释放速率没有明显的差异。这一方面可能是由于树种的不同所造成的，另一方面也可能是由于这种差异在幼树之间表现明显，而随着树木年龄的增加，这种差异会逐渐减小。J. C. Kim 等研究也表明，老龄的山茶(*C. japonica*)和红松(*P. koraiensis*)的单萜化合物总排放量高于低龄树，扁柏的(*C. btusa*)则相反。

二、植物本身

除了环境因子对植物 VOCs 释放影响外，植物自身结构、成熟程度及生理周期等内在因素在很大程度也影响 VOCs 的释放。

(一)植物种

异戊二烯的释放在植物属间有明显的差异，如壳斗科(Fagaceae)的栎属(*Quercus*)属大多释放异戊二烯，青冈属(*Cyclobalanopsis*)和栲属(*Castanopsis*)似乎不释放异戊二烯。同样，松科(Pinaceae)的云杉属(*Picea*)大多释放异戊二烯，而其他属不释放异戊二烯。悬铃木属(*Plantanus*)、鼠李属(*Rhamnus*)、杨属(*Populus*)、柳属(*Salix*)和桉属(*Eucalyptus*)中的大多植物也是异戊二烯的释放者。

(二)植物叶的年龄

植物叶的年龄对异戊二烯的释放也有较大影响。幼叶在发育过程中仍为碳的净固定，一般释放少量的异戊二烯。当叶片完全展开成熟后，异戊二烯的释放率增加。叶的不同发育阶段似乎能够反映植物异戊二烯合成活性的高低。

(三)植物的含氮量

有研究者对毛豆(*Glycine max*)叶异戊二烯释放与氮含量进行了研究，在一定光强和温度下，氮有效性与异戊二烯合成有良好的正相关性，这可能与高氮导致高光合率和异戊二烯合成所需固定碳量的增加有关，或与高光合率固定碳有利于激活异戊二烯合成所需酶的活性有关。

（四）植物的发育状态

有研究者从鹿茸叶中检测到类异戊二烯的发育调控，当叶子发育时，类异戊二烯的散发和类异戊二烯合成酶的活性都提高了 100 倍，叶子出现约 14 天时达到峰值，之后逐渐衰落，结果表明叶中类异戊二烯合成酶的水平是发育过程中类异戊二烯产物的一个基本决定因素。

第五节　城市森林对人类的健康作用与功能

森林养生的医药功效主要体现在：一是制造氧气，被称为"天然氧气制造工厂"；二是阻隔杂音，森林的绿枝茂叶能吸收声波；三是绿色安详，森林的绿色对人的神经系统具有调节作用，能平静情绪，眼明目清；四是净化空气，森林有吸收毒气、尘埃的作用；五是杀灭毒菌，如松柏可杀死空气中的白喉、结核、霍乱、痢疾、伤寒等病菌；六是调节气温，进入森林冬暖夏凉，是疗养的佳境。具体作用如下。

一、森林环境的作用

依据研究成果，每公顷的阔叶林，一天可以吸收 1t 二氧化碳，释放出 0.73t 氧气，可供 1000 人呼吸；绿色的环境能在一定程度上减少人体肾上腺素的分泌，降低人体交感神经的兴奋性。在使人平静、舒适的同时，还使人体的皮肤温度降低 1~2℃，脉搏每分钟减少 4~8 次，听觉和思维活动的灵敏性增加近 1 倍。特别适应慢性鼻炎、咽炎、慢性支气管炎、肺气肿、肺结核以及哮喘病；冠心病、高血压、动脉硬化等人群进行疗养保健。

二、森林是有氧运动的基础

森林有"地球之肺"的美誉。现代科学证明：森林是一个制造氧气的巨大工厂，森林空气中的负离子含量至少要比室内大 20 倍。人体吸收充足的负离子，能有效促进新陈代谢，提高机体免疫功能，激活大脑皮层，使人心境愉悦，精神焕发。

三、森林中的舒适之光

森林还能有效吸收和阻挡声波，减弱或消除噪音，一般森林能降低 25~40dB 的噪音。此外，森林所呈现出来的绿色，被称作是"舒适之光"，它是眼睛健康的保护神。人们身处森林之中，瞳孔舒展自如，视觉神经特别放松，眼睛会倍感舒适。漫步其中，能缓解心理紧张、情绪烦躁、精神忧郁等"文明病"。

四、森林能分泌芳香味的气体与杀菌素

森林还有一个非常奇特的功能：释放能够杀死细菌和病菌的挥发性萜烯类有机物。每公顷松柏林每天能分泌出 30kg 有机物，这些有机物具有驱虫、抗菌、抗炎、抗风湿、镇痛、抗肿瘤等神奇功效，并有利尿、祛痰、解毒、止泻、降血压、促进胆汁分泌等多重生理功效。

森林中的植物，如杉树、松树、桉树、橡树等，能分泌出一种带有芳香味的气体"杀菌素"，能杀死空气中的白喉、伤寒、结核等病菌。

五、森林是人类的医药宝库

森林是人类的医药宝库《神农本草经》是我国第一部记载药物的专著，上面记载药物365种，其中植物药237种。目前，我国有药用记载的植物、动物、矿物共计12694种，其中药用植物11020种，约占中药资源总数的87%，而很多又都来自森林。森林是人类最直接也是最有效的药物来源，即便西医西药强劲的今天，绝大多数发展中国家的绝大多数药物依然取自丛林，发达国家如欧美仍有1/4药品中的活性配料来自于药用植被。而且，森林无处不在的药用价值还充分体现在人类社会与森林的广泛互动上。

六、森林医学与森林疗养

把医学领域与森林紧密结合起来，互相促进与发展，森林医学和中医学都属于一种自然的疗法，如果二者能配合治疗会更好地促进疾病的恢复。像德国的森林疗养所都是纯粹的"森林浴""森林地形疗法"等。

七、森林保健食品

森林是人类生命的摇篮，它为早期人类提供了隐蔽的住所、丰富的食物、遮体的材料和工具的原坯。森林植物中发现和提取出来的食品、药品等，对改善人们膳食结构、保障粮食安全、促进人体健康具有重要意义。

森林食品是餐桌上的保健品"民以食为天"，中华民族的饮食文化以自己的民族行为和独特的经济基础发展着。而食品与人类健康也有着密不可分的关系。随着生活水平的不断提高，人们正在纷纷寻求各种有益健康的食品。森林食品以其天然生长、营养丰富、具有多种养生功能等特点，日益受到人们的青睐。

森林食品中含有许多药效成分，如龙芽楤木是一种五加科灌木，春季萌生鲜嫩茎叶，人们采摘下来，可以水焯后蘸料食之，其独特的清香令人久久回味。同时它还含有宝贵的药效成分，其植株总皂甙占总酚含量的20.4%，是人参的2.5倍，对人体有兴奋和强壮作用，对急慢性炎症、各种神经衰弱都有较好的疗效；桔梗是一种桔梗科草本植物，其根部在朝鲜、韩国、日本被当作蔬菜普遍食用。它还是常用的中药材，含有桔梗皂甙、白桦酯醇等成分，有较明显的祛痰、抗炎功效。其次，森林食品还含有丰富的营养成分。如蕨菜每百克鲜品含粗蛋白1.6g、碳水化合物10g、胡萝卜素1.66mg，比一般栽培蔬菜高1~8倍；蓝莓，所含的有机锗、有机硒、果甙等特殊营养成分是任何植物都无法相比的。经常食用，可消除视疲劳，延缓脑神经衰老，对由糖尿病引起的毛细血管病有治疗作用。

八、森林是人类最佳的舒适生活环境

自然环境的优劣可以直接影响人的寿命长短的观点，在我国古籍医书中也早有记载。《素向·五常政大论》指出："一州之气，生化寿夭不同……高者其气寿，下者其气夭……"其意为，居住在空气清新、气候寒冷的高山地区的人多长寿；居住在空气污浊、气候炎热的低洼地区的人常短命。

由此可见，生态环境的优劣对人类的健康长寿起着至关重要的作用。而森林有着独特的自然资源，它为人们提供的有益物质更是其他环境无法比拟的。因此，可以说森林才是最适宜人类居住的地区，是改善人们生活质量的最佳场所

据生物气象学家测定，在正常大气压下，气温18~22℃，空气相对湿度65%，是最佳的环境指标，人们会感到很舒适。容易出现这个指标的地区有三个：一是森林；二是海拔1000m以上的山地；三是海滨。

九、森林中负氧离子——人类健康因子

森林中负氧离子含量的浓度比城市高得多，对人体健康十分有利。像北京五环以北，负氧离子含量可以达到每立方厘米1600个以上。另外，森林中还含有杀菌、治病的多种植物精气，我们要好好利用这种有益健康的环境。

第六节　主要绿化树种功能分类

在陆地生态系统中的植被，特别是木本植物，其挥发性有机化合物的排放量占到全球VOCs总量的90%以上。植物VOCs主要是通过植物的叶面挥发到大气中去，其成分和结构数以百计，但其中的两类化合物异戊二烯和萜类物占到一半以上。植物释放的挥发性有机化合物是由多种物质以不同微量浓度配比组成复杂的混合物，而此混合物的化学组成、浓度比例以及释放速率具有多样性、复杂性和时间上的可变性，这是植物在生长过程中适应环境的结果，也是植物具有生态功能所导致。近年来，随着对VOCs(特别是高等植物)研究的深入，人们发现他们在生态系统中发挥的作用越来越突出，遂引起人们的极大关注。

一、保健功能树种

1. 玫瑰：*Rosa rugosa*
生态习性：阳性，耐寒耐干旱，不耐积水。
VOCs主要成分：α-蒎烯、芳樟醇、β-突厥酮、玫瑰醚、α-白苏烯。
VOCs作用：能促使人体心率加快，促进血液循环。

2. 法国梧桐：*Platanus orientalis*
生态习性：对城市环境适应性特别强，具有超强的吸收有害气体、抵抗烟尘、隔离噪音能力，耐干旱、生长迅速。
VOCs主要成分：α-蒎烯、β-蒎烯等。
VOCs作用：能促使人体心率加快，促进血液循环。

3. 槲树：*Quercus dentata*
生态习性：深根性树种，萌芽、萌蘖能力强，寿命长，有较强的抗风、抗火和抗烟尘能力，但生长速度较为缓慢。
VOCs主要成分：α-蒎烯、肉桂烯、柠檬烯等。

VOCs 作用：抑制空气中的微生物，增进人体健康。

4. 桂花：*Osmanthus fragrans*

生态习性：性喜温暖湿润，不耐干旱瘠薄。

VOCs 主要成分：α-蒎烯，芳樟醇，柠檬烯，1、8-桉叶油素等。

VOCs 作用：刺激中枢神经，使人心情愉快。

5. 雪松：*Cedrus deodara*

生态习性：抗寒性较强，较喜光，对土壤要求不严，耐干旱。

VOCs 主要成分：α-蒎烯、β-蒎烯、莰烯、β-月桂烯等。

VOCs 作用：有利于缓解紧张情绪。

6. 梅花：*Armeniaca mume*

生态习性：对土壤要求不严，较耐瘠薄。阳性树种，喜阳光充足，通风良好。

VOCs 主要成分：α-蒎烯、β-蒎烯、月桂烯、桉叶油等。

VOCs 作用：有抗菌、抗炎、镇静、降血压、抗肿瘤、利尿、解毒、祛痰、促进胆汁分泌等作用。

7. 月季：*Rosa chinensis*

生态习性：喜光，喜温暖，适应性强，耐寒耐旱，对土壤要求不严。

VOCs 主要成分：α-蒎烯、β-蒎烯、月桂烯、柠檬烯等。

VOCs 作用：提神醒脑，舒筋活血。

8. 侧柏：*Platycladus orientalis*

生态习性：喜光，幼时稍耐阴，适应性强，对土壤要求不严，耐干旱瘠薄，萌芽能力强。

VOCs 主要成分：α-蒎烯、β-蒎烯、萘等。

VOCs 作用：缓解紧张，促进放松。

9. 黄连木：*Pistacia chinensis*

生态习性：喜光，幼时稍耐阴；喜温暖，畏严寒；耐干旱瘠薄，深根性，萌芽力强。

VOCs 主要成分：α-蒎烯、β-蒎烯、莰烯等。

VOCs 主要作用：促进支气管和肾脏系统活动。

10. 栓皮栎：*Quercus variabilis*

生态习性：喜光，耐寒，耐干旱瘠薄；深根性，萌芽力强，但不耐移植；抗污染、抗尘土、抗风能力都较强。

VOCs 主要成分：α-蒎烯、β-蒎烯、β-月桂烯等。

VOCs 主要作用：消炎、利尿、加快呼吸器官纤毛运动。

11. 油松：*Pinus tabuliformis*

生态习性：为阳性树种，深根性，喜光、抗瘠薄、抗风，在-25℃时仍可正常生长。

VOCs 主要成分：α-蒎烯、β-蒎烯、莰烯、柠檬烯等。

VOCs 作用：抑制精神急躁，控制结核病蔓延。

12. 龙柏：*Juniperus chinensis*

生态习性：喜阳光充足，通风良好。耐旱力强，对土壤要求不严。

VOCs 主要成分：α-蒎烯、β-蒎烯、榄香醇等。

VOCs 作用：抗肿瘤活性强。

13. 刺柏：*Juniperus formosana*

生态习性：喜光，耐寒，耐旱，主侧根均甚发达，在干旱沙地、向阳山坡以及岩石缝隙处均可生长。

VOCs 主要成分：α-蒎烯、β-蒎烯、α-杜松醇、t-杜松醇等。

VOCs 作用：抗肿瘤活性强。

14. 扁柏：*Chamaecyparis obtusa*

生态习性：较耐阴，喜温暖湿润的气候，能耐-20℃低温，喜肥沃、排水良好的土壤。

VOCs 主要成分：α-蒎烯、β-蒎烯、L-莳酮等。

VOCs 作用：抗肿瘤活性强。

二、抑菌树种

1. 夹竹桃：*Nerium oleander*

生态习性：喜阳光充足，气候温暖湿润；适应性较强，耐干旱瘠薄，也能适应较荫蔽的环境。

VOCs 主要成分：α-蒎烯、柠檬烯、水杨酸甲酯、丙烯酸等。

VOCs 作用：具有较强的杀菌能力，降低细菌、真菌等对人体的危害。

2. 石榴：*Punica granatum*

生态习性：喜光，有一定的耐寒能力，喜湿润肥沃的石灰质土壤。

VOCs 主要成分：α-蒎烯、β-蒎烯、乙醛等。

VOCs 作用：有较强的抑菌、杀菌功能。

3. 银杏：*Ginkgo biloba*

生态习性：初期生长较慢，寿命长，萌蘖性强。

VOCs 主要成分：α-蒎烯、柠檬烯、水杨酸甲脂等。

VOCs 作用：抑制空气中的微生物，有利于人体健康。

4. 大叶黄杨：*Buxus megistophylla*

生态习性：喜光，亦较耐阴；喜温暖湿润气候亦较耐寒；要求肥沃疏松的土壤，极耐修剪整形。

VOCs 主要成分：α-蒎烯，β-蒎烯，1、8-桉叶油树等。

VOCs 作用：有较强的抑菌、杀菌功能。

5. 侧柏：*Platycladus orientalis*

生态习性：喜光，幼时稍耐阴，适应性强，对土壤要求不严，耐干旱瘠薄，萌芽能力强。

VOCs 主要成分：α-蒎烯、β-蒎烯、萘等。

VOCs 作用：抑制空气中的微生物，有利于人体健康。

6. 火力楠：*Michelia macclurei*

生态习性：阳性，喜温暖湿润气候及酸性土耐寒、抗旱，抗污染，忌积水，速生

VOCs 主要成分：α-蒎烯、β-蒎烯、柠檬烯等。

VOCs 作用：有较强的抑菌、杀菌功能。

三、净化空气树种

1. 油松：*Pinus tabuliformis*

生态习性：为阳性树种，深根性，喜光、抗瘠薄，在-25℃时仍可正常生长。

VOCs 主要成分：α-蒎烯、β-蒎烯、莰烯、柠檬烯等。

VOCs 作用：抑制空气中微生物生长。

2. 白皮松：*Pinus bungeana*

生态习性：喜光、耐旱、耐干燥瘠薄、抗寒力强，是松类树种中能适应钙质黄土及轻度盐碱土壤的主要针叶树种。

VOCs 主要成分：α-蒎烯、β-蒎烯、莰烯、柠檬烯等。

VOCs 作用：可抑制空气中细菌、放线菌的生长。

3. 华山松：*Pinus armandii*

生态习性：阳性树，喜凉爽、湿润气候，耐寒力强，不耐炎热，在高温季节生长不良。

VOCs 主要成分：α-蒎烯、β-蒎烯、莰烯、β-月桂烯等。

VOCs 作用：改善城市空气质量，有利于人体健康。

4. 雪松：*Cedrus deodara*

生态习性：抗寒性较强，较喜光，对土壤要求不严，耐干旱。

VOCs 主要成分：α-蒎烯、β-蒎烯、莰烯、β-月桂烯等。

VOCs 作用：可抑制空气中细菌、放线菌的生长。

5. 黑松：*Pinus thunbergii*

生态习性：喜光，耐干旱瘠薄，不耐水涝，不耐寒。

VOCs 主要成分：α-蒎烯、β-蒎烯、β-水芹烯、β-月桂烯、肉桂烯等。

VOCs 作用：可抑制空气中细菌、放线菌的生长。

6. 黄山松：*Pinus taiwanensis*

生态习性：较耐寒，喜光，喜凉爽湿润气候，耐贫瘠嫁接。

VOCs 主要成分：α-蒎烯、β-蒎烯、β-水芹烯、β-月桂烯等。

VOCs 作用：可抑制空气中细菌、放线菌的生长。

7. 臭椿：*Ailanthus altissima*

生态习性：喜光，不耐阴。适应性强，除黏土外，各种土壤和中性、酸性及钙质土都能生长，适生于深厚、肥沃、湿润的砂质土壤。耐寒，耐旱，不耐水湿，长期积水会烂根死亡。深根性。对烟尘与二氧化硫的抗性较强，病虫害较少。

VOCs 主要成分：α-蒎烯、β-蒎烯、β-水芹烯、β-月桂烯等。

VOCs 作用：可抑制空气中细菌、放线菌的生长。

8. 龙柏：*Juniperus chinensis*

生态习性：阳性，耐寒性不强，抗有害气体，滞尘能力强，耐修剪。

VOCs 主要成分：α-蒎烯、β-蒎烯、莰烯、β-月桂烯等。

VOCs 作用：抑制空气中微生物生长。

9. 广玉兰：*Magnolia grandiflora*

生态习性：喜光，喜温暖湿润气候，要求深厚肥沃排水良好的酸性土壤。抗烟尘毒气的能力较强。

VOCs 主要成分：α-蒎烯、β-蒎烯、β-月桂烯等。

VOCs 作用：抑菌活性强，净化空气。

第七节 小 结

城市绿化树种的选择，不仅要考虑到树木的景观生态效应和适应性，而且应考虑树木的化学生态效应。这些树种释放萜烯类化合物含量高，具有较强的净化空气、改善环境质量以及促进居住者身心健康的功能，应是城市绿化的主要选择树种。如法国梧桐、黄连木、木槿、栓皮栎（*Quercus variabilis*）、红皮云杉（*Picea koraiensis*）、桉树和油松等散发出的萜烯类化合物最多，这种物质进入人体肺部以后，可杀死百日咳、白喉、痢疾、结核等病菌，起到消炎、利尿、加快呼吸器官纤毛运动。种植这些树种是净化大气，控制结核病发展蔓延，增进人体健康的有效措施。

第二十一章　中国生态城市建设十大模式

——探索贵州森林城市建设方向

2010 年 9 月 28 日，首届中国国际生态城市论坛提出建立以"生态城市创造和谐未来"为永久主题的国际论坛，旨在携手打造促进生态城市建设的国际合作交流平台，汇聚全球智慧，扎实推进人类社会可持续发展。

生态城市，是建立在人类对人与自然关系更深刻认识的基础上的新的文化观，是按照生态学原则建立起来的社会、经济、自然协调发展的新型社会关系，是有效利用环境资源实现可持续发展的新的生产和生活方式。

党的十八大报告将生态文明建设与经济建设、政治建设、文化建设、社会建设并列，构建"五位一体"的国家发展战略，提出建设"美丽中国"的目标，而城市在生态文明建设中的地位举足轻重。《生态城市绿皮书：中国生态城市建设发展报告（2014）》指出，"城市是生态文明制度改革的主战场"。基于相关指标体系并依据城市绿色发展的深度和广度，《生态城市绿皮书：中国生态城市建设发展报告（2012）》把生态城市建设分为初绿、中绿、深绿三个发展阶段。绿皮书认为，当前我国的生态城市建设已经全面启动，但相关制度机制还未规范成型，建设和发展水平相对较低，因此我国的生态城市建设还处于初绿阶段，需进一步改革、发展和深化。

绿皮书还提出了中国生态城市建设的思路和举措，要建立健全三大体系，即源头严防的城市生态保护制度体系、过程严管的城市生态保护制度体系、后果严惩的城市生态保护制度体系，构建生态城市治理体系；完善和运用三大政策工具，即命令控制性政策工具、经济刺激性政策工具、社会自愿性政策工具，加强生态城市治理能力；加快推进绿色城市建设，提升生态城市治理质量，树立绿色发展观，遵循绿色发展道路，构建绿色生产方式、生活方式和生态体系。

党的十九大报告中明确指出，加快生态文明体制改革，建设美丽中国。建设生态文明是中华民族永续发展的千年大计，把坚持人与自然和谐共生作为新时代坚持和发展中国特色社会主义基本方略的重要内容，把建设美丽中国作为全面建设社会主义现代化强国的重大目标。

我们要建设的现代化是人与自然和谐共生的现代化，既要创造更多物质财富和精神财富以满足人民日益增长的美好生活需要，也要提供更多优质生态产品以满足人民日益增长的优美生态环境需要。必须坚持节约优先、保护优先、自然恢复为主的方针，形成节约资源和保护环境的空间格局、产业结构、生产方式、生活方式，还自然以宁静、和谐、美丽。

第一节 历史与生态——都市森林城市发展

一、北京：奥运助力生态园林城市

北京，这个著名的历史文化名城，园林之多、之美，是国际公认的。在加强园林绿化、改善城市生态环境方面，近年来北京做出了不懈的努力，园林绿化事业取得了举世瞩目的成就，于 1992 年被国家建设部命名为"园林城市"。北京园林最早始于金代，先后营建了西苑、同乐园、太液池、南苑、广乐园、北苑等皇家园林，并在郊外修建了玉泉山芙蓉殿、香山行宫、樱桃沟观花台以及玉渊潭、钓鱼台等。

元代建立后，大规模兴建琼华岛并以琼岛为中心修建宫苑，成为北海、中海、南海三海连贯的水域，形成传统皇家园林格局。明代在西郊兴建清华园、勺园等，并修建了天坛、地坛、日坛、月坛、先农坛、社稷坛等祭祀园林。清代，是北京园林集大成时期，在清华园旧址上建起了"畅春园"，并于其北面修建了圆明园、畅春园、绮春园；在瓮山修建了清漪园；在玉泉山修建了静明园；在香山以原大永安寺扩建成静宜园。位于北京市中心的故宫，始建于 1406 年，是明、清两代皇宫，也是中国现存最大、最完整的古建筑群，被誉为世界五大宫之一。规模浩大、面积广阔、建设恢宏、金碧辉煌的北京皇家园林，是世界园林的一颗闪亮的宝石，流连其间，不仅可以感受到多姿多彩的风景，还能寻找到历史前进的轨迹。

20 世纪 50 年代，北京市整修开放了一大批公园景区，并结合治理城市环境将一大批废弃地建设成为公园。从 1984 年开始，调动全市人民绿化的积极性，推动北京市园林绿化建设蓬勃发展，建成了首都机场至石景山的百里长街、二环、三环等 60 条绿带和有树、有花、有草的林荫路及立交桥绿地。新建、扩建、改建了 45 处公园绿地，新增绿地面积 750 多万 m^2，机关单位庭院绿化 500 万 m^2。开发了石花洞、慕田峪长城等一批新的风景区。

2004 年，围绕"绿色奥运"目标，通过提高市民的生态环境意识，积极创建生态社区，开创了城市园林生态建设的新局面，到 2004 年底，北京市绿化覆盖率达到 41.91%，人均绿地面积为 47.05m^2，人均公共绿地面积 11.45m^2，城区绿化率达到了 41.8%。2005 年国务院批准的《北京城市总体规划(2004—2020 年)》中明确提出，必须以建设世界城市为努力目标，不断提高北京在世界城市体系中的地位和作用。作为传统文化与现代文明交相辉映、具有高度包容性、多元性的世界文化名城，串联了故宫、皇家园林和奥运公园的北京中轴线整体保护建设，极大地推动了北京历史文化名城的保护，使人们重新审视中华传统文化的无限魅力，审视北京城市繁华的今日和壮美的未来。为申办 2008 年奥运会，北京建成了以"通往自然的轴线"为设计理念的奥林匹克公园，使北京城市中轴线延伸至 26km 长，在中轴线上，古代建筑与现代建筑如画卷般次第展开，古老文明与现代文明相互融合、碰撞，成为了一个人文与山水相融的整体。奥林匹克森林公园坐落于北京中轴线的北端，占地 680 万 m^2，是北京市最大的城市公园，也是亚洲最大的城市绿化景观，北五环路横穿公园中部，将森林公园分为南北两园，连接两园的生态桥，是中国第一座城市内跨高速公路的人工模拟自然通道。奥林匹克森林公园，是北京中心地区与外围边缘组团的绿色屏障，也是一个以自然山水、植被为主的可持续发展生态地带，极大地改善了城市生态环境，充分体现了"绿色奥运、绿色北京"的宗旨。

2008 年奥运会之后，应北京经济社会进入新的发展阶段的要求，也作为北京城市环境建设的新举措，市政府决定在新城建设 11 座滨河森林公园。这是新中国成立以来北京历史上最大规模的绿化建设投资。

北京新城滨河森林公园占地总规模 10.7 万亩，相当于在城市森林现状基础上增加了50%的面积。新城滨河森林公园是以穿城或环城水系为主线，充分利用河道两侧河滩地和荒滩地，建设具有休闲服务功能的带状城市森林公园。最小的面积 5500 多亩，相当于 2 个玉渊潭公园，最大的面积 18000 多亩，相当于 4 个颐和园。在新城建设新城滨河森林公园，在城乡结合部建设郊野公园，在中心城因地制宜地建设城市休闲森林公园，北京市集中精力打造三级城市森林公园体系。11 座新城滨河森林公园，或如玉带，或似珠玑，散布在京郊大地。

新城使绿化覆盖率提高 5 个百分点，绿地中城市森林比重从 35%提高到 50%。同时，全市新增城市森林公园 10.7 万亩，每年实现碳汇 6 万 t。山区青山环抱，城区绿地环绕。

到 2015 年，北京将在原有的沿河、沿路绿化带基础上改建，串联沿线景点，建成京密引水渠绿道、清河绿道、西北土城绿道、昆玉河绿道和京藏高速绿道 5 条绿道，总长度约 94km。串起北京园博园、北宫国家森林公园、青龙湖公园的园博绿道，总长度64.5km，总面积 143.67 万 m^2，沿线建成城市骑行区、山地体验区等 7 大景观区域，成为集生态、休闲、景观为一体的城市绿色慢行休闲系统，努力将北京打造成为一个融合古今中外山水园林艺术，处处风景如画，具有优良生态的现代化都市。

二、西安：十三朝文明古都，21 世纪绿色家园

西安，古称长安、京兆，是举世闻名的世界四大文明古都之一，居中国四大古都之首，是中国历史上建都朝代最多、影响力最大的都城，有着 7000 多年文明史、3100 多年建城史和 1100 多年的建都史，与雅典、罗马、开罗并称世界四大文明古都，是中华文明和中华民族的重要发祥地，丝绸之路的起点。地处中国陆地版图中心，是长三角、珠三角和京津冀通往西北和西南的门户城市与重要交通枢纽，西安北濒渭河，南依秦岭，八水环绕(渭、泾、沣、涝、潏、滈、浐、灞)，自然景观优美。

西安是中华文明的发祥地、中华民族的摇篮、中华文化的杰出代表，是联合国教科文组织最早确定的"世界历史名城"和最早公布的国家历史文化名城之一，是世界著名旅游胜地。

西安，被誉为"天赐厚土，风水宝地"，南依秦岭北脉，背靠渭北荆山的黄土台塬，东起零河和灞源山地，西到黑河以西的太白山地及青华黄土台塬。西安是十三朝的文明古都，也是中国历史上建都时间最久、历史影响最大的城市。秦岭的生态屏障和水源滋养，形成了八百里秦川的良好季节和气候环境，孕育出周秦汉唐这四个朝代的繁华盛世和宜人的环境。光辉灿烂的华夏文明发祥于这座闻名世界的历史文化名城，早在 100 多万年前，人类的祖先——"蓝田猿人"就在这里披荆斩棘，繁衍生息，创造了最初的人类文明。

"长安自古帝王都"，公元前 11 世纪，西周王朝建都丰、镐，揭开了西安千年古都的历史大幕，此后，秦、汉、晋、隋、唐等 10 多个王朝均建都于此，在中国乃至世界的文明史上占据着极其重要的地位。特别是周秦汉唐时期，四海归一，国力鼎盛，在中国历史的长河中闪耀着绚丽夺目的光芒。唐代以后，全国政治、经济、文化重心东迁南移，但西安仍是西北的军事、行政重镇。在近代，西安作为陕西首府，一直保持着陕西省政治、经济、文化的中心地位。

西安，自然风景资源丰富。境内秦岭山区悬崖峭壁，巍峨挺拔，层峦叠翠，群峰竞秀，多名山、温泉、瀑布、峪口、溪流；川道平原田畴沃野，坦荡舒展，田园秀丽，多姿多彩，间有湖沼水面，富于诗情画意。"关中八景"中位于西安境内的有"灞柳风雪""草堂烟雾""雁塔晨钟""骊山晚照""太白积雪""曲江流饮"6 处。现有著名旅游景点 200 多处，其中闻名中外的有秦始皇兵马俑博物馆、华清池、秦始皇陵、大雁塔、大慈恩寺、小雁塔、碑林博物馆、陕西历史博物馆、半坡博物馆、八路军办事处、青龙寺、钟楼、鼓楼、明城墙、清真大寺、楼观台、秦岭北麓等，自然风景资源与历史人文景观相互交融。

西安市园林绿地的选址和建设基本是在历史遗迹上建设起来的，延续了一定的城市历史空间格局关系，建成了一批具有古城风格的公园。

"八水绕长安"的浐河、灞河这两条古老的河流，从远古流向今朝，河水充盈，风景优美，自古有舟楫之利，为长安水上交通要道。而现今东部的"广运潭"，西部沣河的昆明湖，南部唐都遗址的曲江池，北部屹立的汉城团结库和中部清朝护城河则更加凸显了古都恢弘的山水格局。从世界园艺博览会至今，城市新增园林绿地 6937 万 m²，年均新增 2300 万 m²，建成区园林绿地总面积增加了 3895 万 m²。全市已建成公园 80 个，街头绿地小广场 632 个，建成道路绿化普及率和达标率均为 100%。城市绿地分布合理、植物多样、景观优美，形成了以庭院、单位绿化为点，以道路、铁路绿化为线，以公园、广场绿地、大遗址保护区为面，以城郊林带和绕城林带为环，点、线、面、环相衔接的三季有花、四季常绿的城市综合绿地系统；完成造林面积 60.15 万亩，建成了山区、平原、城市绿化三道绿色生态屏障。西安园林绿地的建设不仅着重体现在对数量、质量及历史文化的传承上，还体现在绿色理念的建设上。

2011 年世界园艺博览会在建设中始终贯彻了"城市与自然和谐共生"的主题，创意自然，恢复生态，加强环境保护，它的举办带给了西安一场绿色盛宴，彰显了古都追求绿色新梦想，建设生态家园的执着和努力。2014 年西安城墙南门区域综合改造工程，是西安市委、市政府又一保护历史文化、优化城市生态环境、提升城市功能的重大决策。迄今为止，西安共有一星级绿色建筑 25 个，二星级绿色建筑 12 个，三星级绿色建筑 8 个。

今日的西安，正在向宜居宜业的古都绿色新家园迈进，实现城市现代化和历史文化遗产保护和谐共生，成为西部发展绿色人居的示范和领跑者。

第二节 休闲与艺术——旅游类型森林城市发展

一、苏州：鱼米之乡，乐居之城

在烟波浩渺的太湖之滨，有一座城市，她在青山碧水的怀抱中用诗情画意，奏响了人与自然的和谐乐章；她用古典园林的精巧，布局出美丽中国的版图；她用悠远绵长的运河，展示了古韵今风的共存——这，就是苏州。

上有天堂，下有苏杭。苏州，古称吴郡，地处江苏省南部，坐落于富庶的长江三角洲地区的地理中心，东临上海，西抱太湖，北依长江，背靠无锡，隔湖遥望常州，是中国首批国家历史文化名城，全国重点风景旅游城市，也是4个全国重点环境保护城市之一。苏州自文字记载以来已有4000余年的历史。

苏州古城始建于公元前514年的吴王阖闾时期，又因城西南有山曰姑苏，于隋开皇九年(589年)更名为苏州。

苏州，被誉为"人间天堂""丝绸之府""园林之城"。这座古城有着令人骄傲的历史，古城区至今仍坐落在原址上，为国内外所罕见。作为一座古老的水城，太湖五分之四的水域在其境内。大运河苏州段，包括从苏州与无锡交界的五七桥至江浙交界的鸭子坝，全长82.35km。历史上的苏州城处在众湖环抱、河川纵横的水乡泽国之中，远山近水的城市格局不仅使得2500年来城址不曾改变，也造就了苏州城美丽的自然环境。从春秋建城开始，苏州城就逐步形成了"水陆平行""河街相邻""前街后河"的双棋盘格局。城河围绕城墙，城内河道纵横，家家临水，户户植柳，古典园林，造山借水，形成了以水为中心的，小桥流水、人家园林、幽深整齐的小街小巷以及城内粉墙黛瓦、星罗棋布的古典建筑和民居风格组成的美丽城市。众多的河流和湖泊为苏州城市发展和兴起提供了丰富的水资源，至今苏州的水资源仍堪称全国之最。

"小桥流水、粉墙黛瓦、古迹名园"是苏州独有的风貌。苏州古典园林蕴含着中国古代的哲学思想、文化意识和审美情趣，反映了人类对完美生活环境的执着追求，是人与自然和谐相处的典范之作。山水城市苏州，以水为核心始建城，在五代时逐渐向园林城市转变，至明清时成为城外山水城内园林的天堂之城。

1996年，苏州在全国范围内率先启动了城乡一体现代林业示范区建设，加快实施高速公路两侧生态防护林工程，实施了太湖、阳澄湖沿线绿化造林工程和湿地生态恢复保护示范工程，建成一批富有水乡特色的生态型城镇和村庄。2001年苏州行政区划进行重大调整，将吴县市并入苏州市区，市区面积由392.3km^{2}增至1649.72km^2。同时，开发区的超常规发展使城市面貌有了质的飞跃。由园区、新区、吴中、相城和老城区构成的"五区组团"因此获得平行发展，迎来了苏州历史上的建设高潮。

2007年苏州被住建部列为"创建国家生态园林城市试点城市"，苏州借此加大了城市绿化建设方面的投入，计划每年新增约500万m^{2}的城市公共绿地。"十一五"期间，以"四角山水"为重点，先后建成了一批"城市绿肺"公园，如苏州太湖湿地公园、三角嘴湿地公园、大白荡城市生态公园、沙湖生态公园等，这既是对苏州古典园林以"水"为灵魂的优良传统的延续与发展，又是打造现代"东方水城"的有效举措。同时，也建成了一批以"植物"为主题的专类园，如大阳山国家森林公园、白塘植物园、荷塘月色公园、相城花卉植物园、盛泽湖月季园等。结合城市绿地系统规划，苏州着力推进中心城区公共绿地和周边风景防护绿地的建设，形成覆盖城市的绿色网络和城郊一体的绿化体系，加大重要生态功能区的保护力度，重视人工湿地的保护。高度重视和切实加强自然的植物群落和生态群落的保护，划定国家重点生物多样性保护区，维持系统内的物质能量流动与生态过程。至2014年，苏州建成区绿化覆盖率42.5%，建成区绿地率37.6%，人均公园绿地率14.96%。同时将用5~7年的时间，建成张家港市—干河生态休闲观光带、南湖湿地公园等21座郊野公园，逐步形成生态作用明显的郊野公园群，在城市周边构建环境宜人的绿色生态空间。和谐是苏州永恒的追求。在这里，人们与山水同呼吸，与花木共命运。在这里，人们亲水乐居，身心舒畅；游于绿地，青春健康；放飞山水，心旷神怡；创业生活，和谐发展。

二、桂林：山水甲天下，梦想怡人居

桂林是世界著名的风景游览城市和历史文化名城，是广西壮族自治区最重要的旅游城市，享有"山水甲天下"之美誉。桂林位于广西壮族自治区东北部，湘桂走廊南端，东、北与湖南省相邻。桂林市境内有湘桂铁路与漓江纵贯，贵广高铁横穿全境，另有321、322、323三条国道穿过。地处东经109°36′~111°29′，北纬24°15′~26°23′，平均海拔150m，北、东北面与湖南省永州市交界，西、西南面与来宾市相连，南、东南面与梧州市、贺州市相连。桂林市属山地丘陵地区，为典型的"喀斯特"岩溶地貌，遍布全市的石灰岩经亿万年的风化侵蚀，形成了千峰环立、一水抱城、洞奇石美的独特景观。桂林，首批国家级历史文化名城和国家重点风景名胜区，兴起于西汉元鼎六年(公元前111年)平定南越建置的始安县县治城市，历经数百年的发展至唐武德四年(621年)置桂州总管府，号称桂府；至德二年(757年)改始安县为临桂县；绍兴初，升桂州为静江府。洪武五年(1372年)改静江府为桂林府，桂林城市名称始于此。今桂林城址最早可以追溯到唐武德五年(622年)在独秀峰南侧所修"衙城"。城以"独秀峰"为靠山，其城市的中轴线正对"独秀峰"。

此后，在公元886年增筑外域和夹城，至北宋留下了著名的摩刻《静江府城池图》于城北寿星山南麓。明初增筑南城，使城区南达宁远门，面积扩大到3km²以上。唐宋南门外的护城河经开挖疏浚，形成城内开阔的湖面。历经宋、元、明三代的规划与建设，桂林成为了政治与经济文化都会、军事重镇和交通枢纽。

城内，叠彩山、伏波山、象山、七星山、西山、南溪山、光明山、穿山等数十座石山平地拔起；城区周围，千峰环野耸立；登高远眺，"江作青罗带，山如碧玉簪"，峻拔多姿的孤峰山体及寺庙、桥涵、石刻等文化遗产，与桂林城市有机联系，形成甲天下的桂林山水，城在景中，景在城中，城景交融，城市建筑景观与自然山水融为一体，显示了桂林的古老文化风韵。

新中国成立以来，桂林坚持山水依托，加快公园建设，拓展城市绿地，提升城市中心区生态环境，城市园林建设取得了显著的成绩。1999年，桂林市政府提出了建设桂林市环城水系的构想，将桂林市中心区的漓江、桃花江、榕湖、杉湖、桂湖、木龙湖贯通，即

"两江四湖"工程。这是桂林历史上最大的生态工程，它从根本上改善了桂林市的人居生态环境，完善了城市功能。城市绿地面积发展到 2528.99 万 m^2，城市绿化覆盖率达到 42.41%，城市绿地率达到 38.01%；森林覆盖率由 2005 年的 66.46% 升至 2014 年的 69.15%。西部有著名的西山公园和芦笛岩风景区，城市东部有七星公园；东北郊的尧山风景区，森林面积已达 1195 万 m^2；城市西南郊为龙泉国家森林公园；城市南面是奇峰景区，青山绿水间点缀着绿色的军营；城市北面是万顷良田和绿色的沙洲。漓江蜿蜒穿越市区，两岸的许多地段已进行了精细的绿化和美化。建于 20 世纪 80 年代长 20km 的环城公路已全程植树绿化，犹如一条绿色的项链环绕着桂林城，美丽壮观。市中心最大的漓江洲岛建设集生态、文化、休闲、运动为一体的訾洲公园，重现了"訾洲烟雨"和"訾洲红叶桂林秋"的胜景，以此构筑完整的城市景观视廊，发挥绿廊导风和城市"绿肺"的作用。2012年新建成的以"山水桂林，秀甲天下"为主题的桂林园博园，总投资 7.5 亿元，占地 93.33万 m^2，汇集广西各城市园林精粹，展现了"绿色生态，人文和谐"的绿色新篇章。市区首条专门为健身休闲而设计建造的绿道，于 2013 年在桃花江旅游度假区内建成贯通，环形绿道从鲁家村出发，一路往芦笛景区延伸，绿道沿江而走，依山就势，道旁种有樱花、柳树、二乔玉兰、秋枫等，每个季节，漫步在此都能感受到不同的花景和绿景。"青山环野绿，一水抱城流"的传统山水城市景观特征，在桂林得到了很好的延续。

1991 年，桂林市被评为广西壮族自治区绿化先进城市；1994 年被评为全国园林绿化先进城市。2011 年，桂林市通过了住建部组织的创建国家生态园林城市专家考核。近 3 年来，桂林市通过给城市道路添绿、给老城区添绿、城市滨水绿地建设等方式，在国家园林城市建设工作中取得了不少成效，市民更是在创建过程中切实感受到生态和生活环境的改善。

三、三亚：永远的热带度假天堂

三亚位于海南岛的最南端，是中国最南部的热带滨海旅游城市，全国空气质量最好的城市，全国最长寿地区（平均寿命 80 岁）。三亚市别称鹿城，又被称为"东方夏威夷"，位居中国四大一线旅游城市"三威杭厦"之首，它拥有全海南岛最美丽的海滨风光。东邻陵水县，西接乐东县，北毗保亭县，南临南海，聚居有汉、黎、苗、回等 20 多个民族。美丽的三亚市是中国通向世界的门户之一。三亚是海南省南部的中心城市和交通通信枢纽，是中国东南沿海对外开放黄金海岸线上最南端的对外贸易重要口岸。天之涯，海之角，浪漫三亚不遥远。天蓝、海碧，阳光醉人；沙滩、椰林，风情醉人。三亚，永远的热带度假天堂，永远的梦中情人。三亚，我国最南端的一座美丽的多民族热带海滨城市，是我国唯一的热带滨海风景城市和国际著名的滨海度假胜地，终年温暖，具有独特而美丽的自然生态景观。三亚历史悠久，落笔洞发现的"三亚人"遗址是目前已知海南岛最早的人类居住遗址，秦始皇时期，为南方三郡之一的象郡；宋代时期为我国最南端的州郡，因其远离京城，孤悬海畔，自古以来一直被人称为"天涯海角"；汉代在此设立了珠崖郡，隋代设临振郡，唐代改称振州，明清改为崖州，民国时期为崖县。1954 年崖县政府迁至三亚，1984年批准设立三亚市。

这个城市，有着耐人寻味的历史遗迹和得天独厚的自然旅游资源，具备现代国际度假旅游的五大要素：阳光、海水、沙滩、绿色植被、洁净空气；拥有河流、港口、岛屿、温泉、田园、民族风情、热带动植物资源。

传播佛教文化的南山文化旅游区，伴着不息涛声的历史名人雕塑群的天涯海角，诉说"鹿回头"美丽爱情故事的鹿回头山顶公园，"东方夏威夷"亚龙湾，"水暖、沙白、滩平"的避寒胜地大东海，"椰梦长廊"的三亚湾，有着神秘浪漫蜈支洲岛的海棠湾，富有历史魅力的崖州湾……文化和自然的完美结合更增加了三亚深厚的底蕴。

三亚有着丰富的热带森林资源。全市现有自然保护区 8 个，自然保护区面积 12618.9 万 m^2，林地面积 1360km^2，森林蓄积量为 430 万 m^3，热带林木 1500 多种。在大片热带雨林中栖息着 300 多种珍禽异兽。

这座山、海、湾、河、城巧妙组合的度假天堂，三面环山，北有抱坡岭，东有大会岭、虎豹岭和狗岭，南有南边海岭，山岭绵延起伏，如绿色屏障；海上的东西二岛为宽阔的海面增加了层次；流经三亚市区的主要河流——三亚河，全长 31km，自北向南流经市区注入三亚港入海，是许多水生动物、鸟禽生长和繁殖的良好场所，也是三亚市最具特色的自然资源。东西两条河穿过市区，岸线曲折多变，水网纵横交错，两岸自然生长的红树林绿影婆娑，水鸟飞弋，鱼跃锦鳞，呈现一派山峦叠翠、碧波荡漾、椰林掩映的旖旎风光。

自 1984 年 5 月撤县设市以来，从一个不起眼的海滨小渔村，逐步发展成为誉满全球的热带度假天堂，三亚发展的起点、支点和亮点都是以自然生态环境为依托。1992 年，三亚被评为全国生态示范区、全国园林城市；2000 年获得首批"全国生态示范区"称号。全市人工造林面积 56 万 m^2，森林覆盖率 68.0%，城市建成区绿地率达 41.6%，绿化覆盖率达 45.3%，人均公共绿地面积达 18.96m^2。生态示范区建设的 10 年来，三亚城市面貌发生了巨大的变化，城市管理水平和旅游服务水平不断提高，先后获得了"中国人居环境奖""全球绿色生态城市""全国生态示范区""中国十大休闲城市""全国卫生城市"等荣誉称号。

第三节 特色与异质——民族地区森林城市发展

一、昆明：国家历史名城，人文宜居春城

昆明，云南省省会，首批国家级历史文化名城。云南省唯一的特大城市和我国西部第四大城市，是云南省政治、经济、文化、科技、交通中心枢纽；是西部地区重要的中心城市和旅游、商贸城市之一。昆明是国家一级口岸城市，滇中城市群的核心圈、亚洲 5 小时航空圈的中心，中国面向东南亚、南亚开放的门户枢纽，中国唯一面向东盟的大都市。昆明夏无酷暑、冬无严寒、气候宜人，为典型的温带气候，城区温度在 0~29℃，年温差全国最小，这种全球极少有的气候特征使昆明以"春城"而享誉中外。昆明市，地处云贵高原中部的滇池之滨，依山面水而建，是典型的高原型山水城市，总体地形北高南低，中部隆起，东西两侧较低，东西北三面由金马山、碧鸡山、长虫山环绕，与城内五华山、圆通山、云大山遥相呼应；纵贯城区的盘龙江、金汁河、宝象河、马料河、大观河、白沙河向南注入滇池，形成典型的青山半入城、六脉皆通海的山水城市风貌。

昆明城，始于公元前 277 年庄蹻入滇，经汉、唐、宋、元、明、清数朝，到辛亥革命推翻封建帝制，历代各地方政权均在昆明建制设都。从公元 13 世纪起，昆明便成为了云南政治、经济、文化中心，是我国内地连接东南亚古南方丝绸之路的枢纽和通道。昆明自建城历经了 2400 多年成为云南省省会、特大城市，主城区面积由最初的 3km^2 扩大到现在的 200 多 km^2。在这块神奇、美丽的红土地上，聚居着 26 个民族，为人类流传下了形态各异、丰富多彩的民族文化遗产。

它拥有世界地质公园、世界自然遗产、国家 5A 级旅游景区的石林奇观，规模宏大的国家级风景区九乡溶洞群和浩渺滇池；金殿、棋盘山、钟灵山、小白龙等国家级森林公园；著名的昆明世界园艺博览园和体现少数民族风情的云南民族村等园林胜地；南盘江、阳宗海、轿子雪山等诸多迷人景观。

每到冬天，翠湖公园、海埂公园和滇池岸边，海鸥与人同戏，天地和谐相处，构成了昆明一道靓丽的风景线。独特的地理、人文和历史环境，造就了昆明独一无二的城市个性。美丽的自然风光、灿烂的历史古迹、绚丽的民族风情，使昆明跻身为全国十大旅游热点城市，首批进入中国优秀旅游城市行列，成为全国最有魅力的城市之一。

1999 年，昆明市提出了建设生态城市的目标，中共昆明市委、市政府以世博会为契机，狠抓城市生态建设，经过几年的努力，使昆明的生态环境得到了极大改善，昆明城市基础设施和生态建设都取得了显著的成绩。2003 年，云南省委、省政府做出了建设"现代新昆明"的重大战略部署，此后，绿色生态一直是昆明城市建设的核心主题。围绕滇池发展城市，进行环湖新区建设，依托这颗"高原明珠"利用便捷发达的环湖交通，把城市、山水、历史文化、风景名胜古迹等有机地连接在一起，使山湖在城中，城在山水中，城市建筑和山水园林融为一体，充分显现了历史文化名城、山水园林城市、高原湖泊生态城市的魅力和特色。2008 年以来，昆明生态城市建设步入快速轨道。创建国家园林城市、国家卫生城市、国家环保模范城市、全国文明城市，争取联合国人居城市奖和国家生态城市的工作为昆明营造优质的人文宜居城市打下了良好的基础，形成了比较完备的城市森林生态体系，森林覆盖率达到 48%。

2008 年昆明市提出，通过 5~10 年的努力，将以人为本、以民为主的现代新昆明建设成为以"一湖四环""一湖四片""一城四区"为载体，以人的现代化为核心，以生产方式和生活方式进步为标志，三大板块协调发展，集湖光山色、滇池景观、春城新姿，融人文景色和自然风光于一体的森林式、环保型、园林化、可持续发展的高原湖滨特色生态城市。

二、拉萨：世界屋脊上的可持续发展明珠

拉萨，为西藏自治区首府。海拔 3650m，拉萨河流经此，在南郊注入雅鲁藏布江。拉萨历来是西藏全区政治、经济及文化的中心，也是藏传佛教圣地。作为国务院首批公布的 24 座历史文化名城之一，拉萨以风光秀丽、历史悠久、文化灿烂、风俗民情独特、名胜古迹众多、宗教色彩浓厚而闻名于世，被评选为"中国优秀旅游城市"之后，2005 年被"中欧国际旅游论坛"评为"欧洲游客最喜爱的旅游城市"，2006 年又入选全国 30 个避暑之都，排名第 12 位。

2011 年 12 月被评为全国文明城市。2012 年入选"2012 年度中国特色魅力城市 200

强"。2012 年 12 月 20 日中国社会科学院发布《公共服务蓝皮书》称，拉萨市市民安全感最高，为中国最具安全感城市，同时被称为"日光之城"。

拉萨，藏语意为"圣地"，位于祖国西南边陲、世界屋脊青藏高原中部、雅鲁藏布江支流拉萨河中游河谷平原，是世界上海拔最高的城市和中国历史文化名城。

独特的自然环境，孕育了悠久的西藏文化。旧石器时期，西藏高原就有人类的活动。新石器时期，昌都、拉萨、山南、林芝、那曲都留下了先民的生活足迹。公元前 5 世纪前后，象雄文明兴盛一时，苯教开始在西藏产生，出现了"以麦熟为岁首"的历法，有了"蕃"的称谓。到了松赞干布统一西藏，吐蕃文明进入鼎盛时期，西藏从氏族社会进入奴隶制社会，创立并使用藏文，佛教在西藏兴起。公元 633 年藏王松赞干布迁都拉萨后，逐步建寺庙、筑河渠、修道路，奠定了拉萨早期的城市雏形。公元 647 年驰名中外的大昭寺建成，因大昭寺建于沼泽湖塘之上，民间有白羊负土填湖之传说因而便把"惹萨"这个名字赐给了大昭寺。随着时间的推移，公元 823 年后"圣地"拉萨之名开始传开，取代了原名"惹萨"。自 1300 多年前拉萨立都之后，一直是全区的政治、经济、文化中心，佛教圣地。1960 年，拉萨设市，现辖七县一区，全市总面积 29538km²，有藏、汉、回等 10 多个民族，是藏文化发祥地之一。

白雪皑皑的喜马拉雅山，清流汩汩的雅鲁藏布江和草肥牛壮的青藏高原，哺育了拉萨这座古老的城市。在这块离太阳最近的大地上，有气势恢弘的地质景观、磅礴玉洁的雪峰冰川、美丽恬静的草原风光、波光万顷的高原湖泊、气象万千的地热云雾和郁郁湿润的湿地林卡；有风雨千秋的历史胜迹，有美妙绝伦的壁画、唐卡、造像和塑像艺术等文物，全市有大小寺庙 200 余座，仅市区内已被列为重点保护的文物古迹就有 40 多处；有独具神韵的民族歌舞、服饰和异彩纷呈的民俗风情。以布达拉宫及以文成公主进藏联姻而修成的大昭寺为中心，方圆 1.3km² 的古建筑群，展示了藏族古建筑艺术的精华，被联合国教科文组织列入了《世界文化遗产名录》，受到全人类的尊重和保护。

1965 年以来，拉萨经过了 5 次建设高潮，持之以恒进行了大量卓有成效的建设工作，以可持续发展为原则，城市规模逐渐扩大，城镇布局合理，建筑和谐，容貌整洁，保持了古城风貌，市区道路骨架基本形成；按照"布局合理、绿量适宜、生物多样、景观优美、特色鲜明、功能完善"的建设理念，持续加大城市园林绿化投入，高标准实施建设，重点实施城市"六绿"工程。主要包括：以拉鲁湿地保护为重点的"绿肺"工程；以城市公园建设和古树名木保护为重点的"绿景"工程；以城市道路绿化为重点的"绿廊"工程；以单位和小区建设为重点的"绿园"工程；以城周防护林建设为重点的"绿环"工程和以苗圃基地建设为重点的"绿源"工程。不仅建成了金珠路道路绿带及两侧的生态绿化带、拉萨河带状公园、宗角禄康公园等大型绿化项目，同时在城区建成了大量绿化广场和小型公园绿地、青年林卡公园绿带等一批特大型绿地。截至 2014 年，拉萨市建成区绿地率达到 32.8%，绿化覆盖率达到 37.6%，人均公共绿地面积达到 9.6m²，各项指标均已达到国家园林城市标准，形成了较为完整的城市绿地系统。

拉鲁湿地国家级自然保护区东西长 5.1km，南北宽 4.7km，是世界上海拔最高、位于市区面积最大的天然湿地，也是我国各大城市中唯一幸存的天然湿地。拉鲁湿地生态系统具有独特而丰富的高寒湿地生物多样性，对市区小气候调节具有重要作用，素有"城市之肺”和“天然氧吧”之称。为保护好、建设好拉鲁湿地，拉萨市出台了《拉萨市拉鲁湿地自然保护区管理条例》，编制了《拉鲁湿地自然保护区总体规划》，成立了保护区管理站，禁止人为活动的破坏。自 2008 年以来，累计投入 3 亿多元用于拉鲁湿地自然保护区生态恢复、保护能力建设和保护设施建设。这些举措有力地维护了湿地物种的多样性，保护了湿地的生态环境，为拉萨增添了一抹江南气息。

自 2005 年以来，拉萨市陆续建起宗角禄康公园、慈松塘公园、格桑花公园等一大批“绿景”，其中市级公园 2 座，街头游园 20 座，实现了市民出门 500m 范围内就见绿的目标。宗角禄康公园是“绿景”工程的代表之作，位于布达拉宫后，水清林幽，风景如画，游人如织。全市种植榆树、杨树、柳树、雪松、法国梧桐、银杏等行道苗木 22498 株，并且形成了 10 条特色街。北京中路白塔到铜牛路段的“樱花一条街”，罗布林卡路东段“红梅一条街”，还有银杏、海棠、馒头柳、国槐、榆树等各具特色的街道。道路绿化普及率达98%，达标率为 88%，基本形成步步见绿、路路有景的城市道路绿化新格局。多元的文化，多彩的民俗，是拉萨的魅力之源，也是西藏可持续发展的重要支撑。每年藏历 5 月 15日，是传统的“林卡”节，又被称为“赞林吉桑”节，意为“世界快乐”节。因此，从藏历 5月 1~20 日的大半个月，人们都会带上青稞酒、酥油茶、风干肉等美味佳肴，与亲朋好友相约来到户外，或在树木茂密的树林，或在绿草茵茵的河边，或在溪水潺潺的山间，搭起一座座帐篷，尽情享受大自然的恩赐。自然的造化，文化的积淀，造就了“日光之城，天上西藏”。拉萨，以地质地貌的原生性，不同区域的差异性，自然气候的独特性，生态环境的多样性，审美价值的唯一性，而成为世界屋脊上璀璨的可持续发展明珠。

第四节　开放与交融——滨海地区森林城市发展

一、青岛：面向世界的低碳港口城

青岛是面向世界的国内重要区域性经济中心、东北亚国际航运中心、国际滨海旅游度假胜地、国际著名港口城市、国家历史文化名城、中国优秀旅游城市、国家园林城市。青岛位于山东半岛西南端、黄海之滨，东北与烟台市毗邻，西与潍坊市相连，西南与日照市接壤。青岛是副省级城市和全国 5 个计划单列市之一。青岛是中国举办大型赛事和国际盛会最多的大都市之一，2008 年北京奥运会、残奥会和 2009 年济南全运会分赛场均设于青岛，2013 年、2014 年连续两届世界杯帆船赛，2014 年世界园艺博览会也在青岛举办。“海上都市，欧亚风情”，是青岛城市特色的真实写照。

青岛西临胶州湾，东依崂山山脉，北接胶东平原，南滨黄海，山海形胜，腹地广阔。青岛地区的历史可以追溯至新石器时代晚期，唐宋时期经济文化有所发展，自明代成为海防要塞。因优越的自然条件和地理位置，清光绪十七年(1891 年)清政府在胶澳设防，青岛由此建置，并发展为一个繁华的市镇。

1897 年，德国租占胶澳。1922 年，中国收回胶澳，开为商埠，设立胶澳商埠督办公署，直属北洋政府。1945 年，国民党政府在美国支持下接收青岛。1949 年，青岛解放，改属山东省省辖市。20 世纪 90 年代初，东部新区五四广场上的大型城市雕塑“五月的风”

成为新青岛的标志。百年的风雨岁月，城以港兴、港以城旺、山海一体、港城相融，积淀了丰厚的文化底蕴，展现了独具特色的港城魅力。

在城市绿化中，青岛加强城市园林建设，鼓励植树造林，按照点、线、面结合，绿化建设与改造统一的原则，高标准打造了92个公园、小游园和绿地。在市区绿化建设了城阳区白沙河运动主题公园、天后宫广场绿地、崂山枯桃果艺生态园、城阳国学公园等公园和绿地，唐岛湾湿地公园列为国家级湿地公园试点；青岛滨海一线有栈桥公园、小青岛公园、鲁迅公园及水族馆、小鱼山公园、汇泉广场及第一海水浴场、八大关、太平角、音乐广场、五四广场、海洋娱乐城、雕塑园、石老人海水浴场等一大批以突出海滨景观为主的著名景点。全市每年新增造林面积13万亩以上，其中，面积达1万 m^2 以上的就有62处，有效增强了森林碳汇能力。在旧城改造中，青岛进一步更新观念，改以往的见缝插绿为规划建绿，通过旧城改造腾出地块进行绿化，还绿于民，绿化建设了八大峡广场、银都花园、金水桥公园、侯家庄中心公园等游园和绿地广场，这些游园和绿地广场通过旧城改造建在人口密集的居住区，使绿化更加贴近群众，成为改善市民生活质量的"惠民工程"。通过近几年的持续建绿，青岛的城市绿化总体水平有了明显提高，共完成新造林29.01万亩，使全市森林覆盖率达到了39.4%，建成区绿化覆盖率44.7%，人均公园绿地面积14.6 m^2；全民义务植树尽责率达92%。2005年青岛八大关被《中国国家地理》评选为中国最美的五大城区之一，2007年青岛成为中国唯一入选"世界最美海湾"的城市。

2008年青岛成功举办第29届奥运会帆船比赛成为奥运之城，被誉为"世界帆船之都"；荣获"2012中国最佳休闲城市"称号、2012年中国十佳宜游城市，并于2012年获批为第二批国家低碳城市试点。作为世界第七大港口和山东省第一个低碳试点城市，青岛有着丰富的太阳能、风能、海洋能、核能、生物质能等新能源和清洁能源。"十二五"期间，青岛围绕建设绿色青岛和低碳城市的总目标，实施了包括森林建设工程、森林抚育工程、湿地保护和建设工程、陆地水系生态建设和保护工程、近岸海域生态建设和保护工程、森林城市建设工程、农村生态建设工程、林业产业工程、生态建设保障工程、生态文化工程10项生态建设工程。计划到2015年，生态环境整体状况得到提升，森林覆盖率达到并稳定在40%以上，森林蓄积达到1082万 m^3，森林碳储量达到1980万t以上，建成区绿地率、绿化覆盖率分别达到40%、45%以上，初步形成资源节约型和环境友好型的社会保障体系，把青岛建设成为生态文明繁荣、生态良性循环、环境洁净优美、人与自然和谐相处的宜居城市，面向世界的低碳生态港口城市。

二、厦门：海上花园，活力特区

厦门是全国15个副省级城市之一，5个计划单列市之一，享有省级经济管理权限并拥有地方立法权；既是中国最早实行对外开放政策的4个经济特区之一，又是10个国家综合配套改革试验区之一；是东南地区重要的中心城市，现代化国际性港口风景旅游城市。《中华人民共和国国民经济和社会发展第十二个五年规划纲要》及国务院批复的《厦门市深化两岸交流合作综合配套改革试验总体方案》明确提出，在厦门加快推进两岸区域性金融服务中心、东南国际航运中心、大陆对台贸易中心、两岸新兴产业和现代服务业合作示范区建设。

厦门市地处我国东南沿海——福建省东南部、九龙江入海处,背靠漳州、泉州平原,三面环海,气候温和,雨量充沛,冬暖夏凉,四季如春,是我国沿海最早开放的经济特区之一。因天地厚爱,造化钟鹭岛,百姓勤耕耘,使得天风海涛,青山绿水,奇花异卉,鸟语花香,海水、沙滩、阳光、红花、白鹭是厦门的天然名片。全市土地面积 1565km²,其中厦门岛土地面积 133km²,鼓浪屿 1.9km²,海域面积约 390km²。

厦门依托山、海、岛屿等自然地理条件建设城市,山海自然景观特征显著。在人工风貌方面,包括了传统的闽南风格、嘉庚风格、南洋风格和鼓浪屿风格,体现了厦门历史特有的城市识别性、渊源和地域文化,与自然景观共同营造出具有温润本土特色、滨海地域风情的城市整体风貌。

厦门城市发展自同安开始,到鼓浪屿、厦门岛再回归到岛外新城,城市演变轨迹独特,历史跌宕起伏,在"大陆—海岛—大陆"的发展轮回中,展示了一幅积淀百年的美丽画卷。在改革开放 30 多年的历史进程中,厦门从一个封闭的海岛前线小城发展成为一座生机勃勃的现代化滨海城市。作为五口通商口岸之一,厦门是近代新兴的海港风景城市,更是多元荟萃、对外开放的海洋文明代表。旧城的骑楼建筑、集美学村和厦门大学的嘉庚风格建筑,乃融汇了东南亚侨乡风情的代表;鼓浪屿的"万国租界"建筑极具异国情调,而闽南特色建筑代表——闽南大厝,则为人们开启了一扇扇充满温暖记忆的大门。历史文化传统和现代城市气息交融,使厦门具有多元融合的中西文化特征。

1980 年设立经济特区,1989 年后相继获批成立海沧、杏林、集美台商投资区。

2011 年,国务院批复厦门作为深化两岸交流合作综合配套改革试验区,使厦门成为新时期的"活力新特区"。

厦门拥有 237km 长的海岸带,海域十分辽阔,由东海湾、西海湾和海门湾组成。星罗棋布的大小岛屿,分布在鼓浪屿—万石山国家重点风景名胜区,香山和北辰山省级风景名胜区以及天竺山、莲花山国家森林公园,"天风海涛""万石涵翠"等著名景点更是享誉中外。因海湾分割,视域范围内的天马山、天竺山、蔡尖尾山、仙岳山、万石山互相绵延,互相对峙,分别向厦门海域和串珠般的小岛屿伸展,自然形成了宛如"众星拱月"般的环海布局,几乎每个山脉间都有海湾或湖泊。城在海上、海在城中、山海相连、城景相依是厦门有别于其他滨海城市的特色所在。最为著名的"绿色通道"非环岛路莫属,它将道路、植被、沙滩风情、园林小品及厦门本土文化融合为一体,环绕整个岛内,联系着岛内与岛外的交通。环岛路全程 31km,为双向六车道,是厦门市环海风景旅游干道之一,西起厦大胡里山炮台,东至厦门国际会展中心,于 1999 年 9 月 30 日正式贯通,沿途大海、沙滩、彩色路面、青草、绿树构成一条海滨度假休闲走廊。近 47 万 m² 的绿化面积充分体现了亚热带风光和厦门的地域特色,形成了一条集旅游观光和休闲娱乐于一体的滨海走廊。而素以"海上花园"美称享誉中外的国家级重点风景名胜区鼓浪屿,与市区隔鹭江相望,岛上岗峦起伏,错落有致。形成了张弛有致、极富韵律的"山海相融"的景观特色和"处处显山见海"的城市意象,山与海、岛与湾、沙滩与林地、自然与人文浑然一体,构成了城市美丽的生态画卷。

近年来,厦门城市建设在迅速发展的同时,因其对环境、生态和可持续发展的重视,因其强调人与自然的和谐统一,先后获得"国家卫生城市""国际花园城市""国家环保模范城市""中国优秀旅游城市""2002 年国际花园城市""中国人居环境奖""国家园林城市"
"2004 年联合国人居奖"等荣誉称号。

三、香港：中西方文化交融与自然共生之地

香港是全球闻名遐迩的国际大都市，是仅次于伦敦和纽约的全球第三大金融中心，与
美国纽约、英国伦敦并称"纽伦港"。香港是中西方文化交融之地，是全球最安全、富裕、
繁荣的地区之一，也是国际和亚太地区重要的航运枢纽和最具竞争力的城市之一，经济自
由度指数高居世界前列，有"东方之珠""购物天堂"等美誉。

香港地处中国华南，珠江口以东，与广东省深圳市隔深圳河相望，濒临南中国海。
1840 年之前的香港还是一个小渔村。1842~1997 年，香港沦为英国殖民地。第二次世界大
战后，香港经济和社会迅速发展，成为一个富裕、发达和生活高水平的城市，20 世纪 80
年代成为"亚洲四小龙"之一。1997 年 7 月 1 日起，中国对香港恢复行使主权。香港实行
资本主义制度、"港人治港"的政策，享有独立立法、司法、行政权及免向中央缴纳财税和
自由贸易税等大量优势，以廉洁的政府、良好的治安、自由的经济体系及完善的法治闻名
于世。香港地处我国南部海疆，广东省珠江入海口处，地理环境优越，扼太平洋与印度洋
航运之要冲，与世界各地均保持着密切的贸易联系，是我国通往世界各地的南大门。香港
古代文明的发展有着悠久的历史，考古学者发现的大量出土文物和人类活动遗迹表明，大
约 6000 年前，在新石器时代，已有人类在香港地区居住。香港地区和广东大陆的古代文
化具有极其密切的联系，同属一个文化系统，并且受到中原文化强烈地影响。

1997 年 7 月 1 日，香港回归祖国，结束了 156 年的英国管治，成为我国的第一个特别
行政区，实行"一国两制""港人治港"的高度自治。由于特殊的地理位置、历史和典型的
山地丘陵地貌，香港的城市发展有其独特的个性。目前香港全境面积约 1104km²，分为香
港岛、九龙和"新界"三大部分，人口约 718 万人。香港岛和九龙半岛分别位于维多利亚港
南北两岸，沿岸两侧为香港繁华的都会区。香港岛为全港第二大岛，连同邻近小岛，面积
共 79km²。

港岛北岸，为沿维多利亚港的狭长带状低平地，著名的中环、湾仔等商业、金融区即
位于此，它们既是香港的商业、金融中心，也是香港城市空间形态特色最突出的表现地
段。九龙位于新界南侧，指九龙半岛界限街以南部分，包括九龙半岛和新九龙两部分，连
同其西面的昂船洲小岛，面积约 47km²。九龙是香港对外交通的中枢地带，也是香港人口
密度最大的地区。九龙半岛的尖沙咀、油麻地、旺角等地已建设成为香港的另一个商业中
心。新界包括新界本土和离岛两部分，面积共约 794km²，是香港面积最大的部分，约占
香港土地总面积的 92%。新界过去一直是农业区，20 世纪 70 年代以来，成为新市镇建设
和工业发展的重点地区，以及海运业的新兴地区。香港的主要工厂、货仓码头、水塘、菜
地、郊野公园、旅游胜地等也大都位于新界。自 1841 年开埠以来，香港一直处于全球资
本主义市场的经济体制之下，是一个以市场经济为主导的社会。香港的城市建设和发展都
围绕这一经济主体服务，从而构建了香港独特的城市形态和空间特色。多中心、组团式的
城市结构形态使得高密度的人工建成区融于生机盎然的自然风光中，一方面提高了城市的
发展强度，改善生态环境，另一方面使得各组团便于管理和建设，促进了城市区域空间的

整体发展。香港城市的发展中填海造地所增加的城市用地，多用于发展商业和兴建城市公共绿地。

香港境内 1104km² 的土地，有超过 70% 的面积属于郊区。二战的影响及战后移民潮的涌入，对当时的郊野环境造成了一定的破坏。政府为保护及发展郊区，在 20 世纪 60 年代中期对建立自然保护区体系进行了评估，并在 1976 年通过了《郊野公园条例》。郊野公园遍布全港各处，范围包括风景宜人的山岭、丛林、水塘和海滨地带，约 40% 的香港土地是郊野公园湿地、雀鸟保护区、市区及海岸公园，还有生态保育项目，构成了丰富的动植物资源。集自然保护、教育及旅游于一体的香港湿地公园占地 61 万 m²，展现了香港丰富多样的湿地生态系统，结合怡人的湿地天然环境和精彩的展览，让人们认识和体验生境的奇妙之处。

作为一个国际性的自由港口，东西方文化在香港相互交汇、融合。在园林建设上，因地制宜的造园设计，使园林的生态效益和社会效益都得到了充分的发挥，反映出不拘一格，富有创新的个性。

第二十二章 中国美丽乡村建设十大模式
——探索森林乡镇、森林人家建设途径

"让居民望得见山、看得见水、记得住乡愁"，是推进城镇化主要任务中的要求之一。2013年2月23~24日，中央农村工作会议在北京举行，会议强调：中国要强，农业必须强；中国要美，农村必须美；中国要富，农民必须富。会议还指出，要重视空心村问题，推进农村人居环境整治，继续推进社会主义新农村建设，为农民建设幸福家园和美丽乡村。

建设美丽乡村是中国农民的迫切需求。腰包渐渐鼓起来的中国农民，在整体推进美丽乡村建设中有很强的积极性。近几年来，农业部、发改委、财政部、住建部、国家林业和草原局等职能部门综合发力，各地统筹城乡发展，把生态文明理念融入美丽乡村建设，出台了一系列措施，取得了良好效果。

农业部不但宣布一系列政策措施向美丽乡村倾斜，还成立了美丽乡村创建办公室，在全国公布了1100个美丽乡村试点乡村，进行重点创建。

第一节 美丽乡村建设的主要经验

一、乡村美不美，得看生态理念是否融入乡村

近年来，各地自觉树立尊重自然、顺应自然、保护自然的生态文明理念，把生态文明建设融入到美丽乡村建设的各方面和全过程，突出乡村林业生态建设。因为森林是人类生存的根基，是大自然的"美容师"，也是美丽乡村的"保护伞"。我们在湖南省新宁县看到，他们把生态林业作为建设美丽乡村的一号工程，坚持造林扩面、护林固本、活林强基，努力建设"绿色银行"，培育生态宝库，实现绿满乡村。先后建成了65个生态林业示范基地，如万亩珍稀红豆杉育苗基地、珍贵树种苗木培育示范基地，3年造林12.3万亩，使森林覆盖率达到70%。

二、乡村美不美，得看规划是否因地制宜

农业部科教司唐珂司长说，科学规划是村庄生态整治之魂。现在，我们去走访浙江钱塘江畔美丽的桐庐县古村荻浦。全村645户农家，他们在美丽乡村建设中实施"古生态整治提升、古建筑修缮利用、古文化挖掘传承、古村落产业经营"四大工程，先后荣获"全国

亿万农民健康促进行动示范村"和"浙江省森林村庄"等称号。获浦在村庄整治之前，同许多乡村一样，垃圾基本靠风刮，污水基本靠雨冲。他们规划的主题定为"治水"。整治前由于违章建筑乱搭乱建和疏于清理，村内沟渠淤积，水系近乎瘫痪。整治中大家对全村水塘、溪流进行清淤，使水系恢复。对所有农户的生活用水进行处理，对池塘进行生态化改造，通过塘底清淤，引流活水，种植荷花、水草等水生植物，修复池塘生态系统，再现了清澈的池塘水和游动的小鱼虾。

三、乡村美不美，得看投入是否有保障

建设美丽乡村，投入需要地方各级政府筹集。对此，浙江桐庐县的做法更具代表性。同全国情况相比，桐庐的县域经济比较富裕，GDP超过262亿元，财政收入34亿元，城镇居民人均可支配收入30301元，农村居民人均收入15232元。就地方筹集资金投入而言，显然东部地区要比西部地区宽裕一些。但国家扶贫开发工作重点县——云南省寻甸县，坚持用多少面粉做多大馒头来筹资，大家有钱出钱，有力出力，量力而行，这种实事求是的建设态度也很好。改善农村人居环境，"钱从哪儿来"是个不能回避的问题。"要发挥财政资金'四两拨千斤'的作用，一事一议是改善农村人居环境的有效途径"。财政部副部长胡静林介绍说，2008~2013年，全国各级财政累计投入一事一议财政奖补资金2391亿元，其中，中央财政投入732亿元。据统计，这些财政奖补资金带动村级公益事业建设总投资5000多亿元。

第二节　中国"美丽乡村"十大创建模式

2014年2月，农业部发布中国"美丽乡村"十大创建模式，它们是产业发展型、生态保护型、城郊集约型、社会综治型、文化传承型、渔业开发型、草原牧场型、环境整治型、休闲旅游型和高效农业型。据农业部美丽乡村创建办公室主任魏玉栋介绍，他们还公布了十大模式的典型村。

2015年5月27日，国家标准委又批准发布了《美丽乡村建设指南》(GB/T 32000—2015)，确定了美丽乡村建设的主要技术内容，新国标于2015年6月1日起正式实施。现在，我们就走进十大模式典型村，共同探索它们的发展之道和建设之路。

一、产业发展型：江苏省张家港市南丰镇永联村

入选农业部"美丽乡村"十大创建模式的江苏省张家港市南丰镇永联村，地处长江之滨，所辖面积10.5km²，拥有村民10938人。地处经济相对发达地区的永联村产业强壮，特色明显，农民专业合作社、龙头企业发展基础好，产业化水平高，初步形成了"一村一品""一乡一业"，实现了农业生产聚集、农业规模经营，农业产业链条不断延伸，产业带动效果明显。村办企业永钢集团拥有总资产300亿元，2014年销售收入358亿元，利税18亿元，村级可用财力1.2亿元，村民人均收入37260元，综合经济实力跨入全国行政村三甲行列，先后获得"全国文明村""全国先进基层党组织""全国休闲农业示范点""全国休闲农业与乡村旅游示范点""中国农耕文化示范园"等30多项国家级和省级荣誉称号。永联

村的发展过程，首先是工业化的过程。曾经的永联村是张家港市面积最小、人口最少、经济最落后的村。吴栋材书记 1978 年到永联村后，首先突破"以粮为纲"的思想禁锢，挖鱼塘填高地，夺取了副业和粮食的双丰收；随后办起了玉石厂、枕头套厂等 7 个小加工厂，使农副工商全面发展，用经济手段管理经济，走上了"以工兴村"的道路，甩掉了贫穷落后的帽子。

1984 年，苏南农户建楼房需要大量钢筋，吴书记看到建筑钢材市场潜力大，自筹资金 30 万元，带领村民创办永联轧钢厂，第二年销售收入 1000 多万元，盈利 100 多万元，永联村一跃成为张家港市十个富裕村之一。经过 20 多年的发展，轧钢厂已发展成为在全国民营企业 500 强中排名第 51 位的大型钢铁集团——永钢集团。永钢集团发展壮大后，不断吸纳村民就业，现在永钢集团 13500 多名职工中，就有约 3000 人为永联村村民。

永联村工业发展的同时，也坚持不断地反哺农业。永联村按每亩每年 1300 元的标准，将村民手中 8000 亩耕地的承包经营权统一流转到村集体。先后建成了占地 4000 亩的苗木基地、3000 亩的粮食基地、400 亩的花卉基地、100 亩的特种水产养殖基地、500 亩江南农耕文化园，大力发展现代农业。在永联现代粮食基地，由于"三精农业管理体系"的应用，彻底颠覆了传统的种田方式。"鼠标成农具，田头进镜头"，农地里工作的是招聘来的本科生、研究生，实行鼠标种地、自动化控制、智能化灌溉、机械化收种。永钢集团在发展过程中，深入推进节能减排，目前自发电比例超过 40%，固体废弃物实现"零排放"，水重复利用率在 98% 以上，为江苏省循环经济试点单位，近 5 年获得各级节能减排奖励资金 3850 万元。生产过程产生的蒸汽余热，还被用于水产养殖、花卉种植、工厂化育秧、粮食烘干等现代农业生产，实现了工业与农业的循环。

永联村的工业化发展也带动并促进城镇化的过程。随着永钢集团的发展，土地不断被征用，由此推动了农民集中居住以及城镇设施的配备。2005 年，永联村凭借雄厚的集体经济实力，抓住国土资源部城乡建设用地增减指标挂钩政策，拆迁田间地头的农户，归并、集中宅基地 1140 亩，拿出 600 亩建设永联小镇，打造了一个可容纳 3 万人居住的农民集中居住区。小镇导入了江南水乡的建筑文化，把粉墙黛瓦、小桥流水等江南建筑元素，艺术地表现在现代建筑中，打造具有 21 世纪时代特征的江南水乡，努力成为百年之后新的"周庄"。良好的生态、优美的环境，历来是乡村的名片，也是农村最让人向往的要素。

永联村 30 多年来，坚持可持续发展原则，大力加强生态文明建设和环境保护力度，实现人与自然和谐发展。永联村十分注重园林绿化建设，10.5km² 的村域内，绿化覆盖率达 42%，并点缀有假山、凉亭、雕塑等公共艺术，有效提升了村庄形象。党的十八大以后，永钢集团更是坚持"花园式工厂"的战略目标，在原有绿化面积 19 万 m² 的基础上新增绿地面积 7.7 万 m²，厂区绿化增长率达 40.5%。2015 年，永钢通过采取寻缝插绿、见空补绿、拆障种绿等措施，新增和改造了 2 万 m² 的厂区绿化带。2013 年以来，永联村积极响应了党和国家关于推进新农村建设的号召，以现代化为目标，以绿色发展为原则，坚定不移地走新型工业化道路，大力发展现代农业，充分发展乡村旅游业，使全村成为了农民幸福生活的家园，又成为了城市居民休闲观光的乐园，呈现出一幅由小镇水乡、花园工厂、现代农庄、文明风尚构成的"农村现代画"。目前，永联村旅游已经初步形成了休闲生态游、农耕文化游、美丽乡村游、观光农业游、新型工业游、水上乐园游六大主题，2014

年累计接待游客 50 万余人次，成为永联村、永钢集团实现一二三产联动的驱动器。如今的永联村是城乡一体、和谐发展、全面进步的美丽乡村。98%的村民享受到了城镇化的生活环境和条件，98%的土地实现了规模化、集约化和产业经营管理，98%的农村剩余劳动力得到了就业，98%的农民享受到了比城市居民更优越的生活保障。今后，永联村还将在产业发展、城镇规划、生态建设、群众生活方面下大力气、大功夫，打造天蓝、地绿、水净、安居、乐业、增收的美丽乡村。

二、生态保护型：浙江省安吉县山川乡高家堂村

高家堂村位于浙江省安吉县山川乡，是湖州市最南端的一个小山村，区域总面积 7km²，山林面积 8796 亩，其中毛竹林 4639 亩，水田面积 349 亩，森林覆盖率 88.8%。村庄四周竹林环抱，绿意盎然，村中心有仙龙湖，透着灵秀之气。东南面有七星谷景区，飞瀑翠雨，潭水碧绿，竹林茂盛，犹如仙境。赤豆洋山顶，有一片未被涉足的湿地，还有始建于唐代的石佛寺。境内生态环境良好，山清水秀，整个乡村如一艘航行在竹海里的船，是一幅活的水墨画，被游客封为"浙北魅力第一村"。先后被授予"全国文明村""全国民主法治村""国家级生态村""全国美丽宜居示范村"等称号。

"川原五十里，修竹半其间"，形象地刻画出中国竹之乡安吉的多竹，而高家堂则可谓是竹海中的竹海，中国毛竹现代科技园区安吉核心区就位于高家堂。高家堂是安吉生态建设的一个缩影，该村以生态建设为载体，进一步提升了环境品位。

他们用自己的双手，在山沟里建起了仙龙湖生态景观水库，将一个普普通通的小山村，建设成了一个亲水生态村。这里有浙江省农村第一个应用美国阿科蔓技术的生活污水处理系统，有湖州市第一个生态公厕，有湖州市第一个以环境教育、污水处理示范为主题的农民生态公园。

高家堂村把发展第三产业放在突出位置，以环境建设夯实第三产业发展的基础，充分借助外力，大力发展乡村旅游经济，推进乡村经营建设。

制定村庄整体规划，建成以山村体验、自然景观为特色，集吃、住、行、游、娱五位一体的村域大景区。以村集体所有自然资源及已建基础设施折现后入股 30%，合作公司投入现金形式入股 70%，组建安吉蝶兰风情旅游开发有限公司。2012 年 9 月，投入 60 万元打通东篱到水墨桃园的环村公路，使得原本分散的景区连点成线，形成"一园一谷一湖一街一中心"的村休闲产业带，做好乡村旅游大文章。

2013 年，国家旅游局向高家堂村颁发了 3A 级景区牌照，高家堂村成为全市第一个以村域为背景的国家 3A 级景区。截至 2014 年 10 月，蝶兰风情旅游公司接待旅游人数近 10 万，实现收入 386 万元，打破了旅游行业前三年无赢利的惯例。

高家堂村做优生态农业。一是大力发展生态高效竹业，充分借助毛竹连片的优势，开通林道 5 条，共计 9.96km，林区道路面积 28.1m²，建成了 3000 亩的竹用林经营示范区，与安吉毛竹现代科技园区连成一体，成为主要辐射区之一。为保护环境和生物多样性，改善毛竹林品种过于单一造成的水土流失、病虫害加剧等，高家堂村新建林道 1.2km，并与世界银行合作引进了毛竹套种阔叶林项目，对毛竹生产的可持续发展起到推动作用。通过基础设施改善和技术提升，建立竹笋示范户 55 户，毛竹产量从 1200 元/亩上升到最高产

值 5000 元/亩，并通过示范作用，以点带面，全面推广，竹林效益不断提高。二是大力扶持和培育农产品种植加工业。成立安吉指南竹笋专业合作社，流转全村山林 3700 余亩，实行"统一品牌、统一销售、统一经营、统一管理"的模式，提升林农收入。茶叶种植面积达 300 亩，年产量 2.6t，带动了村民踊跃参与竞标村集体保留林地和农户茶园的势头，全村农田全年无弃耕现象。加强农产品知识培训力度，2012 年农民技术技能培训覆盖面达 100%。

在村容村貌的治理和维护方面，高家堂村下了大功夫。全村共设置各类垃圾箱 116 只，并建立村庄保洁队伍，实施垃圾的分类收集管理，目前生产、生活垃圾处理率达 100%。完善了生活污水处理系统，目前共有阿科蔓污水处理系统、湿地污水处理系统、太阳能微动力污水处理系统，全村生活污水处理率达到 85% 以上。农房改造建设，立面改造、庭院改造、业态改造共 87 户，总投入 600 万元；改造时充分考虑乡土材料，突出山村风貌，结合农户村庄经营的想法和要求，提升房屋功能性，开发农家乐餐饮、住宿等功能。中心村进行高标准环境整治提升，以环湖整治为重点，拓展绿地建设和文化长廊，桥路整修一新，沿线河道进行了整理和绿化，建设生态河道，建成湖滨公园，村容村貌焕然一新，村庄绿化覆盖率达 28%。高家堂村下辖 6 个自然村，设 9 个村民小组，截至 2014 年户籍人口数为 859 人。随着高家堂景区的知名度日益提升，村民越来越多地与外人接触，村民的素质在一定程度上影响到了游客对高家堂的印象。因而，提高村民素质，成为了高家堂村民委员会工作的重中之重。创建美丽乡村精品示范村以来，该村开展了形式多样、内容丰富的培训，如垃圾分类培训、法律知识培训，通过这一系列的培训，有效地提高了村风民风。

高家堂村以"村村优美、家家创业、处处和谐、人人幸福"为总体目标，着力在强整治、借民力、重参与、促发展上下功夫，思想上高度统一，行动上加大力度，积极创建中国美丽乡村，推进了全村经济的快速发展和社会的全面进步。

三、城郊集约型：宁夏回族自治区平罗县陶乐镇王家庄村

王家庄村位于"塞上小江南"陶乐镇中部，地处平罗黄河大桥、203 省道沿线，是一个依托东临毛乌素沙漠边缘、西邻黄河的独特地理位置发展壮大的新农村建设示范村。王家庄村总面积 1030hm²，下辖 8 个村民小组，总人口 1760 人，耕地面积 6549 亩。近年来，王家庄村以发展现代农业为重点，通过建设高标准种植、养殖设施，提高单位面积农产品产量和产值，建立快捷顺畅的农产品流通渠道和网络，保障城市鲜活农产品供应，成为"美丽乡村"城郊集约模式的典范。王家庄村利用有利的土地资源大力发展种植业、养殖业，种植、养殖已经成为该村村民发家致富的主导产业，在传统农业的基础上，形成了生产、贩运、加工、流通的规模化、产业化生产模式，涌现出鑫宏种业、鑫垚源养殖等一批规模化种植、养殖公司、大户，使该村农民从传统农业向技术集约化、劳动机械化、生产经营信息化的现代农业跨出了一大步；一些专业技术协会、涉农私营企业等经营性服务组织发展迅速，农业生产经营活动所需的政策、农资、科技、金融等服务到位。

王家庄村大力发展以农家乐、渔家乐、休闲旅游等为主要内容的第三产业，以桃园餐饮、四宝家庭农庄为代表的服务业充分将自然与人文在休闲农业中结合，使乡村旅游和休

闲娱乐得到健康发展。近年来，王家庄村科学整合沙漠、黄河、天然湖泊、人工生态林等旅游资源，加大对旅游资源的规划开发，天河湾农家乐园、莹湖湿地保护生态园等一批骨干生态旅游景区已初具规模，并取得良好的经济社会效益；集汉、回、蒙民族风情于一体，具有吃、娱、购综合服务功能的特色饮食一条街投入使用，成功举办物资交流大会、赛羊大会。2012 年第三产业收入实现正增长，有力地促进了农民增收。

在村容村貌的治理和改善方面，王家庄村坚持把美化、绿化、亮化是作为该村新农村建设的发展重点，加大投入力度，积极争取上级部门扶持，村容村貌大为改观。目前，该村所辖 8 个村民小组砖房入住率达到 98% 以上，全部实现主要道路硬化绿化，生产生活分区，人畜饮水设施安全完善，清洁能源、节能产品广泛使用，村容村貌整洁有序，村民用水、用电、通信等生活服务设施齐全、维护到位。

王家庄村在美丽乡村建设中取得了一定的成绩，接下来，王家庄村还要对美丽乡村建设再研究、再创新、再提升，紧紧围绕"创业增收生活美、科学规划布局美、村容整洁环境美、乡风文明和谐美"的方针，着力把王家庄村建设成为集居住、休闲、发展、康健等为一体的美丽乡村。

四、社会综治型：吉林省扶余市弓棚子镇广发村

广发村位于扶余市弓棚子镇东部，301 省道南侧，距镇政府所在地 6km，区域面积 13.24km²；现有耕地 969hm²，林地面积 44hm²；全村辖 3 个自然屯，有农户 661 户，总人口 2520 人，劳动力 1350 人。2008 年，广发村被列为省级新农村建设试点村，并转变为社区管理。2013 年以来，广发村立足特色资源，充分发挥区位优势，建设公共基础设施，完善公共服务，培育主导产业，壮大集体经济，实现良性发展。

广发村的新式民居是吉林省社会主义新农村的样板，为了使新民居建设工程有序开展，他们做到"三个结合"和"五个统一"。"三个结合"即新民居建设与新农村建设相结合，与乡镇土地利用总体规划和村镇建设相结合，与村屯实际状况相结合。"五个统一"即统一规划，统一设计，统一审批，统一标准，统一兑现优惠政策。

广发村 3 个自然屯共建设改造新农居 600 户（统一更换彩钢瓦，统一粉刷大山墙），其中建苏式民居 58 户；共修建水泥路 8km、红砖路 25km；共修建排水沟 6200 延米；共改建围墙 4500 延米，粉刷围墙 9200 延米；安装改造大门 260 个。为加强村屯绿化、美化、亮化，共栽植松树 1300 棵，安装路灯 140 盏，通过开展美化村屯，创建绿色家园行动，创造了宜居的生态环境。如今，广发村的新农村建设已呈现出勃勃生机，成为扶余市乃至吉林省的社会主义新农村建设的先行者。

广发村多年来坚持以经济建设为中心，大力加强社会主义新农村建设，牢牢把握生产发展这个重点，着力做强现代农业。广发村依据自身的土地资源特点，建立了农机合作社，实现了土地集约生产经营，优化种植结构，大力发展花生及烤烟两大经济作物。到 2012 年末，全村 GDP 总产值达到 4150 万元，其中农业总产值 3800 万元，畜牧业及其他各业产值达到 350 万元，全村农民人均纯收入 9750 元，村集体积累收入 35 万元。全村政通人和，人心思进，到处洋溢着一派现代化新农村的勃勃生机。

广发村资源丰富，环境优美，今后将以创建美丽乡村为契机，巩固和深化创建成果，

树立可持续发展意识，把广发村建设成为全市美丽乡村中的精品村。

五、文化传承型：河南省孟津县平乐镇平乐村

平乐村隶属于河南省孟津县平乐镇，公元 62 年东汉明帝为迎接大汉图腾在平乐筑"平乐观"而得名，地处汉魏故城遗址，南临"千年古刹"白马寺，北靠汉陵邙山，距洛阳市 10km，交通便利，物产丰富，地理位置优越，素有"金平乐"之称。全村 43 个村民小组，共 6473 人，耕地面积 9400 亩，村庄占地面积 3300 亩。2012 年，全村实现经济收入 6000 多万元，人均可支配收入 8000 元，先后被洛阳市命名为"新农村建设示范村"，被河南省命名为"河南省文化产业示范村"，被文化部命名为"民间文化艺术之乡"。

平乐自古人杰地灵，文化积淀深厚。平乐村民创作的牡丹画美名远扬，俗称"官桌"的平乐水席远近闻名，平乐郭氏正骨曾被评为"国家级首批非物质文化遗产"。近年来，平乐村按照"有名气、有特色、有依托、有基础"的四有标准，结合当地实际，利用资源优势，以民间艺人创造牡丹画产业为龙头，以郭氏正骨产业和水席产业为两翼，不断扩大产业规模，增加了农民收入，壮大了村集体经济，不仅改善了村容村貌，而且升华了村风民俗，探索出一条独具特色的社会主义新型农村发展模式。

在牡丹画产业发展方面，近几年，平乐村坚持"请进来，走出去"的战略思想，先成立了牡丹画院，随后引进洛阳鼎润实业有限公司，在画院和公司的帮助下，外取真经，内练硬功，提高技艺，充实才艺，扩大销售，不断提高社会效益和经济效益，取得了不俗业绩。2013 年以来，平乐村充分发挥自身优势，被誉为"中国牡丹画第一村"。如今，平乐牡丹画基地已形成了创作、装裱、营销产业一体化，平乐农民画师们的牡丹画作品远销日本、美国、东南亚等国家和地区。

在水席产业方面，针对平乐水席队伍的不断壮大，服务项目的日益增多，平乐村委专门成立了"平乐水席服务协会"，为各家水席队伍提供全方位的业务服务，免费提供各种信息，联系客户，承办业务，培训学员，聘请名厨，讲授烹艺，同时，严格执行食品安全管理，对服务人员加强教育，提高服务质量，扩大服务范围，平乐水席呈现出欣欣向荣的发展态势。

在郭氏正骨产业方面，由于平乐郭氏正骨起源于清乾隆年间，距今已有 200 多年的历史，是中华民族医术界的瑰宝，为继承发扬传统，弘扬郭氏正骨，平乐村创办了"平乐正骨医院""平乐骨科学院大专班和本科班"，为平乐郭氏正骨的传承和发展创造了更广阔的发展前景。

今后，平乐村还将朝着集旅游观光、休闲娱乐、教育培训、产品交易为一体的"中国牡丹画第一村"发展，让全村人民过上生产发展、生活舒适、生态文明、文化传承、和谐幸福的小康生活。

六、渔业开发型：广东省广州市南沙区横沥镇冯马三村

冯马三村位于广州市南沙区横沥镇一涌和二涌之间，往南至新垦 21 涌均属沙田冲积平原，故素有"万顷良田由此起"的说法，具有沙田水乡标志性特点，自然生态保持良好，民风淳朴，富有历史文化底蕴。冯马三村南边有番中公路，万环西路贯穿连接南沙港快速

路，地理环境优越，交通便捷。全村总面积约 3.8km²，总耕地面积 4070 亩。村内河网交织，村民沿涌而居，小桥、流水、渔船、古树、人家，构成了一幅两岸风景绝秀的优美画卷。

基于以上的特色优势，横沥镇党委、政府近年集上下之力，充分挖掘冯马三村自然地理、历史遗迹、风土人情等资源禀赋，实现保护乡村自然风貌、传承乡土气息、保护历史建筑、发掘传统文化、美化生态环境、培育发展特色产业和推动农村管理精细化的目的，打造具有岭南水乡风情的休闲旅游名村，树立岭南"钻石水乡"这一知名品牌，使之成为南沙新区的重要旅游景区。

冯马三村建设工作开展以来，涉及基础设施建设方面的资金投入达 2600 多万元，共计 13 项重点基础设施建设工程。其中包括：完成了村内 7 条机耕路共 3.921km 的硬底化建设，硬底化率达到 100%；翻新了将近 5km 的村道，包括新建了 3 座桥梁，大大方便了农产品的运输和村民的出行；完成了 1500m² 农贸市场改造升级；完成了 1020 亩冯马三村鱼塘标准化改造工程和配电工程；增设了从万环西路进冯马三村至海堤水闸将近 50km 路段的景观路灯，实现了农村"亮光工程"；同时，对影响渔船出入的河道进行了清淤，并设置了一个约 150m² 的集中处理垃圾的标准垃圾池，一个带有残疾人士专用厕位的厕所，一个带有 50 个停车位的停车场。通过名村和美丽乡村的创建，该村各项基础设施得到了进一步的完善，为该村实现"岭南沙田水乡旅游特色名村"的创建目标奠定了良好的基础。

冯马三村在发展现代化农业中具有优越条件：土地肥沃，水质好，无污染。主要种植香蕉、水稻、玉米、蔬菜和瓜果等。其中有 1020 亩集体鱼塘发展高附加值水产养殖，供应香港及澳门。村集体主要依靠土地发包和小市场的出租获取经济收入，2012 年村集体经济收入 37.5 万元，村民人均年收入 11600 元。

冯马三村现已引进了中粮集团(投资 5 亿元)、双桥味精(投资 2 亿元)等一批重大项目落户，未来当地二、三产业的发展指日可待。2013 年以来，冯马三村加强村民自治、民主建设，大力推进社会主义精神文明建设，该村的经济社会发展状况有较大提升。

七、草原牧场型：内蒙古自治区西乌珠穆沁旗浩勒图高勒镇脑干哈达嘎查

走进内蒙古自治区西乌珠穆沁旗浩勒图高勒镇的脑干哈达嘎查(村)，乍看与普通的中国北方农区村庄一般平实无华，但漫步于安装上了太阳能路灯的砂石路上，才发现这个村庄是那么的特别。新房外墙不仅装饰着"蓝天白云"的蒙古族特色图案，院落内看不见圈养的牲畜，不远处一簇簇高高的牧草让人不禁联想盛夏"风吹草低"的草原美景。

以前，脑干哈达嘎查是一个人口多、草场面积小、畜牧业生产落后、牧民生活水平较低的后进村落。如今，牧民们已住进洋房，牲畜被集约化饲养，脑干哈达嘎查变成了畜牧业产业化、住所别墅化、生活现代化、生产区和生活区分开的新型村庄。牧民居住环境的显著变化只是脑干哈达嘎查落实新牧区建设的一个缩影。

2013 年以来，各级政府按照"生产发展、生活宽裕、乡风文明、村容整洁、管理民主"的"新农村、新牧区"建设目标，加大了对草原牧区民生和农牧业项目的投入力度，使许多草原村落、社区旧貌换新颜。浩勒图高勒镇按照"围绕发展抓党建，抓好党建促发展"的总体思路，紧紧抓住发展这个第一要务，把握机遇，理清思路，加快发展。与锡林郭勒

盟天骄集团协作，促进畜牧业产业化进程。其中，脑干哈达嘎查是其中较为突出的村。

脑干哈达嘎查草场总面积 4.46 万亩，人均草场 180 亩。总人口 57 户 217 人，其中从事畜牧业生产 36 户 139 人，转移进城 21 户 78 人。已注册肉牛育肥合作社 2 个，社员 17 户 54 人。2012 年，脑干哈达嘎查集体经济年收入 8.5 万元，牧民人均纯收入 1.7 万元。2013 年牧业年度牲畜头数 1361 头，其中繁殖母牛 598 头、预成母牛 242 头、犊 521 头。脑干哈达嘎查于 2012 年被确定为自治区级新牧建设试点，先后获得盟级"先进基层党组织"、旗级"两转双赢先进集体"等荣誉称号。

创建美丽乡村是一项系统工程，为使此项工作全面有序展开，嘎查结合实际情况，确定了突出 3 个工作重点，扎实推进各项工作：一是加强生活区居住环境建设，改善脑干哈达嘎查集体办公场所，建设现代化新牧区；二是加强基础设施建设，调整优化畜群结构，积极转变畜牧业生产经营方式；三是增加收入来源，多种渠道实现增收。

今后，脑干哈达嘎查将按照中央 1 号文件和自治区"8337"发展思路，落实草畜平衡制度，优化畜群结构，转变生产方式，提升肉牛个体质量，积极以专业合作社、联户经营模式发展壮大肉牛育肥产业，将该嘎查建设成为全旗乃至全盟新牧区建设嘎查的典范，进一步推进区域新牧区嘎查建设步伐，将嘎查建成草原美丽乡村。

八、环境整治型：广西壮族自治区恭城瑶族自治县莲花镇红岩村

红岩生态旅游新村位于广西壮族自治区恭城瑶族自治县南大门——莲花镇，距莲花镇政府 1.2km，离县城 14km，交通和通信十分便利。红岩村全村 103 户共 408 人，以月柿种植、加工、销售及乡村特色生态观光旅游业为主导产业，耕地面积 1300 亩，人均种果 2.5 亩，水果产业人均纯收入 5000 元/年。自 2003 年首届月柿节以来，该村不断加大月柿标准化生产力度，完善村内硬件设施，丰富生态旅游内容，组建了红岩月柿生产协会和农家乐旅游协会，生态休闲观光旅游业蓬勃发展。2012 年该村以生态旅游为主的第三产业人均收入 7000 元，农民人均年收入达 1.2 万元，成为恭城瑶族自治县美化环境、美丽乡村、生态富民的典型，得到各方人士的赞扬和广大群众的认可。红岩村已构建成"生产发展、生活宽裕、乡风文明、村容整洁、管理民主"的社会主义新农村。

过去的红岩村，环境污染问题大，基础设施建设滞后，在当地农民群众对环境整治的强烈要求下，以环境整治型为主体的环境改善工作有效展开。围绕建设全国生态旅游休闲度假村的目标，通过边学、边查、边改的工作方式，通过挂牌接受监督的严格要求，积极启动生活污水处理系统建设工程，将红岩村建设成为广西第一个进行生活污水处理的自然村，为村里开展生态旅游业奠定了良好的基础。

2013 年以来，红岩村结合农业结构调整，依托万亩月柿园风光，发展"农家乐"休闲旅游，提升了休闲乡村的档次，促进了农民就业增收。先后荣获了"全国农业旅游示范点""中国十大魅力乡村绿色家园""全国生态文化村""中国特色景观旅游名镇名村""中国村庄名片"等多个荣誉称号，是桂北大地的一颗璀璨夺目的生态休闲旅游明珠。

在建设美丽乡村方面，红岩村将继续以以下工作为重点：一是继续加大月柿标准化生产力度；二是规范生态休闲农家游，提高服务质量，促进生态休闲农家游健康发展；三是加强红岩村河流两旁清洁治理，加大清洁生产技术宣传推广，继续大力推行清洁家园环保

模式。如今的红岩村已经走上了一条以月柿生产为主业，发展农家乐旅游为特色的新路子。正是因为红岩村独特而优美的地理环境，加之大力进行环境整治，使得这个坐落在千亩月柿大果园里的小村子，成为了游客休闲度假的胜地。

九、休闲旅游型：贵州省兴义市万峰林街道纳灰村

纳灰村是万峰林环抱中的一个民族风情浓郁、田园风光优美的布依族村寨，距兴义市城区 12km，面积 6.8km²，耕地面积 1656.8 亩，共有 9 个村民组，485 户农户，总人口 2173 人。纳灰村旅游资源丰富，住宿、餐饮、休闲娱乐设施完善齐备，交通便捷，距离城市较近。适合休闲度假，是休闲旅游型模式美丽乡村的代表。近年来获得"全国文明村镇""国家农业旅游示范点""农业部十佳美丽乡村创建模式示范村"等称号。

"纳"在布依族语言中是"水田"的意思，与布依族的关系非常密切。在这里居住的布依族、苗族、彝族等少数民族人口占总人口的 33.6%。布依族是"水稻民族"，喜居水边，纳灰人民居住在纳灰河两岸，具有典型的布依族特征。纳灰旅游开发极具优势，这里有中外探险者心驰神往的月亮洞天坑，垂直深度达 300 余米；有境内最高海拔的山峰——抱木山，登上此山可远眺广西；优雅恬静的石笋沟寨子，更是休憩疗养的好去处。新形势下，村民们在美丽乡村建设中，围绕"生产发展、生活富裕、乡风文明、村容整洁、管理民主"20 字方针，依托万峰林景区，狠抓特色农业、观光农业，大力发展乡村旅游，促进了农业增产、农民增收，推动了纳灰村的建设。

2013 年以来，纳灰村把农业增产、农民增收作为全村经济工作的出发点和落脚点，科学调整农业产业结构，仅每年的早熟作物及其经济果林的种植就为农户创收 180 余万元。同时加快了农业结构调整和推进农业产业化经营步伐，积极培育新的产业，农业增加值增长 10% 以上，农民人均纯收入增长 12% 以上。在村两委班子的带领下，纳灰村依托优美的自然景点、良好的乡村生态、淳朴的农家风情，着力发展旅游业，做活乡村农家乐，使乡村面貌发生了根本性变革。围绕乡村生态游，村里开始创立了一家"农家乐"，纯朴的乡村风味受到周边城镇市民青睐。随着游人的日趋增多，生意红红火火，村里的"农家乐"越开越多。村里引导"农家乐"经营者规范运营，通过政策推动、部门联动、农民行动等多种形式，使纳灰村的"农家乐"成为了当地乡村旅游的品牌，延伸了乡村旅游的发展链条，不仅解决了村里 100 多人的就业，而且带动了村里有机种植、养殖业的发展。全村开发早瓜、胡萝卜等早熟蔬菜 300 多亩，年均收入 50 多万元；年出栏鸡 10 多万羽。至 2012 年底，万峰林景区年游客人数达到了 300 余万人，全村年收入 2000 多万元，一跃成为贵州省数一数二的小康村和示范村。如今的纳灰村，400 余户村民住上了明亮、美丽的房子，民居和公共环境绿化美观，拥有民族双语小学、文化休闲广场、文化长廊及其村办公活动场所。这里的青年有道德、有素质、有文化、有技术，村民们过着欢乐、和谐、美满的田园生活。

十、高效农业型：福建省平和县文峰镇三坪村

三坪村位于福建省平和县文峰镇东北部，东邻龙海，南连漳浦，是平和县的东大门。这里森林覆盖率高、风景迷人，村民长期种植琯溪蜜柚、漳州芦柑、毛竹等经济作物。三

坪村之美更在于其现代农业之美，全村以农业作物生产为主，农田水利等农业基础设施相对完善，农产品商品化率和农业机械化水平高，人均耕地资源丰富。全村共有山地60360亩，采用"林药模式"打造金线莲、铁皮石斛、蕨菜种植基地，并以玫瑰园的建设带动花卉产业发展。2013年，三坪村被漳州市委、市政府列为美丽乡村建设示范村，平和县委、县政府高度重视，按照漳州市"田园都市，生态之城"建设的部署和要求，把它作为推动全县美丽乡村建设的重要抓手，作为提升全县高效农业的发展样板，作为建设社会主义新农村的优秀典范。

三坪村有座远近闻名的千年古刹——三平寺，是国家4A级风景区。相传为唐朝咸通七年(866年)由杨义中禅师创建，寺庙的建筑富有唐、宋时期艺术特色，共有8大胜景供游人观赏。这里备受海外华侨、港澳台胞敬仰，寺院终年香火不断，游客络绎不绝，春节期间更是人山人海。在美丽乡村建设中，漳州市结合三坪村经济、社会、环境发展的迫切要求，对村庄总体建设用地进行了合理布局，协调了村庄用地与景区用地的关系，形成互动发展的新格局；主导产业培育，走上了产业富村之路；利用三坪国家4A级风景名胜区品牌优势，大力发展第三产业和运输业，积极探索农家乐旅游和餐饮业，扩大了三坪风景名胜区的旅游影响力。

这些举措大大提高了村民的生产和生活质量，补充完善了配套公共服务设施和市政基础设施，发挥出三坪村的地理和资源优势。同时，村庄规划建设与环境保护互相协调，实现了生态建村。

三坪村生态建村模式起到了良好的示范作用，农业部全国美丽乡村培训班还特意来到三坪村，在三坪村广和堂金线莲种植基地、九八新村、黄陂整治村、浦口高效农业(蜜柚)示范基地、河滨休闲景观绿道工程等地展开调研、观摩。三坪村还通过开展中国"美丽乡村快乐行"、文化下乡等活动传播交流先进的生态建设方式、方法。

三坪村作为美丽乡村创建活动的示范点，积极打造农村环境整治工作亮点，不断推进环境整治工作，取得了明显成效。2013年以来，三坪村在环境整治上共投入1200多万元，整治8个项目，使全村绿化率显著提高，完成了1495m的乡间道路硬化工程，建成了文化戏台、图书阅览室、文体活动操场等配套设施，满足了村民的基本公共服务需求。

党的十八大以来，三坪村因势利导，依据现有条件，提升已有基础，通过合理的规划编制，统筹资源环境，走出了一条美丽乡村特色化建设之路。

第二十三章　国内森林人家的发展模式研究

随着经济的快速发展和人们生活水平的不断提高，返璞归真、走进自然越来越成为人们外出旅游的首选。近年来，以"农家乐"为主要形式的乡村旅游业呈迅猛发展的态势即是最有力的明证。农家乐旅游起源于19世纪30年代的欧洲，欧盟和世界经济合作与发展组织把它定义为"乡村旅游"，是指发生在乡村地区的旅游活动，乡村特点是它的核心和卖点。我国农家乐最早出现于20世纪80年代，并于近几年迅速发展，逐渐成为深受城市居民所喜欢的旅游形式。

国家森林城市建设的"国家森林城市评价指标"在"城市林业经济"中将森林游憩和乡村旅游作为国家森林城市的评价指标之一。

森林游憩不仅会加强森林公园、湿地公园和自然保护区的基础设施建设，而且发展健身、休闲、采摘等多种形式的休闲观光林业，还会带动郊区经济发展，森林旅游收入逐年增加。乡村旅游主要是郊区乡村绿化、美化的建设注重与观光、休闲等多种形式的生态旅游相结合，建立特色乡村生态休闲村镇的一种旅游方式。

第一节　森林人家的发展

一、森林人家的概念由来

近年来，随着农家乐旅游业的快速发展，乡村旅游开始朝着纵深方向发展，乡村旅游者开始不满足农村的自然生态环境和休闲体验，纷纷涉足于森林公园、自然保护区等生态环境更加优良、景观更加优美的林区，通过在林区内开展森林生态旅游活动、体验良好的森林生态环境、享受林户价廉物美的农家饭菜和住宿等，来获得轻松愉快的自然体验和旅游经历。

森林人家虽然是一个新的名词，但森林人家旅游产品出现的时间却比较早，如张家界国家森林公园周边的农家乐等均以张家界良好的森林生态环境和森林景观为依托，为来此旅游的游客提供价廉物美的吃、住、游、娱、购等旅游服务，它们可以看成是森林人家的雏形。但"森林人家"这一新概念的提出并作为一种单独的旅游产品却只是近两年的事情。

"森林人家"概念首先由福建省林业部门提出，该省林业厅结合全国农家乐旅游业发展形势，以自身森林资源为基础，提出积极创建"森林人家"，大力发展林区森林休闲旅游业的发展思路，并制定了相应的发展规划和建设标准，通过扶持典型示范的方式，迅速规范化、规模化地把"森林人家"旅游业发展起来。

从"森林人家"旅游产品的自身特点来看，"森林人家"可以定义为一种以优良的森林资源环境为背景，以有游憩价值的景观、景点为依托，以林农和大户为经营主体，充分利用林区动植物资源和乡土特色产品，融森林文化与民俗风情于一体的，为城市游客提供价廉物美的吃、住、游、娱、购等旅游要素服务的生态友好型的乡村旅游形式。

二、森林人家的发展现状

近年来，随着农家乐旅游业的快速发展，建立在良好森林生态环境下的森林人家旅游项目也渐渐发展起来，但它们在发展之初受农家乐火爆的发展势头影响，往往冠以"农家乐"的称谓。随着发展的深入，森林人家的发展模式和产品特征已越来越具有自己的特点，特别是福建省森林人家旅游业的快速发展让森林人家旅游产品从乡村旅游产品中独立出来，成为与农家乐同时并存的另一类型乡村旅游产品。

目前，这种以森林旅游为依托、以农户为经营主体的"森林人家"或类似"农家乐"的经营模式在全国各地相继开展起来，尤其是福建地区，已形成一定的气候，发展和管理模式也逐渐健全起来。

据调查，截至2007年3月，福建已在全省范围内确定20个森林人家示范点。并于2007年4月30日在福州旗山国家森林公园举行了森林人家休闲健康游启动仪式，从而正式拉开了福建省森林人家建设工作序幕。同时，为指导福建省森林人家旅游业的健康快速发展，福建省林业主管部门还编制全省森林人家休闲健康游近、中期发展规划；出台了《森林人家管理暂行办法》《森林人家建设指导意见》《省级森林人家示范点扶持资金使用管理办法》等管理规范和《森林人家基本条件》与《森林人家等级划分与评定》2个地方标准。

第二节　森林人家的概况

一、森林人家的特点

森林人家与农家乐同属乡村旅游范畴，两者均以生态环境良好的田园风光或森林为背景，以附近城市居民和旅游者为主要目标市场，以便利的交通和大众化的消费方式为发展保障，以农户自主经营和承包经营为主要运营方式，以为游客提供乡村休闲体验为主要目的，在很多方面两种旅游产品都体现出乡村旅游的共性。然而，通过对两种旅游产品的深入比较，不难发现两者之间同时也存在一些细微的差异。

（1）在所依托的环境背景方面，森林人家所依托的森林生态条件往往更加优越，生态系统更加复杂，环境更加僻静。

（2）在区位条件方面，与主要集中在城郊结合部的农家乐相比，森林人家所处的区位往往离目标市场距离更远，交通条件一般情况下不及农家乐交通条件便利。

（3）在产品建设方面，农家乐以垂钓、采摘水果、欣赏田园风光及城市化的棋牌、桌球、乒乓球等为主要休闲娱乐项目，突出农家饮食文化特色和热情质朴的接待管理方式，游客大多以不过夜游客为主；而森林人家则重点突出其优越的森林生态环境，游客游览项目以森林生态旅游和森林浴等、采摘山野小菜和蘑菇为重点建设内容，突出旅游者的森林生态体验，游客大多以短期住宿游客为主。

二、森林人家的分级

良好的森林生态环境和有游憩价值的景观、景点是开发建设森林人家旅游项目的资源基础，因此，森林人家常常建立在森林公园、自然保护区或生态公益林等生态环境较好的林区。与农家乐发展区主要集中在城郊结合部相比，森林人家发展区域范围更加广泛，但它的发展同样受交通和市场区位条件的影响，其旅游产品的发展重点也有所不同。根据区位条件的不同，可将森林人家旅游区划分为3级。

（1）Ⅰ级旅游区——以城市为中心，车行距离0.5小时左右为半径的发展区域。由于具有与消费人群距离近的特点，目标市场量大，适合于城市休闲人群半日游或一日游短期休闲的需要，旅游项目以感受良好森林生态环境和享受林家特色饮食为主，能让游客在短期的出行中暂时避开城市的喧嚣，体验一下良好的森林生态环境。

（2）Ⅱ级旅游区——以城市为中心，车行距离1.0~1.5小时左右为半径的发展区域。由于与消费人群具有一定的距离，目标市场以自驾游游客或周末休闲度假游客为主，游客停留时间一般在2天左右，旅游区内宜开展森林野营、森林浴、森林远足等生态体验型旅游活动，让游客充分享受大自然给予他们的乐趣和良好的森林生态环境。

（3）Ⅲ级旅游区——以车行距离2.0~2.5小时左右为半径的发展区域。由于距离消费人群较远，旅游区适合于那些寻求宁静山野生活的休闲度假或疗养型游客的出游需要，游客的停留时间一般为一个星期甚至更长的时间，旅游区内宜开展森林疗养、森林文化体验、森林探险等休闲度假型旅游活动，让游客充分在良好的森林生态环境中放松自己的心身，享受返璞归真的原始生态体验。

森林人家旅游区的发展分级对于细分目标市场、确定发展规模、选择游览项目、配套旅游设施等具有重要的指导意义。因此，在制定森林人家旅游业发展规划时，应首先对区域内森林人家旅游区进行全面的调查和定性分级，以便为各旅游区的发展定位和发展目标确定科学的指导。

三、森林人家的主要休闲项目

与农家乐及其他的生态旅游产品相比，森林人家所开展的旅游休闲项目应更突出其优越的森林生态环境，以良好的自然生态条件为基础，开展有益于人体健康的休闲项目，更注重休闲活动的自然野趣和旅游者的亲身体验。

森林人家可利用森林里清新的空气、对人体有益的空气负离子和植物精气，以及良好的森林植被开展森林徒步游、森林浴、登高远眺等生态体验性健身项目；可利用良好的森林景观以及多样化的动植物资源开展生态观光、科学考察、科普教育等观光科考性游览项目；可利用林区农户特殊的民俗文化及生活习俗开展自制果酒、制作手工艺品、采摘野果等生活体验性游览项目；还可利用城市人喜欢猎奇的心理开展森林野营、森林探险、攀岩、拓展训练等野外冒险项目。

当然，为满足旅游者多元化的消费需求，森林人家也可适宜的开展垂钓、卡拉 OK、棋牌、桌球等大众化消费活动，以丰富森林人家的活动内容、满足不同层次旅游者的活动需要。但在旅游项目的选择和设计上，应注意突出森林人家旅游特色，不应全盘或重点以农家乐游览项目为主，从而失去森林人家旅游产品所应具有的森林特性以及原始野趣，降低旅游产品的档次。

(一)考察学习型"森林人家"休闲项目

主要为专业技术人员、大中专学生和中小学生，为获得关于森林专业知识，以游憩形式进行的考察与实习。

(1)建立家庭生态科普展览馆：采用图片、实物、模型等方式展示关于森林文化、生物多样性和科普知识，介绍附近的生物景观资源，提高游客的认知自然和欣赏自然的兴趣，收获科学知识。

(2)植物资源的挂牌标识：对家庭周围的森林内的主要树种、大树与珍稀植物进行挂牌，标注中文名、拉丁名、特性及主要产地等科普知识。使游客在游玩的过程中学习到知识。

(3)建立家庭观光小植物园、观光小果木园等。

(二)游览观光型"森林人家"休闲项目

1. 山水地貌和森林风光游览观光

利用线路组织对家庭周围森林中独特的绿色风光，进行观光游览而获得审美愉悦的游憩行为。作为规划与管理者主要是进行合理线路组织和景点解说。

2. 生物资源游览观光

通过对珍稀生物旅游产品的观光、游览、享受而获得知识与愉悦的一种游憩行为(项目)。主要侧重于动植物资源的游览观光。

(1)森林植物资源游览观光。森林中植被类型丰富，群落系统完善，可组织相应的游览观光。

(2)森林动物资源游览观光。森林良好的生态环境和丰富的植物资源，使得森林动物资源也相当丰富，组织游人观赏森林动物，体验别样的森林风光。

(三)参与体验型"森林人家"休闲项目

1. 森林野营

野营是人类早期生活方式之一，在人类历史长河中，其时间跨度可能要长于房屋定居的时间。森林野营是人们回归历史，回归自然的一种追求和手段，在"森林人家"周围的森林中开展森林野营，让人们体验最原始，最纯粹的森林生活。

2. 森林野炊

在"森林人家"周围的森林中享受美食，不但是人类一种返祖需求，而且成为时尚休闲，成为人们相互交流的一种形式。

3. 森林烧烤

因为人类祖先自发现火以后，大部分的食品通过烧烤而进食。因此在人类潜意识中早期行为方式一直深深地隐藏，烧烤就触动了人类意识中深藏的信息，使人们仿佛回到早期生命的摇篮，而产生旅游愉悦。在"森林人家"周围的森林中进行烧烤，既可享受自然的森林风光，又可在树荫下避风遮阳，是非常好的休闲项目，但是在实施中要注意森林防火。

4. 森林远足

远足是人们对现代交通工具十分发达便捷的一种适应性补偿，是人类为了身体或者人类进化需求而产生的适应性行为。因此，在"森林人家"周围的森林中设计专门森林远足线路，提供配套的远足游憩服务日显重要。远足线以能够步行 2~3 小时的环线为适宜。

5. 森林探幽

在"森林人家"周围的森林中进行森林探幽，是一种人类对冒险的需求，也是人类潜在的一种心理需求。人们在森林中能不断地发现新的事物，继而诱发新的灵感。

6. 森林野外生存

在"森林人家"周围的森林中，进行野外生存体验，是回归原始生活，锻炼野外求生本领，磨炼意志的一项惊险游憩项目。在森林中开辟野外生存的休闲项目，将会获得许多年轻人的喜爱。

7. 森林休闲度假

森林休闲度假是以在"森林人家"住宿为主要方式，以林中游憩娱乐为主要消遣，是享受森林环境为主要目的的一种休闲度假游憩行为。因此，森林休闲度假游憩设计主要是选择合适的森林和营建合适的住宿设施，配套必要的服务功能。

8. 森林浴

森林浴是 1982 年由日本人提出，指游人浸浴在森林内的空气中，充分吸收树木等绿色植物释放出的氧气和其他挥发性物质，让游憩者的身心得到综合休养的一种保健养生活动。森林浴的基本方法是在"森林人家"周围的森林中，在林荫下娱乐、漫步、小憩等。

9. 森林人家风情体验

以独有的森林环境，乡土人居、习俗、文化、生产活动为基础，短时间（一般 1~2 天）与林农共同生活以求达到旅游愉悦的活动，它是乡村旅游的重要组成部分。乡村旅游目前已作为中国反贫困的一种战略，因此，森林人家体验也是林农脱贫致富的一种重要举措。此项目的开展，目前关键在于选择的林户应在家庭环境卫生、食品卫生和语言沟通上进行改善。

10. 季节采摘

森林里物产丰富，一年四季都开着花，一年四季都有果。"森林人家"可以借助森林丰富的物产资源，开展季节采摘的休闲项目。春天的花，夏天的瓜，秋天的果，让游客上山亲自采摘，在享受绿色大自然食品的同时，也感受采摘的乐趣。

11. 自助林场

现在，很多城市人都梦想去农村里，去山野里开辟三分责任地，自己种植蔬菜水果，既锻炼身体，又饱口福。"森林人家"可建设自助林场，将地分为小块进行出租，游客可租用土地，并根据自己的要求来种植，闲暇时过来摆弄蔬果，其他时间则由林场工作人员代管。

12. 森林食品品赏游

所有游憩活动中饮食服务，尤其是特色饮食服务对丰富游憩内涵，提高游憩质量非常重要。在游憩活动中，管理者要尽量考虑采用和提供森林特色食品，开发诸如"野菜席"等特色餐饮服务。

四、森林人家建设标准

受环境条件、投资规模、开发管理水平等多因素影响，各经营者对森林人家旅游产品的开发建设情况必定存在较大的差异，旅游者所能享受到的旅游体验和服务质量也会存在较大的差距，因此，制定一个规范化的森林人家建设、管理和服务评定标准，对引导经营者高品位开发、高水平管理、高标准森林人家旅游产品具有重要的指导意义和长远的市场效益。

目前，福建省在制定森林人家建设标准方面做出了很多研究探索工作，制定出福建省《森林人家等级划分与评定》地方标准，该标准从经营服务场地、接待服务设施、环境保护、服务质量、服务项目五个方面对森林人家开发、建设及管理服务水平等建立了全面的评价指标体系。

依据这一评价体系可全面、客观地对各森林人家开发、建设和管理情况进行全面系统的评价，管理部门将根据定量化评定结果将各受评单位划入相应的级别，并挂牌向全社会公布。由于高星级森林人家称号是旅游产品质量和服务水平的综合反应，评定级别高的森林人家必将凭借高星级的影响力来吸引更多的客户，在市场上抢得先机，获得更好的经济效益。而未评上级或级别较低的森林人家由于受经济利益的驱使，必将纷纷按照森林人家等级建设评定标准改善其基础设施、接待服务水平、服务项目等，从而获得更高级别星级称号，促进自身经济效益的更大化。可见，制定森林人家建设标准对于促进森林人家规范化发展、保障游客饮食服务安全、提升游览项目开发建设水平、提高森林人家旅游产品综合收益具有重要的指导意义和现实意义。

五、森林人家发展模式

森林人家为林户提供了第二个收入来源，带来更多的就业机会，减少了人口的流失，带来了城市新观念；同时，它给城市人体验乡村生活的机会，提升了他们对森林生态问题的认识。

从目前我国森林人家的特点来看，"领略森林文化，体验农村生活，进行休闲度假"，是发展森林人家旅游的永恒主题；依托大中城市、旅游城镇、主要旅游景区和森林自然文化特色，吸引城市居民和旅游者，是发展森林人家旅游的首要条件；良好的生态环境、便捷的交通条件、完善的旅游配套服务，是发展乡村旅游的重要保障；从实际出发，因地制宜地采取不同的发展模式和经营方式，积极引导和吸引乡村居民参与旅游开发建设和接待服务，是发展森林人家旅游的关键因素；正确处理和合理分配农民的利益，促进农民收入增加和文化素质的提高，带动农业产业结构调整，促进农村经济社会发展，是发展森林人家旅游的根本目的。从我国森林人家旅游业发展模式来看，我国森林人家旅游业发展模式主要有以下几种类型。

（1）资源带动型模式——是以重点旅游景区为核心，把旅游景区的部分服务功能分离出来，吸引和指导旅游景区内或周边乡村的林户或农民参与旅游接待和服务，从而带动农民脱贫致富，促进当地经济社会发展的模式。

（2）公司（或者公园）+农户型模式——是对具有特色的森林旅游区域，通过引进有经济实力和市场经营能力的企业，进行公共基础设施建设和改善环境，指导林户或村民开发住宿、餐饮接待设施，组织林户或村民开展民族风情、文化旅游活动，形成具有浓郁特色和吸引力的森林人家旅游产品，吸引和招徕国内外旅游者。

（3）乡村组织型模式——是以具有丰富旅游资源，交通条件较好，又有一定经济发展基础的乡村为依托，通过乡政府、办事处有组织地引导农民经营户，按照统一规划和建设的要求，发展旅游接待设施和配套服务，促进森林人家旅游发展的模式。

（4）综合开发型模式——是针对森林旅游资源丰富的县（市），由政府主导进行森林旅游的规划设计，投入资金建设和改善公共基础设施，开发核心景区景点，吸引社会资金投入建设旅游接待服务设施，引导林户或村民参与旅游接待服务，促进乡村旅游的快速发展。

六、森林人家的管理

森林人家虽然是一种新兴的旅游产品，但由于它与农家乐旅游产品具有很多相似之处，现已发展得比较成熟的农家乐发展管理模式自然成为森林人家发展管理模式的重要参考。

从政府层面来看，由于森林人家旅游产品的公共产品性质和外部性效应，政府对其发展应实施"政府引导、市场运作、典型示范、加强监管"的管理模式。

一是政府对本地区森林人家旅游产业发展规模及发展模式应有一个合理的定位，指导农户对周边的森林环境以及房屋等设施进行必要的改造和建设，组织合理的旅游项目，开展森林人家旅游接待；并制定科学的发展规划，分步指导实施，以避免无序发展和盲目投资所导致的恶性竞争以及低档次发展。

二是应按照市场运作的模式进行管理，用市场的杠杆来调节市场需求与供应之间的矛盾；用市场的机制来刺激投资者的竞争意识，不断提高产品的开发管理水平，用市场的效益来引导广大农户积极开发森林人家旅游产品，而不宜在发展过程中大包大揽，管得过多、过死。

三是政府在发展之初应重点扶持好一二家典型示范户，用典型示范户来推广产品，拓宽市场；用典型示范户来影响周边农户，使他们看到森林人家旅游产品的发展前景，了解森林人家旅游产品的一般发展、管理模式；用典型的力量来带动整个产业的规模化、规范化发展。

四是应通过组织建立旅游协会等形式来加强对旅游经营者的监管，协调相互之间的关系，避免恶性竞争，通过统一市场宣传来拓宽市场，并通过工商、卫生等部门加强对经营者的监督和管理，以避免少数违规经营者对市场和游客带来的负面影响。

五是从森林人家经营管理者角度来看，管理者应积极拓宽视野和经营理念，提高旅游项目的品位；应热情、卫生、特色化地做好接待服务工作，突出体现乡村旅游的质朴性和地方文化特色，在住宿、饮食等方面切实做好卫生达标工作，让旅游者吃得放心、住得安心；应具有市场意识，用市场的眼光和运作模式来发展森林人家旅游产品。

第四部分

贵州省森林城市发展规划

项目负责人：吴后建　高级工程师

但新球　教授级高级工程师

项目荣获 2019 年全国林业工程咨询优秀成果二等奖

第二十四章 发展形势

　　当前，我国森林城市建设进入了新的发展阶段。在高位推动生态文明和美丽中国建设的大背景下，在决胜全面建成小康社会阶段，在解决人民日益增长的美好生活需要和不平衡不充分的发展之间的矛盾这个新时代我国社会主要矛盾的阶段，森林城市建设迎来了前所未有的大好机遇，呈现出蓬勃发展的良好态势。

一、党中央国务院高度重视，明确了森林城市建设新地位

　　党的十八以来，习近平总书记对森林城市建设高度重视，先后作出了一系列重要指示。特别是2016年1月，习近平总书记在中央财经领导小组第十二次会议上强调，森林关系国家生态安全，要加强森林生态安全建设，着力开展森林城市建设。习近平总书记强调，要增强城市宜居性，优化城市空间布局；城镇建设要体现尊重自然、顺应自然、天人合一的理念，让城市融入自然，让居民望得见山、看得见水、记得住乡愁；要从生态系统整体性着眼，成片建设森林，恢复湿地，提高区域可持续发展能力。在这些重大战略思想的引领下，党中央、国务院对森林城市建设作出一系列重大决策部署。《中共中央关于制定国民经济和社会发展第十三个五年规划的建议》从拓展发展新空间的高度，支持森林城市建设。《中华人民共和国国民经济和社会发展第十三个五年规划纲要》把发展森林城市作为扩大生态产品供给的重要途径，并列入新型城镇化建设重大工程，要求提高森林城市面积，建成一批示范性森林城市。《中共中央国务院关于进一步加强城市规划建设管理工作的若干意见》明确将建设森林城市作为恢复城市自然生态、营造城市宜居环境的重要举措。着力开展森林城市建设，已成为推动林业发展的新要求，成为实施国家发展战略的新内容，为我国森林城市的发展奠定了坚实的政治基础。

二、全面加强生态文明建设，赋予了森林城市建设新使命

　　党的十八大报告提出："全面落实经济建设、政治建设、文化建设、社会建设、生态文明建设五位一体总体布局""把生态文明建设放在突出地位，融入经济建设、政治建设、文化建设、社会建设各方面和全过程，努力建设美丽中国""建设生态文明，是关系人民福祉、关乎民族未来的长远大计"，把生态文明摆在了突出的地位。党的十九大报告指出，建设生态文明是中华民族永续发展的千年大计。必须树立和践行绿水青山就是金山银山的理念，坚持节约资源和保护环境的基本国策，像对待生命一样对待生态环境，统筹山水林

田湖草沙系统治理，实行最严格的生态环境保护制度，形成绿色发展方式和生活方式，坚定走生产发展、生活富裕、生态良好的文明发展道路，建设美丽中国，为人民创造良好生产生活环境，为全球生态安全作出贡献。

2018年5月召开的全国生态环境保护大会上，习近平总书记指出，新时代推进生态文明建设，必须坚持好以下六个原则。一是坚持人与自然和谐共生，坚持节约优先、保护优先、自然恢复为主的方针，像保护眼睛一样保护生态环境，像对待生命一样对待生态环境，让自然生态美景永驻人间，还自然以宁静、和谐、美丽。二是绿水青山就是金山银山，贯彻创新、协调、绿色、开放、共享的发展理念，加快形成节约资源和保护环境的空间格局、产业结构、生产方式、生活方式，给自然生态留下休养生息的时间和空间。三是良好生态环境是最普惠的民生福祉，坚持生态惠民、生态利民、生态为民，重点解决损害群众健康的环境突出问题，不断满足人民日益增长的优美生态环境需要。四是山水林田湖草是生命共同体，要统筹兼顾、整体施策、多措并举，全方位、全地域、全过程开展生态文明建设。五是用最严格制度最严密法治保护生态环境，加快制度创新，强化制度执行，让制度成为刚性的约束和不可触碰的高压线。六是共谋全球生态文明建设，深度参与全球环境治理，形成世界环境保护和可持续发展的解决方案，引导应对气候变化国际合作。

森林城市作为生态文明建设的重要形式、重要载体和重要展示窗口，其地位随着生态文明地位的提升而也相应地得到了明显提升。同时，生态文明的内涵也贯穿于森林城市内涵中，从而进一步丰富了森林城市的内涵。生态文明建设，为森林城市建设赋予了新的历史使命和时代责任。

三、全面建成小康社会，增加了森林城市建设新任务

习近平总书记强调，"十三五"时期是全面建成小康社会的决胜阶段，发展林业是全面建成小康社会的重要内容。但是，贵州现有不少城市还很难满足城市居民"推窗见绿、出门进林"的需要。这就要求，着力开展森林城市建设，促进城乡居民身边增绿，发展生态公共服务，让居住环境绿树环抱、生活空间绿荫常在，增强居民对森林城市建设的获得感，满足广大人民群众对良好生态的广泛期望。

四、践行绿色发展理念，拓展了森林城市建设新领域

党的十八届五中全会确定了"创新、协调、绿色、开放、共享"五大发展理念，尤其是绿色发展理念，为森林城市建设赋予了新的文化内涵。习近平总书记指出，绿水青山就是金山银山，并多次强调，要走生态优先、绿色发展之路，使绿水青山产生巨大的生态、经济和社会效益；要紧紧围绕提高城镇化发展质量，高度重视生态安全，扩大森林、湖泊、湿地等绿色生态空间比重，增强水源涵养能力和环境容量。这就要求贵州通过着力开展森林城市建设，有效改善城市生态环境，提高城市生态承载力，扩大城市的环境容量。大力发展以森林资源为依托的绿色产业，壮大绿色经济规模，促进城市转型升级和绿色增长。广泛开展生态文明教育，繁荣生态文化，提升公民环境意识，推动形成绿色发展方式和生活方式。

五、实施重大发展战略，增添了森林城市建设新活力

我国政府先后实施了"长江经济带""扶贫攻坚""健康中国"等一系列重大发展战略，并实施了山水林田湖草生态工程、岩溶地区石漠化综合治理工程、国家重点生态功能区保护和建设工程。贵州已实施了黔中城市群、乌江经济走廊和贵广高铁经济带等重大战略。同时，《国务院关于进一步促进贵州经济社会又好又快发展的若干意见》把贵州定位为长江、珠江上游重要生态安全屏障，明确提出了到 2020 年石漠化扩展势头得到根本遏制、环境质量良好的奋斗目标。这些国家和贵州重大发展战略的实施，不仅为贵州森林城市建设拓展了广阔的发展空间，而且也给贵州森林城市建设注入了有力的经济推力。同时，贵州实施的"大扶贫、大数据、大生态"三大战略行动，也为森林城市建设注入了新活力。

第二十五章　发展需要

一、森林城市是满足贵州人民日益增长的美好生活需要的重要载体

我国社会主要矛盾已经转化为人民日益增长的美好生活需要和不平衡不充分的发展之间的矛盾。人民美好生活需要日益广泛，不仅对物质文化生活提出了更高要求，而且在良好人居环境、丰富的生态产品服务等方面的要求日益增长。良好生态环境和人居环境是提高人民生活水平、改善人民生活质量、提升人民幸福感和获得感的基础和保障，是最公平的公共产品和最普惠的民生福祉，是全面建成小康社会的必然要求。

因此，大力推进森林城市建设，让森林走进城市，让城市拥抱森林，用绿色装点城市，有利于建设绿色家园，让广大市民群众居住环境绿树环抱、生活空间绿荫常在，推窗见绿、出门进林、亲近自然、享受绿色；有利于维护城乡生态安全，优化生态安全屏障体系，构建生态廊道和生物多样性保护网络，提升生态系统质量和稳定性；有利于推动脱贫攻坚，既创造更多物质财富和精神财富以满足人民日益增长的美好生活需要，也提供更多优质生态产品以满足人民日益增长的优美生态环境需要，让人民共享林业生态建设成果。

二、森林城市是贵州国家生态文明试验区建设的有力抓手

贵州作为全国首批三个国家生态文明试验区之一，生态文明建设走在中国的前列和时代的前列。2017 年 10 月，中共中央办公厅、国务院办公厅印发了《国家生态文明试验区（贵州）实施方案》，明确了贵州国家生态文明试验区的战略定位、主要目标和重点任务，提出战略定位为"长江珠江上游绿色屏障建设示范区、西部地区绿色发展示范区、生态脱贫攻坚示范区、生态文明法治建设示范区、生态文明国际交流合作示范区"，提出主要目标"到 2018 年，贵州生态文明体制改革取得重要进展，在部分重点领域形成一批可复制可推广的生态文明制度成果。到 2020 年，全面建立产权清晰、多元参与、激励约束并重、系统完整的生态文明制度体系，建成以绿色为底色、生产生活生态空间和谐为基本内涵、全域为覆盖范围、以人为本为根本目的的'多彩贵州公园省'。通过试验区建设，在国土空间开发保护、自然资源资产产权体系、自然资源资产管理体制、生态环境治理和监督、生态文明法治建设、生态文明绩效评价考核和责任追究等领域形成一批可在全国复制推广的重大制度成果，在生态脱贫攻坚、生态文明大数据、生态旅游、生态文明国际交流合作等领域创造出一批典型经验，在推进生态文明领域治理体系和治理能力现代化方面走在全国

前列，为全国生态文明建设提供有效制度供给"，提出重点任务为"开展绿色屏障建设制度创新试验、开展促进绿色发展制度创新试验、开展生态脱贫制度创新试验、开展生态文明大数据建设制度创新试验、开展生态旅游发展制度创新试验、开展生态文明法治建设创新试验、开展生态文明对外交流合作示范试验、开展绿色绩效评价考核创新试验"。

森林城市建设作为贵州生态文明建设的有力抓手和重要平台，也迎来良好的发展和建设机遇。

三、森林城市是多彩贵州公园省建设的重要基础

《国家生态文明试验区（贵州）实施方案》提出，贵州国家生态文明试验区建设以"多彩贵州公园省"为总体目标，以完善绿色制度、筑牢绿色屏障、发展绿色经济、建造绿色家园、培育绿色文化为基本路径，以促进大生态与大扶贫、大数据、大旅游、大开放融合发展为重要支撑，大力构建产权清晰、多元参与、激励约束并重、系统完整的生态文明制度体系，加快形成绿色生态廊道和绿色产业体系，实现百姓富与生态美有机统一，为其他地区生态文明建设提供可借鉴可推广的经验，为建设美丽中国、迈向生态文明新时代作出应有贡献。到 2020 年，建成"多彩贵州公园省"。

森林城市是多彩贵州公园省建设的重要基础。一方面，森林城市建设为多彩贵州公园省奠定良好的绿色底色。另一方面，森林城市建设以人为本，推动群众生态、生产和生活的三者和谐发展，做到山清水秀、林城相印，做到城市美、乡村美，做到生态美、百姓富。

四、森林城市是贵州实施乡村振兴的重要途径

党的十九大报告提出，实施乡村振兴战略，要坚持农业农村优先发展，按照产业兴旺、生态宜居、乡风文明、治理有效、生活富裕的总要求，建立健全城乡融合发展体制机制和政策体系，加快推进农业农村现代化。2017 年 12 月，中央农村工作会议提出：到 2020 年，乡村振兴取得重要进展，制度框架和政策体系基本形成；到 2035 年，乡村振兴取得决定性进展，农业农村现代化基本实现；到 2050 年，乡村全面振兴，农业强、农村美、农民富全面实现。2018 年 9 月，中共中央、国务院印发了《国家乡村振兴战略规划（2018—2022 年）》，以习近平总书记关于"三农"工作的重要论述为指导，按照产业兴旺、生态宜居、乡风文明、治理有效、生活富裕的总要求，对实施乡村振兴战略作出阶段性谋划，分别明确至 2020 年全面建成小康社会和 2022 年召开党的二十大时的目标任务，细化实化工作重点和政策措施，部署重大工程、重大计划、重大行动，确保乡村振兴战略落实落地，是指导各地区各部门分类有序推进乡村振兴的重要依据。

贵州森林城市建设，将在城乡融合发展、农村经济结构改革、乡村绿色发展、乡村文化繁荣等方面发展重要作用，尤其在乡村振兴战略中的"生态宜居"方面发挥重要作用。一方面，森林城市的建设，通过积极开展乡村绿化，提升村旁、宅旁、路旁、水旁等"四旁"绿化水平，直接有效地改善乡村的生活环境，提升乡村生态宜居的内部生态环境。另一方面，森林城市的建设，通过积极开展城乡廊道绿化、远郊山体绿化和山水林田湖草综合治理，打造乡土气息浓郁的山水田园，为生态宜居的乡村打造良好的外部生态环境。

五、森林城市是贵州精准扶贫和脱贫攻坚的重要推手

2015 年 11 月，习近平总书记在中央扶贫开发工作会议上强调，消除贫困、改善民生、逐步实现共同富裕，是社会主义的本质要求，是中国共产党的重要使命。全面建成小康社会，是中国共产党对中国人民的庄严承诺。脱贫攻坚战的冲锋号已经吹响。立下愚公移山志、咬定目标、苦干实干，坚决打赢脱贫攻坚战，确保到 2020 年所有贫困地区和贫困人口一道迈入全面小康社会。

习近平总书记在十九大报告中指出，坚决打赢脱贫攻坚战。要动员全党全国全社会力量，坚持精准扶贫、精准脱贫，坚持中央统筹省负总责市县抓落实的工作机制，强化党政一把手负总责的责任制，坚持大扶贫格局，注重扶贫同扶志、扶智相结合，深入实施东西部扶贫协作，重点攻克深度贫困地区脱贫任务，确保到 2020 年我国现行标准下农村贫困人口实现脱贫，贫困县全部摘帽，解决区域性整体贫困，做到脱真贫、真脱贫。

2018 年 6 月，中共贵州省委十二届三次全会审议通过了《中共贵州省委关于深入实施打赢脱贫攻坚战三年行动发起总攻夺取全胜的决定》《中国共产党贵州省第十二届委员会第三次全体会议决议》，明确指出：到 2020 年，巩固脱贫成果，通过发展生产脱贫 147 万人，易地搬迁脱贫 150 万人，发展教育就业脱贫 55 万人，生态补偿脱贫 78 万人，社会保障兜底 56.7 万人，因地制宜综合施策，确保全省贫困发生率下降到 3% 以下，农村贫困人口稳定实现不愁吃、不愁穿，义务教育、基本医疗和住房安全有保障；确保贫困县全部摘帽，解决区域性整体贫困。其中，2018 年脱贫 120 万人、实现 18 个贫困县摘帽；2019 年脱贫 100 万人、实现 20 个贫困县摘帽；2020 年脱贫 60 万人，实现 13 个贫困县摘帽，实现以县为单位全面建成小康社会目标。提出了全省打赢脱贫攻坚战的主要任务和重大举措（"4541"工作部署）。

一是聚焦深度贫困地区和特殊贫困群体全力打好脱贫攻坚"四场硬仗"：一要全力打好以农村"组组通"公路为重点的基础设施建设硬仗；二要全力打好易地扶贫搬迁硬仗；三要全力打好产业扶贫硬仗；四要全力打好教育医疗住房"三保障"硬仗。

二是深入开展扶贫领域突出问题"五个专项治理"：一要深入开展贫困人口漏评错评专项治理；二要深入开展贫困人口错退专项治理；三要深入开展农村危房改造不到位专项治理；四要深入开展扶贫资金使用不规范专项治理；五要深入开展扶贫领域腐败和不正之风专项治理。

三是实施"四个聚焦"主攻深度贫困地区：扶贫资金向深度贫困地区聚焦、东西部扶贫协作向深度贫困地区聚焦、东西部扶贫协作向深度贫困地区聚焦、帮扶力量向深度贫困地区聚焦。

四是深入推进一场振兴农村经济的深刻的产业革命：一是对照"八要素"找差距补短板；二是大力抓好产销对接；三是大力提高规模化标准化水平；四是大力培育壮大农业经营主体。

森林城市的建设，通过积极发展以森林生态旅游、森林康养、森林疗养等为主的生态旅游，以及以特色经济林、林下经济为主的生态产业，采取"旅游+扶贫""产业+扶贫""景区+扶贫"的模式，将积极助力贵州精准扶贫，推动贵州脱贫攻坚。

第二十六章 发展思路

第一节 指导思想

以习近平新时代中国特色社会主义思想为指导，全面贯彻党的十九大和十九届一中、二中、三中全会精神，深入贯彻落实习近平总书记系列重要讲话精神以及关于着力开展森林城市建设的重要指示，牢固树立和贯彻落实创新、协调、绿色、开放、共享的发展理念，坚持以人民为中心的发展思想，紧紧抓住新型城镇化、乡村振兴战略和长江经济带建设的发展机遇，以贵州建设国家生态文明试验区为出发点，立足贵州岩溶生态环境脆弱、人地矛盾突出的现实，以解决贵州人民日益增长的美好生活需要和不平衡不充分的发展之间的矛盾为总目标，以恢复城市自然生态、营造城市良好宜居环境为总抓手，构建功能体系更加完善的"两江"上游重要生态安全屏障，为贵州全面建成小康社会和基本实现现代化、建设生态文明和多彩贵州公园省奠定重要的生态基础。

第二节 基本原则

一、坚持以人为本，绿色惠民

坚持以人民群众的需求为出发点，围绕满足人民日益增长的美好生活需要为中心，把增进居民生态福祉的要求体现到贵州森林城市建设的各方面，围绕方便老百姓进入森林使用森林、保障人民群众身心健康、促进农民增收致富等需求，把森林作为城市重要的生态基础设施，强化生态公共服务功能，增加生态福祉，确保贵州森林城市建设成果惠及全体人民，切实把森林城市建设办成顺民意、惠民生、得民心的德政工程。

二、坚持政府主导，城乡一体

森林城市建设是生产公共产品和提供公共服务的过程，政府需要承担主导角色。贵州省各级人民政府要切实承担起组织者、推动者和管理者的角色，加强组织领导、建设保障和宣传工作，充分发挥市场对资源配置的决定性作用，各政府职能部门要通力合作，形成发展合力。引导社会力量积极参与，齐心协力推进森林城市建设。森林城市建设范围覆盖整个城市行政辖区，要消除建设过程中的城乡二元结构，明确规定做到城乡统一规划、统一投资、统一建设、统一管理，形成区域一体、互融互通的森林生态网络，为城乡居民提供平等的生态福利。

三、坚持系统建设，统筹发展

按照山水林田湖草城是一个有机生命共同体的战略思想，将增加森林面积、提高森林质量作为贵州森林城市建设的中心任务，充分发挥森林对维护山水林田湖草城生命共同体的引领作用。同时，实行区域内生态共建、环境同治，推动省、市、县上下联动，各相关部门密切配合，引导公众积极参与，以共建促共享，提高城市生态服务水平。

四、坚持科学发展，循序推进

尊重自然规律和经济发展规律，把森林城市建设作为一项长期性、系统性工程，以科学规划为引领，科学持续推进，反对违背自然规律的蛮干行为，尤其是运动式推进。坚持立足当前，务求实效，反对违背群众意愿的形象工程，推动城市生态建设由注重数量向注重质量转变，由外延式扩张向内涵式发展转变。坚持分期有序建设，既面向当前，又着眼长远，循序推进。

五、坚持合理布局，突出重点

充分考虑贵州自然地理特征、资源环境条件、森林植被分布和社会经济发展水平等因素，同时围绕国家重大战略、国家主体功能区划、城镇体系空间格局等，对全省森林城市进行科学布局，确定区域重点和优先发展区域。

六、坚持分区分类指导，突出特色

结合贵州地理、自然、生态和经济空间区划，开展森林城市发展的空间区划，并提出不同区域的分区发展对策，开展森林城市发展的分区建设指导，突出不同区域的特色和特点。依据贵州行政区划层级、城镇体系结构层次，按照城市群、市（州）、县（市、区）、乡镇、村寨5个级别进行森林城市分类建设指导。根据各县（市、区）的社会经济条件、资源禀赋和民族特色，把贵州森林城市分为不同类型有针对性地开展建设。同时，通过开展森林城市群、国家森林城市、省级森林城市、森林乡镇、森林村寨和森林人家等创建，全面引领推动森林城市建设。

第三节　规划期限

规划期限为2018—2025年，分前期和后期。
前期为2018—2020年，后期为2021—2025年。

第四节　发展目标

一、总体目标

统筹山水林田湖草城，通过全面建设国家森林城市与森林城市群、全面建设省级森林城市、全面建设森林乡镇、全面建设森林村寨、全面建设森林人家(五个全面建设)，着力构建城乡一体、结构完备、功能完善、健康稳定的以森林为主体的城市生态系统，构建功能体系更加完善的两江上游重要生态安全屏障，扩大生态空间，改善人居环境，增加生态产品供给，增加生态福祉，弘扬生态文化，促进绿色发展，为贵州全面建成小康社会和基本实现现代化、建设生态文明和美丽贵州做出应有的贡献。

到 2025 年，森林城市建设全面推进，符合省情、特色鲜明、分布合理的贵州森林城市发展格局全面形成，以森林城市群、国家森林城市、省级森林城市、森林乡镇、森林村寨和森林人家为主的贵州森林城市建设体系基本建立，城乡生态面貌得到明显改善，人居环境质量明显提高，人民群众生态文明意识明显提升，森林城市生态资产及服务价值不断提高。

二、分期目标

(一)前期(2018—2020 年)目标

加快推进贵州森林城市发展体系建设，到 2020 年，力争建设 9 个国家森林城市，50 个省级森林城市，100 个森林乡镇，1000 个森林村寨，10000 户森林人家。

(二)后期(2021—2025 年)目标

进一步完善贵州森林城市发展体系，到 2025 年，力争建成 19 个国家森林城市，80 个省级森林城市，300 个森林乡镇，2000 个森林村寨，20000 户森林人家。形成完善的森林城市发展体系，使贵州成为全国森林城市建设示范省。

第二十七章　发展布局

第一节　总体布局

以贵州自然地理条件、森林资源现状等为基础，借鉴贵州地理分区、主体功能区划、城镇体系规划、林业发展区划、区域发展总体战略等布局，以服务长江经济带建设等国家战略为重点，以黔中城市群、乌江经济走廊、贵广高铁经济带等发展格局为依托，综合考察森林资源条件、城市发展需要等多种因素，根据资源环境承载力规模，对贵州山水林田湖草城进行统筹规划、综合治理和系统建设，让森林融入到城市的每一个组成单元，提升城市森林生态系统功能，努力构建"一核、两带、三区"的贵州森林城市发展格局。

一核——黔中森林城市群绿色发展核。包括贵阳市、遵义市、安顺市、毕节市和黔南州5个市(州)。黔中城市群是中央深入实施西部大开发战略提出重点培育的贵州省域重要增长极，是贵州的核心经济区域，具有明显的区位和地缘优势，环境承载力较强、发展空间和潜力很大。黔中森林城市群绿色发展核需要提高城市的生态承载能力，重点开展我国中西部的森林城市群建设试点示范，定位于构建健康稳定的黔中城市群森林生态系统，包括城市之间和城市内稳健的森林生态系统。

两带——乌江经济走廊森林城市支撑带、贵广高铁经济带森林城市防护带。乌江经济走廊森林城市支撑带涉及贵阳、安顺、铜仁和黔南州4个市(州)的25个县(市、区)。贵广高铁经济带森林城市防护带涉及贵阳市、黔南州和黔东南州3个市(州)。两带作为长江经济带的重要组成，作为贵州重要的生态经济走廊，需要提高生态支撑能力。主要目标是为贵州生态文明建设和重大发展战略提供生态支撑，以大地植绿、心中播绿为重点任务，推动森林进城、下乡，构建完备的城市森林生态系统，提高城乡森林生态系统功能，打造便利的森林服务设施，建设繁荣的生态文化，传播先进的生态理念。

三区——森林城市优化提升区、森林城市拓展培育区和森林城市典型推动区。作为森林城市建设的不同区域，需要充分结合资源禀赋条件、社会经济条件、区域发展程度以及在贵州战略布局中的位置，分区分类侧重推进森林城市建设。主要目标是形成具有典型区域特点和特色的森林城市建设模式。森林城市优化提升区主要指已经获得"国家森林城市"称号的贵阳市和遵义市，重点是加强后续管护和提升国家森林城市建设质量。森林城市拓展培育区指积极推进森林城市发展和建设的安顺市、黔南州、黔东南州和铜仁市4个市

（州），重点是大力推进省级森林城市和国家森林城市的发展和建设，加快推进森林城市体系建设。森林城市典型推动区指资源条件和社会经济条件相对较差的黔西南州、六盘水市和毕节市3个市（州），重点是加大森林城市宣传力度，推动森林城市发展和建设。

第二节　发展分区

一、森林城市优化提升区

（一）基本情况

（1）行政范围。包括贵阳市和遵义市2个市，涉及24个县（市、区）321个乡（镇、民族乡、街道）3503个村（居委会、行政村），国土总面积3.88万km²。

（2）社会经济。2017年，年末常住人口1105万人，区域经济总量6322亿元；旅游总人数23308万人次，旅游总收入2664亿元。区域人口密度为285人/km²，人均GDP为57216元/人，居民人均可支配收入12016元/人。

（3）资源条件。2017年，区域森林面积为220.59万hm²，森林覆盖率为56.85%，贵阳市和遵义市森林覆盖率分别为48.66%和59.0%，位居全省第9、第4位。

（4）发展现状。截至2017年底，该区域有2个国家森林城市，分别是贵阳市和遵义市，有2个省级森林城市，分别是习水和赤水。

（二）主要问题

区域人口总量大、人口密度高，区域经济总量大、旅游业发达，人均GDP和居民人均可支配收入位居全省前列。区域城市建设和经济发展对生态系统的压力较大，城市污染排放量相对较大，森林资源还有较大的提升空间，森林生态系统功能未能充分发挥，城市人居环境还需进一步提升和美化。

（三）发展定位

该区定位于森林城市优化提升发展。主攻方向为对现有国家森林城市建设提升质量和加强后续管护。

二、森林城市拓展培育区

（一）基本情况

（1）行政范围。包括安顺市、黔南州、黔东南州和铜仁市4个市（州），涉及44个县（市、区）571个乡（镇、民族乡、街道）9232个村（居委会、行政村），土地总面积8.38万km²。

（2）社会经济。2017年年末常住人口1758万人，区域经济总量3905亿元；旅游总人数23884万人次，旅游总收入2922亿元。区域人口密度为209人/km²，人均GDP为

22202 元/人，居民人均可支配收入 8893 元/人。

(3)资源条件。2017 年，区域森林面积为 520 万 hm^2，森林覆盖率为 62.16%，其中黔东南州、黔南州和铜仁森林覆盖率位居全省第 1、第 2 和第 3 位。

(4)发展现状。截至 2017 年底，该区域有 12 个省级森林城市，分别是安顺市、黔南州、铜仁市、凯里市、印江县、石阡县、思南县、独山县、剑河县、松桃县、万山区、镇宁县。

(二)主要问题

区域人口密度相对较低，区域经济发展总体水平不高，人均 GDP 总体位居全省较低水平，居民人均可支配收入总体较低。区域生态环境良好，森林资源丰富，但人工林比重高，部分地区生态脆弱，水土流失和石漠化危害严重。城市建设和经济发展面临比较严重的人地矛盾，城市森林景观相对破碎，林分质量不高，大面积的片林较少，森林生态系统功能未能充分发挥，城市人居环境还需较大程度提升。森林城市的发展意识高低不一，有些城市对森林城市建设不够积极。

(三)发展定位

该区定位于森林城市有效拓展及大力培育。主攻方向为指导区域城市大力开展森林城市建设，加大森林城市在省级层面上的拓展。

三、森林城市典型推动区

(一)基本情况

(1)行政范围。包括黔西南州、六盘水市和毕节市 3 个市(州)，涉及 20 个县(市、区)478 个乡(镇、民族乡、街道)5963 个村(居委会、行政村)，土地总面积 5.36 万 km^2。

(2)社会经济。2017 年年末常住人口 1242 万人，区域经济总量 4232 亿元；旅游总人数 13608 万人次，旅游总收入 1068 亿元。区域人口密度为 231 人/km^2，人均 GDP 为 34072 元/人，居民人均可支配收入 8454 元/人。

(3)资源条件。2017 年，区域森林面积为 285 万 hm^2，森林覆盖率为 53.36%，低于全省森林覆盖率。

(4)发展现状。截至 2017 年底，该区域有 6 个省级森林城市，分别是七星关区、织金县、金沙县、水城县、六枝特区、册亨县。

(二)主要问题

区域人口密度位居全省中等水平，区域经济发展总体水平在全省位居中等，居民人均可支配收入居全省较低水平。区域森林资源覆盖率、建成区绿化覆盖率和人均公共绿地面积在三大区域中最低。区域生态脆弱，石漠化程度高，水土流失危害大。城市建设和经济发展面临比较严重的人地矛盾，城市内森林绿地较少，林分质量偏低，城乡之间生态通道连接性差，城市内森林孤岛化现象严重，森林生态系统功能未能充分发挥，城市人居环境有待大幅度提升，全社会生态保护意识和森林城市建设意识不强。

(三) 发展定位

该区定位于森林城市的大力宣传和重点推动。主攻方向为大力开展森林城市宣传，重点推动森林城市建设。

第二十八章　建设任务

第一节　森林城市群建设

针对黔中城市群发展对林业生态、产业、文化等多种服务功能的需求，以及有效应对区域性生态环境问题的社会期待，依托森林、河流、湖泊等自然地理格局以及社会经济联系，构建互通互联的森林生态网络体系，建设黔中森林城市群。

黔中森林城市群包括贵阳市、遵义市、安顺市、毕节市和黔南州5个市（州），主要是加强贵阳、遵义、安顺、毕节和黔南州等森林城市建设，扩大现有生态空间和环境容量，加强城市群生态空间的连接，提高城市群生态涵养空间，优化城市群发展格局，提高城市生态承载力，提升城市群的核心竞争力，为我国中西部的森林城市群建设积累经验和提供示范。

第二节　国家森林城市建设

以改善城区生态环境、增加城区绿量、提升城市森林质量、增加城市居民游憩空间为目标，加强城区森林和城乡一体绿化建设。

城市的相关指标达到《国家森林城市评价指标》要求，主要指标：建成区绿化覆盖率达40%，人均公园绿地面积达 $12m^2$，城区树冠覆盖率达25%，城区主、次干道中，林荫道路里程比例达60%以上；城区建有多处以各类公园为主的休闲绿地，分布比较均匀，公园500m 服务半径覆盖城区居民区面积比例达 80%以上；城市重要水源地森林覆盖率达到70%以上；水岸和道路绿化良好，水岸绿化覆盖率和道路绿化覆盖率分别达80%以上。

第三节　省级森林城市建设

以满足县（市、区）域居民的生态需求，增加县域城区城市绿地，拓展生态空间为目标，充分利用县域宝贵的土地资源，挖掘县域森林建设潜力。

城市的相关指标达到《贵州省省级森林城市建设标准（试行）》的要求，主要指标：建成区绿化覆盖率达30%，人均公园绿地面积达到 $9m^2$，城区林荫道路率达50%；城区建有多处以各类公园为主的休闲绿地，分布比较均匀，公园 500m 服务半径覆盖城区居民区面积比例达 70% 以上；城市重要水源地森林覆盖率达到 70% 以上；水岸和道路绿化良好，水岸绿化覆盖率和道路绿化覆盖率分别达 80% 以上；居民每万人拥有的绿道长度不少于 0.4km。

第四节　森林乡镇建设

以改善乡镇生态面貌，提升乡镇绿化质量，维护乡镇森林健康，发挥乡镇森林服务，优化居民生活环境为目标，全面加强建制镇的造林绿化、道路与水岸防护林、游憩林、经果林等森林生态系统建设，强调乡土树种使用和森林保护，加强森林休闲场地、科普设施、生态标识和主题森林步道建设。

乡镇的相关指标达到《贵州省森林乡镇建设标准（试行）》的要求，主要指标：林木覆盖率达 45% 以上，乡镇建成区绿化覆盖率达 30% 以上，建成区街道树冠覆盖率达 15% 以上，村寨绿化覆盖率达 30% 以上，水岸绿化覆盖率达 80% 以上，道路绿化覆盖率达 80% 以上；乡土树种数量占绿化树种使用数量的 80% 以上；建设 5hm² 以上休闲场所 1 处以上，建有具有比较完善的森林知识、森林文化标识系统，居民每万人拥有的绿道长度不少于 0.4km。

第五节　森林村寨建设

以建设村寨生态景观、绿化美化人居环境、传承生态文化为目标，在保护古树名木、风水林等原生乡土森林景观的基础上，选择适宜树种，建设景观优美的围村林、道路林、水岸林、庭院林，满足农民生产生活文化等多种需求，使村旁、路旁、水旁、宅旁应绿尽绿。

村寨的相关指标达到《贵州省森林村寨建设标准（试行）》的要求，主要指标：林木覆盖率达 50% 以上，水岸绿化覆盖率达 85% 以上，道路绿化覆盖率达 85% 以上；建设 500m² 以上休闲绿地 1 处以上，建有森林小径 1km 以上；大树古树名木保护率达 100%。

第六节　森林人家建设

以体现良好森林生态环境和鲜明乡土特色，保护生态环境，实现绿色惠民富民为目标，在美化绿化庭院环境、建设庭院森林的基础上，积极提供良好的森林民俗、森林饮食与购物。

森林人家的相关指标达到《贵州省森林人家建设标准（试行）》的要求，主要指标：庭院绿化良好，庭院环境良好，能够提供森林民宿和两种以上的森林服务。

第二十九章 建设内容

第一节 国土绿化

着力推进"五层绿化"，按空间结构由内往外推进五个层次的绿化，即城区绿化、城乡廊道绿化、乡村绿化、远郊山体绿化、城市之间绿化，大力推进国土绿化，不断拓展绿色生态空间。

一、大力推进城区绿化

（一）大力推动森林进城

将森林科学合理地融入城市空间，结合城市规划功能分区，因地制宜布局生态绿地，使城市适宜绿化的地方都绿起来。充分利用城区有限的土地增加森林绿地面积，特别是要将城市因功能改变而腾退的土地优先用于造林绿化。积极发展以林木为主的城市公园、市民广场、街头绿地、小区游园。在现有公园的基础上，要多建有特色的观赏型、保健型、环保型、文化型的公园和游园，以增加公共绿地的多样性。积极采取"规划控绿、清脏播绿、拆违建绿、择空补绿、见缝插绿、拆墙透绿、垂直挂绿"方式，增加城区绿量，提高树冠覆盖率。在老城区，提倡见缝插绿，多辟街头绿地小游园。在新城区开发建设中，注意绿化用地和非绿化用地的合理配置，增加绿地面积的比重，提高质量。积极开展城市河流和湖泊岸线绿化，打造绿色城市河流和湖泊。

大力推进"森林十进"建设，即森林进机关、森林进校园、森林进社区、森林进园区、森林进街道、森林进营区、森林进广场、森林进厂区、森林进医院、森林进停车场。

> **专栏：森林进城建设重点**
>
> 公园绿地建设。积极发展以林木为主的城市公园、山体公园、市民广场、街头绿地，提供日常休闲游憩场所。城区居民人均公园绿地面积达到 12m² 以上，公园绿地 500m 服务半径覆盖率达 85% 以上。
>
> "森林十进"建设。大力推进森林进机关、森林进校园、森林进社区、森林进园区、森林进街道、森林进营区、森林进广场、森林进厂区、森林进医院、森林进停车场。
>
> 林荫道路建设。采用高大、生命力强的乡土树种，进行街道林荫化建设，使城区主干路、次干路林荫道路率达 60% 以上。
>
> 绿荫停车场建设。采用高大、生命力强的乡土树种，进绿荫停车场建设，停车场树冠覆盖率达 30% 以上。

（二）大力推动森林环城

保护和发展城市周边的森林和湿地资源，选择乡土树种，建设以生态防护为主、具有休闲游憩功能的城市周边森林；利用城市近郊道路、河流，建设环城防护林，构建环城森林生态屏障；对环城带的乡镇所在地、工矿区、工厂等区域进行绿化，逐步构建成"城在林中、林在城中"的城市生态景观格局，防止城市的无节制蔓延，控制城市形态，改善生态环境，提高城市抵御自然灾害的能力，促进城乡一体化发展，保证城乡合理过渡，开辟大量的绿色空间，丰富城市景观。

专栏：环城森林屏障建设重点

环城片林建设。积极依托城市周边自然山水格局，利用现有森林、湿地资源及城市周边的荒山荒地、废弃采矿区、不宜耕种地等闲置土地，建设成片森林、湿地。每个城市城近郊区至少建设 20hm² 以上的森林、湿地 5 处以上。

森林防护带建设。在城市周边公路、铁路、河流、水渠等地段，在城区周边，建设以游憩景观与防护隔离为主要功能的林带，与城市周边生态游憩林相连接，形成一定宽度的环城森林。

（三）大力推动立体绿化

积极推广立体绿化来拓展绿化空间，拓展森林城市发展空间，提高城市的整体绿化水平。同时，加大立体绿化覆盖程度，在确保安全的前提下，形成垂直绿化覆盖格局，具体包括墙体绿化、屋顶绿化、围栏绿化、阳台绿化、立体花柱，以及具有绿化条件的立交桥、人行天桥、公用设施构造物外立面等，从而增加绿量和绿化覆盖率。

专栏：立体绿化建设重点

墙体绿化。在高大建筑物、居民楼两侧，只要条件允许的可进行垂直绿化。在建筑物的外墙根处，栽上一些具有吸附、攀援性质的植物。

屋顶绿化。在楼顶平台砌花池栽些浅根性花草，搭建棚架，种植紫藤、葡萄、凌霄、藤本月季、炮仗花等藤本植物。

围栏绿化。铁艺围栏或混凝土栏杆，可用藤本月季、金银花、牵牛花等来装饰。

阳台绿化。在窗台、阳台上种些叶子花、凌霄之类的植物。

立体花柱。在开阔的广场、小游园矗立几根用爬墙虎、常春藤装饰的绿柱，或用钢铁、竹木等材料制成骨架，外部用攀援植物覆盖。

二、大力推进城乡廊道绿化

（一）加强绿色通道建设

加强区域性道路、城乡道路沿线造林绿化，注重公路、铁路等道路绿化与周边自然、人文景观相协调，努力把交通要道建成展示多彩贵州的生态景观大走廊。适宜绿化的道路绿化覆盖率达 80% 以上。

(二)加强农村公路网林荫建设

结合乡村振兴和精准扶贫建设,积极加强农村公路网林荫建设,使乡镇道路绿化覆盖率达70%以上。

(三)加强绿色水岸建设

注重江、河、湖、库等水体沿岸生态保护和修复,在江河湖库周边划分一定范围绿化区,实施退耕还湿、扩大水源涵养林等绿色生态空间建设。重点加强城市与农村饮用水源地生态隔离防护林建设,并适度考虑生态旅游需要,积极开展水岸绿化、美化和彩化,打造"水清、岸绿、景美"的滨水景观,适宜绿化的水岸绿化覆盖率达80%以上。

专栏:城乡廊道绿化建设重点
绿色通道建设。铁路和乡道以上级别公路等道路绿化注重与周边自然、人文景观相协调,因地制宜开展乔、灌、花、草等多种形式的绿化,形成绿色景观通道。 农村公路网林荫建设。结合乡村振兴和精准扶贫建设,积极加强农村公路网林荫建设,使乡镇道路绿化覆盖率达70%以上。 绿化水岸建设。水岸注重自然生态保护,在不影响行洪安全的前提下,采用近自然的水岸绿化模式,形成城乡特有的水源保护林和风景林带。

三、大力推进乡村绿化美化

全面推进乡村绿化。坚持建设美丽乡村的造林绿化发展思路,因地制宜,积极运用乡土树种造林,科学配置阔叶树种、彩叶树种,丰富森林景观,构建与自然生态相协调的城乡绿化景观。大力推进乡村美化绿化,提升村旁、宅旁、路旁、水旁等"四旁"绿化,不断改善农村生产生活环境,打造乡土气息浓郁的山水田园。加快农业园区绿化美化,发展绿色经济。

专栏:乡村绿化建设重点
"四旁"绿化美化。结合美丽乡村建设,充分利用乡土树种、景观树种、经济树种、珍贵树种和花灌木,做好"四旁"绿化美好。集中居住型村寨绿化覆盖率达30%以上、分散居住型村寨绿化覆盖率达20%以上,乡镇所在地绿化覆盖率35%以上。 庭院绿化美化。选择能满足乡村居民生产、生活需求,具有地方文化特色与观赏功能的庭院植物,绿化美好庭院。 园区绿化美化。加快农业园区等各类生产性园区绿化美化,建设环境友好型和资源节约型园区,发展绿色经济。

四、大力推进远郊山体绿化

大力实施新一轮退耕还林工程、天然林资源保护工程、防护林体系建设等重大生态工程,对城市可视范围内的远郊山体进行绿化,对25°以上陡坡耕地实施退耕还林还草。稳定和增加地方财政对造林项目的投入,扶持和引导社会力量参与森林资源培育。通过人工造林、封山育林等措施，选择乡土植物，采取乔灌草相结合的模式，模拟本地生态系统群落，最大限度将宜林荒地荒山、陡坡耕地、疏林地、非特殊灌木林地变为有林地，加强中幼林和低效林抚育，增加森林面积，提高林草覆盖度，提高森林质量，从数量上增加森林资源和区域绿色空间。

专栏：远郊山体绿化建设重点

宜林荒山荒地造林。对母树幼树分布稀少、立地条件较好的宜林荒山荒地，采取人工造林措施，实施人工造林。

退耕还林还草。全面实施国家新一轮退耕还林还草工程，对符合国家政策的坡耕地进行退耕还林还草。

五、大力推进城市之间绿化

（一）建设城市间成片森林、湿地

城市之间的森林、湿地等生态空间，是城市重要的生态屏障，可以有效地避免城市无序扩张，也是重要的生态过滤器和生物栖息地。要充分加强对城市之间现有分布的自然森林、湿地的保护，确保其生态安全。加强区域性水源涵养区、缓冲隔离区、污染防控区成片森林和湿地建设，形成城市间生态涵养空间，防止多个城市连片发展，优化城市发展格局，消解城市热岛效应、改善空气质量等问题。

（二）建设区域生态廊道

依托自然山脉、骨干河流水系，通过保护、修复拓宽、补缺造林等措施，建设足够宽度和群落结构自然完整的贯通性区域生态廊道，把孤岛状的山地森林、平地片林、湖泊湿地、河流网络连接起来，实现区域主要森林、湿地之间相互连接，促进水系连通、物质循环，保障信息传递和生物迁徙路线畅通。

专栏：城市之间绿化建设重点

现有城市间地带性森林和湿地保护。以优化城市之间发展格局为目标，在区域城市发展中优先保护好现有成片的地带性森林资源，保护好区域之间的湖泊、河流、水塘等湿地资源，形成大块自然的以森林、湿地为主的生态用地，传承自然的山水生态格局，维护好城市自然脉络。

退废退污还林还湿。针对采矿废弃地、受严重污染，已经不适宜粮食、水果等食品类农产品生产的土地，以生态修复和生态建设为目标，结合产业结构调整启动实施退废退污还林还湿工程，在保护土地生产性功能的基础上，通过建设生态林、风景游憩林、苗圃花卉基地等措施，形成废弃地、污染土地生态修复与生态空间扩大双赢的局面。

区域水源补给区森林建设。在城市重要地表水源汇集区和地下水源补给区，规划建设以自然林为主的大面积森林和湿地，扩大地表水产流量和地下水补给发的自然生态空间，增加水源涵养与地下水净化补给空间，提高雨洪资源和中水循环利用能力，使城市重要水源地森林覆盖率达70%以上。

区域重点生态廊道建设。重点建设乌蒙山—苗岭生态廊道、大娄山—武陵山生态廊道，以及乌江、南北盘江及红水河、赤水河及綦江、沅江、都柳江等生态廊道。

第二节　山水林田湖草城综合治理

本着系统保护和治理的理念，站在全省高度，统筹山水林田湖草城，积极开展石漠化综合治理、湿地保护与修复、森林资源保护、水土流失综合治理、河湖管护、草地保护和修复、城市"双修"和生物多样性保护，营造健康的山水林田湖草城复合生态系统，切实改善环境质量。

一、加强石漠化综合治理

在全省78个县大力实施石漠化综合治理重点工程，创新石漠化综合治理模式，加大灌草使用力度，以提高林草植被覆盖率为中心，以增加农民收入为目的，以解决人地矛盾为出发点，突出抓好特色经果林、封山育林、防护林和种草养畜、小型水利水保等项目建设。通过防护林建设和种植结构调整等措施，恢复森林植被，有效遏制土地石漠化趋势和减缓水土流失，改善生态环境脆弱状况，提高生态承载能力。同时，加强农田水利设施建设，通过坡改梯、生物埂等措施，合理开发和有效利用水土资源，提高耕地生产能力。紧密结合当地小城镇建设和产业结构调整，有计划、有步骤地实施易地扶贫搬迁工程和劳动力转移培训工程，降低石漠化地区人口压力。积极开展农村能源建设，降低薪柴消耗，保护生态建设成果，促进区域经济社会可持续发展。积极开展石漠公园建设。

专栏：石漠化综合治理建设重点
石漠化综合治理。通过实施封山育林育草、人工造林、建设人工草地和治理退化草地、坡改梯等方式，开展石漠化综合治理。 石漠公园建设。积极开展国家级、省级石漠公园建设。

二、加强湿地保护与修复

全面贯彻落实《湿地保护修复制度方案》和《贵州省湿地保护修复制度实施方案》，建立和完善湿地保护机制，实施湿地占补平衡，加强对自然湿地和重要人工湿地资源的保护。

加强湿地保护体系建设。建设以国际重要湿地、国家重要湿地、省级重要湿地、湿地自然保护区、湿地公园、保护小区为基本格局的湿地保护体系，全面维护湿地生态系统的自然生态特性和基本功能，促进湿地生态系统进入稳定发展的良性状态。建立和完善贵州湿地保护协调机制，全面开展湿地保护管理体系建设。

加强湿地建设和保护项目管理。开展湿地可持续利用示范工程和社区建设，初步试行退耕还湿和生态补偿机制，使贵州重要的天然湿地和重要的人工湿地得到全面保护，湿地面积萎缩和功能退化的趋势初步得到遏制，同时，湿地保护管理能力增强并得到有效运行。

专栏：湿地保护与修复建设重点

湿地保有量。至 2020 年和 2025 年，全省湿地保有量均不低于 20.97 万 hm²。

湿地保护率。至 2020 年和 2025 年，全省自然湿地保护率达到 50% 和 70% 以上。

湿地保护与修复。严格落实《贵州省湿地保护修复制度实施方案》和《贵州省湿地保护发展规划（2014—2030年）》，实现湿地面积总量不减少，湿地生态功能显著提升，湿地保护体系不断完善，保护管理制度体系全面完善；建立湿地分级管理体系，探索湿地管理事权划分改革，落实湿地保护修复责任，明确湿地保护修复责任主体，科学划定湿地生态保护红线，强化湿地保护体系建设，建立湿地用途监管机制，完善生态用水补水机制，积极实施湿地修复工程，多措并举增加湿地面积，实行湿地保护政府目标任务考核机制，严惩破坏湿地行为；加强组织领导，加大资金投入力度，完善科技支撑体系，加强宣传教育。

三、加强森林和林地保护

（一）加强森林资源保护

积极推行党政主要领导负责的林长制，大力实施重点森林火险区综合治理、自然保护区基础设施建设、极小种群保护、林业有害生物防治等森林资源保护项目，积极争取国家支持的草地建设、农业有害生物防治等重大项目建设。健全天然林保护工程森林管护、公益林生态效益补偿制度。严格执行森林采伐限额，依法依规保护和利用森林资源。坚决打击破坏森林、林木、林地和野生动植物资源以及古树名木的违法犯罪行为，确保森林资源安全和林区秩序稳定。稳步提高公益林生态效益补偿标准，探索非国有公益林收购或置换、租赁、补偿等机制，规划调整地方公益林、商品林布局。推进国有林场改革，完善集体林权制度改革。

森林资源保护做到"八无"，即无重大突破生态保护红线事件、无重大野生动物疫情、无移植大树进城、无重大林业有害生物疫情、无重大外来生物入侵事件、无重大生态破坏事件、无重特大森林火灾和无人员伤亡问题。

（二）加大林地保护力度

严格执行建设项目征占用林地定额，适度保障国家基础设施及公共建设使用林地，控制城乡建设使用林地，限制工矿开发使用林地，规范商业性经营使用林地。对林地实施分级保护，对一级保护林地实施全面封育保护，禁止生产性经营活动，禁止改变林地用途。除国务院有关部门和省政府批准的基础设施建设项目外，不得占用征收一级国家级公益林地。

（三）处理好森林建设与水资源利用关系

森林与水的关系，是森林城市建设的关键。结合贵州多山多雨、地上地下水量分布丰富、山地与河谷气候变化明显等特点，处理好森林建设与水资源利用关系，将是贵州森林城市建设提高质量、提升品位的战略重点。

专栏：森林和林地保护建设重点

天然林资源保护。在全省范围内，停止天然林商品性采伐，通过森林经营措施，促进森林生态功能修复。全面实施好天然林资源保护工程，加强管护站点建设，创新天然林资源管护机制，提高管护效果。

森林火灾防控。将建立城市森林防火监测网络和应急指挥系统，加强扑火队伍和装备、物质储备设施建设，重点在大型城市生态片林、生态风景林、森林公园等资源分布集中、人为活动频繁的地带，实现火源动态监控，监测覆盖率达到100%，无线通讯网络覆盖率达到100%。

有害生物防控。加强有害生物监测预警、检疫御灾、防治减灾、服务保障四大体系建设。建立有害生物鉴定和诊断系统，组建有害生物防治专业队，开发和推广无公害防治技术；加强引进绿化植物及其对生物多样性潜在的影响评估，实现有害生物的持续防控和生态系统健康状况的不断提升。

四、加强水土流失综合治理

构建水土保持可持续发展机制，建立水土资源生态效益补偿机制。实施以提供清洁淡水、改善生态环境为主要目标的小流域综合治理工程，调整重要江河及源头、重要水源地、库区上游地区种植结构。定期开展水土流失调查并公告调查结果。规范生产建设项目水土保持工作，实现生产建设项目水土保持方案审批率、验收率达到100%。

专栏：水土流失治理建设重点

水土流失综合治理。严格落实《贵州省水利建设生态建设石漠化治理综合规划》《贵州省水土保持规划（2016—2030年）》《贵州省"十三五"生态建设规划》《贵州省"十三五"林业发展规划》，以小流域为基本单元，重点对69个县5°~15°坡耕地实施综合整治改为重点对全省5°~15°坡耕地实施综合整治。

五、加强河湖管理与保护

建立健全河湖管理保护、采砂管理、水域岸线开发利用等法律法规和制度，建立河湖管制长效机制。全面推行河长制湖长制，落实河湖管护主体、责任、人员和经费，加强河湖日常管护和监督考核。落实用途管制，实行水域岸线、采砂、水能资源等河湖开放利用和保护分区管理，划定河湖管理范围，实施水利工程确权划界。严格涉河建设项目审批，规范河湖开发利用行为。加强河湖执法能力建设，建立多部门联合执法机制，严厉打击非法侵占河湖、采砂、水污染等行为，切实维护河湖健康。

六、加强草地保护与修复

加强草地生态建设。坚持生态优先和草畜平衡原则，采取人工种草、草地改良、围栏封育等工程措施，建设与恢复岩溶草地生态，防治草地石漠化和水土流失。加强牧草种质资源保护与合理开发利用，对退化、石漠化和水土流失的草地，划定治理区，组织专项草地建设和治理。积极争取扩大退牧还草、退耕还草工程实施范围，提高草地保有量。启动南方地区易灾县草地治理工程，提高草地建设在生态建设中的保有量。推行草畜平衡制度。开展草原监测和草畜动态平衡调控，实现草地资源的永续利用。对严重退化、石漠化的草地和生态脆弱区的草地，严格实行禁牧、休牧制度，定期核定草地载畜量，防止超载过牧。适当规划一定规模的牧草区，大力发展牧草种植，鼓励公司或农户对山羊实行圈养，控制养殖规模。

专栏：草地保护与修复建设重点
草地保护与修复。严格落实《贵州省水利建设生态建设石漠化治理综合规划》《贵州省"十三五"生态建设规划》，积极开展高产人工草地建设和退化草地治理。

七、加强城市"双修"建设

城市"双修"是指生态修复、城市修补。其中，生态修复，旨在有计划、有步骤地修复被破坏的山体、河流、植被，重点是通过一系列手段恢复城市生态系统的自我调节功能；城市修补，重点是不断改善城市公共服务质量，改进市政基础设施条件，发掘和保护城市历史文化和社会网络，使城市功能体系及其承载的空间场所得到全面系统的修复、弥补和完善。

在开展科学调查评估的基础上，加强规划引导，制定实施计划，不断推动城市"双修"工作。规划2020年以前，在安顺市、遵义市和贵阳市优先开展城市"双修"建设，使这些城市的城市病得到有效缓解，城市生态空间得到有效保护与修复，城市功能和景观风貌明显改善。2021年开始，全省全面铺开推进城市"双修"工作，通过开展城市双修，实现城市向内涵集约发展方式的转变，建成一批和谐宜居、富有活力、各具特色的现代化城市。

专栏：城市"双修"建设重点
加快山体修复。加强对城市山体自然风貌的保护，禁止在生态敏感区域进行开山采石、破山修路等破坏山体的建设活动。根据城市山体受损情况，采取修坡整形、矿坑回填等工程措施，消除受损山体的安全隐患，恢复山体自然形态。保护山体原有植被，种植乡土适生植物，重建山体植被群落。在保障安全和生态功能的基础上，探索多元的山体修复利用模式。
开展水体治理和修复。加强对城市水体自然形态的保护，避免盲目截弯取直，禁止明河改暗渠、填湖造地、违法取砂等破坏行为。在全面实施城市黑臭水体整治的基础上，系统开展江河、湖泊、湿地等水体生态修复。全面实施控源截污，强化排水口、截污管和检查井的系统治理，开展水体清淤。构建良性循环的城市水系统。因地制宜改造渠化河道，重塑自然岸线和滩涂，恢复滨水植被群落。增加水生动植物、底栖生物等，增强水体自净能力。在保障水生态安全的同时，恢复和保持河湖水系的自然连通和流动性。
修复利用废弃地。科学分析废弃地和污染土地的成因、受损程度、场地现状及其周边环境，综合运用生物、物理、化学等技术改良土壤，消除场地安全隐患。选择种植具有吸收降解功能、抗逆性强的植物，恢复植被群落，重建生态系统。场地修复后，严格地块规划管理，对环境质量达到相关标准要求、具有潜在利用价值的已修复土地和废弃设施进行规划设计，建设遗址公园、山体公园等，实现废弃地再利用。
完善绿地系统。推进生态廊道建设，努力修复被割断的绿地系统，加强城市绿地与外围山水林田湖的连接。按照居民出行"300m见绿、500m入园"的要求，均衡布局公园绿地，通过拆迁建绿、破硬复绿、见缝插绿、立体绿化等措施，拓展绿色空间，让绿网成荫。因地制宜建设湿地公园、雨水花园等海绵绿地，推广老旧公园改造，提升存量绿地品质和功能。推行生态绿化方式，提高乡土植物应用比例。
增加公共空间。加大违法建筑拆除力度，大力拓展城市公共空间，满足居民生活和公共活动的需要。控制老旧城区改造开发强度和建筑密度，根据人口规模和分布，加快城市广场、公园绿地建设，提高城市空间的开放性。加强对山边、水边的环境整治，保持滨水、临山地区空间的公共性。创新新建和改扩建建筑的场地设计，积极增加公共空间。加大对沿街、沿路和公园周边地区的建设管控，防止擅自占用公共空间。

八、加强生物多样性保护

加快物种资源调查，开展生物多样性优先区域物种资源调查，建立生物物种名录，推动重点地区和行业种质资源库建设。积极加强野生动植物栖息环境保护，坚决打击滥采乱挖、违法排放、非法捕杀野生动物违法犯罪活动。加强建设项目和环境污染对生物多样性影响的监测，抢救性建立一批特殊生态系统保护区、保护点，维持和扩大生态系统多样性。加强珍稀濒危和极小种群野生植物的原生地保护，加大古树名木保护力度，加强外来入侵物种的监测。完善贵州国家公园体制，新设一批国家公园和自然保护区，完善对珍稀濒危物种生境、代表性自然生态系统等保护，扩展保护范围，最大限度保护生物多样性、原真性和特有性，维护生态系统平衡。

专栏：生物多样性保护建设重点

物种资源调查。开展生物多样性优先区域物种资源调查，以及河流湿地水生生物资源、农作物种质资源、畜禽和药材等遗传资源本底和多样性调查，建立生物物种名录，推动重点地区和行业种质资源库建设。

野生动植物栖息环境保护。加大自然保护区保护力度，坚决打击滥采乱挖、违法排放、非法捕杀野生动物违法犯罪活动。开展各类建设对生物多样性的影响评估，加强环境污染对生物多样性影响的监测。加强对黔金丝猴等濒危野生动物及其栖息地和候鸟迁飞路线的野外巡护，严防盗猎及破坏，开展栖息地恢复、改造，促进濒危野生动物种群的扩大。加强珍稀濒危和极小种群野生植物的原生地保护，对不具备原生地保护的珍稀濒危和极小种群野生植物，采取迁地保护措施，防止物种消失。加强外来入侵物种的监测、防治和利用研究，防止生物灾害蔓延。

国家公园建设。开展贵州国家公园试点建设，建议跨黔西南和黔南州建设贵州喀斯特国家公园，建设贵州梵净山国家公园。

自然保护区建设。新建国家级自然保护区 2~3 个、省级自然保护区 4~6 个、水产种质资源保护区 6~8 个，创建农业野生植物原生境保护点 30 个。到 2020 年和 2025 年，全省保护地（国家公园、自然保护区、风景名胜区、地质公园、湿地公园、森林公园、山体公园等）占土地面积的比例分别达到 8.0% 和 8.5%。

第三节 林业现代化建设

重点通过提升贵州森林城市技术手段现代化水平和森林城市科技现代化水平，加速推进贵州林业现代化建设水平。

一、提升森林城市技术手段现代化水平

充分利用贵州作为首个国家大数据综合试验区的优势，组建贵州省森林城市大数据中心，积极利用"互联网+"，引进国内外先进的技术力理念和技术手段，服务于贵州森林城市建设，提升贵州省森林城市技术手段现代化水平。

二、提升森林城市科技现代化水平

依托相关单位组建贵州省森林城市研究中心和贵州省森林城市科技推广中心。贵州省森林城市研究中心积极开展贵州省森林城市建设实用技术研究，包括造林绿化技术、健康

森林建设技术、绿色产业模式和技术、生态修复和恢复技术等。贵州省森林城市科技推广中心加强研究成果的推广应用转化，实现"研、建"双赢，提高森林城市科技贡献率。

第四节　森林惠民项目建设

通过壮大森林旅游产业、特色经济林产业和林下经济产业，满足人民群众对美好生活的需求。通过拓展生态游憩空间、休闲绿道、森林康养基地和绿色共享程度，满足人民群众对优美环境的需求。通过建设贵州森林步道和贵州民族步道，满足人民群众对先进文化的需求。

一、满足人民群众对美好生活的需求

(一)壮大森林旅游产业

积极建设包括森林公园、城郊型森林公园、特色森林小镇、森林旅游示范村、森林康养基地、森林体验基地、森林露营地在内的森林旅游地，积极开展森林旅游赛事活动，壮大森林旅游产业。通过壮大森林旅游产业，结合精准扶贫和乡村振兴战略，一方面可以提高森林旅游地人民群众的收入，从而为其对美好生活的追求奠定坚实的物质基础；另一方面提升进入森林旅游地的人民群众的美好生活质量。

专栏：森林旅游建设重点

森林公园。积极加强对现有森林公园基础设施建设，打造更好的游憩环境，开发新的旅游产品。积极新建一批国家级、省级森林公园，拓展森林游憩空间。

城郊型森林公园。积极推动城市郊区现有各级森林公园发挥好城郊型森林公园的作用，加大市县周边城郊型森林公园建设力度，鼓励有条件的乡镇建设城郊型森林公园。力争使每个地级市周边有2~3个、县(市、区)周边有2个、有条件的乡镇周边有1个城郊型森林公园，促进城市生态环境改善，为市民提供更多的游憩场所。

特色森林小镇。以优良的森林资源和生态环境为依托，以林业特色产业为基础，积极推进独具森林旅游特色的森林小镇建设。可以按照生态保护型森林小镇、休闲宜居型森林小镇、生态旅游型森林小镇、文化传承型森林小镇等模式进行建设。

森林旅游示范村。积极推进森林旅游发展基础好、集聚效益好的村落，进一步提升建设档次和服务质量，创建森林旅游示范村，为游客提供吃、住、购、娱等服务，带动林农增收，助力旅游扶贫。

森林康养基地。积极依托自身资源条件，突出自身特点和特色，构建不同类型和档次的森林康养基地。力争使各市(州)建设具国内先进水平的森林康养基地1~2处，有条件的县(市、区)建设具有特色的森林康养基地1~2处。

森林体验基地。积极开发感知自然(通过视觉、听觉、嗅觉、味觉、触觉"五感"感悟大自然之美)、认知自然、体验自然等生态体验活动，推出一批具备森林游憩、感知、教育、体验等功能的森林体验基地。

森林露营地。在充分保护和利用天然地形及自然资源的前提下，推进汽车营地、房车营地、徒步露营地等森林露营地建设。

森林旅游赛事活动。积极举办"贵州森林旅游节""森林马拉松"等赛事活动。

(二)壮大特色经济林产业

以坡耕地和立地条件较好的宜林荒山为重点，通过实施退耕还林、石漠化综合治理、扶贫专项、现代农业发展专项等工程项目，连片推进，规模经营，结合地域条件，积极培育木竹原材料基地、木本粮油产业基地、花卉苗木基地、特色水果基地、中药材基地、茶叶基地、国家储备林基地的建设，以市场为导向，积极引入各类投资主体，推进土地流转和土地参股、入股，以奖代补，先建后补等多种建设经营方式，培育壮大企业、合作社、家庭林场等经营组织。强化利益联结机制，让群众共享"生态红利"，分享"绿色福利"。着力推广良种良法，提高产品质量和产量，探索林药、林草结合等立体经营模式，以短养长，互利互补。统筹规划产品加工、生态旅游，延长产业链。各地要结合资源优势，打造特色产业。

贵州特色经济林产业的发展方向如下：

（1）贵阳市重点发展樱桃、杨梅、枇杷等休闲果园产业和绿化苗木产业。

（2）遵义市重点发展茶产业、竹产业和杜仲、厚朴、黄柏产业。

（3）六盘水市重点发展核桃、刺梨、红豆杉产业。

（4）安顺市重点发展金刺梨、李等水果产业，同时积极发展贵黄公路沿线绿化苗木产业带。

（5）毕节市重点发展核桃、鲜果和黄柏产业。

（6）铜仁市重点发展油茶、茶叶、竹子、棕榈等产业。

（7）黔东南自治州重点发展蓝莓、油茶、茶叶、钩藤产业及速生丰产林。

（8）黔南自治州重点发展茶叶、刺梨、无患子产业。

（9）黔西南自治州重点发展油茶、核桃产业及速生丰产林。

专栏：特色经济林建设重点

木竹原材料基地。着力推进黔东南商品材基地、黔北竹产业基地、红水河流域速生丰产林、珍贵树种用材林基地建设，打造优势互补、各具特色的林业产业原料基地，包括以杉木、马尾松为主的速生丰产用材林基地，桉树短周期工业原料林和大径材培育基地，竹林基地，珍贵树种用材林和大径材培育基地。

木本粮油产业基地。大力发展以油茶、核桃、板栗等木本粮油产业。构建以黎平、天柱、玉屏等11个县为重要产区，以思南、万山、荔波等19个县为一般产区的油茶区域化、规模化发展格局。以赫章、纳雍、水城等30个县为重点，大力推进核桃基地建设、市场建设和产品加工。

花卉苗木基地。着力推进绿化苗木基地、盆栽植物基地、鲜切花切叶基地、特用花卉基地、草坪基地、野生花卉驯化培育基地、优质种苗种球繁育基地、百里杜鹃杜鹃花繁育基地八大产品基地和沿兰海、沪昆、汕昆、厦蓉、杭瑞高速公路5条花卉产业带建设。

特色水果基地。按照"绿色、有机、无公害"标准，大力发展刺梨、蓝莓、葡萄、桃、李、苹果、杨梅、樱桃、石榴等特色水果种植。以黔南州、安顺市、六盘水市、毕节市的14个县为重点，大力发展刺梨种植。加快以黔东南州、黔西南州为重点的蓝莓基地建设，组建蓝莓研究中心和全国蓝莓交易市场。

中药材基地。选择杜仲、黄柏、银杏、红豆杉、厚朴、半枫荷、茯苓、钩藤、金银花、天麻、石斛、皂角刺等作为重点发展品种，积极建设中药材基地。

茶叶基地。积极开展茶叶基地建设，培育茶叶加工企业，结合旅游加强城郊型茶业建设，加快茶产业发展。

国家储备林基地。按照《国家储备林建设规划（2018—2035年）》，积极开展贵州国家储备林基地建设。

（三）壮大林下经济产业

结合农业产业结构调整，完善林下经济区域化布局、产业化发展，大力发展林草、林药、林茶、林菌等林下种植业和林畜、林禽等林下养殖业，支持发展以梅花鹿、野猪、稚类、蛇类为重点的野生动物繁育利用产业。鼓励和引导龙头企业、农村经济能人领办林业专业合作经济组织，努力营造企业带大户、大户带小户，千家万户共同参与的发展格局。

二、满足人民群众对优美环境的需求

(一)拓展生态游憩空间

合理布局各类生态游憩地，健全立足市域—县(市、区)—乡镇—村寨社区—家庭的多级游憩空间体系，发展城市公园、森林公园、湿地公园、山体公园、生态观光园、社区公园、森林人家等各类游憩空间，提升城市森林资源服务半径，为城乡居民提供均衡的生态游憩场所。

专栏：生态游憩空间建设重点

城区生态游憩空间。在城市建成区、城市近郊区积极建设城市森林公园、城郊森林公园、城市湿地公园、森林植物园、山体公园等自然游憩空间，充分发挥生态游憩和生态文化功能，丰富自然体验、自然教育等游览项目，通过绿色建筑、节水灌溉等可持续管理或建设手段，发挥城市森林、湿地、绿地等绿色基础设施的生态服务功能，提高公园 500m 服务范围覆盖度。

郊区生态游憩空间。城市郊区建设或提升 20hm² 以上的森林公园、湿地公园、山体公园等大中型生态游憩空间，发展康养、乡村游等特色项目，满足城市居民出行 10km 可达，提倡对植物景观的近自然化构建和管理。

乡村游憩公园。结合地域特色，加强乡村游憩场所建设，每个乡镇建休闲游憩公园 1 处，每个村寨建设公园休闲绿地 1 处。

生态游憩空间的共享性。政府财政投资建设的森林公园、湿地公园、生态公园以及各类城市公园、绿地，原则上都应免费向公众开放，最大限度地让公众享受建设成果。

(二)拓展休闲绿道

绿道是指沿着滨水地带、山脊、林带等自然和人工廊道建立的，可供行人或者非机动车进入的线形绿色开敞空间和运动休闲慢行系统。

建设遍及城乡的绿道网络，用高质量的绿道串联起城市、森林、村落、农田、乡村，构建网络状绿色开敞空间系统，为市民提供亲近自然、绿色出行的空间，满足居民亲近自然、休闲游憩的生活需求。

专栏：休闲绿道建设重点

休闲绿道建设。到 2020 年和 2025 年，使城乡居民每万人拥有的绿道分别达 1.0km 和 1.5km 以上。

城区绿道。在城区内选择适宜线路建设社区绿道、市域绿道网络，串联市区公园、广场、景区、美丽乡村、滨水空间等人文与自然风光区域，合理设置驿站，配置游客服务中心、自行车租赁点、餐饮点、观景点、科普解说设施、厕所等，满足市民游憩、休闲、健身和出行的需求。

区域性绿道。在城市间构建区域性绿道，实现居民"绿色出行+远行"，拓展居民游憩绿道长度，有机串联自然和历史文化风景名胜区、自然保护区、历史古迹等重要节点，构建区域间互联互通的绿道网，加强与城市公共交通系统无缝连接。

（三）拓展森林康养基地

大力发展森林康养产业，充分汲取国内外相关领域的发展理念和成功经验，根据自身资源条件，按照《贵州省森林康养基地建设规范》，积极构建类型丰富、产品独特、层次多样、独具特色的森林康养基地，努力提高建设档次和服务水平，满足大众对森林康养的多样化需求。

<table>
<tr><td colspan="1" style="background:#333;color:#fff;text-align:center">专栏：森林康养基地建设重点</td></tr>
<tr><td>

森林康养基础设施建设。建设森林康养酒店、森林康养步道、森林浴场、森林太极场、森林瑜伽场、森林体验馆、森林山地运动场等康养设施。加强道路、餐饮、住宿、卫生、通讯、安全等基础设施建设，提升森林康养基地可达性、便利性和舒适性。

森林康养林的培育和建设。通过疏伐、补植补造等森林经营措施，重点配置具有保健功能的乡土植物，形成以高大乔木为主的林分结构。促进林内空气流动，提升林分景观效果，增加杀菌物质和植物芳香精物质含量，阻噪滞尘，减少花粉等生物污染。

森林康养人才队伍建设。通过聘请或培训的方式，积极培养和引进森林讲解员和森林康养师，为游客提供专业的自然接受和森林疗养指导工作。

森林康养课程开发。根据自身资源特点和特色，以市场康养人群的需求为导向，积极开发面向不同人群的森林康养课程。
</td></tr>
</table>

（四）拓展绿色共享程度

积极推进各类公园、绿地免费向居民开放。政府财政投资建设的森林公园、湿地公园、生态公园以及各类城市公园、绿地原则上都应免费向公众开放，最大限度地让公众享受森林城市建设成果。

三、满足人民群众对先进文化的追求

（一）建设贵州森林步道

森林步道是指以森林资源为主要依托，以森林为活动开展的环境和氛围，以徒步、山地车、骑马、滑雪越野等多形式通行为主要功能的条带状休闲游憩空间。森林步道肩负着生态教育、遗产保护、文化传承、生态休闲服务、带动社区发展，促进民生改善等诸多社会使命。

充分利用贵州良好的森林资源和优美的森林景观，充分利用贵州森林步道，把贵州典型的森林公园、自然保护区、湿地公园、国家公园、风景名胜区、地质公园等串联起来。

<table>
<tr><td style="background:#333;color:#fff;text-align:center">专栏：贵州森林步道建设重点</td></tr>
<tr><td>

贵州森林步道。积极在全省开展融会贯通的贵州森林步道建设。到 2020 年和 2025 年，分别建成贵州森林步道 3000km 和 6000km，并积极争取把贵州森林步道建成国家森林步道的重要组成。
</td></tr>
</table>

(二)建设贵州民族文化休闲步道

贵州民族众多，民族文化丰富多彩。通过建设贵州民族文化休闲步道，把贵州的古村、古寨、古镇、文化遗产地、文化生态保护区等串联起来，为公众提供一个感受、体验贵州民族文化的步道。

专栏：贵州民族文化休闲步道建设重点
贵州民族文化休闲步道。积极在全省开展融会贯通的贵州民族文化休闲步道建设。到 2020 年和 2025 年，分别建成贵州民族文化休闲步道 4000km 和 8000km。

第五节 森林生态文明建设

通过强化生态文明教育场所建设，强化生态标识系统建设，强化全面义务植树行动，强化全民自然教育推进，强化宣传教育活动推进，强化生态文化研究推广，着力传播生态文化，推动贵州生态文明建设。

一、强化生态文明教育场所建设

依托森林公园、山体公园、植物园、地质公园、湿地公园、风景名胜区和自然保护区等自然游憩地，以生态特色场馆为核心，积极建设文化生态保护区，因地制宜地建设能够展示地方生态文化特色、功能实用、适合开展生态文化宣教活动的各类生态文明教育场所。

专栏：强化生态文明教育场所建设重点
户外自然体验场所。在城区及城市近郊地区自然游憩地，如综合公园、植物园、城市湿地公园、城市绿道、山体公园等，开辟建设以科普教育、自然体验为主题的园区或步道，并配备多样化的自然体验设施或场地，如森林浴场、观鸟屋、芳香植物园等，鼓励公众走向自然、感受自然和体验自然。 生态特色场馆。建设森林博物馆、湿地博物馆、湿地宣教馆、生态文化主题馆等生态科普宣教场馆。实施生态博物馆建设。积极建设湄潭茶文化、印江合水传统造纸、乌当渡寨等生态博物馆。在自然生态环境整体保护较好、具有民族传统文化典型特征和代表性的民族村寨，建设非物质文化遗产生态博物馆和村寨博物馆。 文化生态保护区。积极开展文化生态保护区建设，重点建设以苗族、布依族、侗族、彝族、水族、土家族等民族为主的文化生态保护区，推进六枝特区梭戛苗族、花溪镇山布依族、雷山郎德苗族、黎平肇安侗族、三都水族、江口太平乡土家族等建设省级文化生态保护区。加强黔东南国家级民族文化生态保护实验区建设，推进黔南水族文化、黔西南布依族文化、武陵山(黔东)苗族土家族文化、屯堡文化等国家级文化生态保护区建设。 森林城市大讲堂。全面推广和召开省级、市(州)级和县(市、区)级森林大讲堂。

二、强化生态标识系统建设

遵循"低碳高效、健康宜居"理念，科学制定森林城市生态标识系统总体规划和实施方案，建立完整的生态标识系统，通过森林城市生态标识系统科学规划与建设，全面提升生态标识在传承生态文化、传播生态理念、凝聚生态力量、完善生态服务等方面的功能，切实增强森林城市的文化品格和惠民水平，促进大地植绿与心中播绿两大建设目标的实现。

森林城市生态标识系统主要包括森林城市整体 LOGO 形象系统、森林城市生态科普标识系统、森林城市生态导向标识系统、森林城市建设成就标识系统、森林城市建设工程标识系统。

专栏：强化生态标识系统建设重点

森林城市整体 LOGO 形象系统。创建森林城市 LOGO，创建森林城市标语、口号，森林城市形象标识应用和推广 3 个小类。

森林城市生态科普标识系统。依据不同类别不同，森林城市生态科普标识系统建设内容包括以下主题：城市森林与创森、森林基础知识、森林生态功能、植物知识、湿地知识、森林政策与文化、地方生态旅游和地方特色文化。

森林城市生态导向标识系统。森林城市生态导向标识系统以城市绿地、各类公园和城乡绿道等生态服务设施为节点，设计制作具有指示标志功能，方便广大人民群众亲近自然、接受生态教育的森林城市生态导向标识体系。森林城市生态导向标识系统包括地图类生态导向标识、指向类生态导向标识 2 个小类。

森林城市建设成就标识系统。系统展示森林城市自创建以来在生态、社会和经济方面取得的巨大成就。

森林城市建设工程标识系统。对所有的森林城市建设工程和项目，采用统一的标识系统，让大众一看就知道那些工程项目是为森林城市建设服务的。

生态标识系统建设。国家森林城市和省级森林城市完成森林城市生态标识系统规划和建设工作。

三、强化全面义务植树行动

开展全民义务植树是推进国土绿化，传播生态文化，建设生态文明的重要举措。各级政府要把组织专业队伍与发展全民植树结合起来，动员和引导社会力量参与造林绿化。推广碳汇造林、纪念林、门前绿化、购买碳汇、认种认养等义务植树尽责形式，提高义务植树参与度和尽责率。

继续深入推进"e 绿黔行"贵州互联网+全民义务植树活动，深入贯彻落实习近平总书记强调的"参加义务植树是每个公民的法定义务。要创新义务植树尽责形式，让人民群众更好更方便地参与国土绿化"。

专栏：强化全面义务植树建设重点

创新参与形式。开展各种形式的义务植树活动，或通过以资代劳、购买碳汇等义务植树尽责形式，倡导和组织社会各界参与植树造林、森林保育活动。

互联网+全民义务植树。继续深入推进"e 绿黔行"贵州互联网+全民义务植树活动，2018~2020 年，每年筹集 1 亿元资金，用于植树造林，减少水土流失，治理土地石漠化，发展林业产业，帮助贫困群众脱贫致富。

四、强化全民自然教育推进

依托自然教育基地和场所，大力推动全民自然教育工作，丰富森林城市生态文化内涵，特别是为城市少年儿童提供良好的户外学习条件，吸引更多的教师、学生走出课堂，亲近自然，帮助其了解和认知自然，从而激发其对大自然积极情感，促进城市少年儿童的身心健康发展，增强环境保护意识，帮助树立正确的生态伦理观。

全面推进大中小学生生态文明教育，定期或不定期开展形式多样的生态文明知识教育活动。

> **专栏：强化全民自然教育建设重点**
>
> 　　自然教育精品课程。各单位结合自然资源特色，以植物、动物、土壤、水体等多种自然元素为学习对象，通过自然观察、手工制作、科学探究、游戏体验等教学手段，制定一系列能够满足不同学习者需求和特点的精品课程或活动方案，根据课程设计、教学效果等内容在全省范围内开展精品课程评选活动。
>
> 　　自然教育人才服务体系。一是社会人才走进来，自然公园广泛招募、培训社会志愿者，为志愿者提供自然教育服务平台，促进园区自然教育长期有序开展；二是专业人才走出去，自然公园从事科普教育、科学研究的人员与大、中、小幼各类教育机构开展长期合作，以讲座、课堂教学、户外学习等形式宣传生态文化，普及自然科普知识。规划期末，各森林城市内自然教育基地形成较为完善的人才服务体系。

五、强化宣传教育活动推进

健全古树大树名木保护、保护节日、环境教育等各类生态文化活动体系，创新生态文化传播推广形式，加强生态文化宣传教育工作，营造全社会关心、支持和参与环境保护的良好社会氛围，培育公众环境素养、提高公民环境保护意识。充分利用生态文明贵阳国际论坛，展示贵州森林城市建设成效和生态文明建设成果，广泛深入宣传生态文化。

> **专栏：强化宣传推广活动建设重点**
>
> 　　古树大树名木保护。加大古树大树名木保护力度，反对急功近利，严格制止大树进城。古树大树名木挂牌率达100%，古树大树名木保护率达100%。
>
> 　　宣传推广平台。利用网络媒体、手机媒体等新媒体形式进行科普知识宣教，以环境保护相关节日、纪念日、主题日为契机，开展各类宣教活动，传播生态文化理念。
>
> 　　特色生态文化传承。通过持续开展古树名木保护、市树市花评选等富有森林城市特色的生态文化活动，传承地方历史文化，切实激发人民群众的文化和精神认同感。
>
> 　　生态文明论坛。定期组织召开生态文明贵阳国际论坛，充分发挥论坛国际咨询会等作用，探索实施会员制，建立论坛战略合作伙伴和议题合作伙伴体系。

六、强化生态文化研究推广

生态文化的深入研究和成果推广，是传播生态文化和提高生态文明建设科学化水平的关键。要积极会同有关部门，加强生态文化建设的战略规划、制度机制、对策举措等研究，形成一批有较高学术价值和实践指导意义的研究成果，为推进生态文明建设提供强大的理论支撑和思想支持。整合高校和科研院所资源，深入开展生态文化理论研究，注重挖掘有贵州特色的森林文化、民俗文化、传统农耕文化以及茶文化、竹文化中丰富的生态思想。要加大生态文化科研投入，促进生态文化学科体系的建设，培养生态文化研究的高层人才，为加强生态建设和保护，实现经济与生态双赢、人与自然和谐共生奠定坚实基础。

同时，组织专家编写生态文化系列图书、森林城市宣传册等，宣传普及生态知识、弘扬生态文化、转变生活方式，形成尊重自然、保护自然、爱护自然的社会氛围。

第三十章　建设重点

第一节　"一核"建设重点

黔中森林城市群绿色发展核包括贵阳市、遵义市、安顺市、毕节市和黔南州5个市(州)，重点开展我国中西部的森林城市群建设试点示范，定位于构建健康稳定的黔中城市群森林生态系统，包括城市之间和城市内稳健的森林生态系统。

重点构建以乌江、涟江、清水江、赤水河、鸭池河、三岔河、六冲河为主体的城市群生态廊道，串联城市群内森林公园、湿地公园、自然保护区、风景名胜区等生态保护红线管控区域，有机连接绿地、公园、河湖湿地、农田植被等生态斑块。

率先在核心经济圈建设"一环五射"生态廊道，加强江河水生态系统保护与修复，开展饮用水源地生态隔离带和防护带建设，开展滨河带、重点湖库及小流域修复，重点建设生态护岸林，在廊道沿线打造防护林景观带、湿地景观、堤坝景观和文化景观。

重点依托大娄山、乌蒙山、苗岭、雷公山及自然丘陵、山体，构建城市群生态隔离带。

重点加强贵阳、遵义、安顺、毕节和黔南州等城市森林城市建设，扩大现有生态空间和环境容量，加强城市群生态空间的连接，提高城市群生态涵养空间，优化城市群发展格局，提高城市生态承载力，提升城市群的核心竞争力，为我国中西部的森林城市群建设积累经验和提供示范。

第二节　"两带"建设重点

一、乌江经济走廊森林城市支撑带建设重点

涉及贵阳、安顺、铜仁和黔南州4个市(州)的25个县(市、区)。以长江经济带国家战略的重要组成——乌江经济走廊战略为基础，重点建设定位于提供乌江经济带和长江经济带战略的生态支撑。

重点是以乌江生态廊道为核心，串联区域内森林公园、湿地公园、地质公园、自然保护区、风景名胜区等生态保护红线管控区域，有机连接绿地、公园、河湖湿地、农田植被

等生态斑块。

重点加强乌江沿江森林城市建设，加强城市之间包括水网、路网以及野生动物通道在内的生态廊道建设，加强城区水网、道路林网为骨架的生态绿廊和景观廊道建设，注重河库湿地保护与修复，构建以森林为主体的沿江绿色生态屏障。

二、贵广高铁经济带森林城市防护带建设重点

涉及贵州的贵阳市、黔南州和黔东南州3个市(州)。以贵广高铁经济带区域发展战略为基础，重点建设定位于保护贵广高铁经济带区域战略发展区的生态空间。

重点是结合地域资源条件，采用适宜模式，加大城市内外宜林地造林增绿，加强环城防护林和生态隔离带建设，开展各具特色的森林城市建设，构筑以森林为主体的生态防护屏障，积极建设高铁沿线生态廊道。

积极挖掘自身文化内涵和特色，积极开展生态文化的传播，建设以生态文化为内涵的自然教育和科普宣传基础设施。

第三节　"三区"建设重点

一、森林城市优化提升区建设重点

重点是启动森林城市建设规划修编工作，全面推进森林乡镇、森林村寨和森林人家建设，形成多级别、多层次的森林城市建设体系。

重点要加强森林城市的后续维护管理，确保森林城市各项指标随着城市规模的不断扩大也能达标甚至不断提升。加强生态科普和自然教育，充分展示各自城市特色。加强生态科普教育基地等生态服务设施建设，提升城市森林的综合惠民能力。加强森林城市的生态服务功能。

通过积极建设森林公园、湿地公园、石漠公园、风景名胜区等休闲游憩绿地，不断拓展生态游憩空间，建设休闲绿道系统，进一步提升城市的生态服务能。加强森林城市建设和发展的评价和总结，为全省森林城市建设和发展积累经验、开创模式和提供示范。

二、森林城市拓展培育区建设重点

要加快推进森林城市体系建设。积极引导该区域城市积极申报省级城市和国家森林城市，加快推进森林乡镇、森林村寨和森林人家建设。

要大力拓展绿色空间。结合乌江经济走廊和贵广高铁经济带发展战略，在政策、资金上加大重点地区森林城市建设，扩大环境容量和生态空间，增加城市内森林绿地面积。

要大力提升森林景观质量。通过实施森林质量精准提升和低效林改造，加强森林经营，提高森林质量，提升森林景观，构建健康稳定的森林生态系统。

要注重保护古树大树名木、风水林、风景林，传承乡村自然景观风貌。充分发挥森林、湿地等生态系统服务功能，增强生态产品生产能力。

要加强森林城市建设与精准扶贫、乡村振兴和生态旅游的结合。形成贵州森林城市大

力推进的培育发展区域。

三、森林城市典型推动区建设重点

要大力开展森林城市宣传工作。各级政府要大力开展森林城市宣传工作，提高全社会的生态保护和森林城市建设意识，使森林城市建设获得社会大众的普遍支持。

重点选择资源条件和社会经济条件相对较好的县(市、区)优先启动省级森林城市、森林乡镇、森林村寨和森林人家建设，引领区域森林城市的建设和发展，在条件成熟后，再往国家森林城市方向发展。

要积极改善城市人居环境。根据不同城市的自然条件和社会经济条件，因地制宜、分区分类指导，积极开展城市内片林和绿道建设，增加城市内森林绿地面积，加强城乡绿色通道建设，形成城乡一体的绿化建设局面。

重点要逐步形成贵州森林城市重点推动、建设难点重点突破的区域。

第四节　重点建设抓手

一、重点保护现有森林资源

始终牢记、坚决贯彻习近平总书记守住发展和生态两条底线的重要指示，牢固树立"保护生态环境就是保护生产力，改善生态环境就是发展生产力"的理念，进一步加强对现有森林资源的保护。继续大力推进退耕还林、封山育林、植树造林、天然林保护等重点生态工程，采取有力措施进一步扎实推进森林保护"六个严禁"专项行动，坚决打击破坏森林资源的各种违法犯罪活动。通过严格执法、联动执法、持续执法，切实守住生态保护红线，切实保护贵州绿水青山，为贵州森林城市发展和多彩贵州公园省建设，为贵州后发赶超、加快全面小康建设提供生态保障。

专栏：重点保护现有森林资源目标

林地保有量。到 2020 年和 2025 年，林地保有量不低于 1.32 亿亩。
林地覆盖率。到 2020 年和 2025 年，森林覆盖率分别达到 60% 和 62% 以上。

二、重点提高森林风景质量

一方面，积极开展低产低效林改造和人工林的近自然改造，着力加强中幼林抚育，坚持实行封山育林政策，不断加大林木良种繁育与推广力度，不断提高林分质量。另一方面，大力建设乡村风景林和多彩森林，提高森林风景资源质量。为多彩贵州公园省建设奠定坚实的资源条件。

采取"宜封则封、宜补则补、宜改则改、宜造则造"的模式，因地制宜开展乡村风景林建设，鼓励种植绿化效果好、生存寿命长、生态文化底蕴深厚的乡土树种。

多彩森林的建设，需要在城乡绿化过程中，常绿树种与落叶树种比例应确保在合理比例；合理增加彩叶植物、开花植物的使用，增加林带色彩。采取针阔混交、乔灌结合的复层结构，建设以高大乔木为主体，乔、灌、花、草、藤复层结构的森林景观，形成"一路一花、一路一景"的效果。在苗木栽植、花期搭配上，会更注重整体美观和协调，注重林带季相变化，体现多品种、大色块、大景观、大绿量，力争达到"四季有彩，冬季有绿"的景观效果。

专栏：重点提高森林风景质量目标

造林树种良种使用率。到 2020 年和 2025 年，重点工程项目主要造林树种良种使用率达到 85% 和 95% 以上。

彩叶树种比例提升。到 2020 年和 2025 年，彩叶树在城乡绿化中的使用比例分别达 15% 和 20% 以上。

三、重点恢复喀斯特森林系统

在深入研究分析喀斯特地区森林生态系统不同恢复阶段植被演替过程、群落结构及其环境约束基础上，合理筛选对喀斯特困难立地适应性强的乡土造林树种，例如冰脆李、清檀、南酸枣、榆树等，采取模拟乡土生态系统的方法，结合封山育林、石漠化综合治理等工程，积极恢复喀斯特森林生态系统，体现贵州森林城市建设的生态特色。

四、重点提升弘扬生态文化

在严格保护现有文化遗产地、文化生态保护区、传统村落等生态文化传承载体和非物质文化的基础上，深入挖掘蕴含在贵州大地上的生态文化，并辅以合适的载体和形式，例如各类公园、生态标识系统等，与时俱进地展现、传承和提升、弘扬生态文化，体现贵州森林城市的文化特色。

五、重点满足群众生态需求

大力推动森林进城、森林环城，积极做好城区绿化，满足城区居民对美好生态环境的需求。大力推进城乡间绿化、乡村绿化，满足农村居民对美好生态环境的需求。大力推进山水林田湖草城综合治理，积极拓展绿色生态空间、休闲绿道、步道系统、森林康养基地、绿色共享程度，满足人民群众对美好生活的需求。

第三十一章　保障措施

第一节　加强组织领导

坚持政府高位推动，将森林城市的创建活动以贵州省人民政府文件或办公厅文件的形式下达到县(市、区)人民政府和省政府各部门。将森林城市建设纳入地方政府的重要议事日程，加强组织领导，健全管理体制，明确分工，落实责任。建立健全组织领导机制，强化对森林城市建设的统一组织、统一规划、统一协调、统一建设和统一管理，加强对森林城市建设的人力、物力、财力支持。建立部门协调合作机制，协调相关部门各司其职、各负其责，强化管理运行机制方面的保障，形成森林城市建设合力。

第二节　加强政策制度保障

开展森林城市建设，是落实中央的决策部署，是推动生态文明建设的重要抓手，各级政府要结合本地条件，出台系统的配套政策，将森林城市建设作为新型城镇建设中公益性、基础性工程加以整体推进。将森林城市建设纳入地方国民经济与社会发展规划和城镇化建设发展规划，构建贵州森林城市建设的城乡一体化机制，出台相关政策。研究制定森林城市建设重大项目管理办法，制定鼓励政策，对森林城市建设提供相应的税收优惠和政策倾斜。建立健全生态资源培育机制、生态工程先建后补机制，建立健全森林资源管护机制、森林和湿地生态效益补偿机制、生态保护红线保护机制、自然生态系统及野生动植物保护和修复激励机制、自然资源资产审计问责机制。构建良好的全民参与机制。

第三节　提高资金投入

积极拓展森林城市建设筹资渠道，努力构建多渠道、多层次、多形式的森林城市建设资金投入体制，采取以政府财政投入为主、各级财政分级负责，社会资金广泛参与、创新投融资机制的模式，大力开展绿色金融推动。将森林城市建设纳入公共财政重点支持项目，积极争取中央及省级资金支持。地方各级财政都要加大对森林城市建设的投入，每年安排专门用于森林城市建设的资金。把城市森林建设作为城市生态基础设施建设的重要内容，包括乡村绿化在内的建设资金和日常管护有保障并纳入政府公共财政预算。各级财政要制定奖励和补贴、补偿政策，对森林城市创建进行补贴，对获得国家森林城市称号的给予奖励。鼓励社会各界积极投资和捐助，采取 PPP 和 BOT 等模式参与森林城市建设。

第四节　提高科技支撑

加强基础科学研究和实用技术研究，依托中国科学院、中国林科院、北京林业大学和贵州本省的科研院所等科研院所联合组建贵州省森林城市研究中心和定位观测研究站，积极解决森林城市建设中的理论和技术问题。制订符合地方实际的城市森林营造、管护和更新等技术规范和手册。加强森林城市信息化建设，建立起森林城市数据平台。加强先进技术的推广应用和科研成果的转化成效，鼓励林业技术推广人员以技术入股等多种利益联结机制的方式，参与企业和农村专业合作组织的生产经营活动。支持林业技术人员应用研究成果创新创业，加快林业科技成果加快转化应用，提升林业科技对林业产业发展的科技贡献率。积极开展与国家林业和草原局森林城市监测评估中心、国家林业和草原局森林城市研究中心的合作，加强其对贵州森林城市发展的科技支撑作用。

第五节　强化人才队伍建设

加强专业人才队伍建设。采取"引进来、走出去"相结合的形式，大力引进森林城市建设的急需人才，改善林业科技人才结构，提高林业科技和管理的整体水平。健全激励机制，吸引国内外森林城市建设相关领域专业人才参与贵州森林城市发展和建设，积极与国内外高等院校和科研院所建立良好的合作关系。加大人才开发力度。建立一套行之有效的人才竞争、培训和引进机制。强化管理人员和技术人员的培训，制定切实可行的培训计划，加强对林业科研人员和林业科技推广人员的培训和继续教育，抓好专项技术培训，加速人才交流，做好科技人员的知识更新工作，提高人才队伍的技术水平和业务能力。加强各类林业人才教育培训基地建设，为各类林业人才培养基地提供必要的政策扶持。全面加强人才培训，组织县(市、区)林业局局长、乡镇林业工作站站长，进行现代林业科技和生态文化建设轮训，建立起稳定的人才队伍，提高专业化建设管理水平。

第六节　强化绿化用地保障

将森林城市建设纳入国土空间规划体系，进一步优化国土开发格局，规范国土开发秩序，优化生产、生活、生态空间。根据森林城市建设总体规划，每年安排配套用地计划用于森林城市项目建设，严格落实节约集约用地政策，加大造林绿化土地供给力度。充分利用城区有限的土地增加森林和绿地面积，特别是要将城市因功能改变而腾退出来的土地优先用于造林绿化。

第七节　完善监测评估体系

开展城市森林资源和生态功能监测，掌握森林资源的变化动态，核算城市森林的生态功能效益，为建设和发展城市森林提供科学依据。完善森林城市发展监测评估体系，开展森林城市建设监测评估，加强监测体系建设和技术规程制定，实现监测与评估的常态化和规范化，实行定期报告制，适时发布《贵州省森林城市发展年度白皮书》。构建完善的森林城市管理平台，对森林城市实行动态检查评估，同时制定评估考核机制，形成定期考核机制，做好档案管理，针对监测评估中不合格的，要制定科学合理的森林城市建设整改方法和措施，确保森林城市建设的质量和成效。

第八节　完善国际交流合作

依托生态文明贵阳国际论坛，增加森林城市分论坛，举办贵州森林城市国际论坛。促进森林城市建设新理念、新模式和新实践的对话与合作，分享各国建设森林城市的成功经验。开展一定规模和层次的森林城市国际考察活动，学习国外的先进技术和管理经验。

第九节　强化职责和考核

本规划是贵州森林城市发展和建设的战略性和基础性规划，省人民政府有关部门和县级以上地方人民政府应根据本规划调整完善区域政策和相关规划，健全法律法规，明确责任主体，严格落实责任，采取有力措施，切实组织实施。

各级人民政府应成立森林城市建设工作领导小组及其办公室，政府分管领导担任组长，相关职能部门为成员，林业部门统筹推进。

充分调动各方积极性，形成全民参与、全社会动员、全方位推进的良好工作格局。省林业局负责全省森林城市建设的组织协调工作，加强对各地的督促和检查。发改、财政、农业农村、水利、生态环境、交通、住建、教育等部门（单位）根据职责职能加强支撑保障，做好森林城市建设相应工作，切实加强档案收集管理工作。

参考文献

吴征镒，王荷生．中国自然地理——植物地理（上册）[M]．北京：科学出版社，1983．

吴志康，等．贵州鸟类志[M]．贵阳：贵州人民出版社，1986．

伍律，董谦，须润华．贵州两栖类志[M]．贵阳：贵州人民出版社，1986．

吴志康，等．贵州鸟类志[M]．贵阳：贵州人民出版社，1986．

魏刚，徐宁．贵州两栖动物区系及地理区划研究[J]．动物学研究，1989，10(3)：241-249．

伍律．贵州鱼类志[M]．贵阳：贵州人民出版社，1989．

王义文．城市森林的兴起及其发展趋势[J]．世界林业研究，1992，5(1)：42-49．

王玉玺，张淑云．中国兽类分布名录[J]．野生动物，1993(5)：12-18．

李德俊．贵州药用动物[M]．贵阳：贵州科技出版社，1993．

罗蓉．贵州兽类志[M]．贵阳：贵州科技出版社，1993．

但新球．森林公园的疗养保健功能及在规划中的应用[J]．中南林业调查规划，1994，13(1)：54-57．

吴征镒，等．中国植被[M]．北京：科学出版社，1995．

杨岚，等．云南鸟类志——上卷：非雀形目[M]．昆明：云南科技出版社，1995．

王木林．城市林业的研究与发展[J]．林业科学，1995，31(5)：460-466．

中国科学院中国植物志编辑委员会．中国植物志——被子植物[M]．北京：科学出版社，1996．

刘殿芳．城市森林初探[J]．国土与自然资源研究，1997(3)：47-50．

朱惊毅，方嗣昭，李兴中，等．贵州湿地[M]．北京：中国林业出版社，1998．

乐佩琦，陈宜瑜．中国濒危动物红皮书——鱼类[M]．北京：科学出版社，1998．

魏刚．中国动物志(爬行纲)[M]．北京：科学出版社，1998．

赵尔宓．中国濒危动物红皮书——两栖类和爬行类[M]．北京：科学出版社，1998．

郑光美，王歧山．中国濒危动物红皮书——鸟类[M]．北京：科学出版社，1998．

汪松．中国濒危动物红皮书——兽类[M]．北京：科学出版社，1998．

林忠宁．空气负离子在卫生保健中的作用[J]．生态科学，1999，18(2)：87-90．

刘红玉，赵志春，吕宪国．中国湿地资源及其保护研究[J]．资源科学，1999(6)：34-37．

中国湿地植被编辑委员会．中国湿地植被[M]．北京：科学出版社，1999．

张荣祖．中国动物地理[M]．北京：科学出版社，1999．

蒋志刚．物种濒危等级划分与物种保护[J]．生物学通报，2000，35(9)：1-5．

郑作新．中国鸟类种和亚种分类名录大全[M]．二版．北京：科学出版社，2000．

邬建国．景观生态学——格局、过程、尺度与等级[M]．北京：高等教育出版社，2000．

杨小波，吴庆书．城市生态学[M]．北京：科学出版社，2000．

罗蓉，黎道洪. 贵州兽类物种多样性现状及保护对策[J]. 贵州科学，2001，19(1)：10-16.

何兴元，金莹杉，朱文泉，等. 城市森林生态学的基本理论与研究方法[J]. 应用生态学报，2002，13(12)：1679-1683.

陈宜瑜. 湿地功能与湿地科学研究的方向[J]. 中国基础科学，2002(1)：19-21.

李振宇，解焱. 中国外来入侵种[M]. 北京：中国林业出版社，2002.

杨朝东，熊源新. 贵州湿地藓属 Hyophila(丛藓科 Pottiaceae)植物分布及其新记录[J]. 贵州大学学报(农业与生物科学版)，2002(2)：99-104.

李吉跃，常金宝，韩轶. 21世纪的城市林业：回顾与展望城市森林与生态城市[J]. 国际学术研讨会论文集，2002.

陆元昌，甘敬. 21世纪的森林经理发展动态[J]. 世界林业研究，2002，15(1)：1-11.

赵良平，叶建仁，曹国江，等. 森林健康理论与病虫害可持续控制——对美国林业考察的思考[J]. 南京林业大学学报(自然科学版)，2002，26(1)：5-9.

高岩. 都市绿化树木挥发性有机物释放动态及其对人体健康的影响[D]. 北京：北京林业大学，2002.

洪蓉. 北京植物园有机挥发物的构成及其保健作用[D]. 北京：北京林业大学，2002.

吴征镒. 世界种子植物科的分布区类型系统[J]. 云南植物研究，2003，25(3)：245-257.

蒋志刚，樊恩源. 关于物种濒危等级标准之探讨——对 IUCN 物种濒危等级的思考[J]. 生物多样性，2003，11(5)：383-392.

王雁，彭镇华，王成. 21世纪国内外城市林业发展的趋势[J]. 林业科学研究，2003，16(6)：748-753.

高锦明. 植物化学[M]. 北京：科学出版社，2003.

袁军，吕宪国. 湿地功能评价研究进展[J]. 湿地科学，2004(2)：153-160.

陈谦海. 贵州植物志[M]. 贵阳：贵州科技出版社，2004.

张礼安，李明晶. 贵州省森林和野生动物及湿地类型自然保护区[M]. 贵阳：贵州科技出版社，2004.

周洲，谢锋，江建平，等. 两栖动物种群衰退研究进展[J]. 应用与环境生物学报，2004，10(1)：128-132.

杨岚，杨晓君，等. 云南鸟类志——下卷：雀形目[M]. 昆明：云南科技出版社，2004.

李海梅，何兴元，陈玮. 中国城市森林研究现状及发展趋势[J]. 生态学杂志，2004，23(2)：55-59.

温银娥. 城市森林营建技术研究——以上海市为例[D]. 南京：南京林业大学，2004.

蔡元才，陈河丽，毕克德. 树立森林健康理念，实现病虫害可持续控制[J]. 中国森林病虫，2004(4)：42-44.

Davis P. 芳香宝典[M]. 北京：东方出版社出版，2004.

杭维琦，薛光璞. 南京市环境空气中挥发性有机物的组成与特点[J]. 中国环境监测，2004.

张立，William J. Mitsch，程颂. 湿地功能与重建[J]. 四川林业科技，2005(1)：39-41.

严承高，张明祥. 中国湿地植被及其保护对策[J]. 湿地科学，2005(3)：210-215.

费梁，叶昌媛，江建平，等. 中国两栖动物检索及图解[M]. 成都：四川科学技术出版，2005.

俞孔坚，李迪华，韩西丽. 论"反规划"[J]. 城市规划，2005，29(9)：64-69.

殷欧. 上海现代城市森林建设与管理对策研究[D]. 杭州：浙江大学，2005.

高岩，金幼菊，李海东，等. 5种针叶植物的挥发物的成分及其他们的抑菌作用[J]. 植物学报，2005，47(4)：499-507.

彭镇华. 中国城市森林建设理论与实践[M]. 北京：中国林业出版社，2006.

吴楚材. 植物精气研究[M]. 北京：中国林业出版社，2006.

戴建兵，俞益武，曹群．湿地保护与管理研究综述[J]．浙江林学院学报，2006(3)：328-333．

颜俊．中国湿地生物多样性资源的保护及其可持续开发[J]．贵州教育学院学报，2006(2)：89-93．

费梁，胡淑琴，叶昌媛，等．中国动物志两栖纲(上卷)[M]．北京：科学出版社，2006．

谢锋，刘惠宁，Simon N Stuart，等．中国两栖动物保护需求总述[J]．中国科学C辑，2006，36(6)：570-581．

陆元昌．近自然森林经营的理论与实践[M]．北京：科学出版社，2006．

吴楚材，吴章文，罗江滨．植物精气研究[M]．北京：中国林业出版社，2006．

国家林业局．国家森林城市评价指标[J]．中国城市林业，2007，5(3)：7-8．

韩建军，王海珠．创建国家森林城市成都演绎城乡和谐——成都建设森林城市促进城乡统筹发展纪实[J]．中国城市经济，2007(5)：46-51．

杨奇森，岩崑．中国兽类彩色图谱[M]．北京：科学出版社，2007．

魏刚，徐宁，张国防，等．贵州大沙河自然保护区两栖爬行动物多样性研究[J]．四川动物，2007(2)：347-350．

徐宁，高喜明，武孔云，等．贵州省8个自然保护区爬行动物分布[J]．动物学杂志，2007，42(3)：106-113．

徐宁，魏刚．贵州柏箐喀斯特台原森林自然保护区两栖动物研究[J]．四川动物，2007(2)：350-354．

徐宁，曾晓茂，傅金钟．拟小鲵属(有尾目：小鲵科)——新种记述[J]．动物分类学报，2007，32(1)：230-233．

童丽丽．南京城市森林群落结构及优化模式研究[D]．南京：南京林业大学，2007．

李慧卿，江泽平，雷静品，等．近自然森林经营探讨[J]．世界林业研究，2007，20(4)：6-11．

雷静品，李慧卿，江泽平．在我国实施近自然森林经营的分析[J]．世界林业研究，2007，20(5)：63-67．

张树仁，袁军，张明祥，等．中国常见湿地植物[M]．北京：科学出版社，2008．

陈继军，谢镇国．贵州雷公山国家级自然保护区兽类调查[J]．凯里学院学报，2008，26(6)：92-95．

李松，田应洲，谷晓明．瘰螈属(有尾目，蝾螈科)——新种[J]．动物分类学报，2008，33(2)：410-413．

李松，田应洲，谷晓明，等．瘰螈属新种——龙里瘰螈(有尾目：蝾螈科)[J]．动物学研究，2008，29(3)：313-317．

徐宁，高喜明，江亚猛，等．贵州省8个自然保护区两栖动物分布研究[J]．四川动物，2008，7(6)：1165-1168．

周光辉，周学武，但新球，等．现代林业建设的基础理论与应用[J]．中南林业调查规划，2008(1)：1-5．

彭舜磊．秦岭火塘林区森林群落近自然度评价及群落生境图绘制方法研究[D]．陕西：西北农林科技大学，2008．

高泽兵．基于RS技术的森林资源动态变化和近自然度评价研究——以火塘林场为例[D]．陕西：西北农林科技大学，2008：52-58．

周立江．森林健康内涵及评价指标探讨[J]．四川林业科技，2008，29(1)：24-27．

陈静．森林旅游品牌创建初探——以森林人家为例[J]．林业勘察设计，2008(2)：39-43．

吴章文，吴楚材，谭益民，等．生态旅游区生态环境本底条件研究[J]．中南林业科技大学学报，2009，29(5)：14-19．

但新球，吴后建．湿地公园建设理论与实践[M]．北京：中国林业出版社，2009．

杨华，马继侠．人工湿地在农业面源污染治理中的应用[J]．工程建设与设计，2009(10)：66-70.

李正友，李建光，杨兴，等．贵州省主要经济鱼类种类及开发应用前景[J]．贵州农业科，2009，37(10)：142-145+148.

彭祚登，王小平．北京森林健康经营实践及其借鉴作用[J]．林业科技开发，2009，23(1)：32-35.

蒋文伟，李燕．周国模提出通过城市森林建设低碳城市[J]．浙江林学院学报，2009(4)：466.

李丹，姜志武，吴金林．福建森林人家发展的问题与对策[J]．林业经济问题，2009，29(1)：51-55.

杜枫．从园林城市到森林城市[J]．走向世界，2010(9)：32-35.

吕咏，陈克林．中国湿地与湿地自然保护区管理[J]．世界环境，2010(3)：25-28.

匡其羽，张朝晖．贵阳市南明河河流湿地苔藓植物初步调查[J]．贵州师范大学学报(自然科学版)，2010(4)：75-78.

管毓和．湿地保护与生计替代[J]．世界环境，2010(3)：29-31.

袁旸旸．贵州草海湿地水花生疯长危害及控制对策[J]．农技服务，2010(5)：598-599.

陈文汇，刘俊昌，谢屹，等．国内外野生动植物保护管理与统计研究[M]．北京：中国林业出版社，2010.

魏刚，徐宁，张景涿．贵州望谟苏铁自然保护区爬行动物调查报告[C]．贵州望谟苏铁自然保护区科学考察集，贵州科技出版社，2010.

祝宁．城市森林的近自然林经营技术方案．东北林业大学学报[J]．2010，38(3)：108-110.

蒋万杰，杜连海，吴记贵，等．北京松山国家级自然保护区森林健康经营研究[J]．安徽农业科学，2010，38(2)：982-984+1042.

朱建军，李秀芬，张智奇，等．城市森林碳汇功能与低碳经济探讨[J]．上海农业学报，2010，26(4)：57-59.

张庆文．森林人家植物造景的运用思路[J]．福建林业，2010(3)：26-28.

林凤珠．长乐闽山水森林人家景观特色构思探讨[J]．安徽农学通报，2010，16(16)：108-111.

但新球，但维宇．森林城市建设：理论、方法与关键技术[M]．北京：中国林业出版社，2011.

李新平，李文龙．森林城市的研究进展[J]．山西林业科技，2011，40(2)：33-36.

叶智．中国城市森林建设理念与实践[J]．林业经济，2011，33(12)：18-21.

耿国彪．创建森林城市 构建幸福家园——访国家林业局党组成员、中纪委驻国家林业局纪检组长陈述贤[J]．绿色中国，2011(10)：12-17.

王辰，王英伟．中国湿地植物图鉴[M]．重庆：重庆大学出版社，2011.

邓琳君．贵州省湿地保护立法评析[J]．贵州民族学院学报(哲学社会科学版)，2011(3)：37-40.

孙毅，王铁良，单鱼洋．湿地对重金属镉、铬、砷的去除效果[J]．贵州农业科学，2011(8)：209-211+215.

魏刚，郭鹏，徐宁，等．贵州省蛇类新记录——孟加拉眼镜蛇[J]．贵州农业科学，2011，39(1)：173-176.

吴苏民．锦屏林业契约考析[J]．贵州民族研究，2011，32(3)：141-144.

刘国卿．延平区上洋村"森林人家"可持续发展研究[J]．太原师范学院学报(自然科学版)，2011，10(3)：133-135.

裘晓雯．关于构建"森林人家"旅游品牌的若干思考[J]．武夷学院学报，2011，30(4)：19-22.

周维，但维宇，吴照柏，等．森林城市的低碳措施规划探讨——以安徽池州为例[J]．中南林业调查规划，2012，31(3)：53-56.

董金凯，贺锋，肖蕾，等．人工湿地生态系统服务综合评价研究[J]．水生生物学报，2012(1)：109-118.

贵州省统计局. 贵州统计年鉴2012[M]. 北京：中国统计出版社，2012.

张珍明，张清海，林绍霞，等. 贵州草海湖湿地水体污染特征及污染因子分析研究[J]. 广东农业科学，2012(20)：183-187.

邓琳君，吴大华. 贵州省湿地生态补偿立法刍议[J]. 贵阳市委党校学报，2012(4)：14-17.

齐建文，李矿明，黎育成，等. 贵州草海湿地现状与生态恢复对策[J]. 中南林业调查规划，2012(2)：39-40+56.

段素明，黄先飞，胡继伟，等. 人工湿地研究进展[J]. 贵州农业科学，2012(3)：211-216.

王义，黄先飞，胡继伟，等. 湿地价值评估研究进展[J]. 广东农业科学，2012(1)：146-150.

陈国栋. 花溪湿地公园建设中的问题探讨[J]. 重庆科技学院学报(社会科学版)，2012(11)：82，92.

冯银，但维宇，张合平，等. 城市森林健康：定义·内涵·特征[J]. 中南林业调查规划，2012，31(1)：57-60.

李卿. 森林医学[M]. 北京：科学出版社，2013.

李相兴. 当代贵州少数民族民居建筑文化变迁特点研究[J]. 安徽农业科学，2013，41(10)：4471-4473，4529

项锡黔，徐浩，杨安迪. 贵州侗族代表性服饰的文化内涵探析[J]. 贵州大学学报·艺术版，2013，27(3)：104-110.

崔海南. 城市带状绿地植物配置模式的降噪效应研究[D]. 天津：天津大学，2014.

史贤琴. 贵州布依族石板民居的美学符号[J]. 安顺学院学报，2014，16(6)：83-85.

张超 贵州傩戏面具的形式语言浅析[J]. 贵州大学学报·艺术版，2014，28(2)：107-106.

范波. 贵州少数民族森林文化初探[J]. 贵州民族研究，2014，35(12)：119-122.

岸本美绪. 贵州山林契约文书与徽州山林契约文书比较研究[J]. 张微译. 原生态民族文化学刊，2014，2(6)：71-79.

龙泽江，张清芳. 清代贵州清水江苗族土地契约的计量分析[J]. 农业考古，2014，3(1)：181-185.

程红. 试论基于生态文明建设的国家森林城市创建[J]. 北京林业大学学报(社会科学版)，2015，14(2)：17-20.

王文波，姜喜麟，田禾. 国家森林城市创建中的若干问题探讨[J]. 森林工程，2015，31(4)：13-17.

让森林走进城市 让城市拥抱森林[N]. 莱芜日报，2015-10-22(002).

刘薇. PPP模式理论阐释及其现实例证[J]. 改革，2015(1)：78-89.

王亚琼，张兴奇，孙美欣，等. 贵州毛南族原生态传统体育文化的调查与研究[J]. 黔南民族师范学院学报，2015，35(3)：93-97.

陈国安. 贵州少数民族传统生态理念初探[J]. 贵州文史丛刊，2015，2(1)：24-29.

刘鹤. 论贵州民族红色文化研究的发展路径[J]. 遵义师范学院学报，2015，17(12)：1-5.

刘卫东. "一带一路"战略的认识误区[J]. 国家行政学院学报，2016(1)：30-34.

国家发展改革委. 中原城市群发展规划[S]. 2016.

陈月巧，张慧萍. 浅析贵州的耕牛崇拜文化[J]. 凯里学院学报，2017，35(2)：18-22.

Boulding Kenneth E. The Economics of the Coming Spaceship Earth. In：Henry Jarrett. Environmental Quality in a Growing Economy[M]. Baltimore：John Hopkins University Press，1966.

Sturm K. Die Nattirlichkeit zweier Forstorte sidosflich Hannovers，Beitrage zllrNaturkunde Niedersachsells，1984，S. 158-166.

Wei Gang，Ning Xu，De-jun Li，1989 A primary study on the amphibian fauna and geographic division in Guizhou Province. In Matsui，M，Hikida，T and Richard C Goris（eds.）：Current Herpetology in East Asia，

Kyoto(Japan)：218-221.

Mace G M，Lande R. 1991 Assessing extinction threats：toward a re-evaluation of IUCN threatened species categories[J]. Conservation Biology，5：148-157.

William E R. Ecological footprints and appropriated carrying capacity：what urban economics leaves out[J]. Environment. 1992，(4)：121-130.

Bachmatm P. Lektionskriptder Forsteinrichtung undWaldwachstum. ETH Zentrum，CH-8092 Ztirich，1999.

Hilton-Taylor C，Mace GM，Capper DR，et al. 2000 Assessment mismatches must be sorted out：they leave species at risk[J]. Nature，404：541-541.

Wei Gang，Bin Wang，Ning Xu，Zizhong Li，Jianping Jiang*. Morphological evolution from aquatic to terrestrial in the genus Oreolalax(Amphibia，Anura，Megophryidae)[J]. Progress in Natural Science，2009，19：1403-1408.

Wei Gang，Jian-Li Xiong，Mian Hou & Xiao-Mao Zeng*. A new species of hynobiidsalamander(Urodela：Hynobiidae：Pseudohynobius)from Southwestern China[J]. Zootaxa，2009，2149：62-68.

IUCN. 1994 IUCN Red List Categories. IUCN，Gland，Switzerland：1-148.

附录（一） 《贵州省省级森林城市建设标准》（DB52T 1455—2019）

本标准由贵州省林业局提出。

本标准由贵州省林业标准化技术委员会归口。

本标准起草单位：国家林业和草原局森林城市监测评估中心。

本标准主要起草人：吴后建、但维宇、韩郸、刘世好、吴照柏、刘恩林、卢立、何见、程鹏、但新球、曹虹、叶生晶、王昊琼、彭长清、周学武、贺东北、杨帆、刘茜、熊静、章薇。

1 范围

本标准规定了贵州省省级森林城市的术语和定义、总则和指标。

本标准适用于贵州省各县(市、区)申报、建设省级森林城市。

2 规范性引用文件

下列文件对于本文件的应用是必不可少的。凡是注日期的引用文件，仅所注日期的版本适用于本文件。凡是不注日期的引用文件，其最新版本(包括所有的修改单)适用于本文件。

GB/T 15776 造林技术规程

GB/T 15781 森林抚育规程

DB52/T 1198 贵州省森林康养基地建设规范

3 术语和定义

下列术语和定义适用于本文件。

3.1

森林城市 forest city

在城市管辖范围内形成以森林和树木为主体、山水林田湖草相融共生的生态系统，且各项指标达到本标准要求的城市。

3.2

城市森林 urban forest

城区及其周边所有森林、树木及其相关植被的总和。

3.3

省级森林城市 forest city of guizhou province

各项建设指标达到规定标准并经贵州省绿化委员会办公室命名、授牌的城市。

3. 4

市域 administrative region of a city

城市行政管辖的全部地域。

3. 5

城市建成区 urban built-up area

城市行政区内实际已成片开发建设、市政公用设施和公共设施基本具备的地区。

3. 6

郊区 suburban Area

城市建成区以外行政区域。根据它的位置以及同建成区的联系，可分为近郊和远郊两部分。

3. 7

乡土树种 native tree species

本地区天然分布的树种和没有生态入侵的归化树种。

［GB/T37342—2019，定义3.3］

3. 8

森林网络 forestnetwork

各类森林绿地等生态斑块，通过道路、水系、林网等各类生态廊道相互连接，形成片、带、网相结合的森林生态系统。

［GB/T 37342—2019，定义3.4］

3. 9

绿道 greenway

以自然要素为依托和构成基础，串联城乡游憩、休闲等绿色开敞空间，满足行人和骑行者进入自然景观的慢行道路系统。

［GB/T 37342—2019，定义3.5］

3. 10

林荫道路 avenue

树冠覆盖率达30%以上的道路。

［GB/T 37342—2019，定义3.6］

3. 11

受损弃置地 wasteland

因生产活动或自然灾害等原因造成自然地形和植被受到破坏，且已废弃的宕口、露天开采用地、窑坑、塌陷地等。

［GB/T 37342—2019，定义3.7］

3. 12

生态标识 ecological signage

利用图形、信号、记号、符号或标志物阐释生态实体、知识、原理、功能、文化等信息的媒介。

3.13

古树 old tree

指树龄在 100 年以上树木。

[LY/T 2738—2016，定义 3.1]

3.14

名木 notable tree

指具有重要历史、文化、观赏与科学价值或具有重要纪念意义的树木。

[LY/T 2738—2016，定义 3.2]

3.15

大树 big trees

虽未达到古树名木标准，但胸径大于 1 m 的树木。

4 总则

立足县域良好环境资源和森林特色，进行县域森林网络、森林健康、生态福利、生态文化和森林城市建设组织机构等系统建设，建设能满足人民日益增长的美好生活需要，增进居民生态福祉的森林城市。

5 指标

5.1 森林网络

5.1.1 林木覆盖率

市域林木覆盖率达 45% 以上，计算方法见附录 B。

5.1.2 城区绿化覆盖率

城区绿化覆盖率达 30% 以上，计算方法见附录 B。

5.1.3 城市规划区人均公园绿地面积

城市规划区人均公园绿地面积达 $9.0m^2$ 以上，计算方法见附录 B。

5.1.4 城区林荫道路率

城区主干路、次干路林荫道路率达 50% 以上，计算方法见附录 B。

5.1.5 城市重要水源地绿化

城市重要水源地森林植被保护完好，林木覆盖率达到 70% 以上。

5.1.6 乡镇绿化

乡镇建成区绿化覆盖率达 30% 以上，50% 的乡镇建有不少于 $2000m^2$ 的公共绿地。20% 以上乡镇为贵州省森林乡镇。

5.1.7 村寨绿化

村寨林木覆盖率达 30% 以上，60% 的行政村建设 1 处以上公共绿地。

5.1.8 水岸绿化

注重市域内水体沿岸的生态保护和修复，适宜绿化的水岸绿化率达 80% 以上，计算方法见附录 B。

5.1.9 道路绿化

市域内道路绿化应与周边自然、人文景观相协调，适宜绿化的道路绿化率达 80% 以上，计算方法见附录 B。

5.1.10 受损弃置地生态修复

受损弃置地生态修复率达 60% 以上，计算方法见附录 B。

5.2 森林健康

5.2.1 树种多样性

城市森林树种丰富多样，形成多树种、多层次、多色彩的森林景观，城区某一个树种的栽植数量不超过树木总数量的 20%，市树市花除外。

5.2.2 乡土树种使用率

城区、乡镇建成区、农村居民点乡土树种使用率达 80% 以上。计算方法见附录 B。

5.2.3 苗木使用

森林城市建设苗木应具备苗木检疫证、苗木检验证、苗木种子经营许可证、苗木产地标签，不应非法移植大树、古树进城。

5.2.4 生态养护

避免过度的人工干预，增加绿地有机覆盖，实现森林、绿地的近自然管护。

5.2.5 森林灾害防控

建立完善的有害生物和森林火灾防控体系。近三年，森林火灾受害率控制在 1.0‰ 以内，林业有害生物成灾率控制在 2.5‰，林业有害生物无公害防治率达到 90% 以上，主要有害生物常发区监测覆盖率达到 100%。

5.2.6 森林保护

有效保护森林、湿地资源和生物多样性，近三年未发生重大涉林犯罪案件和公共事件。

5.2.7 森林土壤保育

近三年，石漠化区域的石漠化土地面积比例降低 5% 以上；非石漠化区域在水土流失强度不增加情况下，水土流失面积比例降低 5% 以上。

5.3 生态福利

5.3.1 公园绿地服务

公园绿地 500m 服务半径对城区覆盖达 70% 以上，计算方法见附录 B。

5.3.2 生态休闲场所服务

建有森林公园、湿地公园等大型生态休闲场所，10km 服务半径对市域覆盖达 60% 以上，计算方法见附录 B。

5.3.3 绿道网络

市域建有绿道网络，居民每万人拥有的绿道长度达 0.4km 以上，计算方法见附录 B。

5.3.4 森林旅游

市域内具有 1 处以上国家级或者省级森林与湿地保护地，保护地已经开放提供森林生态旅游服务。

5.3.5 森林康养

建成森林康养基地 1 处以上，森林康养基地建设按 DB52/T 1198 执行。

5.4 生态文化

5.4.1 自然教育和科普场所

在市域内各公众游憩地，共设有不少于 5 处面积不小于 100m² 的自然教育和科普场所。

5.4.2 科普活动

开展森林城市主题宣传，每年举办县级活动 5 次以上。

5.4.3 义务植树

（1）组织全民义务植树，创新义务植树形式，开展互联网+全民义务植树、公众参与绿地认建、认养、认管等多种形式的参与活动，建立义务植树登记卡和跟踪制度，并建有 2 处以上义务植树基地。

（2）义务植树基地面积应在 2.0hm² 以上。义务植树基地的建设和管理按 GB/T15776 和 GB/T15781 执行。

（3）义务植树尽责率达 80% 以上，计算方法见附录 B。

5.4.4 古树名木及大树

古树名木及大树都已挂牌（含立碑、立牌）并落实管护责任。

5.4.5 地域文化特色

尊重良好的乡风民俗，保护具有民族特色及传统文化内涵的林木和林地，并按照城市所处的不同地带特点，因地制宜开展多种形式的城乡绿化活动。

5.4.6 生态标识建设

开展森林城市生态标识建设，市域内所有的保护地、公园、广场、主干街道等都有生态标识，在城镇居民集中活动的场所，建有生态标识。

5.4.7 公众态度

公众对森林城市建设的知晓率、支持率和满意度达 90% 以上。

5.5 组织机构建设

5.5.1 组织领导

指导思想明确，组织机构健全。成立森林城市建设领导小组，明确部门职责。

5.5.2 规划编制

编制期限 10 年以上的森林城市建设总体规划。

5.5.3 投入机制

森林城市建设纳入政府公共财政预算，建立多元的投融资机制和奖补政策。

5.5.4 科技支撑

森林城市建设有长期稳定的科技支撑体系，专业技术队伍健全。

5.5.5 档案管理

森林城市建设和管理档案完整、规范。

附 录 A

(规范性附录)

贵州省省级森林城市建设标准评分表

A.1 贵州省省级森林城市建设标准评分

评分表见表 A.1。

表 A.1 贵州省省级森林城市建设标准评分

建设指标及标准			标准分	核查得分	备注
总 分			100		
一、森林网络	小 计		35		
	1.1 林木覆盖率	市域林木覆盖率达 45% 以上	3		必备指标
	1.2 城区绿化覆盖率	城区绿化覆盖率达 30% 以上	4		必备指标
	1.3 规划区人均公园绿地面积	城市规划区人均公园绿地面积达 9.0m² 以上	4		必备指标
	1.4 城区林荫道路率	城区主干路、次干路林荫道路率达 50% 以上	3		少一个百分点扣 0.1 分
	1.5 城市重要水源地绿化	城市重要水源地森林植被保护完好,林木覆盖率达到 70% 以上	3		少一个百分点扣 0.1 分
	1.6 乡镇绿化	乡镇建成区绿化覆盖率达 30% 以上,50% 的乡镇建有不少于 2000m² 的公共绿地。市域内 20% 以上乡镇为森林乡镇	4		必备指标
	1.7 村寨绿化	村寨林木覆盖率达 30% 以上,60% 的行政村建设 1 处以上公共绿地	4		必备指标
	1.8 水岸绿化	注重市域内水体沿岸的生态保护和修复,适宜绿化的水岸绿化率达 80% 以上	4		必备指标
	1.9 道路绿化	市域内道路绿化注重与周边自然、人文景观相协调,适宜绿化的道路绿化率达 80% 以上	4		必备指标
	1.10 受损弃置地生态修复	受损弃置地生态修复率达 60% 以上	2		少一个百分点扣 0.1 分
二、森林健康	小 计		18		
	2.1 树种多样性	城市森林树种丰富多样,形成多树种、多层次、多色彩的森林景观,城区某一个树种的栽植数量不超过树木总数量的 20%,市树市花除外	3		多一个百分点扣 0.1 分
	2.2 乡土树种使用率	城区、乡镇建成区、农村居民点乡土树种使用率达 80% 以上	3		少一个百分点扣 0.1 分
	2.3 苗木使用	森林城市建设苗木应具备苗木检疫证、苗木检验证、苗木种子经营许可证、苗木产地标签,不应非法移植大树、古树进城	2		必备指标
	2.4 生态养护	避免过度的人工干预,增加绿地有机覆盖,实现森林、绿地的近自然管护	2		酌情打分

表 A.1(续)

	建设指标及标准		标准分	核查得分	备注
二、森林健康	2.5 森林灾害防控	建立完善的有害生物和森林火灾防控体系。近三年,森林火灾受害率控制在1.0‰以内,林业有害生成灾率控制在2.5‰,林业有害生物无公害防治率达到90%以上,主要有害生物常发区监测覆盖率达到100%	3		少一个百分点扣0.1分
	2.6 森林保护	有效保护森林、湿地资源和生物多样性,近三年未发生重大涉林犯罪案件和公共事件	3		必备指标
	2.7 森林土壤保育	近三年,石漠化区域的石漠化土地面积比例降低5%以上;非石漠化区域在水土流失强度不增加情况下,水土流失面积比例降低5%以上	2		少一个百分点扣0.1分
	小　计		16		
三、生态福利	3.1 公园绿地服务	公园绿地500m服务半径对城区覆盖达70%以上	4		必备指标
	3.2 生态休闲场所服务	建有森林公园、湿地公园等大型生态休闲场所,10km服务半径对市域覆盖达60%以上	3		必备指标
	3.3 绿道网络	市域建有绿道网络,居民每万人拥有的绿道长度达0.4km以上	3		必备指标
	3.4 森林旅游	市域内具有1处以上国家级或省级森林与湿地保护地,保护地已经开放提供森林生态旅游服务	3		酌情打分
	3.5 森林康养	建成森林康养基地1处以上	3		没有按0分计
	小　计		17		
四、生态文化	4.1 科普场所	在市域内各公众游憩地,共设有不少于5处面积不小于100m^{2}的自然教育和科普场所	3		必备指标
	4.2 科普活动	广泛开展森林城市主题宣传,每年举办县级活动5次以上	2		少1次扣1分
	4.3 义务植树	组织全民义务植树,创新义务植树形式,开展互联网+全民义务植树、公众参与绿地认建、认养、认管等多种形式的参与活动,建立义务植树登记卡和跟踪制度,并建有2处以上义务植树基地;义务植树基地面积应在2.0hm^{2}以上。义务植树基地的建设和管理执行GB/T 15776和GB/T 15781	2		少1处扣1分
		义务植树尽责率达80%以上	1		少一个百分点扣0.1分
	4.4 古树名木及大树	古树名木及大树都已挂牌(含立碑、立牌)并落实管护责任	2		必备指标
	4.5 地域文化特色	尊重良好的乡风民俗,保护具有民族特色及传统文化内涵的林木和林地,并按照城市所处的不同地带特点,因地制宜开展多种形式的城乡绿化活动	2		酌情打分

表 A.1（续）

建设指标及标准			标准分	核查得分	备注
四、生态文化	4.6 生态标识建设	开展森林城市生态标识建设，市域内所有的保护地、公园、广场、主干街道等都有生态标识，在城镇居民集中活动的场所，建有生态标识	3		必备指标
	4.7 公众态度	公众对森林城市建设的知晓率、支持率和满意度达90%以上	2		少一个百分点扣0.1分
五、组织管理	小　计		14		
	5.1 组织领导	指导思想明确，组织机构健全。成立森林城市建设领导小组，明确部门职责	3		必备指标
	5.2 规划编制	编制期限10年以上的森林城市建设总体规划	3		必备指标
	5.3 投入机制	森林城市建设纳入政府公共财政预算，建立多元的投融资机制和奖补政策	3		必备指标
	5.4 科技支撑	森林城市建设有长期稳定的科技支撑体系，专业技术队伍健全	3		必备指标
	5.5 档案管理	森林城市建设和管理档案完整、规范	2		必备指标

注1：总计35个指标，必备指标20个；贵州省省级森林城市总分应达到90分以上，且必备指标应全部达标。

注2：建城区范围由城市建设部门认定。

附 录 B
(资料性附录)
指标计算方法

B.1 林木覆盖率

行政区域内林木面积与土地总面积的百分比。林木面积包括郁闭度0.2以上的乔木林面积和竹林面积、灌木林面积、农田林网面积、"四旁"植树面积、城区乔木、灌木面积。

B.2 绿化覆盖率

绿化覆盖率是区域内绿化植物垂直投影面积占区域内土地总面积的百分比。

B.3 人均公园绿地面积

城市建成区常住人口每人拥有的公园绿地面积。

B.4 林荫道路率

林荫道路率是城区主干路、次干路林荫道路里程占总里程的百分比。

B.5 水岸绿化率

水岸绿化率是已绿化水岸长度占适宜绿化水岸总长度的百分比。

B.6 道路绿化率

道路绿化率是已绿化道路长度占适宜绿化道路总长度的百分比。

B.7 受损弃置地生态修复率

受损弃置地生态修复率是已生态修复的受损弃置地面积占受损弃置地总面积的百分比。

B.8 乡土树种使用率

乡土树种使用率是乡土树种种植株数占树木种植总数的百分比。

B.9 公园绿地500m服务半径覆盖率

公园绿地500m服务半径覆盖率是建成区内公园绿地500m服务半径覆盖面积占建成区总面积的百分比。

B.10 生态休闲场所10km服务半径覆盖率

生态休闲场所10km服务半径覆盖率是市域内生态休闲场所10km服务半径覆盖面积占市域土地总面积的百分比。

B.11 义务植树尽责率

实际完成法定义务植树的人数占应参加义务植树人数的百分比。

附录(二) 《贵州省森林乡镇建设标准》
(DB52T 1456—2019)

本标准由贵州省林业局提出。

本标准由贵州省林业标准化技术委员会归口。

本标准起草单位:国家林业和草原局森林城市监测评估中心。

本标准主要起草人:程鹏、吴照柏、韩郸、刘世好、但维宇、刘恩林、吴后建、何见、但新球、曹虹、叶生晶、唐琪、彭长清、周学武、贺东北、杨帆、章薇、刘茜、熊静。

1 范围

本标准规定了森林乡镇的术语和定义、总则及指标。

2 术语和定义

下列术语和定义适用于本文件

2.1

森林乡镇 forest town

乡镇(街道)辖区内生态系统以森林植被为主体,生态建设协调发展,注重森林多功能利用和多效益发挥,经过评定达到本标准的乡镇。

2.2

森林村寨 forest village

生态良好、环境优美、村容整洁、山清水秀、人与自然和谐相处,文化特色突出的村寨。

2.3

生态标识 ecological signage

利用图形、信号、记号、符号或标志物阐释生态实体、知识、原理、功能、文化等信息的媒介。

2.4

森林步道 forest walk

通过森林、湿地或者乡村自然区域,为人们提自然体验的步行道。

2.5

乡土树种 native tree species

本地区天然分布的树种和没有生态入侵的归化树种。

[GB/T 37342—2019,定义3.3]

3 总则

立足林区良好环境资源和森林特色，以乡镇森林绿化、林业产业为基础，提供森林休闲与文化服务，建设镇容整洁、生态良好、环境优美、人与自然和谐、具有适宜人居的森林乡镇；以期把绿化、美化与发展乡镇林业经济有机结合，推进良好生态产品供给，服务于森林城市建设。

4 指标

4.1 森林绿化

4.1.1 林木覆盖率

林木覆盖率达到45%以上，计算方法见附录B。

4.1.2 森林村寨

全镇40%以上行政村已有森林村寨，或者拥有3个以上森林村寨。

4.1.3 建成区绿化覆盖率

乡镇建成区绿化覆盖率达30%，计算方法见附录B。

4.1.4 建成区街道绿化

乡镇街道建成区街道两旁树冠覆盖率达15%以上，计算方法见附录B。

4.1.5 村寨绿化

乡镇内绿化覆盖率达30%以上，村旁、路旁、水旁、宅旁全部绿化美化，60%行政村建设有1处200m²以上公共休闲场地。

4.1.6 休闲游憩场地

乡镇建成区建有一个以上绿化较好的休闲广场，面积2000m²以上，能够满足本乡镇居民日常休闲游憩需求。

4.1.7 水岸绿化

注重乡镇内水体沿岸生态保护和修复，适宜绿化的水岸绿化率达80%以上，计算方法见附录B。

4.1.8 道路绿化

区域内道路绿化应与周边自然、人文景观相协调，适宜绿化的道路绿化率达80%以上，计算方法见附录B。

4.2 林业产业

具有特色经济林、林下经济、用材林、林产品深加工、森林生态旅游等产业基地。

4.3 森林健康

4.3.1 树种选择

乡土树种数量占绿化树种使用数量的80%以上。

4.3.2 森林保护

乡镇内有专门森林保护管理机构，或者专职森林保护管理人员；三年内无造成重大负面影响的与森林、湿地保护相关的案件、事件发生。

4.4 森林服务

4.4.1 休闲场所

建有至少1处大于50000m²的森林休闲场所。

4.4.2 科普宣教

在公众游憩场所，设有科普小标牌、科普宣传栏等生态知识教育设施，每年开展生态科普宣传 3 次以上。

4.4.3 森林步道

在保护地、休憩型公园、游憩林等场所的森林步道建有具有比较完善的森林知识、森林生态标识系统，居民每万人拥有的森林步道长度达 0.4km 以上。

附　录　A

（规范性附录）

贵州省森林乡镇建设标准评分表

A.1　贵州省森林乡镇建设标准评分

贵州省森林乡镇建设标准评分表见表 A.1。

表 A.1　贵州省森林乡镇建设标准评分表

类别	指标体系	森林乡镇标准	标准分	核查得分	备注
		总　分	100		
一、乡镇森林绿化	1、林木覆盖率	乡镇范围内林木绿化率达到45%以上	8		
	2、森林村寨	全镇 40%以上行政村已有森林村寨，或者拥有 3 个以上森林村寨	8		
	3、建成区绿化覆盖率	乡镇建成区绿化覆盖率达 30%	8		
	4、乡镇建成区街区绿化	乡镇街道建成区街道两旁树冠覆盖率达 15%以上	8		
	5、村寨绿化	乡镇内绿化覆盖率达 30%以上，村旁、路旁、水旁、宅旁全部绿化美化，60%行政村建设有 1 处 200m² 以上公共休闲场地	8		
	6、休闲游憩绿地	乡镇建成区建有一个以上绿化较好的休闲广场，面积 2000m² 以上，能够满足本乡镇居民日常休闲游憩需求	8		
	7、水岸绿化	注重乡镇内水体沿岸生态保护和修复，适宜绿化的水岸绿化率达 80%以上	8		
	8、道路绿化	区域内道路绿化应与周边自然、人文景观相协调，适宜绿化的道路绿化率达 80%以上	8		
二、乡镇林业产业	1、林业产业	具有特色经济林、林下经济、用材林、林产品深加工、森林生态旅游等产业基地	6		
三、乡镇森林健康	1、树种选择	乡土树种数量占绿化树种使用数量的 80%以上	6		
	2、森林保护	乡镇内有专门森林保护管理机构，或者专职森林保护管理人员；三年内无造成重大负面影响的与森林、湿地保护相关的案件、事件发生	6		
四、乡镇森林服务	1、休闲场地	建有至少 1 处大于 50000m² 的森林休闲场所	6		
	2、科普宣教	在公众游憩场所，设有科普小标牌、科普宣传栏等生态知识教育设施，每年开展生态科普宣传 3 次以上	6		
	3、森林步道	在保护地、休憩型公园、游憩林等场所的森林步道建有具有比较完善的森林知识、森林生态标识系统，居民每万人拥有的森林步道长度达 0.4km 以上	6		

注1：以上 15 项指标核查结果如未达到指标标准值，但达到指标标准值的 60%以上，那么此指标评分值计算公式为：核查得分=（指标核查现状值/指标标准值）× 指标标准分。

注2：核查结果如未达到指标标准值 60%以上，则此指标计零分。

注3：所有指标评分总和需超过 90 分，且"乡镇森林绿化"的 8 个指标必须全部达标。

附 录 B

(资料性附录)
指标说明与计算方法

B.1 林木覆盖率

行政区域内林木面积与土地总面积的百分比。林木面积包括郁闭度 0.2 以上的乔木林面积和竹林面积、灌木林面积、农田林网面积、"四旁"植树面积、城区乔木、灌木面积。

B.2 绿化覆盖率

绿化覆盖率是区域内绿化植物垂直投影面积占区域内土地总面积的百分比。

B.3 街道树冠覆盖率

街道范围内树冠覆盖面积占街道范围占地面积的百分比。

B.4 水岸绿化率

水岸绿化率是已绿化水岸长度占适宜绿化水岸总长度的百分比。

B.5 道路绿化率

道路绿化率是已绿化道路长度占适宜绿化道路总长度的百分比。

附录(三) 《贵州省森林村寨建设标准》 (DB52T 1457—2019)

本标准由贵州省林业局提出。

本标准由贵州省林业标准化技术委员会归口。

本标准起草单位:国家林业和草原局森林城市监测评估中心。

本标准主要起草人:程鹏、刘恩林、但维宇、韩郸、吴照柏、刘世好、吴后建、何见、但新球、卢立、曹虹、叶生晶、唐琪、彭长清、周学武、贺东北、杨帆、章薇、刘茜、熊静。

1 范围

本标准规定了森林村寨的术语和定义、总则以及指标。

本标准适用于辖区内森林村寨的创建与考核评价。

2 术语和定义

下列术语和定义适用于本文件。

2.1

森林人家 forest home

以优良的森林环境与游憩景观为依托,能够为游客提供有森林特色的吃、住、娱等服务的场所。

[LY/T 2086—2013,定义3.1]

2.2

森林步道 forest walk

通过森林、湿地或者乡村自然区域,为人们提供自然体验的步行道。

2.3

古树 old tree

指树龄在100年以上树木。

[LY/T 2738—2016,定义3.1]

2.4

名木 notable tree

具有重要历史、文化、观赏与科学价值或具有重要纪念意义的树木。

[LY/T 2738—2016,定义3.2]

2.5

大树 big trees

虽未达到古树名木标准,但胸径大于1m的树木。

2.6

森林村寨 forest village

生态良好、环境优美、村容整洁、山清水秀、人与自然和谐相处，文化特色突出的村寨。

2.7

风水林 geomantic forest

对村寨周边天然或人工栽植的成片或散生的林木的统称。

3 总则

立足林区良好环境资源和森林特色，以村寨森林绿化为基础，提供森林休闲与文化服务，建设村容整洁、环境优美、生态良好、人与自然和谐相处，文化特色突出的村寨；以推进村寨绿化、美化及森林乡村建设。

4 指标

4.1 村寨森林绿化

4.1.1 林木覆盖率

村寨林木覆盖率达 50%以上，村旁、路旁、水旁、宅旁全部绿化美化，计算方法见附录 B。

4.1.2 森林人家

全村有 30 个以上的森林人家，或者 20%以上的农户为森林人家。

4.1.3 庭院绿化

60%以上村寨内住户房前屋后基本实现绿化。

4.1.4 水岸绿化

注重村寨内水体沿岸生态保护和修复，适宜绿化的水岸绿化率达 85%以上，计算方法见附录 B。

4.1.5 道路绿化

村寨内适宜绿化的道路绿化率达 85%以上，计算方法见附录 B。

4.2 村寨森林休闲服务

4.2.1 森林步道

建有森林步道 1km 以上。

4.2.2 休闲场所

建有至少 1 处 500m² 以上的森林休闲场所。

4.2.3 科普宣教

设有专门的科普小标牌、科普宣传栏等生态文化知识教育设施。

4.2.4 古树名木及大树

古树名木及大树都已挂牌(含立碑、立牌)并落实管护责任。

附 录 A
(规范性附录)
贵州省森林村寨建设标准评分表

A.1 贵州省森林村寨建设标准评分

贵州省森林村寨建设标准评分表见表 A.1

表 A.1 贵州省森林村寨建设标准评分表

类别	指标体系	指标标准值	标准分	核查得分	备注
总分			100		
一、村寨森林绿化	1、林木覆盖率	村寨林木覆盖率达 50%以上，村旁、路旁、水旁、宅旁全部绿化美化	12		
	2、森林人家	全村有 30 个以上的森林人家，或者 20%以上的农户为森林人家	12		
	3、庭院绿化	60%以上村寨内住户房前屋后基本实现绿化	12		
	4、水岸绿化	注重村寨内水体沿岸生态保护和修复，适宜绿化水岸的绿化率达 85%以上	12		
	5、道路绿化	村寨内道路适宜绿化的绿化率达 85%以上	12		
二、村寨森林服务	1、森林步道	建有森林步道 1km 以上	10		
	2、休闲场所	建有至少 1 处 500m² 以上的森林休闲场所	10		
	3、科普宣教	设有专门的科普小标牌、科普宣传栏等生态文化知识教育设施	10		
	4、古树名木及大树	古树名木及大树都已挂牌(含立碑、立牌)并落实管护责任	10		

注 1：若村寨内无大树古树名木，指标考核表中古树名木一栏得满分。

注 2：以上 10 项指标核查结果如未达到指标标准值，但达到指标标准值的 60%以上，那么此指标评分值计算公式为：核查得分 = (指标核查现状值/指标标准值)× 指标标准分。

注 3：核查结果如未达到指标标准值 60%以上，则此指标计零分。

注 4：贵州省森林村寨总分应达到 90 分以上。

附 录 B
(资料性附录)
指标说明与计算方法

B.1 林木覆盖率

行政区域内林木面积与土地总面积的百分比。林木面积包括郁闭度 0.2 以上的乔木林面积和竹林面积、灌木林面积、农田林网面积、"四旁"植树面积、城区乔木、灌木面积。

B.2 水岸绿化率

水岸绿化率是已绿化水岸长度占适宜绿化水岸总长度的百分比。

B.3 道路绿化率

道路绿化率是已绿化道路长度占适宜绿化道路总长度的百分比。

附录(四)《贵州省森林人家建设标准》
(DB52T 1458—2019)

本标准由贵州省林业局提出。

本标准由贵州省林业标准化技术委员会归口。

本标准起草单位:国家林业和草原局森林城市监测评估中心。

本标准主要起草人:何见、刘世好、韩郸、吴照柏、刘恩林、但维宇、吴后建、程鹏、卢立、但新球、曹虹、叶生晶、王昊琼、彭长清、周学武、贺东北、杨帆、章薇、刘茜、熊静。

1 范围

本标准规定了森林人家的术语与定义、总则、评定与认定及指标要求。

本标准适用于全省范围内的森林人家评定、认定和建设。

2 术语和定义

下列术语与定义适用于本文件。

3.1

森林人家 forest home

以优良的森林环境与游憩景观为依托,能够为游客提供有森林特色的吃、住、娱等服务的场所。

[LY/T 2086—2013,定义 3.1]

3 总则

立足良好环境资源,发挥自身森林特色,以居所地绿化和环境改善为基础,提供森林休闲与住宿服务,建设自然与人文、民俗文化与新时代文化融为一体的森林人家,以期为社会提供更多更好的生态产品。

4 评定与认定

4.1 森林人家认定

具有民营苗圃、家庭林场、林业专业户、林业艺术家庭、乡村客栈及个人承包 10hm² 以上林地的家庭,或田园综合体,或合作社,能为游客提供 6.2 所列服务的经营单元,可以向林业主管部门申报直接认定为"森林人家"。

4.2 森林人家评定

不具有 5.1 所列条件,则需要经打分评定后决定是否授予森林人家称号。

5 指标

5.1 基础要求

5.1.1 森林人家绿化

居所地及其周边能够绿化的土地全部绿化。

5.1.2 森林人家环境

5.1.2.1 居所地及其周边无污水、污物和异味，无乱建、乱堆、乱放等脏乱现象，生活垃圾能分类收集，集中处理，无环境污染。

5.1.2.2 距森林人家步行半小时范围内，具有森林、湿地等，能够为游客提供森林游憩的场地。

5.2 服务要求

5.2.1 主要服务人员

5.2.1.1 主要服务人员具有初中以上文化水平，身体健康。

5.2.1.2 遵纪守法，诚实守信，尽职尽责，文明礼貌，着装整洁，服务热情、周到。

5.2.1.3 了解当地旅游景点、民俗风情及乡土特产。

5.2.2 森林休闲服务

5.2.2.1 能够提供林区多种乡土特色菜肴、餐饮服务，禁止非法经营野生动物活动。

5.2.2.2 能够提供购买地方特色产品或林农特产购买服务。

5.2.2.3 能够提供具有地域特色的文化享受和体验服务。

5.2.2.4 能够提供森林康养、湿地休闲、森林游憩等室内外娱乐活动服务。

5.2.3 住宿服务

5.2.3.1 居住建筑与周边森林环境相融合、相协调。

5.2.3.2 房屋结构坚固，通风良好，光线充足，具有污水排放、垃圾处理、消防等公共设施。

5.2.3.3 网络通讯畅通。

附 录 A
（规范性附录）
贵州省森林人家建设标准评分表

A.1 贵州省森林人家建设标准评分

贵州省森林人家建设标准评分表见表 A.1。

表 A.1 贵州省森林人家建设标准评分表

序号	指标体系		建设指标标准	标准分	核查得分
总 分				100	
一、基础要求	小 计			60	
	1、绿化		居所地及其周边能够绿化的土地全部绿化。	30	
	2、环境		居住地及其周边无污水、污物和异味，无乱建、乱堆、乱放等脏乱现象，生活垃圾能分类收集，集中处理，无环境污染；距庭院步行半小时范围内，具有森林、湿地等能够为游客提供森林游憩场地	30	
二、服务要求	小计			40	
	1、主要服务人员		主要服务人员具有初中以上文化水平，身体健康	4	
			遵纪守法，诚实守信，尽职尽责，文明礼貌，着装整洁服务热情、周到	4	
			了解当地旅游景点、民俗风情及乡土特产	2	
	2、森林休闲服务		能够提供林区多种乡土特色菜肴、餐饮服务，禁止非法经营野生动物活动	5	
			能够提供购买地方特色产品或林农特产服务	5	
			能够提供具有地域特色的文化享受和体验	5	
			能够提供森林康养、湿地休闲、森林游憩等室内外娱乐活动	5	
	3、住宿服务		居住建筑与周边森林环境相融合、相协调	4	
			房屋结构坚固，通风良好，光线充足，具有污水排放、垃圾处理、消防等公共设施	4	
			网络通讯畅通	2	

注：贵州省森林人家总分应达到 80 分以上。